제2판

건설 환경 공학

우종태 저

CIVIL AND ENVIRONMENTAL ENGINEERING

도서출판 구미서관

머리말

Preface....

건설환경공학(Civil Environmental Engineering)은 인류의 문명과 더불어 시작된 가장 오래된 공학 분야로 인류의 복지 증진을 위하여 국토의 효율적 개발, 인간의 주거공간 건설과 제반 산업기반 조성 등과 같이 자연환경을 변경 및 개선할 뿐만 아니라, 자연재해와 환경파괴를 최소화하여 인류의 삶을 더욱 풍요롭고 편리하게 하는 각종 시설물의 계획, 해석, 설계, 건설 및 유지관리에 관한 이론과 실험적 연구를 수행하는 학문이다.

건설환경공학 분야는 도로, 철도, 교량, 터널, 공항, 항만, 하천, 댐, 저수지, 해안, 상하수도, 하수처리, 플랜트, 해양 등 사회간접시설과 미래의 우주기지, 해양기지 등 공공의 복리를 도모하기 위한 시설이며, 우리나라의 건설환경공학 기술수준은 날로 발전하고 있다.

최근에 세계적으로 저탄소 및 녹색성장(Green Growth)을 중요시 하고 있는데 건설환경공학 분야에서도 친환경 녹색성장을 위한 다양한 기술개발이 추진되고 있으며, 녹색성장이란 녹색기술을 신성장 동력으로 경제산업 구조는 물론 삶의 양식을 저탄소 · 친환경으로 전환하는 국가 발전전략으로 새로운 문명, 새로운 변화의 질서를 수용하는 열린 개념을 의미한다.

본 서에서는 전문대학교 및 일반대학교에서 건설환경분야를 처음 공부하는 학생들이 쉽게 이해되도록 건설환경공학에 대한 기본적인 사항들을 그림과 사진을 통해 알기 쉽도록 설명하였다.

본 서의 주요내용은 건설공학개론, 환경공학개론, 도로시설, 철도시설, 교량시설, 터널시설, 공항시설, 하천시설, 댐시설, 상하수도시설, 항만시설, 시설물의 안전점검 및 정밀안전진단, 시설물의 보수보강 등의 내용으로 구성되어 있으며, 각 장의 말미에 수록된 연습문제와 참고문헌을 통하여 필요한 때에 심화된 학습을 할 수 있도록 하였다.

본서를 집필하는데 많은 도움을 주신 "현장실무를 위한 건설시공학"(설진성 · 김홍철 외, 구미서관) 분야별 저자 여러분께 감사드리며, 내용을 알기 쉽게 표현하려고 노력하였으나, 부족한 부분은 기회가 되는대로 수정 · 보완하기로 약속하면서 선배제현들의 아낌없는 충고와 도움을 기대하겠다.

끝으로 이 책이 나올 수 있도록 힘써주신 구미서관 임해진사장님과 임정대부장님, 그리고 편집부 직원 여러분께 감사의 말씀을 전한다.

2019년 1월

저자 우 종 태

목 차

Contents....

제**1**장

건설공학개론

1.1 공학의 분류

1.1.1 공학의 개요

18세기부터 군사공학(Military Engineering)과 대비되는 뜻으로 민간(토목)공학(Civil Engineering) 이라는 명칭으로 시작된 공학(工學, Engineering)은 기초과학과 수학의 발전과 함께 세분화되기 시작하였다.

공학의 의미를 보면 초기에는 군대에서 참호를 파고 벙커를 만들고 포진지를 만드는 것을 일컫는 말로 이런 공학을 군사공학(Military Engineering)이라 불렀으며, 이것과 구별해서 민간공학(Civil Engineering)이란 용어로 불러지게 되었다. 따라서 초기의 공학은 모두 이 민간공학이었다고 할 수 있다. 즉 집을 짓고, 개천을 정비하여 하수도를 만들었으며, 길을 평탄하게 하여 마차가 다니기 쉽게 하였다. 그러다가 증기기관의 발명으로 공학은 획기적인 발전을 하게 되는 계기가 되었다. 그 이후 기계공학(Mechanical Engineering), 화학공학(Chemical Engineering), 전기공학 (Electrical Engineering)이 생겨나서 공학은 토목공학, 기계공학, 화학공학, 전기공학의 네가지 부류로 나눠게 되었다. 그리고 현대에는 공학의 눈부신 발전에 힘입어 초기 네 가지 부류로 나눠다가 지금의 전자공학(Electronic Engineering), 환경공학(Environmental Engineering) 등이 생겨났다.

1.1.2 과학과 공학

과학(Sciences)이란 자연의 섭리를 밝히는 학문으로 수학, 물리, 화학, 생물학, 천문학, 지질학 등을 포함한다. 이러한 과학은 공학적 산물을 생산하기 위한 기초학문으로서 인류 발달의 근간을 이루고 있다. 자연과학(Natural Sciences)은 자연을 연구하며, 사회과학(Social Sciences)은 사회와 인간의 존재에 관하여 연구하는 분야이다.

공학(Engineering)이란 이러한 과학적 지식을 이용하여 인류의 생활에 편리함을 주는 생산품을 만들어 내는 시각적 학문이라 할 수 있으며, 일반적으로 엔지니어링(Engineering) 또는 응용과학(Applied Science)으로 불린다.

공학에 대하여 자세히 보면 공학이란 공업에 이바지할 것을 목적으로 자연과학적 수법을 써서 신제품 · 신기술 등을 연구하는 학문을 의미하며, Engineering의 어원인 Engine은 라틴어의 "고안"에서 유래하였다.

따라서 과학은 자연과 사회의 성질을 연구하는 학문이며, 공학은 물건 등을 만들기 위해 과학적 지식을 응용하는 학문이며, 기술(Technology)은 공학의 연구 결과를 바탕으로 실제 제품을 만드는 학문을 의미한다.

1.1.3 공학의 분류

일반적으로 현재 통용되고 있는 공학을 계열과 공학별로 분류하면 다음과 같다.

1) 전기전자통신 공학계열 : 전자공학, 전기공학, 통신공학
2) 기계공학 및 우주공학계열 : 자동차공학, 조선공학, 항공공학, 우주공학
3) 토목건축환경 공학계열 : 토목공학, 건축공학, 환경공학, 도시공학, 교통공학
4) 금속재료 및 신소재 공학계열 : 화학공학, 생물공학, 섬유공학
5) 핵공학계열 : 원자핵공학, 원자력공학

(1) 공학기술 관련학과의 범위에 따른 분류

한국건설기술인협회에서 교육과학기술부 통계연보를 기준으로 제시한 공학기술 관련학과의 범위에 따른 분류는 표 1.1과 같다.

표 1.1 공학기술 관련학과의 범위에 따른 분류(계속)

전공분야	전공 관련 학과
기 계	기계관련학과, 계측관련학과, 냉동관련학과, 용접관련학과, 배관관련학과, 선박관련학과, 조선관련학과, 자동차관련학과, 금형관련학과, 기관관련학과, 항공관련학과, 메카트로닉스공학과, 생산자동화공학과, 시스템공학과, 기체기관공학과, 제조공학과, 공업교육학과(기계), 배관용접과, 금형공구과, 건축설비관련학과, 철도차량관련학과
금 속	금속관련학과
전 기	전기 또는 전력관련학과
전 자	전자관련학과
토 목	토목관련학과, 건설관련학과(토목), 측지 또는 측량관련학과, 구조시스템공학과, 공업교육학과(토목), 철도보선과, 광산공학과, 이학과(토목), 자원공학과, 농공학과
건 축	건축관련학과, 건설관련학과(건축), 농업교육학과(건축), 공업교육학과(건축), 이학과(건축), 공학연구과(건축), 실내디자인과, 실내장식과, 산업공학과(건축), 건축물관리과, 건축설비관련학과
광업자원	자원관련학과, 광산관련학과
국토개발	도시 또는 지역관련학과, 국토관련학과, 개발관련학과, 원예관련학과, 조경관련학과, 환경녹지학과, 산림자원학과, 임학과, 산림자원보호학과, 임업과, 지적학과, 지질관련학과
해 양	해양관련학과

전공분야	전공 관련 학과
안전관리	산업 또는 안전관련학과, 공업경영학과, 소방관련학과
환 경	환경관련학과, 대기관련학과
산업응용	산업 또는 응용관련학과
교 통	교통 또는 항공관련학과
화공 및 세라믹	화공관련학과, 화학관련학과
섬 유	섬유관련학과
기 타	화학관련학과, 요업관련학과, 재료공학과, 무기재료공학과, 세라믹공학과, 통신관련학과, 정보관련학과, 전산관련학과, 에너지관련학과, 컴퓨터공학과, 소프트웨어공학과, 전파공학과, 원자력공학과, 원자핵공학과
비 고	1. 위 표의 건설기술관련학과는 교육과학기술부 통계연보를 기준으로 표시한 것임.

(2) 과학기술에 관한 기술사의 기술 범위에 따른 분류

한국산업인력공단에서 과학기술에 관한 전문적 응용능력을 필요로 하는 기술사의 기술범위에 따른 분류는 표 1.2와 같다.

표 1.2 과학기술에 관한 기술사의 기술 범위에 따른 분류(계속)

종류	기술사의 기술범위
기계분야	1. 기계제작 2. 산업기계설비 3. 공조냉동기계 4. 건설기계 5. 차량 6. 기계공정 설계 7. 용접 8. 금형 9. 정밀측정 10. 철도차량
선박분야	1. 조선
항공우주분야	1. 항공기체 2. 항공기관
금속분야	1. 철야금 2. 비철야금 3. 금속재료 4. 표면처리 5. 금속가공
전기전자분야	1. 발송배전 2. 전기응용 3. 철도신호 4. 산업계측제어 5. 전자응용 6. 전자계산기 7. 전기철도
통신정보처리분야	1. 정보통신 2. 정보관리 3. 전자계산조직응용
화학분야	1. 화공 2. 세라믹
섬유분야	1. 방사 2. 섬유공정 3. 염색가공 4. 생사 5. 의류
광업자원분야	1. 자원관리 2. 광해방지
건설(토목)분야	1. 토질 및 기초 2. 토목구조 3. 토목시공 4. 농어업토목 5. 토목품질시험 6. 항만 및 해안 7. 도로 및 공항 8. 철도 9. 교통 10. 수자원개발 11. 상하수도 12. 측량 및 지형공간 정보 13. 지질 및 지반 14. 건설안전 15. 도시계획 16. 지적 17. 화약류 관리
건설(건축)분야	1. 건축구조 2. 건축시공 3. 건축품질시험 4. 건축 기계설비 5. 건축 전기설비
환경분야	1. 대기 관리 2. 수질 관리 3. 소음 진동 4. 폐기물 처리 5. 자연환경 관리 6. 토양환경

종류	기술사의 기술범위
농림분야	1. 식품 2. 농화학 3. 축산 4. 종자 5. 산림 6. 시설원예
해양수산분야	1. 해양 2. 수산양식 3. 어로 4. 수산제조
산업관리분야	1. 공장관리 2. 품질관리 3. 포장 4. 산업위생관리 5. 기계안전 6. 전기안전 7. 화공안전 8. 소방 9. 가스 10. 인간공학
응용이학분야	1. 제품디자인 2. 원자력발전 3. 방사선 관리 4. 비파괴검사 5. 기상예보

1.2 건설공학의 학문 분야

1.2.1 건설공학의 개요

건설공학은 크게 토목공학(土木工學, Civil Engineering)과 건축공학(建築工學, Architectural Engineering)으로 구분되며, 여기에서는 토목공학에 한정하여 설명하고자 한다.

토목공학의 기원과 역사는 인류역사의 시초와 일치한다고 해도 과언은 아니다. 원시인류는 자신의 생명을 위협하는 자연재해로부터 피난처를 얻기 위해 토목기술을 터득하였다고 할 수 있기 때문이다. 또한 문명의 발상과 더불어 운하와 육지에 길을 만들었으며, 농사에 필요한 물을 확보하였다. 현대식 용어로 말하자면 택지를 조성하고 주거환경을 개발하여 농경지를 정리한 것이다. 이후의 토목기술은 자연재해를 방지하고 자연환경을 이용하여 삶의 터전을 유지하는데 응용되었으며, 한편으로는 지배자의 기념사업과 적의 침략을 방지하기 위한 방편의 마련에도 토목기술이 응용되었는데 이집트의 피라미드나 중국의 만리장성 등은 토목기술의 발전정도와 필요성을 보여주는 좋은 예일 것이다.

미국토목학회(ASCE : American Society of Civil Engineers)에서는 토목공학에 대한 정의를 "환경의 창조 · 개량 · 보호나 사회생활 · 산업 · 교통을 위한 시설물 및 인간이 사용하는 구조물의 건설을 수행하고, 인류의 복지를 증진하기 위하여, 자연에서 얻어지는 재료와 에너지를 경제적으로 이용하는 방법을 개발하는 목적을 가지며, 연구 · 경험 · 실무 등을 통하여 얻어진 수학적, 물리학적 과학지식과 판단을 이용하고 응용하는 전문분야이다." 라고 정의하고 있다.

토목공학은 인간생활의 편리성을 추구하는 학문으로서 우리 일상생활에서 매우 중요한 역할을 하고 있으며, 토목공학은 궁극적으로 인간생활에 꼭 필요한 각종 사회기반시설물(社會基盤施設物, Infrastructure)을 구축하는 것을 목표로 하며, 시설물이 최적의 성능을 갖도록 함과 동시에 지진이나 태풍 등 각종 재해로부터 안전하도록 설계하고 시공 및 유지관리하기 위한 기술을 다루는 학문이라 할 수 있다.

사회기반시설물이란 특정한 개인의 이익이나 사용을 목적으로 만들어지는 것이 아니라 불특정 다수인의 생활을 편리하게 하고, 쾌적하고 안전하게 할 목적으로 만들어지는 시설물로서 다른 산업활동의 원활한 수행에 필수적인 요소이다.

사회기반시설물의 대표적인 것으로는 도로, 공항, 항만, 철도, 교량, 댐, 상하수도시설, 플랜트설비, 전력시설, 해양시설 등 매우 다양하며, 그 범위 또한 넓다. 따라서 토목공학은 이러한 다양한 시설물이 공통적으로 내포하고 있는 문제와 각 시설물의 특성에 따른 고유한 문제를 해결하기 위한 기술을 다루는 학문이라 할 수 있다.

그러면 토목공학을 공부하는 토목기술자는 어떠한 일을 수행하고 어떤 역할을 할 것인가에 의문이 생긴다. 우선 토목기술자는 공공용, 상업용, 또는 산업용의 다양한 구조물을 계획, 설계, 시공하고 유지관리 하는 일을 한다. 또한 도로, 공항, 항만, 철도, 교량, 댐, 상하수도 시설, 플랜트설비, 전력시설, 해양시설 등 국내 또는 국가 간 수송체제를 이루는 것을 계획하고 건설한다. 이처럼 매우 다양한 일을 담당하므로 토목기술자는 수학, 물리, 역학, 기타 공학적인 지식을 충분하게 습득할 필요가 있다.

이제 공학은 공학 분야별로 영역 경계 설정이 되어 있으며, 토목은 도로, 공항, 항만, 철도, 교량, 댐, 상하수도시설, 플랜트설비, 전력시설, 해양시설등 인간생활에 절대적으로 필요한 시설의 제공을 담당하고 있다. 즉, "인간생활의 삶의 질 수준 향상"이 바로 토목공학이 목표로 하고 있는 것이다. 사회기반시물설의 확충이라는 사명감으로 수많은 토목인 들이 건설현장에서, 설계사무실에서, 연구소에서, 정부 및 지방자치단체, 공사 및 공단 각 기관에서 노력하고 있으며, 이러한 공학의 세분화 과정은 인간사에서 매우 다양한 삶을 구축하고 제공하게 되었고 직업의 세분화에도 많은 영향을 끼치게 되었다. 그래서 토목공학을 특징적으로 표현한다면 인간의 생명유지와 시민생활의 편리성을 위한 공학이라는 뜻이 된다.

대부분의 다른 공학이 제품을 생산하고 이를 상품화하여 소비자에게 공급함으로써 생산기술자의 이익을 도모하는 데 반해, 토목기술자가 만든 제품 예를 들어, 도로, 공항, 항만, 철도, 교량, 댐, 상하수도시설, 플랜트설비, 전력시설, 해양시설 등은 인간생활에 필수적인 제품을 직접 상품화하지 않고 시민들에게 거의 무상으로 이용하게 함으로써 인간의 생활을 편리하고, 쾌적하며, 안전하게 한다는 것이다.

토목공학의 분야는 도로, 철도, 교량, 터널, 공항, 항만, 하천, 댐, 저수지, 해안, 상하수도, 하수처리, 플랜트, 해양 등 사회간접시설과 미래의 우주기지, 해양기지 등 공공의 복리를 도모하기 위한 시설의 조사, 계획, 설계, 시공, 유지관리에 대한 기술을 습득하는 학문이라 할 수 있다.

결론적으로 토목공학(土木工學, Civil Engineering)이란 대자연을 다스려 인간의 편익을 위하여 사회기반시설을 만들어 삶의 질을 향상시키는 지구환경시스템공학의 학문으로 건설시스템공학, 건설환경공학, 사회환경공학, 사회기반공학 등의 명칭으로도 불리 우고 있다. 즉, 인간의 문화생활을 윤택하게 하기 위하여 생각하고 계획하며 설계하고 이를 건설하며 관리하는 모든 과정을 토목이라 한다. 토목(土木)이란 지구 및 우주의 터전(土)에 뿌리를 내리고, 성장하는 생명체(木)를 상징하는 말로서 인류의 발생과 함께 시작되어 인류가 생존하는 한 존재하는 것이다.

오늘날 6T로 불리우는 정보기술(IT, Information Technology), 생명공학(BT, Bio Technology), 문화기술(CT, Culture Technology), 환경공학(ET, Environmental Technology), 미세공학(NT, Nano Technology), 우주공학(ST, Space Technology)등과 같이 미래 첨단산업만이 우리의 문명을 선도하는 기술로 인식되고 토목공학은 낡고 전근대적인 학문으로 인식되는 경향이 있으나, 토목공학은 어떤 시대에 있어서도 그 문명을 지탱하고 문명을 진보시키는 원동력 역할을 하였으며, 앞으로도 현대문명을 지속시키고 발전시키기 위해서는 필수적인 학문분야 임은 틀림이 없는 사실이다.

최근에 세계적으로 저탄소 및 녹색성장(Green Growth)을 중요시 하고 있는데 우리 건설분야에서도 친환경 녹색성장을 위한 다양한 기술개발이 추진되고 있다. 녹색성장이란 녹색기술을 신성장 동력으로 경제산업 구조는 물론 삶의 양식을 저탄소 · 친환경으로 전환하는 국가 발전전략으로 새로운 문명, 새로운 변화의 질서를 수용하는 열린 개념을 의미한다.

참고로 건축공학이란 건축물을 대상으로 한 공학분야로 건축구조, 건축환경 및 설비, 건축시공 및 재료 등의 세부 전문분야로 구분된다. 건축공학 기술자는 건축물 성능과 관련된 부분에 대해 건축가(건축학분야)와 협력하여 그들이 다룰 수 없는 공학적, 기술적 문제를 해결해 주는 전문분야이다. 따라서 건축공학 분야에서는 안전하고 쾌적하며 건강하고 편리한 건축물을 계획하고 시공하는 것을 주요 목표로 하고 있다.

1.2.2 건설공학의 특징

건설(토목)공학은 인류에게 없어서는 안 될 주요한 사회기반시설물을 제공하지만, 완성된 시설물의 소유는 특정한 개인이나 집단이 아닌 국민 전체의 소유가 된다.

사회기반시설물이란 특정한 개인의 이익이나 사용을 목적으로 만들어지는 것이 아니라 불특정 다수인의 생활을 편리하게 하고, 쾌적하고 안전하게 할 목적으로 만들어지는 시설물로서 다른 산업활동의 원활한 수행에 필수적인 요소이다. 그러므로 국민을 대신하여 행정기관이 관리하고 안전하게 유지되도록 할 책임이 있으며, 건설공사가 타 산업과 다른 특성은 다음과 같다.

(1) 공공 사업(公共事業, Public Works)

대부분의 대형 건설공사는 국민 전체의 이용을 전제로 하여 국민의 세금을 재원으로 건설되며, 정부 및 지방자치단체, 공사 및 공단 등의 공공기관이 주도하는 공공 사업으로 사회기반시설물 건설공사가 수행된다.

(2) 수주 생산(受注生産, Contracting Job)

발주자인 정부 및 지방자치단체, 공사 및 공단 등과의 계약에 의하여 공사를 착수하게 되며, 그 때마다 수주자인 건설업체는 발주자의 요구에 맞는 시설물을 건설하게 된다. 따라서 계획적으로 수주활동을 할 수 없고 생산을 미리 할 수도 없으므로 기술인력, 자금, 자원 등을 효과적으로 배분하는데 어려움이 있다.

(3) 현장 생산(現場生産, Field Works)

건설공사는 위치 이동이 불가능하므로 직접 구조물이 만들어질 위치에서 시공이 되어야 하는 현장생산으로 지형, 지질, 기후, 진입도로 유무 등 자연조건에 많은 영향을 받게 된다.

최근에는 구조물을 운반이 가능하도록 공장에서 분할하여 만든 후 현장에서 조립하여 완성해 나가는 프리캐스트(Precast) 시공이 늘어나고는 있으나, 시공의 대부분은 건설현장에서 직접 완성해야 하는 야외 작업이 많기 때문에 자연조건에 직간접적인 영향을 받는다.

(4) 단품 생산(單品生産, Sole Production)

발주자인 정부 및 지방자치단체, 공사 및 공단 등의 요구는 동일한 시설물일지라도 현장의 시공조건과 특성, 사용목적, 재료 등이 모두 달라지므로 제조 산업과 달리 대량 생산체제를 갖추기 어렵다.

(5) 대규모 공사(Large Scaled Project)

건설공사는 육지에서 지상 및 지하에 구조물을 만드는 경우 외에 해양개발, 남극 및 북극권개발 더 나아가 우주개발에 이르기까지 아주 광범위한 공간을 대상으로 하기 때문에 대규모 공사가 대부분이다.

(6) 종합 공사(Comprehensive Works)

건설공사는 규모가 작은 공사일지라도 여러 종류의 서로 다른 공종의 공사가 단계별로 이루어져야 공사가 완공된다. 즉, 측량, 토공, 구조물공, 철근공, 상하수도공, 방수공, 포장공 등에 이르기까지 거쳐야하는 공종이 대단히 많다.

(7) 장기간 공사 수행(Large Period Project)

대부분의 건설공사는 공사에 소요되는 순공사 기간이 짧게는 몇 개월에서 길게는 수십 년간 계속될 정도로 그 기간이 길다. 인천국제공항의 경우에도 1990년에 영종도가 신공항 건설입지로 선정된 후 2001년 개항까지 약 11년의 공사기간과 5조6천억 원이라는 막대한 건설비용이 투입되었다. 또한 한국의 고속철도인 KTX(Korea Train eXpress)는 단일공사로 단군 이래 최대 사업으로 약 20조원의 공사비로 공사기간은 약 18년 소요되었으며, 1992년 6월에 착공된 경부선고속철도가 2010년 11월에 서울에서 부산까지 완전 개통되어 2시간 18분이 소요되고 있다.

(8) 기술 및 노동 집약적 산업

사회기반시설물은 대부분 대규모시설로서 건설과정에 기술자와 기능인력이 대규모로 필요하고 투입되는 건설자재도 막대하므로 자재생산과 고용유발 효과가 타 산업에 비하여 대단히 큰 산업이다. 그러므로 정부에서는 경제 불황기에 불황의 타개책으로 건설경기 활성화를 위한 각종 대책을 내놓고 있다.

1.2.3 건설공학의 학문분야

토목공학(Civil Engineering)은 인류의 발달과 함께 시작되었으며, 공학에서는 가장 오래된 학문이라 할 수 있다. 특히 인간의 활동과 밀접한 도로, 공항, 항만, 철도, 교량, 댐, 상하수도시설, 플랜트설비, 전력시설, 해양시설, 원전 폐기물 매립장, 원자력발전 시설, 교통계획, 도시계획 등의 사회기반 시설의 설계 · 시공 및 관리에 이르기까지 전 분야를 총괄적으로 연구하는 학문이다.

최근의 학문적 특징은 각종 구조물의 정적 및 동적 안정성과 더불어 미적 아름다움을 요구하는 디자인 및 미관설계와 저탄소 녹색성장을 추구하는 방향으로 그 기술이 발전하고 있다.

(1) 공학기초 교과목

토목공학의 전문가 양성을 위해서 각 대학에서는 공학 기초과목을 전공과목 이수에 앞서 요구하고 있으며, 대표적인 공학기초 교과목 및 주요내용은 표 1.3과 같다.

표 1.3 공학기초 교과목 및 주요내용

분야	과목	주요내용
공학기초	공 업 수 학	공학 전 분야에서 필요한 수학지식을 습득하여 공학에 응용
	일 반 물 리 학	학부과정에서 필요한 물리학의 기본적인 지식
	일 반 화 학	학부과정에서 필요한 화학의 기본적인 지식
	프로그래밍기초	컴퓨터를 이용하여 공학문제를 해결하기 위한 기초 프로그래밍 언어
	정 역 학	정지 상태에 있는 강체의 역학적 평형과 힘에 대한 기초
	동 역 학	움직이는 강체에 가속화된 운동 상태에 관한 기본 이론
	공 업 역 학	정역학, 동역학의 기본원리를 이용한 공학적인 역학문제의 해석
	유 체 역 학	유체의 일반적 성질과 역학적 특성의 이해, 유체의 흐름과 거동
	수 치 해 석	공학 분야에 필요한 각종 수학문제를 컴퓨터를 이용한 수치해법 이해

(2) 토목공학의 전공기초 교과목

토목공학의 전공기초분야는 특정분야를 막론하고 토목공학에서 필수적으로 알아두어야 할 가장 기본적인 지식들로 구성되어 있으며, 이 기초과목들은 구조물의 설계와 시공 혹은 유지관리에 이르기까지 토목기술자가 공학적인 의사결정과 판단에 기초적인 지식으로 이용되고 실제로 토목기술자들은 자신의 전공 또는 주 업무에 관계없이 필수적으로 알아야만 하는 내용을 담고 있다.

토목공학의 전공기초 교과목 및 주요내용은 표 1.4와 같고, 대부분의 대학교에서 대학원과정의 전공분야로 심화되며, 대학원과정에서는 각 세부전공별로 심화된 과목을 배우게 된다.

표 1.4 토목공학의 전공기초 교과목 및 주요내용(계속)

분야	과목	주요내용
전공기초	측량학	지구상 물체의 상호 위치관계를 정확히 구하고 또는 위치를 측설
	토목제도 및 CAD	도면의 작성과 파악 및 이해에 관한 기초지식 함양, 전산도면의 작성
	응용역학	하중을 받는 재료의 물성과 역학적 이론 및 기본적 해석 이론
	토질역학	흙과 그에 포함된 물의 거동, 흙과 관련된 물리적 현상과 역학적 해석
	구조역학	토목구조물에 적용되는 역학이론과 기본적인 해석이론

분야	과목	주요내용
전공 기초	강구조공학	구조역학적 지식을 기초 강재의 특성과 강구조물 설계와 시공
	기초공학	구조물을 지지하는 각종 기초 형식의 해석과 설계, 기초지반의 안정
	토목시공	각종 토목공사의 시공법과 장비의 이용, 공사관리에 필요한 사항 등
	PS콘크리트	프리스트레스 콘크리트 기본개념, PS콘크리트 구조물의 설계와 시공
	토목재료학	토목재료의 물성과 역학적 특성의 이해, 각종 재료의 물성시험
	암반역학	암석의 생성과 특성, 암반의 균열 및 암반사면의 해석방법 등
	수리학	유체역학적 기초지식을 이용하여 물의 성질, 개수로 흐름에 대한 이해
	수문학	물의 순환과 증발산, 지하수, 지표수의 흐름, 강우와 유출에 대한 해석
	철근콘크리트공학	콘크리트의 역학적 특성과 콘크리트 부재의 거동의 이해 및 설계

(3) 구조공학, 콘크리트공학, 건설재료 분야

구조공학(Structural Engineering)이란 각종 토목구조물의 탄 · 소성 및 정적 · 동적 거동과 구조해석 방법, 안정성 문제, 설계이론 등을 연구하는 학문이다.

최근 들어 그 영역이 구조물의 내진설계, 기존 시설물의 안전도 평가 등의 분야로 확대되고 있으며, 구조공학 및 건설재료공학 분야는 다음과 같이 정리할 수 있다.

콘크리트 및 재료공학(Concrete and Construction Material Engineering) 분야는 일반 콘크리트 구조물과 함께 교량 구조물, 고속철도 구조물, 해양 및 항만 구조물, 지하철 구조물, 원자력발전 구조물, 환경처리 구조물 등 중요 콘크리트 구조물에 사용할 구조재료의 역학적 성질을 규명하고 그 특성치를 구조물의 설계에 반영하기 위한 연구를 한다. 또한 콘크리트 교량 등의 보수 보강 기법의 개발 및 새로운 건설재료로서 고성능 고기능의 콘크리트와 친환경 콘크리트의 제조와 시공방법을 연구하는 학문이다.

구조공학 및 건설재료공학 분야의 자세한 전공교과목은 다음과 같다.

1) 구조공학 : 구조공학실험, 구조역학 및 연습, 구조동역학 및 연습, 구조설계 및 연습
2) 강구조 및 복합 : 강구조공학, PS콘크리트공학, 합성구조
3) 교량 : 교량공학, 교량미관설계
4) 콘크리트 및 재료공학 : 재료역학 및 연습, 철근콘크리트공학, 건설재료 및 실험
5) 시설물 안전진단 및 유지관리 : 안전점검 및 정밀안전진단, 구조물유지관리
6) 기타 : 전산구조입문, 토목시스템설계

(4) 수리학, 수문학, 수공학 분야

물은 생명의 근원이지만 과대, 과소에 의해 인간 및 사회에 나쁜 영향을 미치므로 수자원(Water Resources Engineering) 및 수공학이란 물에 대한 가치를 이용하며 수리구조물을 설계하고 관리하는데 필요한 기본원리와 지침을 취급하는 학문 분야이다. 수리구조물은 공공의 이해와 밀접한 관계를 가지므로 공학적 해석뿐만 아니라 사업의 공익성, 개발규모 및 투자시기의 적정성 등을 합리적으로 판단하여 사회적 영향을 다룬다.

수자원 및 수공학 분야의 자세한 전공 교과목은 다음과 같다.

1) 수리분야 : 유체역학 및 연습, 수리학 및 실험
2) 수문학 분야 : 수문학, 하천공학 및 설계
3) 수자원 공학 분야 : 수자원공학, 수공구조물설계
4) 기타 : 물환경법규, 자연재해 방재공학, 재해영향 평가, 해안 및 항만공학

(5) 지반공학(토질역학, 기초공학, 암반공학) 분야

지반공학(Geotechnical Engineering)은 인간의 삶을 보다 풍요롭게 하기 위한 기초학문으로 흙(Soil)을 대상으로 이론 (Software)과 실제(Hardware)를 체계화한 학문이라 할 수 있다. 아무리 아름답고 훌륭한 구조물이라 하더라도 지구에서는 흙이라는 지반이 존재하지 않는다면 그 기능을 발휘할 수 없다.

이와 같이 구조물의 일부를 형성하거나 지지하는 기초지반은 구조물의 자중이나 하중에 의한 외력, 성토나 굴착 등에 의한 평형상태의 파괴, 지진이나 공해 진동, 지하수 등에 의해 응력상태의 변화를 받게 되며, 이로 인해 지반 변동이 발생하고 역학적 성질이 달라지곤 한다. 따라서 지반공학은 이러한 지반의 특징과 이론 및 실제를 체계화하여 기초공학, 토질구조물, 지하공간, 지반환경, 지반진동학 등의 종합학문이라 할 수 있다.

지반공학 분야의 자세한 전공 교과목은 다음과 같다.

1) 지반공학 : 지반공학, 지반조사 및 토질 시험, 지반공학설계, 암석공학 및 실험, 지반구조물 설계, 지반개량설계
2) 기초공학 : 기초공학, 기초설계연습, 터널 및 발파공학
3) 건설시공학

(6) 측량 및 지형공간정보공학 분야

측량 및 지형공간정보(Geo-Spatial Information)란 공간좌표 또는 지리좌표에 관계된 모든 형태의 지형·지리정보를 효율적으로 입력, 저장, 관리, 갱신, 분석·처리 및 재현하기 위한 학문분야이다. 이를 위해서는 하드웨어, 소프트웨어, 지형·지리자료, 인적자원이 통합적으로 구축되어야 각종 정보를 목적에 따라 관리, 분석과 응용이 가능해진다.

측량 및 지형공간정보공학 분야의 자세한 전공 교과목은 다음과 같다.

1) 일반측량학, 응용측량학, 사진측량학, GIS, 컴퓨터응용측량, Remote Sensing 등

(7) 건설관리 분야

건설관리(Construction Management)는 공사의 계획, 견적, 계약관리, 장비관리, 공정관리, 원가관리, 품질관리 등 하나의 건설프로젝트를 효율적으로 수행하기 위한 제반 기술, 방법, 절차 및 관리체계 전반에 걸쳐 연구하는 학문이다. 세부적으로 건설관리에서 다루는 주요 내용으로 공정관리(Scheduling), 원가관리(Cost Management), 리스크관리(Risk Management), 가치공학과 생애주기비용분석(Value Engineering & Life Cycle Costing), 품질관리(Quality Management), 클레임(Claim), 건설자동화 및 건설정보화시스템(Construction Automation & Construction Information System) 등에 대하여 연구한다.

건설관리 분야의 자세한 전공 교과목은 다음과 같다.

1) 건설공정관리학, 공사계약 및 공사비 적산, 공정관리 전산설계, 건설공사관리

2) 토목 CAD, 건설시공학

1.3 건설공학분야 국가기술자격 현황

건설공학분야 기술자격은 국가자격으로서 국가기술자격법에 의하여 자격자의 선발과 관리가 엄격하게 시행되고 있으며, 국가기술자격은 한국산업인력공단에 검정을 위임하고 있다.

국가기술자격은 기능과 기술로 구분되며, 기능의 등급은 기능사, 기능장으로 구분되며, 기술의 등급은 산업기사, 기사, 기술사로 구분된다.

산업기사 응시자격은 전문대학교(2, 3년제) 2, 3학년 재학생이며, 기사는 4년제 대학교 4학년 재학생이며, 기술사 응시자격은 다음과 같다.

1) 기사자격 취득 후 동일직무분야에서 4년 이상 실무에 종사한자.
2) 산업기사자격 취득 후 동일직무분야에서 5년 이상 실무에 종사한자.
3) 4년제 대학 관련학과 졸업 후 동일직무분야 실무경력 6년 이상자.
4) 3년제 전문대학 관련학과 졸업 후 동일직무분야 실무경력 7년 이상자.
4) 2년제 전문대학 관련학과 졸업 후 동일직무분야 실무경력 8년 이상자.

기술자의 등급 및 자격기준은 표 1.5와 같다.

표 1.5 기술자의 등급 및 자격기준 (엔지니어링산업진흥법시행령 제4조 관련, 2017.12.29 일부 개정)

기술 / 등급	기술자격자	학력
기술사	· 기술사 자격을 취득한 자	–
특급 기술자	· 기사의 자격을 취득한 자로서 10년 이상 건설업무를 수행한 자 · 산업기사의 자격을 취득한 자로서 13년 이상 건설업무를 수행한 자	–
고급 기술자	· 기사의 자격을 취득한 자로서 7년 이상 건설업무를 수행한 자 · 산업기사의 자격을 취득한 자로서 10년 이상 건설업무를 수행한 자	–
중급 기술자	· 기사의 자격을 취득한 자로서 4년 이상 건설업무를 수행한 자 · 산업기사의 자격을 취득한 자로서 7년 이상 건설업무를 수행한 자	–
초급 기술자	· 기사의 자격을 취득한 자 · 산업기사의 자격을 취득한 자로서 2년 이상 건설업무를 수행한 자	· 해당전문분야의 석사학위를 취득한 자 · 해당전문분야의 학사학위를 취득한 자 · 해당전문분야의 전문대학을 졸업하고 3년 이상 해당전문분야 업무를 수행한 자

1.3.1 토목기사

(1) 개요

토목은 도로, 철도, 교량, 터널, 공항, 항만, 댐, 하천, 해안, 플랜트 등의 구조물을 건설하는 일로서, 종합적인 국토개발과 국토건설사업의 조사, 계획, 설계 및 시공 등의 업무를 수행하는데 필요한 전문적인 지식과 기술을 겸비한 인력을 양성하기 위하여 토목기사 자격제도가 제정되었다.

(2) 수행직무

1) 토목시설을 포함하는 도로, 철도, 교량, 항만, 상하수도, 통신선로 등의 건설, 개량, 유지, 보수 등 토목사업에 대한 조사, 연구, 계획, 설계, 시공, 기술지도 또는 토목 관계법규의 정리 및 운용 등의 업무를 수행한다.
2) 종합적인 국토계획, 지방계획, 도시계획 등을 세우고 토지, 항만, 천연자원의 이용, 공공시설의 규모와 배치의 조절 등을 위한 종합적인 개발계획을 연구, 수립하는 업무를 수행한다.

(3) 진로 및 전망

1) 건설회사와 토목설계 용역업체 등 일반 기업체의 설계나 시공 · 감리분야, 한국도로공사, 한국수자원공사, 한국토지주택공사 등 정부투자기관 및 국토교통부, 지방지체단체의 토목직 공무원으로 진출할 수 있다.
2) 최근 고속철도, 국제공항, 지하철건설, 고속도로 건설 등 사회간접시설의 기반확충과 기존 시설물의 유지관리가 증가하고 있으며, 국가기반 산업으로서의 건설 및 도시설계와 관련된 각종 산업에 관한 투자가 지속적으로 증가하고 있는 추세로 이들에 대한 인력수요는 증가할 것이다.

1.3.2 건설안전기사

(1) 개요

건설업은 공사기간단축, 비용절감 등의 이유로 사업주와 건축주들이 근로자의 보호를 소홀히 할 수 있기 때문에 건설현장의 재해요인을 예측하고 재해를 예방하기 위하여 건설안전 분야에 대한 전문지식을 갖춘 전문인력을 양성하고자 건설안전기사 자격제도가 제정되었다.

(2) 수행직무

건설재해예방계획 수립, 작업환경의 점검 및 개선, 유해 위험방지 등의 안전에 관한 기술적인 사항을 관리하며 건설물이나 설비작업의 위험에 따른 응급조치, 안전장치 및 보호구의 정기점검, 정비 등의 직무를 수행한다.

(3) 진로 및 전망

1) 종합건설업체 또는 전문건설업체의 현장 안전관리자 및 기타 정부기관의 안전관련 부서로 진출할 수 있다.
2) 건설재해는 다른 산업재해에 비해 빈번히 발생할 뿐 아니라 다양한 위험요소가 상호 연관 복합적인 상태에서 발생하기 때문에 전문적인 안전관리자를 필요로 한다. 또한 건설경기 회복에 따른 건설재해의 증가, 구조조정으로 인한 안전관리자의 감소, "산업안전보건법 시행령 제12조(공사금액이 120억원 이상이거나 상시근로자 300인 이상을 사용하는 사업장에는 당해 사업장에 안전관리자의 채용이 의무화)"에 의한 채용의무 규정, 경제성(재해에 따른 손실비용은 안전관리에 따른 비용에 몇 배의 간접비가 따름)등 증가요인으로 인하여 건설안전기사의 인력수요는 증가할 것이다

1.3.3 건설재료시험기사

(1) 개요

부실공사에 의한 막대한 인명 및 재산피해를 미연에 방지하기 위해서 건설현장의 기초공사에 필요한 토질검사를 실시하고, 배합설계도의 강도와 일치하는 건설재료를 사용하고 있는가를 검사하여 건물이나 시설의 안전을 확보할 수 있는 전문인력의 양성이 요구 되어 건설재료시험기사 자격 제도로 제정되었다.

(2) 수행직무

공사현장의 흙을 채취하여 여러가지 항목에 걸쳐 검사를 실시한 후 토질이 예정된 공사에 적합한가, 혹은 적절하지 못하다면 어떤 방법으로 이 문제를 해결할 것인가를 조사하며, 교량, 항만, 도로, 건물 등 건설공사에 사용되는 자갈, 모래, 아스팔트, 콘크리트 등의 품질을 배합설계도대로 강도에 일치하게 하기 위하여 혼합비율을 결정하고 공시체를 제작하여 강도시험을 하고 견본자재를 검사하는 업무를 수행한다.

(3) 진로 및 전망

1) 건설업체 품질관리부서, 국토교통부 지정 품질검사전문기관, 건설재료시험 관련 연구소, 콘크리트파일 등 건설자재 생산공장, 레미콘 및 아스콘 생산업체 등으로 진출할 수 있다.

2) 건설재료시험기사는 경쟁체제에 의한 건설 고품질화가 계속 추진되고, 건설기술진흥법도 더욱 강화될 것이므로 건설재료시험기사에 대한 인력수요는 증가할 것이다.

1.3.4 콘크리트기사

(1) 개요

콘크리트 품질확보를 위한 초기 콘크리트의 제조, 시공단계에서의 철저한 품질관리와 콘크리트 구조물의 진단, 유지관리에 이르기까지 콘크리트 관련 전문기술자를 양성할 목적으로 콘크리트기사 자격제도가 제정되었다.

(2) 수행직무

콘크리트에 대한 이해와 실무를 통하여 효율적으로 콘크리트의 제조, 시공, 시험, 검사, 품질관리와 콘크리트 제품, 콘크리트 구조, 비파괴검사 및 진단, 유지관리 등의 업무를 합리적으로 관리함으로써 콘크리트의 품질, 내구성 및 안전성의 확보를 도모하는데 필요한 직무를 수행한다.

(3) 진로 및 전망

콘크리트기사 자격은 콘크리트의 제조, 설계, 시공, 시험, 검사, 관리 및 콘크리트 구조물의 유지관리 등 콘크리트관련 전문적 지식과 실무경험을 가지고 있다고 인정되는 기술자이기 때문에 콘크리트 시공을 담당하는 건설업체, 레미콘생산업체, 콘크리트관련 제조업체, 설계업체, 감리업체, 진단 및 유지관리기관, 기타 관련 공사 · 공단 · 학회 · 협회, 정부기관 등에 취업할 수 있으며, 건설분야에서 가장 큰 인력고용 증진효과를 발휘할 것으로 판단된다.

1.3.5 측량 및 지형공간정보기사

(1) 개요

오늘날 우리생활에 요구되는 수많은 지형 및 공간에 대한 정보를 수집, 처리, 분석하기 위한 지상측량과 항공사진측량, 인공위성에 의한 영상획득 및 원격탐사 등에 대한 전문적인 지식과 기술을 보유한 기술인력을 양성하기 위하여 측량 및 지형공간정보기사 자격제도가 제정되었다.

(2) 수행직무

국토의 이용 및 개발, 건설공사, 지도제작 등을 위하여 각종 측량을 실시, 측량계획에 따라 실시계획과 작업계획을 수립하고 기준점의 위치선정, 영구표지 또는 일시표지의 설치, 결과의 정리 및 작성 등과 같은 업무를 수행한다.

(3) 진로 및 전망

1) 정부의 도시행정 및 지역행정 관련부서, 도시개발공사, 한국도로공사, 한국수자원공사 등의 정부투자기관, 각종 협회, 건설업체 등 다양한 분야로 진출할 수 있다.
2) 국가와 지방자치단체에서 지적도 전산화, 토지기록관리 전산화 등의 토지정보체계(LIS)구축사업과 국가지리정보체계(NGIS)구축사업, 도시정보체계(UIS)구축사업 등이 활발하게 진행되고 있으며, 2018년 현재 미국의 경우 공공부문에서만 매년 10조원 규모의 지형공간정보 관련 시장이 형성되고 있으며, 캐나다는 3조원 규모의 시장에 3천여개의 업체가 GIS 산업에 종사하는데 비해, 우리나라는 5천억원 규모의 시장에 750여 업체가 활동하고 있어 앞으로 발전 전망이 매우 높다. 또한 활용면에 있어서 도로, 철도, 상·하수도, 가스, 전력, 통신, 재해관리, 국토공간관리 등 공공분야는 물론 물류분야, 차량항법 분야 등 민간분야에서도 폭넓게 이용될 수 있어 이 분야의 자격취득자에 대한 인력수요는 증가할 것이다.

1.3.6 철도보선기사

(1) 개요

고속철도사업, 지하철 및 도시철도의 확충 및 신설 등 철로시설의 확충이 이루어지며, 열차의 운행빈도가 많아지고 고속화됨에 따라 정확하고 균등한 안전작업이 요구되므로 이를 효과적으로 수행할 수 있는 전문 기술인력의 양성이 요구되어 철도보선기사 자격제도가 제정되었다.

(2) 수행직무

열차의 안전운행과 작업능률의 향상을 도모하기 위하여 선로설비의 설계, 측량, 시공, 작업감독 등의 업무와 설치된 선로의 상태를 정확히 파악하여 선로가 항상 완전한 상태로 유지하도록 선로구조물을 점검·수리하는 관리계획작성 업무를 수행한다.

(3) 진로 및 전망

1) 한국철도공사나 한국철도시설공단, 도시철도공사 및 철도관련 건설업체 등으로 진출할 수 있다.
2) 대도시의 교통체증이 날로 심각해짐에 따라 이를 해결하기 위하여 서울, 부산, 인천, 대구, 광주, 대전 등 대도시에 도시철도, 지하철, 경전철 등이 신설을 완료하거나 계획 중에 있으며, 현재 고속철도가 공사 중에 있거나 신설 계획 중으로 철도보선기사의 인력수요는 증가할 것이다.

1.3.7 기술사의 종류

기술사의 직무는 과학기술에 관한 전문적 응용능력을 필요로 하는 사항에 대하여 계획, 연구, 설계, 분석, 조사, 시험, 시공, 감리, 평가, 진단, 사업관리, 기술판단, 기술 중재 또는 이에 관한 기술자문과 기술지도 등을 하고 있다.

과학기술분야의 기술사의 종류는 다음과 같다.

(1) 토목분야의 기술사 종류 17가지는 다음과 같다.

1) 토질 및 기초	2) 토목구조	3) 토목시공	4) 농업토목
5) 토목품질시험	6) 항만 및 해안	7) 도로 및 공항	8) 철도
9) 교통	10) 수자원개발	11) 상하수도	12) 지질 및 지반
13) 측량 및 지형공간정보	14) 건설안전	15) 도시계획	16) 지적
17) 화약류 관리			

(2) 건축분야의 기술사 종류 5가지는 다음과 같다.

1) 건축구조	2) 건축시공	3) 건축품질시험
4) 건축기계설비	5) 건축전기설비	

(3) 환경분야의 기술사 종류 6가지는 다음과 같다

1) 대기 관리	2) 수질 관리	3) 소음 진동
4) 폐기물 처리	5) 자연환경 관리	6) 토양환경

연습문제

1.1. 과학(Science), 공학(Engineering), 기술(Technology)을 설명하시오.

1.2. 현재 일반적으로 통용되고 있는 공학을 계열과 공학별로 분류하시오.

1.3. 공학기술 관련학과의 범위를 분류하시오.

1.4. 과학기술에 관한 기술사를 기술범위에 따라 분류하시오.

1.5. 미국토목학회(ASCE)의 토목공학의 정의를 설명하시오.

1.6. 토목공학의 정의를 설명하시오.

1.7. 사회기반시설물의 정의와 대표적인 시설물을 설명하시오.

1.8. 토목공학의 분야를 설명하시오.

1.9. 6T의 기술을 설명하시오.

1.10. 저탄소 및 녹색성장을 설명하시오.

1.11. 건축공학의 정의를 설명하시오.

1.12. 건설(토목)공학의 특징을 상세히 설명하시오.

1.13. 공학기초 교과목 및 주요내용을 설명하시오.

1.14. 토목공학의 전공기초 교과목 및 주요내용을 설명하시오.

1.15. 구조공학, 콘크리트공학, 건설재료 분야에 대해 설명하시오.

1.16. 수리학, 수문학, 수공학 분야에 대해 설명하시오.

1.17. 지반공학(토질역학, 기초공학, 암반공학)분야에 대해 설명하시오.

1.18. 측량 및 지형공간정보공학 분야에 대해 설명하시오.

1.19. 건설관리 분야에 대해 설명하시오.

1.20. 기술자의 등급 및 자격기준을 설명하시오.

1.21. 토목기사에 대해 상세히 설명하시오.

1.22. 건설안전기사에 대해 상세히 설명하시오.

1.23. 건설재료시험기사에 대해 상세히 설명하시오.

1.24. 콘크리트기사에 대해 상세히 설명하시오.

1.25. 측량 및 지형공간정보기사에 대해 상세히 설명하시오.

1.26. 철도보선기사에 대해 상세히 설명하시오.

1.27. 토목분야, 건축분야, 환경분야 기술사의 종류를 설명하시오.

참고문헌

1. 김길희, 김이형, 최재환, "공학입문설계", 구미서관, 2011.2, pp.6~275.
2. 김덕현, "토목공학의 정의와 분류", 대한토목학회지, 제21권 제2호, 1973.6, pp.38~45.
3. 김지학 외, "최신 건설공학개론", 동화기술, 2009.3, pp.10~20.
4. 김진우, "사회기반시설공학", 구미서관, 2006.3, pp.3~10,
5. 대한토목학회, "건설과 생태공학-녹색성장을 이끌 새로운 견인차", 2009.5, pp.10~25.
6. 성익현 외, "최신 토목공학개론", 동화기술, 2005.3, pp.15~32.
7. 이철규, 김성근, 김경주, "토목공학개론", 구미서관, 2012.2, pp.5~22.
8. 이창림 외, "건설설계학개론", 구미서관, 2006.1, pp.3~14.
9. 우종태, "건설계측공학", 구미서관, 2008.9, pp.281~283.
10. 우종태, "토목공학의 신비", 경복대학교 경복문화 제29호, 2009.6, pp.26~27.
11. 지효선, 우종태, "철근콘크리트공학", 예문사, 2017.1, pp.13~14.
12. 한국산업인력공단 홈페이지, "국가기술자격정보", 2017.12.
13. 홍순헌, 김일배, "토목공학개론", 형설출판사, 2004.7, pp.17~19.
14. 국가법령정보센터, "엔지니어링산업진흥법시행령", 2017.12.

제2장

환경공학개론

2.1 환경공학의 개요

환경공학은 환경오염을 방지하거나 최소한으로 경감시키기 위하여 필요한 처리기술을 연구개발하는 학문으로 오염방지 및 오염경감의 대상목표는 생활환경이다. 즉, 사람의 일상생활과 관계되는 물, 대기, 폐기물, 소음, 진동, 악취 등에 관하여 물, 공기 등 환경의 질을 생물이 살아가기에 적절한 상태로 유지하거나 쓰레기, 폐수 등의 폐물질 발생량을 경감시키면서 무해화하거나, 소음, 진동, 악취 발생을 억제함으로써 사람의 생활환경을 쾌적하게 유지 하고자 하는 것이다.

우리나라에 환경공학이 도입되기 시작한 시기는 1960년대 후반기였지만, 독자적인 기반을 갖기 시작한 것은 1970년대 후반기부터이다. 1960년대 후반기는 우리나라에서 아직 환경오염이 심화되지 않았고 따라서 환경보전에 관한 인식도 희박한 시기였지만, 1970년대 후반기는 급속한 경제성장으로 악화된 환경질로 인해 환경공학의 필요성이 대두되기 시작했다.

환경공학은 자연과학의 기초개념을 토대로 환경문제를 이해하고 해결하는 공학으로 위생공학을 바탕으로 하여 발전되어 왔다.

환경공학은 물리, 생물학, 화학, 생태학, 보건학 등의 기초 학문이론이 요구되는 학문으로 과거에 오염물질의 부하량에 따른 시설물의 설계에 역점을 두고 일단 그 시설물이 완성되면 일이 끝났다고 생각했던 것과 달리, 최근에 환경공학의 개념은 시설물의 설계를 위한 숫자보다는 근본적인 환경문제를 오염된 부하량을 어떻게 하면 최적조건으로 해결해서 건설하고 운전시키느냐에 중점을 둔 시스템 공학적으로 발전해 왔다.

즉, 환경오염제어(Environmental Pollution Control)를 주 활동으로 취급하는 학문으로 오염(Pollution)이란 우리의 생활에 버려진 오염물에 의해서 우리 주위의 공기, 토지, 그리고 물의 물리적, 화학적 혹은 생물학적 특성이 변화됨으로써 사람의 생명, 기타 생물의 활성, 생산과정, 생활조건, 문화적 재산 등에 해를 가하거나, 우리들의 자연자원을 못 쓰게 만들던지 아니면 그 질을 저하시키는 것을 말한다.

오염의 분류기준은 다음과 같다.

1) 환경오염으로 대기오염(Air Pollution), 수질오염(Water Pollution), 토양오염(Soil Pollution), 해양오염, 도시환경 및 생태계 파괴 등으로 나눌 수 있다.
2) 환경을 오염시키는 오염물에 의한 분류로 유해성 중금속에 의한 오염, 가스상 물질, 입자상 물질에 의한 오염, 고형물(Solid Waste)에 의한 오염 등이 이 범위에 속한다.
3) 생태계에 의한 분류로서 이 경우 오염은 크게 미생물에 의해서 분해 가능한 물질과 분해 불

가능한 물질에 의한 오염으로 나눌 수 있다.

참고로 환경공학개론을 집필하기 위해 "최신환경과학(박종안 외, 동화기술, 2010.3)"과 "환경과 생태(박석환 외, 동화기술, 2010.9)", "최신환경공학(이광래 외, 동화기술, 2016.9)" 교재 내용을 일부 인용 및 참고하였으며, 추가적인 내용을 필요로 할 경우 이들 교재를 참조하기 바란다.

2.2 환경의 분류

환경은 자연환경(Physical Environment)과 문화환경(Cultural Environment)으로 구분하며, 생태계는 자연생태계와 인문생태계로 구분할 수 있는데 이 중 자연생태계는 환경문제가 직접적으로 표출되고 가시화되는 생태계로 주로 위치, 지형, 기후 토양, 식생, 물 등을 뜻하며, 자연생태계의 파괴로 발생되는 환경문제는 대기오염, 수질오염, 해안 및 해양오염, 토양 및 산림오염 등이 있다.

인문생태계는 인구, 취락, 경제활동, 문화양식 등을 의미하며, 인문생태계에 따른 환경문제는 도시공간 조직에 따른 환경문제, 정치 및 경제적 조직에 따른 환경문제, 사회 및 문화조직에 따른 환경문제로 나눌 수 있다.

2.2.1 수리수문과 환경문제

고대문명의 발상지가 강이나 큰 하천에서 시작하였듯이 하천이 지구의 수문생태계 중에서 인류와 가장 가까우며, 하천은 인간에 의해서 끊임없이 영향을 받아 왔고 인위적인 변형을 거쳐 왔다.

각종 생활오수, 산업폐수, 축산폐수 등으로 육상의 지표수의 물이 극도로 오염되자 최근세계 각국에서는 지하수에 대한 관심이 크게 증가하고 있으며, 지하수는 지표의 물이 지하로 스며들면서 토양에 의해 오염물질이 자정작용에 의해서 여과되고, 생물학적으로 분해되어 깨끗한 물이 된다. 지하수는 지표수와 달리 순환속도가 느리기 때문에 오염을 치유하기 어려운 특성을 가지고 있고 어느 특정 지역에서 지하수를 과다하게 이용할 때에는 고갈 현상과 함께 지반침하 현상이 발생할 수도 있다.

따라서 지하수는 지표수의 부족량을 보충해 주는 자원이지만 자연상태에서는 정화능력이 작기 때문에 지하수 사용에는 엄격한 관리가 뒤따라야 한다.

2.2.2 해안과 환경문제

해안은 육상생태계와 해양생태계가 동시에 나타나는 생태적 측면에서 매우 중요한 지역으로 과거 해안생태계는 쓸모없는 불모의 땅으로 치부되었다. 그러나 해안생태계는 육지와 바다 사이에 놓여 있기 때문에 두 환경 사이에서 완충작용을 하는 곳이다. 즉, 해안생태계는 육지에서 흘러 들어온 모든 물질들을 정화하는 기능을 담당하고 있으며, 해양생물들이 알을 낳고 서식하며 먹이를 구하는 생산력이 매우 높은 생태적 보고로서 지구생태계를 지탱하는 기능하고 있다. 따라서 해안생태계 파괴는 지구생태계의 파괴를 의미하는 중요한 환경문제이다.

2.2.3 대기와 환경문제

대기를 오염시키는 물질로서 황산화물, 질소산화물, 탄화수소, 일산화탄소, 분진, 오존, 각종 중금속 등이 있고, 유기용제와 자동차 사용의 증가에 따라서 대기오염물질로 배출되는 휘발성 유기화합물 (VOC, Volatile Organic Compounds), 유기화합물질의 생산과 소각 등에 따라서 발생되는 다이옥신(Dioxins)은 대기생태계의 파괴와 더불어 금세기 인간에게 가장 피해를 입히는 대기오염물질이다.

대기오염물질의 최근 지구환경 위기와 관련된 주요 환경문제로는 프레온가스(Freon Gas) 사용으로 인한 오존층 파괴, 화석연료와 산림파괴로 인한 이산화탄소 배출량의 증대로 인한 기후온난화 등이 있다. 최근 유럽의 선진국에서 발생한 홍수와 엘니뇨, 그리고 라니냐 현상에 의한 연무 발생과 집중호우 현상은 이산화탄소 배출량의 증가로 인한 기후온난화에 따른 부작용으로 해석하고 있다.

라니냐, 엘니뇨, 라나다 현상을 요약하면 다음과 같다.

1) **라니냐** (La Niña, The Girl) **현상**

동태평양 해수면 온도가 평년보다 섭씨 0.5도 낮게 5개월 이상 이어지는 현상을 말하며, 스페인어로 "어린아이"라는 뜻이다. 이 현상이 발생하면 동태평양의 바닷물이 서쪽으로 움직인다. 동남아시아에서는 긴 장마를, 북미 대륙에서는 가뭄이 유발하다고 알려졌다.

2) **엘니뇨** (El Niño, The Boy) **현상**

라니냐와 같은 지역에서 발생하는 정반대 현상으로 동태평양의 해수면 온도가 평년보다 섭씨 0.5도, 심할 때는 7도까지 상승하며, 스페인어로 "남자아이"라는 뜻이다. 중남미 지역의 폭우와 홍수를 유발한다.

3) 라나다 (La Nada) 현상

라나다는 스페인어로 "공백"이라는 뜻으로 2010년 12월에 발생한 라니냐가 올해 1월 갑자기 사라졌지만 엘니뇨가 뒤따라 나타나지 않은 현상을 가리킨다.

서울특별시 노원구청에서 2012년 상계동 마들체육공원에 건립한 그림 2.1의 노원에코(Eco)센터는 종합환경교육장 시설로 이산화탄소 제로하우스(태양광발전 등 신재생에너지 생산기술을 적용하는 등 지구온난화에 주원인인 이산화탄소 배출량이 제로가 되는 건물)로 학생과 일반인들에 대한 기후변화체험을 교육하고 있다.

그림 2.1 노원에코센터

2.2.4 토양 산림과 환경문제

산림의 보전은 생태적으로 매우 중요한 기능들을 갖고 있는데, 산림은 마치 스펀지와 같은 기능을 통해 토양의 침식을 막고 홍수량을 자연적으로 조절하는 역할을 한다. 추운 한대지방에서부터 무더운 열대지방에 이르기까지 퍼져 있는 산림은 대기의 기온과 습도, 태양복사열 등의 조건에 따라 기후를 조절하기도 하며, 대기의 오염물질을 흡착하고 이산화탄소를 흡수하여 생물에게 필요한 산소를 공급하는 공기정화 기능을 담당하기도 한다. 그뿐만 아니라 낙엽과 가지와 같은 유기질을 토양에 공급하여 토양의 발달을 도모하고 산성화를 막아 주는 역할을 수행하며, 숲의 제공으로 각종 동식물의 서식처를 제공하여 귀중한 생물자원을 보호해 주는 역할도 한다.

녹지면적이 절대적으로 부족한 우리나라의 경우 산림보전의 문제는 매우 시급하며, 산림생태계에 대한 종합적 연구를 통해 이를 효율적으로 관리할 수 있는 토대를 마련해야 한다. 건강한 산림의 보전과 다양한 생물종 보호를 통해 자연의 물질순환을 원활히 해줄 때 자연환경의 평형이 유지될 수 있다.

2.2.5 도시화와 환경문제

도시환경문제는 도시의 자연생태계와 사회생태계간의 신진대사의 불균형으로부터 초래된다. 경제적 측면에서 환경의 오염은 환경자원 이용에 대한 경제적 불평등을 가져온다. 환경문제는 종종 모든 사람들에게 균등한 정도로 영향을 미치는 것으로 생각되지만, 사회계층이나 경제적으로 발전 정도가 다른 지역의 경우는 환경피해에 대응하는 능력의 차이가 있기 때문에 공간적 차별성이 존재한다. 또한 문화적 측면의 환경문제는 무절제한 소비문화에 큰 원인이 있다.

농업이 갖는 환경적 효과는 크다고 할 수 있으며, 개인적인 과소비 문화는 환경자원을 고갈시키고 환경문제를 더욱 악화시키는 중요한 요인이 되었다. 이러한 소비문화의 만연은 점차 빠른 속도로 전원 경관을 도시적으로 변모시켜 가고 있으며, 도시의 규모와 인구가 늘어나면서 생태적 완충 능력을 상실한 도시기후가 지배하게 되었고, 인구의 증가로 인하여 도시화와 공업화는 인구가 도시에 집중되는 과밀화로 생태계의 균형이 깨지고, 환경문제가 더욱 가중되었다.

2.3 환경공학의 학문분야

산업의 발달과 인간의 활동은 다양한 종류의 환경오염물질을 자연계로 배출시키고 있으며, 이로 인하여 생태계는 심한 교란 및 파괴를 겪고 있다.

환경공학(Environmental Engineering)은 이러한 오염물질을 처리 및 저감을 목표로 하고 있으며, 나아가 생태계 보호 및 지구환경을 보존하는데 그 목적이 있다.

환경공학 분야의 자세한 전공 교과목은 다음과 같다.

1) 환경기초 분야 : 환경미생물학, 환경화학 및 실험
2) 하천환경 및 생태학 : 환경생태학, 하천환경관리, 비점오염원관리
3) 폐기물 분야 : 폐기물처리공학, 유해폐기물 공학
4) 일반 환경공학 : 환경공학 및 연습, 상하수도공학, 폐수처리공학 및 설계, 환경시설 설계
5) 기타 : 물환경법규, 환경영향 평가 등

2.3.1 수질환경

(1) 수자원의 종류

지구상에서 생태계의 형성 및 유지는 물의 존재 하에서 가능했으며, 인류역사가 물과 더불어 시작되었듯이 인간은 물을 떠나서는 잠시도 살 수 없고, 인체의 70%가 물로 구성되어 있어 물은 생명의 근원이자 바로 생명 그 자체라고 할 수 있다.

사람이 생명을 유지하기 위하여 하루에 2L 정도의 물을 섭취해야 하며, 목욕수, 세탁수, 화장실용 등의 생활용수까지 합하면 1일 약 300L 이상이 필요하다.

물은 자연계에 존재하는 가장 풍부한 물질 중의 하나로 지구 표면의 3/4을 덮고 있으나, 이렇게 많은 양에도 불구하고 전체량의 97% 이상이 바닷물 또는 염분이 있는 물이어서 대부분의 경우 거의 이용할 수 없다. 나머지 3% 중 약 2%는 얼음과 빙하 및 대기 중의 수증기와 토양수분으로 되어 있어 이용하기가 어렵고, 따라서 사람의 일상생활과 공업 및 농업 등의 활동에 사용되는 수자원은 하천수와 지하수 등의 담수로 전체 수자원의 0.62%에 불과하다.

1) 지표수(地表水, Surface Water)

지표수란 지표면을 흐르고 있는 하천이나 저수지, 호소(湖沼, 호수와 늪, Lakes and Swamps) 등에 모여 있는 물을 말한다. 그 수질은 비교적 유기물질이 많고 용존산소가 높아서 세균 및 미생물의 번식에 알맞고, 침식당한 토양 등으로 인해 탁도가 높고, 지층을 통하지 않기 때문에 광물질 함량이 적다. 따라서 음용수, 생활용수, 농업용수, 공업용수 등 각종 용수에 많이 이용된다.

일반적으로 상수도의 급수원으로서 하천수를 이용하는 것이 일반적이며, 하천수의 환경관리가 소홀할 경우 장티푸스, 콜레라, 이질 등과 같은 수인성전염병 발병 등이 우려된다.

우리나라의 경우 비교적 연평균 강수량은 많으나 이용 가능한 하천의 유량은 풍부하다고 볼 수 없다. 그 이유는 6월에서 9월까지 강수량 중 태풍, 장마, 호우 등에 의한 것이 대부분이며, 한꺼번에 유출되기 때문이다.

2) 지하수(地下水, Ground Water)

지표면에 내린 빗물은 곧바로 지하로 침투하거나, 땅위를 흐르는 사이에 일부는 증발하고 일부는 토양으로 침투하게 된다. 지하로 침투한 물은 지하수를 이루는데, 지각의 윗부분인 토양층과 암석층에 보존된다.

토사나 바위가 물을 통과시키는 성질을 투수성(透水性, Permeability)이라 하고, 투수성이 높아 물을 포함할 수 있는 물질로 된 층을 대수층(帶水層, Aquifer)이라 하는데 토사, 자갈층은 좋은 대수층이 되며, 점토, 화성암, 변성암층 등 암반층은 투수성이 작다.

지하수는 유속이 완만하므로 토양이나 바위와 반응하지 않는 오염물이 지하수에 유입되면 제거되기까지 오랫동안 머물러 있게 된다. 지하수 오염은 지표수 오염보다 더 심각한데 그 이유는 다음과 같다.

① 오염된 물은 암석의 깊은 층에 축적되는데 그 곳에는 정화시킬 수 있을 만큼의 산소나 미생물 등이 없어서 정상적인 정화과정이 일어나기 어렵다.
② 지하수 오염의 발견 및 그 정도를 추정하거나, 인위적으로 정화시키기가 어렵다.
③ 지하수는 지질조건에 따라 매우 느리게 흐르는 곳도 있어 오염물질이 바다로 씻겨내려 가는 데는 수 십년이나 심지어는 수 백년이 걸리는 경우도 있다
④ 관개시설 등에 의해 지하수가 고갈되면 암석입자가 서로 더 밀착되어 전체 암석층의 부피가 감소되므로 지하공간이 크게 되어 지반이 무너질 위험성도 있다.

따라서, 사용하지 않은 폐공에는 오염물질이 지하수로 유입되는 것을 막기 위한 적절한 관리가 요구된다.

3) 대양(Ocean)

바다는 지구상에서 가장 큰 물의 저장소로 육상의 모든 담수가 일단 최종적으로 도달하는 목적지이다. 그리고 지상에서 일어나는 물질순환과 에너지이동의 기본적 저장소로서 지구환경에서 가장 중요한 역할을 담당하고 있다고 할 수 있다.

해수는 용해된 염을 다량 함유하고 있는데, 이 염들은 토양과 암석의 풍화작용으로 생성되어 강물에 의해 용해되고 운반되어 바다로 유입된 것이다. 해수는 염분농도가 높아 직접 음용수나 관개수 또는 세탁용수로 사용할 수는 없다. 최근에 바닷물로부터 담수를 분리하는 해수 담수화 기술(전기투석법, 역삼투압법)이 개발 되어 활용하는 국가가 늘어나고 있다.

4) 빙하(Glacier)

빙하는 물이 고체 상태로 존재하는 것으로서, 지표수를 구성하는 수자원 중 가장 많은 담수를 저장하고 있으나, 이용하기에는 아직 어려운 점이 많다. 빙하는 지표면의 10%를 덮고 있으며, 그 중 남극대륙이 85%, 그린란드가 11%, 기타 4%로 구성되어 있다.

만일 이 빙하의 전량이 녹는다면 해수면이 60m나 상승하여 세계의 주요 도시는 거의 침수될 것으로 예상된다.

(2) 수질오염의 원인과 영향

가) 수질오염의 원인

수질오염의 발생원인은 크게 자연적인 것과 인위적인 것으로 분류할 수 있으며, 자연적 원인으로는 강우량의 불균형으로 인한 하천용량의 저하와 하상의 형태에 다른 유속 및 유량의 불연속성, 그리고 하천유역에서 침식작용으로 인한 각종 부유물질의 하천유입이 있을 수 있겠으나 일시적인 것으로 큰 문제가 되지 않는다. 왜냐하면 자연은 자정능력이 있어 시간이 어느 정도 경과되면 저절로 정화되기 때문이다.

그러나 인위적 오염물질의 계속적인 배출 및 하천으로의 유입은 수계의 자정능력을 잃게 하므로 결국 별도의 오염물질 처리시설을 갖추지 않으면 안 되는 것이다. 인위적인 오염물질의 배출은 인구증가 및 각종 산업 활동에 필연적일 수밖에 없는데 그 종류는 대별하면 다음과 같다.

① 오염원이 쉽게 확인되는 점오염원(Point Source)으로서 생활하수, 산업폐수, 축산폐수 등을 들 수 있다. 이들은 자체 정화시설의 설치와 설치된 정화시설의 적정 관리를 유도함으로써 오염원의 통제와 관리가 가능하다.

② 점오염원에 대한 상대적 개념으로 비점오염원(Nonpoint Source)은 오염원의 확인이 어렵고 규제관리가 용이하지 아니한 비점오염원 문제가 차츰 심각한 수질오염의 원인이 되고 있다. 이들 비점오염원으로는 농경지에 뿌려지는 농약, 비료와 각 가정에서 사용하는 합성세제, 비가 올 경우 하수도에 흘러들어가 수질오염 물질이 되는 도로가에 쌓인 분진 등을 들 수 있다.

나) 수질오염의 영향

1) 인체에 미치는 영향

수질오염이 인체에 미치는 영향은 직접적인 것과 간접적인 것이 있다.

직접적인 것은 유해 화학물질과 중금속 및 병원성 미생물 등으로 오염된 물을 음용함으로써 급성 및 만성 중독, 수인성 질병 및 기생충 감염 등의 영향을 받는 경우이다.

간접적인 것은 수중의 오염물이 어패류나 농작물에 흡수되어 그 오염된 동물 및 식물을 인간이 섭취해서 생기는 것이다. 간접적인 피해로서 널리 알려져 있는 것은 미나마타병은 유기수은에 의해 오염된 어패류를 섭취했을 때 생기는 질환이며, 이따이 이따이병은 카드뮴에 의해 오염된 농작물 등을 섭취했을 때 생기는 질환이다.

미나마타병은 중추신경계의 질환이며, 이따이 이따이병은 골격이나 뼈에 영향을 미치게 되면

골연화증이나 골다공증 등을 유발하게 되는데 그 통증이 매우 심하다고 한다.

2) 수중생태계에 미치는 영향

① 부영양화 현상 (富營養化 現像, Eutrophication)

하천이나 호소에 유기물 또는 질소 및 인 등 영양염류가 적당히 존재하면 희석, 침전, 생물분해에 의해 자연 정화되지만, 과잉 공급되면 식물성 플랑크톤 즉 조류의 이상 번식을 촉진하여 물색깔의 변화와 투명도 저하를 초래한다. 또 이들의 잔해는 하부에 침적하여 혐기성 세균에 의한 혐기성 분해로 부패되어 악취가 발생되거나 침전하여 하천의 수질을 악화시킨다.

부영양화의 주요 원인은 합성세제에 함유된 보강제로 물속의 경도성분을 없애 주는 물질인 인산염이다. 이 물질이 물속의 녹조류나 적조류의 성장과 미생물의 번식을 촉진하여 부영양화를 유발해서 용존산소가 고갈되어 물이 썩게 된다. 또한 직접적인 피해로는 물을 상수로 이용할 경우 여과를 방해하고 악취를 수반하기 때문에 정수작업에 지장을 초래한다.

부영양화 현상을 방지하려면 화학비료의 과다사용을 억제하고, 합성세제의 인산염 성분을 제거토록 하며, 하수, 축산폐수 및 공장폐수 등의 처리시설을 확충하여 영양염류의 유입을 막도록 해야 한다.

② 용존산소의 고갈(Dissolved Oxygen Depletion)

여러 가지 유기물질이 하천에 유입될 때 그 오염효과는 다양하다. 예컨대 유류는 하천의 미관상 좋지 못할 뿐만 아니라 수상에 퍼져서 엷은 막을 형성함으로써 공기 중의 산소가 물속에 용해되는 것을 방해한다. 그러므로 기름의 양이 과다하면 물고기는 질식한다. 또한 페놀, 타르, 시안화물 및 DDT(디클로로 디페닐 트리클로로 에탄 Dichloro-Diphenyl- Trichloro-Ethane)와 같은 유독성 유기화합물은 하천 중에 있는 미생물을 감쇄함으로써 하천의 자정작용을 해칠 뿐만 아니라 극소량으로도 물고기와 기타의 수생생물이 죽을 수 있다.

③ 적조현상(赤潮現象, Red Tide)

해수 속으로 질소(N), 인(P) 등의 영양염류(식물성 플랑크톤인 영양물질)가 과다하게 유입되는 부영양화가 되고, 6월 중순에서 9월 하순에 해수의 온도가 21～26℃를 나타내면, 해수 중에 특정조류가 이상 증식하여 바닷물의 색깔이 빨간 색으로 변하게 되는데 이를 적조현상이라 하며, 플랑크톤의 색깔에 따라 갈색을 띄기도 하고 때로는 녹색으로 나타나기도 한다. 적조현상이 미치는 영향은 다음과 같다.

㉠ 해수 속의 조류가 과잉번식하면, 이들이 호흡하는 과정 중 용존산소를 고갈시켜 해수 중의 양식장 피해 및 수중생태계 파괴 등 동식물의 사멸을 초래한다.

㉡ 이들 조류들이 물고기의 아가미에 침착되어 호흡곤란을 유발시켜 죽게 한다.

㉢ 조류들이 성장하면서 방출해낸 치명적인 독소에 의해 어패류의 사멸이 초래된다.

④ 열오염(Thermal Pollution)

수온상승에 따른 수질오염을 열오염이라 하며, 많은 수중생물들이 수온에 영향을 받으므로 이러한 환경변화는 지대한 영향을 미칠 수 있다. 열오염은 화력발전소와 원자력발전소에서 발생된 냉각수가 원인이 된다.

냉각수는 주변의 해수보다 4~10℃ 높아서 수중생물에 생리적, 유전적 손상을 주며 산란유형을 변화시키거나 중지시키는 등 생태계의 균형을 깨트릴 수 있다.

⑤ 침적현상(沈積現象)

침적물은 일시적으로 현탁되어 있는 물질로서 고령토, 광산폐기물, 불용성 유기고형물 등으로 물을 혼탁하게 하여 광선투과율이 감소되므로 광합성률을 감소시켜 수중식물의 성장을 억제한다. 하수 및 폐수 중의 이들 현탁물질이 하천, 호수 및 바다에 퇴적하는 침적현상으로 수질이 악화될 뿐만 아니라 어류의 산란장소와 피난처에 피해를 주고 있다.

⑥ 해양오염

해양오염의 발생원인은 특성상 간단하게 구분할 수 없을 정도로 복잡하고 다양하다. 어떤 오염물질이 직접 해양으로 투입되는 것을 직접적 원인이라 하고, 방파제, 방조제, 부두, 수문 등 어떤 구조물 등에 의하여 해류에 영향을 주어 확산효과를 줄이거나 그 구조물로 인한 각종 오염물의 유입이 일어날 수 있는 것을 간접적 원인으로 구분한다.

먼저 직접적 원인에 의한 해양오염으로는 유류 오염사고(Oil Spills)를 들 수 있는데, 여기에는 균형을 잡기 위하여 사용되는 발라스트 물(Ballast Water)이라든가, 일반선박 등에서 발생되는 엔진 냉각수의 방류에 의해서도 발생된다. 이상에서 설명한 유류오염사고에 의한 해양오염 외에도 각종 산업폐수와 생활하수, 그리고 매립지 침출수 등이 미처리된 상태로 해양으로 유입되는 경우와 양식어장에서 양식물 수확 후 어장청소를 하지 않아 양식시설에서 나오는 각종 부유물, 폐각류 등이 해양오염에 영향을 미치고 있다.

(3) 수질오염 처리기술

가) 폐수의 생물학적 처리(Biological Treatment, Secondary Treatment)

1) 생물학적 처리의 원리 및 종류

폐수는 인간 활동과 각종 산업 활동을 통해 끊임없이 생성되고 있으며, 각종 경로를 거쳐 인간이 여러 가지 용도로 사용하고 있는 다양한 용수원에 유입된다. 이러한 폐수를 생성 후 또는 배출 전에 처리하지 않으면 각종 질병을 포함한 많은 악영향을 인간에게 미치게 된다.

폐수의 처리 및 처분 방법에는 여러 물리화학적 방법과 생물학적 방법이 있으나, 이 중 물리화학적 방법은 비용이 많이 들 뿐만 아니라 처리 후의 생성물을 재처리 또는 처분해야 하는 단점이 있다. 이에 반해서 생물학적 처리방법은 상당량의 유기물 성분을 이산화탄소의 형태로 분해, 안정시키거나 메탄가스(CH_4)의 생성으로 폐수 내 유기물을 제거시킴으로써 처리 후 생성물 양이 비교적 적게 된다.

생물학적 처리 방법은 주로 미생물을 이용하여 폐수 내의 오염물질을 분해, 해독 및 분리시키는 것으로서 관여하는 미생물로는 세균(Bacteria), 균류(Fungi), 조류(Algae), 원생동물(Protozoa) 등이 있으며 일부 하등동물도 관여하고 있다.

생물학적 처리법은 도시 생활하수의 2차 처리, 유기물을 함유한 공장폐수 및 이로부터 생성되는 오니의 처리에 주로 사용되는데 비교적 저렴한 경비와 다양한 공정 등으로 전 세계적으로 가장 널리 사용되는 폐수처리 방법이다.

생물학적 처리는 산소의 이용 유무에 따라 호기성 처리와 혐기성 처리로 나뉘는데 호기성처리에는 활성오니법, 살수여상법, 회전원판법, 산화지법 등이 있으며, 혐기성 처리에는 혐기성 소화조법, 부패조법 등이 있다.

2) **활성오니법** (活性汚泥法, Activated Sludge Process)

① 활성오니법의 원리

폐수의 처리방법은 19세기 말부터 여러 가지가 연구되기 시작되었는데, 영국 멘체스터에서 Arden과 Lockett 두 사람이 1914년에 오니(汚泥, Sludge)의 재순환을 고안해 냄으로써 활성오니법이 탄생되었으며, 그 후 이 방법의 생물학적 이론의 정립과 많은 연구에 의해 몇 가지 변형된 공정이 개발되었다.

활성오니법은 폭기조(Aeration Tank) 내에서 유기물을 함유한 폐수에 공기를 주입하면 폐수 속에 존재하는 미생물의 호기성 대사에 의해 유기물이 이산화탄소와 물로 분해되고, 이 때 발생된 에너지로 미생물 생체량이 증가하는 원리를 이용하고 있다.

활성오니법은 유기물이 많은 폐수에 대한 처리 효율이 높아서 90~95%의 BOD(생화학적 산소 요구량, Biochemical Oxygen Demand) 제거율을 나타내지만 폐수의 양과 수질의 변화 및 유해 물질에 의해 영향을 쉽게 받고, 처리 후 발생하는 폐기오니를 재처리해야 하는 등의 단점이 있다.

3) **살수여상법**(撒水濾床法, Trickling Filter Process)

20세기 이전의 일반적인 폐수처리 방법은 폐수를 토양 표면에 뿌리는 토양분사법(Land Spraying)이었으며, 이로부터 살수여상법이 개발되었다. 이 살수여상법은 폐수 정화에 관여하는 미생물들이 정지상 매체 또는 회전상 매체의 표면에 부착한 고정된 생물막을 이용하는 고정막 처리법(Fixed-Film Treatment)의 일종으로, 이런 생물막을 이용하는 폐수처리 방법으로는 살수여상법, 회전원판법(RBC, Rotating Biological Contractor), 활성생물막법(Activated Biofilters), 유동상법(Fluidized Bed) 등 여러 가지가 있다.

4) **회전원판법**(RBC, Rotating Biological Contractor)

회전원판법은 보다 발전된 호기성 생물막을 이용한 처리법으로서 1920년대 말에 그 원리가 개발되어 1960년대부터 상업적으로 이용되기 시작하였다. 근접 배치한 얇은 원형판들을 폐수가 흐르는 구조물에 약 40% 정도 잠기게 한 후, 이 판의 수직축을 1RPM 정도로 회전시켜 판 표면에 생긴 생물막이 폐수 속의 유기물을 흡착하여 분해시킨다. 판이 회전하면서 규칙적으로 생물막이 공기에 노출되므로 산소의 계속적인 공급이 이루어진다. 살수여상법에서와 같이 두꺼운 생물막이 생성되면 떨어져 2차 침전조에서 제거된다.

나) 폐수의 토양처리법

토양은 복잡한 물리적, 화학적, 생물학적 경로를 통해 많은 폐수 및 폐기물을 분해 또는 해독시킬 수 있는 자연 환경이다. 토양처리법은 각종 폐수 및 폐기물을 표층 토양과 섞어서 여러 가지 반응, 특히 미생물에 의한 유기물 분해를 촉진시키는 방법으로 토양경작법(Land Farming 또는 Land Cultivation)이라고도 한다.

다) 고도처리 (3차 폐수처리)

오수 및 폐수의 처리에 있어 스크린이나 침사조, 침전조를 이용하여 협잡물 등 불순물을 1차적으로 제거하는 것을 1차 처리라 하고, 활성오니 또는 살수여상에 의해 유기성오염물질(BOD 등)을 처리하는 것을 2차 처리라고 한다.

3차 폐수 처리는 오수 및 폐수를 1차, 2차 처리한 후, 2차 처리에서 제거되지 않는 질소 및 인 등 영양물질을 제거하는 공정을 말하며, 고도처리라고도 한다.

현재 우리나라의 경우 대도시를 시작으로 고도처리를 실시하고 있으나 주요 호소, 하천 및 해역에서 부분적으로 부영양화가 일어나고 있다는 점에서 고도처리를 일반화해야 할 것이다.

고도처리를 위하여 사용되는 방법은 크게 물리 · 화학적 방법, 그리고 생물학적 방법이 있다.

1) 물리 · 화학적 방법

① 활성탄흡착법
② 응집 침전법
③ 암모니아법
④ 염소주입법
⑤ 역삼투법
⑥ 전기투석법
⑦ 이온교환법
⑧ 오존법

2) 생물학적 방법으로는

① 조류 채취법
② 질산화 · 탈질법
③ 박테리아 동화법

(4) 해양오염

가) 해양오염의 개념

해양은 해산물 자원의 보고로서 그 중요성이 크게 대두되고 있으나, 근래에 기름에 의한 오염이나 적조현상의 발생과 같이 생활환경 및 생태계에 보다 직접적인 영향을 미치는 사례들이 인구증가, 도시의 거대화, 산업발전에 따른 해양수송물 증가 및 연안으로 유입되는 하수 및 폐수 등이 증가함으로써 그 오염도가 더해 가고 있는 실정이어서 이에 대한 방지대책 및 피해복구 등의 기술적 대책이 요구되고 있다.

나) 해양오염의 원인

해양을 오염시키는 물질로는 크게 석유류, 할로겐화 탄화수소, 유기화합물, 중금속류 등이 있다.

1) 석유류

해양 오염의 주된 원인물질 중의 하나로서 에너지원으로서 사용하는 석유를 운송하는 유조선에 의한 유출이나 폐유의 의도적인 해양으로의 투기 등을 그 대표적인 예로 들 수 있다. 이는 산유국과 수입국의 항구를 잇는 유조선의 항로 주변에서 자주 볼 수 있고 때로는 대륙붕에서 석유를 시추하거나 석유를 생산하는 과정에서 발생하기도 한다.

2) 유기화합물

해양오염의 원인이 되는 유기화합물에는 많은 발암성 물질이 함유되어 있다. 벤젠화합물은 연체동물의 종양을 일으키게 하고 민가에서는 장기간에 걸친 접촉에 의해 백혈병이 된다고 한다. 반면에 어패류인 대합은 깨끗한 환경에 있으며 항암물질을 만드는 기능이 있지만 오수중에서 자라면 그 기능을 잃는다.

3) 할로겐화 탄화수소

할로겐화 탄화수소는 살충제, 제초제, 염료, 전기 절연재료 합성수 등에 광범위한 용도로 쓰이고 있는 유기 합성물질이다. 이중 살충제로서의 할로겐화 탄화수소는 현재 세계에서 연간 약 20만톤 정도 생산되고 있다. 또 PCB(Polychlorinated Biphenyl)와 같은 것은 공업상 대단히 광범위하게 쓰이고 있기 때문에 살충제의 생산량을 훨씬 상회하고 있다. 이러한 할로겐화 탄화수소는 해양투기에 의해 오염원으로서 바다로 유입 된다.

4) 오염퇴적물

제지공장 등의 폐수는 다량의 유기물이나 무기염류를 함유하고 있다. 오염퇴적물은 이들 폐수 및 하수나 폐기물이 하천을 통해 장기간에 걸쳐 연안으로 유입되거나 해저에 퇴적되어 일어나는 현상이다. 이 퇴적물은 혐기성 분해를 하여 황화수소나 메탄가스 등의 악취 가스를 생성하기도 하며, 심하게는 해양생물의 서식처를 모두 오염시키기도 한다.

5) 중금속류

중금속은 해수 중에 촉매원소로서 미량이 존재하는데 중금속류 중 수은이나 카드뮴은 수요가 많기 때문에 폐기량이 많고 해양으로 유입될 가능성 또한 크다.

6) 열 오염

화력발전소나 원자력 발전소로부터 배수는 해수보다 4~10℃ 정도 높은데 이로 인한 해양오염 또한 무시할 수 없다. 배수량은 원자력 발전의 경우에는 출력 10만kW당 6~7ton/sec가 배수되며, 화력발전소에서는 3~4ton/sec가 배수된다.

다) 해양오염 방지대책

해양오염의 방지대책은 육지로부터 유입되는 오염과 해상 쪽에서 발생되는 오염으로 구분하며, 해양오염 방지를 위해 오염 측정망을 설치하여 해양오염원을 체계적이고 정량적으로 조사하고, 이에 따라 해역별 수질관리를 실시하여 수산생물에 적합한 수질을 유지해야 한다

1) 적조현상의 대책

적조현상의 대책은 적조자체가 발생하지 못 하도록 예방조치를 하는 것이 중요하고 적조가 일단 발생하였을 경우 조기에 발견하여 피해를 최소화하는 것이 중요하다. 따라서 적조발생시 감시 통보할 수 있는 비상연락망이 정비되어야 하며, 발생한 적조생물을 급속히 흡수 제거하기 위해서 하천 또는 호소의 부영양화 처리와 적조를 회수하는 선박 등을 이용하는 것도 좋다.

2) 유류오염 대책

① 해상 유류 기름 정화법

일반적으로 해상에 기름이 유출되면 단시간에 이동하고 확산되면서 응고하거나 일부는 침하되어 보통의 방재작업으로는 곤란할 수도 있다. 기름이 대량 유출되었을 때는 일반적으로 기름 방벽(Oil Fence)을 펴서 기름을 회수선이나 회수장치로 회수하거나, 유흡착제나 유처리제 등으로 처리한다. 그리고 기름 유출이 소량일 경우에는 흡유재 또는 흡유재로 만든 방벽으로 처리하거나, 소량의 유처리재를 사용해서 분산시킬 수도 있다.

② 해변가 유출 기름 정화법

기름에 오염된 해변은 기름을 고압호수로 빨아내서 깨끗해질 수 있고, 뜨거운 물이나 차가운 물을 이용하여 기름을 씻어내고, 오염된 기름이 모아지면 운반한다. 또한 생물학적 개선법은 해변가의 기름을 제거하는 기술로서 세균을 이용하여 기름을 파괴하도록 자연스럽게 유도하는 방법이다. 여기에는 기름이 유출된 해변에 기름을 먹는 미생물을 성장시키는 화학비료를 뿌리는

방법 등을 사용한다.

③ 연안동물의 대책

바다새와 해달과 다른 동물들은 추운 겨울에 돌보지 않으면 기름 유출에 오염되어 얼어 죽게 된다. 칫솔과 식기 세제로 동물에 묻은 기름을 제거할 수 있으며, 종종 죽음의 위협에 처해 있는 동물은 응급 센터로 수송된다. 야생동물 전문가는 대포를 쏘거나 허수아비를 세워서 동물을 집중 오염지역 밖으로 도망가게 하는 방법을 실시하고 있다.

2.3.2 대기환경

(1) 대기층의 구성

대기는 분류체계에 의하여 여러 개의 영역으로 구분할 수 있는데 가장 일반적인 분류는 약 50km 상공까지를 저층대기, 그 이상을 고층대기로 분류한다.

고공 로켓과 우주선이 개발되기 전에는 저층대기에 대해서만 연구를 하였으나 위와 같은 것들이 개발됨에 따라 최근 몇 년 사이에 이 두 영역에 대한 대기 현상의 연구가 비슷한 수준으로 이루어지고 있다.

고층대기에는 저층대기에서 발견할 수 있는 물질들과는 다른 종류들을 함유하고 있다. 저층대기는 비교적 균일하게 분포되어 있고, 고층대기는 그렇지 못하기 때문에 대기를 균질권(Homosphere)과 비균질권(Heterosphere)으로 구분하여 부르기도 한다.

대기의 영역별 특성을 표 2.1과 같이 온도와 고도를 기준으로 구분하는 방법이 가장 많이 사용되고 있다.

표 2.1 대기의 영역별 특성 (최신환경과학 인용)

영역	온도(℃)	고도(km)	구성화학종
대류권	15~−56	0~11	N_2, O_2, CO_2, H_2O
성층권	−56~−2	11~50	O_2
중간권	−2~−92	50~85	O_2^+, NO^+
열 권	−92~−1,200	85~500	O_2^+, O^+, NO^+

1) 대류권

지상에서 약 11km 지점까지를 대류권이라 하는데 대류권의 경계는 지구표면의 온도와 특성 등을 포함한 많은 요소들에 의해서 영향을 받기 때문에 하루 동안에도 대류권의 최상단에 대한 부분은 km 단위로 변할 수 있다. 대류권은 고도가 높아짐에 따라 지구에서 복사하는 거리가 멀어지기 때문에 온도가 내려가는 특성을 가지고 있다. 대기오염물이 없는 상태에서 대류권의 조성은 매우 균일하다고 할 수 있는데 이것은 대류권 안에서 공기가 계속 순환하면서 혼합되기 때문이다. 그러나 대류권에 있는 물은 구름을 형성하고 낙하하며, 지구에서 증발하기 때문에 분포가 큰 차이로 되어있다.

2) 성층권

지상에서 약 50km 지점까지를 성층권이라 하는데 대류권의 최고 상단부에 위치하고 있는 추운 층이 성층권이다. 온도가 낮기 때문에 물이 얼음 입자로 용축되어 있어 매우 강한 자외선 작용에 의해서 광분해가 일어날 수 있는 더 높은 고도로 물이 올라가는 것을 방지하고 있다. 만약 광분해가 일어나면 수소가 생성되어 대류권을 빠져나가게 된다. 따라서, 성층권은 물의 광분해 반응을 방지하는 역할을 한다.

성층권은 고도가 높아짐에 따라 온도가 상승하는 특징 있어서 성층권의 최상단계에 도달 하게 되면 높은 온도를 나타내게 된다. 성층권에서 온도가 상승하는 이유는 오존이 존재하기 때문인데, 성층권의 중간 지역에는 오존이 부피로 10ppm 존재한다. 오존은 자외선 형태의 에너지를 흡수하기 때문에 온도를 상승시킨다.

3) 중간권

중간권은 지상에서 85km 지점으로 중간권에서는 고도가 높아짐에 따라 온도가 감소 하게 되는데 이것은 복사선을 흡수하는 물질인 오존의 농도가 감소하기 때문이다. 중간권을 지나면 분자와 원자는 지구의 대기층을 완전히 벗어나게 되는데 이것을 외기층이라고도 한다.

4) 열권

열권은 지상에서 500km 지점으로 최저온도를 나타내는 곳은 -1,200℃로 이곳에서는 200nm보다 파장 짧은 높은 에너지의 복사선이 흡수되기 때문이다. 또한 지상에서 100m 올라감에 따라 기온은 -1℃씩 저하한다.

(2) 대기오염의 원인과 영향

가) 대기오염의 정의

공기 중에 정상적으로 존재하지 않는 물질이 인위적이거나 혹은 자연적으로 대기 중으로 방출될 때 대기는 오염되며, 각 나라별 대기오염의 정의는 다음과 같다.

1) 세계보건기구 (WHO)

세계보기구에서는 "대기 중에 인위적으로 배출된 오염물질이 존재하여 오염물의 농도 및 지속시간이 어떤 지역주민의 불특정 다수인에게 불쾌감을 일으키거나 해당지역에 공중보건상 위해를 미치고 이간이나 식물 및 동물의 생활에 해를 주어 도시민의 생활과 재산을 수용할 정당한 권리를 방해받는 상태를 말한다"라고 규정하고 있다.

2) 대한민국

우리나라는 1990년 환경정책기본법에서 "환경오염이라 함은 사업활동, 기타 사람의 활동에 따라 발생되는 대기오염, 수질오염, 토양오염, 해양오염, 방사능오염, 소음·진동, 악취 등으로서 사람의 건강이나 환경에 피해를 주는 상태"로 정의하고 있으며, 대기환경보전법 제1조 정의에서 "대기오염물질은 가스·입자상 물질, 먼지, 매연, 악취, 특정 대기유해물질, 대기오염물질 배출시설, 대기오염 방지시설, 자동차, 첨가제"로 정의하고 있다.

3) 미국

미국기술자총연합회의(Engineer's Joint Council)에서는 "대기오염을 사람, 식물, 그리고 동물의 생명과 우리의 재산에 해가 될 만큼 또는 인간의 생활과 재산을 안락하게 향유하지 못할 정도의 양만큼, 특성을 가지고 충분한 기간 동안 먼지, 연기, 악취, 매연가스와 같은 오염물질이 한 종류 또는 그 이상 존재하는 것"이라고 정의 하고 있다.

4) 일본

일본의 대기오염방지법은 "매연, 먼지, 악취 및 가스로 인한 오염을 대기오염"이라 하여 대기오염의 요인을 정하고 이 법에서 "공해라 함은 보건위생상에 미치는 위해와 생활환경에 관련된 피해가 발생하는 것을 말한다"라고 공해의 정의를 규정하고 있다.

나) 대기오염 물질 및 영향

대기는 약 78%의 질소와 약21%의 산소로 구성되어 있는데 대기를 오염시키는 물질은 일반대기의 화학조성물질 이외의 물질이 대기 중에 함유되어 있는 것으로 가스상 물질과 입자상물질로 구별되며, 배출원에 따라서는 고정배출원과 이동배출원으로 구분하고, 오염물질의 배출상태에 따라 자연적 발생원과 인위적 발생원으로 나누며, 발생된 오염물의 형태에 따라 1차 오염물질과 2차 오염물질로 구분한다.

다) 대기오염 발생원

1) 고정발생원

대기오염의 고정발생원으로는 각종 산업체의 공장 및 사업소 등으로부터 석탄, 석유, 가스 등 그밖에 가연물질의 연소로 인한 배기가스가 대기 중에 방출되고 있다. 오염물질 발생원 및 오염물질의 종류는 다음과 같다.

① 석유정제, 펄프, 제철업 등으로부터는 부유입자상 물질, 황산화물(SO_X), 탄화수소(HC), 질소산화물(NO_X) 등의 오염물질이 방출된다.

② 비료, 펄프, 화학공업 관련산업에서는 황화수소(H_2S), 불화수소(HF), 황유기 화합물 등의 악취물질이 방출된다.

2) 이동발생원

대기오염의 이동발생원으로는 자동차, 철도, 항공기 등의 교통수단에 의하여 한곳에 고정되지 않고 이동을 하면서 오염물질을 방출하는 것으로 황산화물(SOx), 탄화수소(HC), 질소산화물(NOx), 일산화탄소(CO), 탄화수소(HC) 및 특정의 유해가스와 경우에 따라서는 중금속 등이 발생한다.

라) 대기중 배출 가스의 종류

이동배출원의 가장 많은 수를 차지하는 자동차의 증가로 도시에서는 대기오염이 심각해지고 있다. 대기환경보전법에서는 황의 함유기준을 정하도록 하여 대기오염방지를 위한 연료의 황함량에 대한 규제를 하였고, 자동차의 배출가스, 매연 등의 배출허용기준은 자동차 종류별로 규정하고 있다.

1) 일산화탄소(CO)

일산화탄소는 대기를 오염시키는 유해가스 중 역사가 가장 길었던 가스 중의 하나로 지구가 생성된 후 화산의 폭발과 인간이 불을 발견하여 사용한 시절부터이다. 일산화탄소는 주로 가정용 난방에서 많이 발생되며, 각종 교통수단의 연료의 연소, 공장, 쓰레기 소각 등의 인위적 활동에 의하여 배출되며, 전체 배출량의 95%는 인구가 많이 집중된 북반구에서 발생하며, 인위적인 발생량이 자연적인 발생량보다 약 10배 정도 크다.

일산화탄소는 무색, 무취, 무자극성의 기체로 분자량이 28로서 공기 분자량 28.84보다 약간 가벼워 공기 중에 잘 섞여서 일산화탄소의 중독이 일어나게 된다.

2) 이산화탄소(CO_2)

이산화탄소는 표준상태(0℃, 1기압)에서 무색・무취의 기체이며, 동・식물의 성장에 필수 불가결한 물질이다. 이산화탄소는 대기 중에 약 320ppm이 존재하며, 부피로는 0.032%에 불과하다. 그러나 이산화탄소는 지구 온도 변화에 영향을 줄 수 있으므로 그 자체가 오염물질은 아니지만 잠재적 오염물질로 분류하고 있다.

이산화탄소는 연소과정에서 필수적으로 생기며, 생성된 이산화탄소의 50%정도는 대기에 남아서 점차로 축적되며, 나머지는 해수나 식물에 의해서 흡수된다.

또한 이산화탄소의 증가는 지구의 온실효과를 유발시켜 지구의 온도를 높이는 역활을 한다.

온실효과(Green House Effect)란 대기가스가 파장이 짧은 태양광선은 그대로 통과시키지만 태양광에 의해 따뜻해진 지표가 방사하는 파장이 긴 적외선을 차단시켜 이 적외선 에너지를 지표로 재 방사함으로써 마치 온실의 유리와 같은 효과를 내어 지구의 온도가 상승하는 현상을 말한다. 이러한 온실효과의 주된 원인물질은 산업체에서 내뿜는 이산화탄소로 알려져 있다.

3) 아황산가스(SO_2)

아황산가스는 공장의 배출가스 중에 함유되어 대기를 오염시켜 인간과 자연동물의 생태계를 위협하고 있다. 아황산가스는 비가연성 폭발성이 있는 무색의 자극성 냄새가 있는 기체로 분자량은 64.07이며, 물에 대한 용해도는 20℃에서 10.5g으로 수용액은 아황산을 포함한다. 아황산은 각종 색소를 표백하며, 강한 산성을 띠게 되어 산성비의 원인이 되기도 한다.

산성비는 pH5.6 이하의 빗물로서, 주요 원인물질은 공장이나 자동차의 배기가스에서 나오는 황산화물과 질소산화물이다. 이 물질들 중 일부는 땅에 흡수되어 토양을 오염시키며, 나머지는 대기에서 산화되어 강산인 황산과 질산으로 변해 비 또는 안개로 지상에 강하하여 피해를 일으킨다. 또 석탄, 석유와 같은 화석연료에서 나오는 연소 가스는 많은 황산화물과 질소산화물을 함유하고 있는데 이 유독성 물질들은 바람에 실려 대기를 순환하여 해양국가는 물론 내륙국가들도 심각한 산성비 문제를 일으키고 있다.

4) 오존(O_3)

오존은 산소의 동소체로서 그 성질의 특징은 강력한 산화력을 가지고 있다. 오존은 200~360nm에 강한 흡수대가 있고 9.6μm의 적외부에 흡수대가 있다. 지상에 있는 오존은 배출가스 중의 질소산화물로부터 광화학적으로 생성되나 성층권에서는 태양광선의 자외선에 의한 산소분자의 광해리에 의해서 만들어진다.

대기중 오존의 밀도는 15~50km의 성층권 범위에 있고, 최대밀도는 20~30km에 분포되어 있어서 이의 농도는 최대 10ppm 정도이다.

오존은 자외선을 흡수하는 역할을 하며, 대류권에 존재하는 오존은 이산화탄소, 메탄 등과 함께 온실효과를 일으킨다.

5) 질소산화물(NO_X)

질소산화물은 화학적으로는 N_2O, NO, NO_2, N_2O_3와 같은 것으로 환경문제에 관한 NO_X는 NO와 NO_2를 의미한다. 대기중의 질소산화물의 농도는 질소와 산소의 반응이 매우 느리기 때문에 낮다. 또한 NO의 생성은 온도 1,500℃의 연소과정에서 생성되어 액화시키기 어렵고 공기보다 무거우며 산소와 반응하여 NO_2로 변하여 적갈색을 띤다. 이 질소산화물이 아질산 질산으로 변화하여 비속에 포함되어 지상에 떨어지면 산성이 되어 산성비의 원인이 된다. 또한 질소산화물은 탄화수소와 태양광선의 자외선의 영향을 받아서 광화학 반응을 일으킨다.

6) 암모니아(NH_3)

무색의 기체로 특유한 자극성의 냄새가 있고 20℃, 8.8기압에서 액화하며, 분자량은 17.03으로 물에 녹아 수산화암모늄이 된다. 공기중에 5ppm만 존재하여도 냄새가 감지된다. 암모니아에 의한 대기오염은 주로 비료공장, 냉동공장, 표백 또는 색소제조공장, 나일론 또는 암모니아에 제조공장에서 발생된다. 이와 같은 암모니아는 400~1,000ppm에서 눈, 후두, 호흡기의 자극증상을 일으키고, 20ppm에서는 경련성 기침, 폐수종, 혈담, 호흡곤란을 일으켜 사망하며, 5,000ppm 이상에서는 호흡정지 및 의식불명을 일으켜 수분 내에 사망하게 된다.

7) 염화수소(HCl)

순수한 염화수소 가스는 무색으로서 자극성 냄새가 있으며, 대기중에서 접촉하여 산성, 백색의 증기를 발생한다. 발생원으로는 염산제조, 소다, 염산가스, 황산염 및 아연염, 인산비료, 표백분제조, 의약품, 인조양모공업, 고무공업, 유기합성 등이며, 수분을 포함하지 않은 경우에는 강한 자극성이 있고, 상부기도에 흡수되어 산화작용을 일으킨다. 그러므로 카타르성 비염, 기침, 호흡곤란을 가져오며, 심한 경우 폐출혈이나 폐부종을 일으켜 사망하게 된다.

8) 염소(Chlorine, Cl_2)

상온에서 황록색의 기체로 특수한 자극취가 있고 1ppm 정도에서 냄새가 감지된다. 발생원은 염체염소제조, 표백분 및 유기염소제품, 의약품, 목면, 종이, 밀가루의 표백과 살균, 고무제조, 금속공업 등이며 상수도의 살균제로 사용되고 있다.

9) 황화수소(Hydrogen Sulfide, H_2S)

계란을 썩는 냄새가 나는 기체로서 고무, 제혁, 아교제조, 제당, 가스공장 및 황광산 등에서 발생한다. 생리적으로는 위장이나 폐에서 흡수된다. 또한 함철산화효소의 파괴로 인한 세포내부호흡작용의 정지를 일으키며, 고농도 흡입시에는 눈이나 호흡기를 자극하며, 불면증이나 식욕부진을 초래한다

10) 포름알데하이드(Formaldehyde, HCHO)

상온에서 강한 자극성이 있는 무색의 기체이며, 광화학반응에 의하여 생성되기도 한다.

포름알데하이드의 제조, 소독제, 각종 씨앗의 소독제로 사용되며, 타르 염료공업, 섬유공업, 피혁공업, 합성수지 등의 가소제의 제조에서 많이 발생하고 있다.

중독경로는 흡입으로 자극을 받는 경우와 피부 및 점막에 부착되는 경우가 있다. 특히 중추신경에 대한 마취작용과 점막에 대한 자극작용이 있으며 조직에 염증을 가져온다.

(3) 대기오염 방지기술

가) 입자상 물질의 제거

대개의 경우 입자상 물질은 가스와 함께 유출되는 것이 대부분이며, 이러한 가스에서 입자상 물질의 제거는 관성력(원심력), 표면응집력(부착력), 정전기적 인력의 세 가지 작용으로 이루어진다.

1) 사이클론

이 방법은 가장 보편적인 분진제거의 방법으로 원심력을 이용하는 방법이다.

2) 백필터 (Bag Filter)

이 방법은 분진이 발생되는 가스나 연기 등을 섬유성 물질로 자루(Bag Filter)속에 넣어 여과시키는 방법이며, 입자의 크기가 1μm보다 큰 경우에 효과적이다. 처음 자루가 깨끗할 때에는 자루의 구멍크기 정도의 입자 밖에는 제거하지 못하나 입자들이 축적되면 자루의 구멍 크기보다 더 작은 입자를 제거시켜 여과를 돕게 된다.

3) 전기집진기(Electrostatic Precipitator)

전기집진 기술은 1906년 미국의 코트랠이 창안하였으며, 그 후 미국을 중심으로 선진국들의 활발한 연구와 적용 실험을 거쳐 현재에 이르렀다. 이 방법은 20μm보다 작은 입자를 제거시키기 위하여 사용되는데 효율이 가장 좋으며, 고전압에서 생성되는 백광(Corona)을 이용하여 전하를 방출시켜서 먼지와 같은 입자에 전하(Charge)를 띠도록 만든다. 즉, 부하된 입자를 집진극으로 모이게 한 다음 이 입자들의 전하를 다시 중화시켜서 집진극으로 부터 제거한다.

4) 습식제거장치(Wet Scrubber)

습식제거장치에서 분진입자는 가스 흐름에 투입된 물방울에 의하여 포착된다. 유용한 습식제거장치에는 충전식 세정장치, 와류식 제거장치, 벤츄리 세정장치 등이 있다.

나) 가스상 오염물질의 제거

가스상 오염물질의 제거기술은 가스의 성질에 따라 다르며, 보통 흡수, 흡착, 연소, 밀폐수집후 회수 및 중화법을 이용하고 있다.

1) 흡 수

흡수의 원리는 오염된 기체를 액체의 흡수액과 접촉시켜 오염가스가 액상에 잘 용해하거나 화학적으로 반응하는 성질을 이용하여 유해가스를 제거하는 것이다. 유해가스를 포함한 기체를 흡수액이 들어 있는 흡수탑을 통과시키면 기체 중에 들어있던 유해가스 성분이 제거되거나 변질된다. 이때의 효율은 기핵 접촉면적과 접촉시간에 관계가 있고 흡수액체의 농도와 반응속도에 영향을 받는다. 흡수액은 특별한 경우를 제외하고는 물 또는 수용액을 사용하며 물에 대한 기체의 용해도가 중요하다.

2) 흡 착

흡착의 원리는 기체의 분자나 원자가 고체의 표면에 달라붙는 성질을 이용하여 오염된 기체를 고체의 흡착제가 들어 있는 흡착탑을 통과시키면 특정한 유해가스 뿐만 아니라 악취도 함께 제거된다. 흡착은 오염가스를 회수할 가치가 있는 경우 오염가스가 타지 않을 경우 및 오염가스의 농도가 매우 희박한 경우에 특히 유용하다.

흡착은 물리적 흡착 및 화학적 흡착으로 나누는데, 물리적 흡착에서는 기체와 흡착제가 분자간의 인력에 의하여 서로 달라붙으며 화학적 흡착에서는 이들의 화학적 반응을 일으켜 새로운 물질로 된다. 물리적 흡착은 흡착과정이 가역적이기 때문에 흡착제의 재생이나 오염가스의 회수에 매우 편리하다.

3) 연 소

연소 또는 재연소의 방법은 오염된 기체로부터 가연성의 가스, 증기 또는 악취를 태워서 제거하는 것이다. 이 방법은 배기의 양이 많고 오염가스가 비교적 적을 때에 많이 사용한다. 연소방법은 직접연소, 가열연소 및 촉매연소로 나눌 수 있다. 일반적으로 연소장치를 설계하려면 오염물의 화학적 조성 및 농도, 배기가스의 유량, 배기가스의 유입온도 및 오염물의 법적허용치 등을 고려해야 한다.

2.3.3 토양환경

토양은 동 · 식물 고사체 등의 유기물을 이상화탄소, 물, 암모니아 등의 무기물로 바꾸는 분해능력 및 이온의 흡착, 교환능력 있으며, 이들 작용을 기초로 하여 다음과 같은 여러 가지 기능을 하고 있다.

1) 식물의 생산기능

토양이 그 모재인 암석과 퇴적물에 비교하여 결정적으로 차이가 있는 것은 녹색식물의 생육과 재생산을 보증하는 능력, 즉 비옥도를 가지고 있는 점이다. 토양식물 생산기능은 농작물과 유용수종의 재배에만 적용될 뿐 아니라 기본적으로는 녹색식물 전반을 생산하는 기능이다.

2) 수질오염 물질의 정화기능

토양중의 미생물은 동식물의 사체를 분해하고, 구성원소의 대부분을 서서히 무기화하여 CO_2,

H_2O, N_2 등의 형태로 대기중에 환원시킨다. 또 사체 분해산물의 일부를 유기화합물로서 중축합하여 토양유기물을 형성한다. 농업은 오래전부터 이러한 자연법칙을 경험적으로 습득하여 퇴비의 사용과 볏집의 발효 등에 의해 토양의 재순환을 진행시켜 왔다.

3) 저수 및 투수 기능

토양은 암석과 지층에 비교하여 아주 공극이 풍부하다. 토양은 모래, 실트, 점토, 부식질 등이 2차적으로 집합하여 형성된 토양입자의 집합체이다. 토양입자와 입자사이가 공극의 주체인데, 그밖에 집합체와는 관계가 없는 나무뿌리에 의한 구멍흔적, 토양동물의 통로 등과 같은 구멍과 흙의 건조수축에 의해서 형성된 균열 등에 의한 공극도 있다. 이러한 공극 가운데 넓은 공극은 강우를 일시 저장함과 동시에 중력수의 통로로 되며, 남아도는 강수를 하부층으로 이동시켜 지하수 확보에 도움을 준다.

강수의 일부는 토양중의 공극속을 사면에 따라 이동하여 하천으로 유출하는데 이것을 중간유출이라 하다. 하천이 지하수대를 차단하고 있는 경우에는 지하수가 서서히 하천으로 유출하는데 이것을 기저유출이라 한다. 이와 같은 중간유출과 기저유출은 비가 온 후 여러 날에 걸쳐서 하천으로 유출하므로 집중호우 등에 의한 홍수의 피크를 늦춰 주는 홍수방지기능에 기여하고 있다.

4) 환경의 쾌적성 기능

전원생활이나 주말농장과 같은 토양은 생육하는 식생과 일체가 되어 그곳에 거주하고나, 방문하는 사람들의 마음을 온화하게 하고, 평온함을 준다고 하는 쾌적성(Amenity)기능이 있다. 포장이 되어 있지 않은 오솔길을 흙을 밟아가면서 걸을 때의 감촉은 도시 아스팔트 가로를 걷는 것과는 비교가 되지 않을 것이다.

5) 자연과학을 배우는 기능

흙에는 모래, 점토, 공기 등의 무기물만이 아니라, 식물의 사체가 분해되어 생겼던 부식질, 지렁이 등의 토양동물 등 여러 가지의 것이 포함되어 있기 때문에 조금만 연구를 하면 물리, 화학, 생물학, 지학, 등과 같은 자연과학 교육의 표본이 될 수 있다.

(2) 토양오염의 원인과 영향

토양오염물질(Soil Pollutants)에는 여러 가지가 있으며, 그 중에서도 농약은 토양속에서 물리, 화학, 생물학적인 반응을 통해 유해한 성질로 변화된다.

농작물 피해는 살포량, 토양의 성질, 작물의 종류, 수분, 습도, 경작방법에 따라 서로 다르며, 토양내의 유기물질의 유무, pH 등과도 관련된다.

유독성 물질이 포함된 공장폐수도 매우 위협적으로 작용하고 있다. 세균, 바이러스 등을 함유한 도시하수는 상수원 및 지하수를 오염시킨다.

방사능 물질의 낙진으로 토양이 오염될 수도 있다. 토양을 오염시킬 수 있는 중금속이나 농약의 사용량을 감소시키거나 오염물이 토양이나 작물에 함유되어 계속 순환되는 것을 방지한다.

1) 농약에 의한 오염

토양오염의 원인을 말할 때 우리는 곧 농약오염을 연상할 정도로 농약이 토양에 미치는 영향이 크다. 농약은 농작물의 병충해 예방 구제에 사용되는 살균, 살충제 그리고 제초제 등으로서 농약 없이는 농사를 질수 없다고 해도 과언이 아닐 정도로 중요하다.

오늘날 농약 문제가 심각한 문제로 등장하고 있는 것은 농약의 생리적 활성이 특이할 뿐 아니라 자연환경 속에서 매우 안정하므로 잔류, 축적되어서 생태계를 순환하기 때문에 농약으로 인한 오염은 농약 살포 중에 일어나는 급성 중독의 사고이고, 식품 중에 농약이 잔류하거나 농축되어 인체에 영향을 주는 잔류성의 문제이다.

2) 생활하수에 의한 오염

생활하수를 관개용수로 논과 밭에 유입하면 질소나 인이 공급되어 농작물의 생육에 일부 도움이 되기도 한다. 또한 하수에 함유된 합성세제, 특히 경성세제는 미생물에 의해 분해되기 어려워 흙 속에 오래 잔류한다. 그리고 세균, 바이러스 등 각종 병원균이 많으므로 인하여 식물 성장에 피해를 줄 수 있다.

3) 산업폐수에 의한 오염

산업폐수가 농경지 등의 토양에 직접 오염되는 경우는 드물지만, 산업폐수가 가지고 있는 특성을 감안할 때 만일 농경지로 유입된다면 그 피해는 1차적으로 농작물에 치명적인 영향을 줄 수 있으며, 2차적으로는 토양의 성분을 급격히 변화시켜 성장 저해 또는 각종 중금속을 함유한 농작물이 생산 될 것이 우려된다.

4) 중금속에 의한 오염

① 구리

구리는 자연상태에서 토양 중에 약 5ppm 정도 함유되어 있고, 동 · 식물에 있어서는 필수 원소이다. 그러나 다량으로 존재하면 작물의 생육이 저해되며, 사람의 건강에도 해를 끼친다.

② 카드뮴

카드뮴은 아연과 함께 산출되는 것이 많고, 자연상태에서도 약 0.4ppm 정도 함유되어 있다. 카드뮴 오염원은 지역에 따라 다르지만, 주로 카드뮴 산출 광산, 제련소, 도금 공장 등에서 나오는 폐수가 문제가 된다. 이것들은 물과 대기를 매체로 하여 주변 토양을 오염시키고, 그 결과 쌀과 같은 농산물이 카드뮴에 의해 오염된다.

③ 비소

비소는 자연상태의 토양 중에 약 1~5ppm 정도 함유되어 있다. 비소는 농작물의 생육을 저해하고, 인체에 대한 독성은 주로 소화관에 나타나며, 구토, 설사 외에 근육위축, 탈모 등의 증상을 동반한다. 중증의 경우에는 신경염, 지각 마비, 단백뇨, 혈뇨가 나타난다.

④ 크롬

크롬은 크롬철광에서 산출되며, 일반적으로 토양에 20~200mg/kg 함유되어 있다. 그 용도는 광범위하여 스테인리스 스틸 철강과 니크롬 선 등의 합금재료로 사용되기도 하며, 6가 크롬은 크롬 도금, 전지, 안료 등에 사용되고 있다. 크롬의 오염원은 정련 공장, 크롬화합물 제조소, 도금공장 등이다.

5) 방사성 물질에 의한 오염

방사성 물질에 의한 오염은 세계 각국의 핵실험에 의해 생기는데, 이로 인해 반감기가 긴 방사성 탄소, 스트론튬, 세슘이 토양에 축적된다. 그러나 식물은 대부분의 탄소를 공기중에서 탄소동화작용의 형태로 얻고 있다.

6) 병원 미생물에 의한 오염

토양에 생육하는 세균, 진균 중에서 병원성을 가지고 있는 세레우스균(Cereus)은 식중독의 원인균이 되며, 탄저균은 가축의 탄저병을 일으킨다.

(3) 토양오염의 방지기술

가) 예방 대책

토양오염은 일단 한 번 발생하면 그 처리가 어렵기 때문에 예방에 최선을 다해야 한다.

1) 농약 사용의 규제

토양 및 작물에 잔류하여 인체에 위해를 가져오는 주요 유독성 농약 등의 제조 및 사용에 대해 법적인 규제를 하고, 더불어 각종 농작물에 대한 안전사용기준을 설정하여 사용시기 및 사용범위 등을 준수하도록 한다.

2) 생산품 제조공정상의 청정기술 도입

토양오염문제는 산업발전 과정에서 필연적으로 나타나는 것으로 오염이 발생하지 않도록 생산품의 제조공정상 청정기술을 도입하여야 한다. 특히 유해화학물질 제조회사에서는 생산에서부터 소비 후 처분에 이르기까지 그 사용과 유통경로를 철저히 관리하여야 한다.

3) 폐수 및 폐기물의 관리 철저

토양을 오염시키는 축적성의 중금속이나 유해화학물질이 배출되는 공장에서는 제조공정 및 배출되는 폐수나 폐기물을 적극적으로 관리하여 토양오염의 피해가 발생하지 않도록 하여야 한다.

4) 토양오염 측정망의 설치 운영

토양오염 방지대책의 기초자료를 확보하기 위해 각 지역에 토양오염 측정망을 설치하여 정기적으로 토양오염도를 측정하여야 하며, 이와 함께 주요 원인물질 발생원과 금속광산 및 제련소 등에 대해 특별점검을 실시한다.

5) 토양오염 방지를 위한 국민홍보

국민전체가 토양오염의 위해성을 인식하고 토양오염 방지에 대한 적극적인 자세가 필요하다.

나) 사후 대책

1) 토양의 조건을 고려하여 재배식물을 권장한다.
2) 밭을 논으로, 논을 밭으로 일시 전환한다.
   이로 인해 물에 용해성의 것과 난용성의 것, 혐기적 분해성의 것과 호기적 분해성의 것이 서로 전환이 가능하며, 또 난분해성 유기물의 분해 또는 무독성으로 바뀌게 되는 것도 기대할 수 있다.
3) 토양의 이전교환 또는 용도변경, 택지조성 등의 기회를 이용하여 오염토양을 매립용으로 제공하고 다른곳에서 비오염 토양을 운반하여 메운다.

4) 비료에 기인하는 토양의 산성화 등은 석회 사용으로 쉽게 회복을 도모할 수 있으나 내산성의 작물을 선택하는 것도 한 방법이다.

5) 유해 중금속에 의해 일단 오염된 토양에는 토양개량제(Soil Conditioner) 등을 사용하여 토양 중의 중금속 농도를 줄이고, 객토를 실시하여 중금속 함량을 극소화시키는 방안을 강구할 수 있다.

2.3.4 폐기물환경

(1) 폐기물의 종류

일반적으로 폐기물의 3성분이라 함은 수분, 가연분(휘발성 고형물, VS : Volatile Solids), 비가연분(고정 고형물, 강열잔류 고형물, FS : Fixed Solids)을 말한다.

1) 도시고형폐기물

도시지역에서 발생되는 고형폐기물, 즉 도시고형폐기물(MSW : Municipal Solid Waste)을 구성하는 물질로는 다음과 같은 것이 있다.

① 식품폐기물 : 식품의 취급, 준비, 요리, 식사 등에서 발생
② 쓰레기 : 가연성 쓰레기인 종이, 판지, 플라스틱, 천, 고무, 가죽, 나무 등과 비가연성 쓰레기인 유리, 도자기, 깡통, 철 및 비철금속 등
③ 소각 잔류물
④ 건축 및 해체 폐기물
⑤ 처리시설 폐기물 : 상 · 하수처리, 폐수처리 및 폐기물 처리시설로부터 발생되는 폐기물
⑥ 기타 폐기물 : 가로수 낙엽, 가로 청소폐기물, 배수구 쓰레기 등

이들 도시 고형폐기물의 일반적 배출원은 다음과 같다.

① 주택지역
② 상업지역 : 상점, 시장, 사무실 빌딩, 호텔 등
③ 개방지역 : 도로, 골목, 공원, 해변, 공터 등
④ 처리시설 : 상 · 하수처리, 폐수처리, 폐기물처리 시설

2) 산업폐기물

산업폐기물(Industrial Wastes)은 산업 활동으로부터 파생되는 폐기물인데, 일반적으로 쓰레

기, 화분, 각종 슬러지, 건축 및 해체폐기물 및 유해폐기물이 포함된다.

3) 유해폐기물(특정폐기물)

인간, 식물 또는 동물에게 즉각적 또는 장기적으로 상당한 위험을 미치는 폐기물을 유해폐기물(Hazardous Waste)로 분류하는데, 다음의 4가지 특성 중 어떤 한 가지 특성이라도 나타내면 유해폐기물로 분류한다.

① 인화성(Ignitability)

인화점(Flash Point)이 60℃ 이하인 액체로 표준온도, 표준기압에서 마찰, 수분흡수 혹은 자발적인 화학변화에 의해 발화, 연소할 수 있는 고체 등도 포함된다.

② 부식성(Corrosivity)

PH 2.0이하(강산) 또는 12.5 이상(강알칼리, 강염기)인 액체나, 철을 1년 동안에 6.35mm이상 부식시키는 액체를 말한다.

③ 반응성(Reactivity)

폭발성의 물질이나 환경 중에서 불안정하거나 쉽게 격렬히 반응하는 물질을 말한다. 또한, 물과 격렬히 반응하거나 물에 의해 폭발성 또는 유해성 가스를 생성하는 물질 등도 포함된다.

④ 독성특성(Toxicity Characteristics)

용출시험방법인 EP(Extraction Procedure) 시험에 의해 특정 기준치를 초과하여 유해물질을 용출하는 폐기물이 포함된다.

(2) 폐기물의 관리체계

발생원에서부터 최종 처분에 이르기까지의 고형폐기물의 관리에 관련되는 활동은 여섯가지 기능적 요소로 구성된다.

① 폐기물 발생 : 물질이 더 이상 가치가 없다고 판단하여 버리거나 또는 모아서 처분하는 활동(Waste Generation)

② 현지 취급, 저장 및 가공 : 고형 폐기물을 발생원 또는 그 근처에서 취급, 저장, 가공하는 활동(Onsite Handling, Storage and Processing)

③ 수거 : 고형폐기물의 수거 및 수거 후에 수거 차량을 비우는 곳까지 끌고 가는 활동(Collection)

④ 적환 및 수송 : 폐기물을 작은 수거 차량에서 대형 수송 차량으로 적환하고(Transfer) 이어서 이 폐기물을 대개 장거리에 걸쳐서 처분 장소까지 수송하는 활동(Transport)

⑤ 처리 및 회수 : 다른 기능적 요소의 효율을 개선하고, 고형 폐기물로부터 유용한 물질, 전환제품 또는 에너지를 회수하는 기술, 장치 및 시설(Treatment and Recovery)

⑥ 최종처분 : 고형폐기물의 최종 처분 활동 (위생매립, 안전매립, 해양투기 등)

(3) 폐기물 처리기술

폐기물 처리기술의 대표적인 폐기물의 매립방법과 폐기물의 소각방법은 다음과 같다.

가) 일반폐기물의 매립방법

1) 지역법(Area Method)

지역법은 매립의 가장 보편적 형태로 해당지역이 트렌치(Trench, 도랑) 굴착을 하기에 적당하지 않을 때 시행할 수 있는 방법이다. 즉, 지하수면이 높아서 땅을 파낼 수 없는 지역에 적합한 방식이다. 먼저 폐기물을 쏟은 후 좁고 길게 한 열로 펴서 매립층의 높이가 2~3m 정도로 될 때까지 다진다. 그러나 다짐장비의 종류에 따라서는 다짐층의 높이가 그 이상이 될 수도 있다. 하루의 매립이 끝나면 15~30cm로 복토를 하고 복토재는 대체로 인근 지역에서 조달한다. 매립에 앞서 먼저 제방을 쌓은 뒤 입지조건과 규모에 따라 매립지의 길이를 정한다.

2) 경사법(Ramp Method)

경사법은 지역법의 일종으로 복토의 일부를 매립지 바닥에서 얻을 수 있을 때 이용한다. 즉, 지형적으로 경사진 곳을 매립지로 이용하는 경우로서, 이 방법은 매립지 바닥을 적당히 굴착하여 복토를 확보한 후 폐기물을 굴착한 곳에 쏟은 뒤 지역법과 동일하게 다진다. 그리고 그 위에 이미 굴착하여 놓은 흙으로 복토를 한다. 모자라는 복토는 인근지역에서 조달한다.

3) 도랑법(Trench Method)

도랑법은 매립지 바닥층이 두꺼운 곳, 득 지하수면이 낮아서 땅을 파내도 큰 영향이 없는 지역에 적합한 방식으로 거의 단층매립만 가능하다. 도랑의 크기는 경우에 따라서 차이가 있을 수 있으며 대개 길이 30~60m, 깊이 1~2m, 넓이 5~8m의 규모가 적당하다. 복토는 인접 도랑을 파면서 얻을 수 있다.

4) 계곡 매립법(Depression Method)

지역법의 일종으로 계곡, 협곡, 토취장, 채석장과 같은 지역에서 이용 가능한 방법이다. 계곡 매립에서 폐기물을 쌓고 압축하는 기술은 그 지역의 지형, 복토의 특성, 수문과 지질, 그리고 매립지로의 진입에 따라 달라진다.

계곡이 어느 정도 평면일 경우 첫 층의 매립은 보통 도랑법을 사용하고 그 위부터는 지역법을 시행한다. 계곡의 한 단면을 고려할 경우는 계곡의 바닥에서 매립을 시작하여 좌우 경사면으로 올라가며 매립하는 것이 다짐에 용이하며, 계곡의 위쪽으로부터 아래쪽으로 매립을 진행하는 것이 우수의 집배수 관리에 유리하다.

나) 유해폐기물(특정폐기물)의 매립방법

유해폐기물(특정폐기물)을 매립하는 경우는 유해성분의 침출을 억제하기 위하여 탈수 등의 전처리를 통해 수분량을 최소화하고, 유해 중금속폐기물의 경우는 고화처리 후 매립한다. 침출수에 의한 오염을 막기 위해 이중 차수설비와 침출수 집배수 설비 등 강화된 지하수 오염방지시설 및 덮개설비를 갖추어야 한다.

매립완료 후에는 매립지 주변의 모니터링을 통해 지속적인 검사를 하는 등 비교적 장기간의 지속적인 관리가 필요하다.

다) 폐기물 소각방법

폐기물 소각시 소각로에서 배출되는 유기물 중 최근 관심이 집중되고 있는 것은 다이옥신(Dioxin)과 퓨란(Furan)이다. 이 물질들은 PVC 또는 플라스틱류 등을 포함하고 있는 합성물질을 연소시킬 때 발생하는 발암물질이자 독성물질로 알려져 있으며, 폐기물 소각시 소각로의 종류는 다음과 같다.

1) 화격자 소각로(Stoker식, Grate식)

가장 대표적인 소각 방식이며, 대규모 소각로에 적합하다. 이 방식은 폐기물을 화격자의 상부에 공급하고, 공기를 화격자 밑에서 송풍하여 연소하는 방식이다. 다른 형식에 비해 구조가 비교적 간단하며 고장도 적어 운전이 용이하여 혼합쓰레기의 소각에 널리 사용된다.

2) 고정상 소각로(Fixed Bed Incinerator)

소각로 내의 화상(火床) 위에서 소각물을 태우는 방식으로 화격자로서는 적재가 불가능한 슬러지, 입자상 물질, 열을 받아 용융해서 착화 연소하는 물질(Plastic 등)의 연소에 적합하다.

3) 다단로(Multiple Hearth)

일반적으로 수평원통 다단로나 수직형이 있는데, 전자는 상부에서 공급된 폐기물을 여러 단으로 칸이 나뉘어져 있는 수평고정상에서 교반갈퀴에 의해 가래로 흙을 일구는 것처럼 이랑을 만들면서 배기 기체와 접촉시키므로 균등하게 건조시킬 수 있고 국부연소를 피할 수 있는 방식이다. 함수율이 높고 저열량인 폐기물의 소각에 적합하고 유기성분 오니처리에 가장 많이 이용되고 있다.

4) 로타리킬른(Rotary Kiln, 회전로)

예로부터 광물류의 건조 등에 많이 사용되고 있는 방식으로 내면에 내화물을 부착한 원통형 노체를 구배를 두어 설치하고, 하부에 롤러를 설치해 구동장치에 따라 천천히 회전하면서 소각시키는 방식이다. 상부의 투입구에서 공급되는 폐기물을 반전 교반을 반복하면서 소각시키는 방식이다. 상부의 투입구에서 공급되는 폐기물을 반전 교반을 반복하면서 킬른 하위단 또는 상위단에 설치된 고정버너의 연소기체와 향류 또는 병류 접촉으로 건조 후 착화하고 점차 아래쪽으로 보내면서 연소가 완결된 재잔사를 배출하는 구조이다.

5) 유동상 소각로(Fluidized Bed Incinerator)

비교적 입자가 고른 폐기물들의 경우 소각로 하단에서 고속으로 공기를 불어넣어 주면 입자상(모래)에 작용하는 항력이 입자의 자중을 이겨내는 점에서 입자가 부상하게 되고, 떠있는 입자층 전체가 용융상태에 가까운 온도에 도달하게 되는데, 이를 유동상(Fluidized Bed)이라고 한다. 여기에 폐기물을 주입하여 연소시키는 방식이 유동상 소각로이다.

6) 분무연소방식

액체연료의 분무화연소와 같은 방법으로 분무화기(Atomizer)에 의해 액체폐기물을 미세한 액적으로 만들어 표면적을 증대시켜 노 내로 분사하고, 노 내에서 복사, 대류전열, 증발가스화를 촉진하면서 공기공급에 의해 연소속도, 연소효율을 높이는 방식이다.

(4) 침출수

침출수란 쓰레기 썩은 물이라 할 수 있으며, 매립지를 통하여 침투되어 바닥으로 흘러내리는 액체를 말한다. 침출수는 유기물질의 함량이 높아 그 처리가 상당히 어렵다. 매립지의 대부분의 침출수는 강우에 의한 외부로부터 유입된 물이 대부분이며 폐기물의 분해로 생성된 액체도 포함된다.

침출수의 특성은 폐기물의 종류와 분해 특성에 따라 크게 달라지므로 항목별 평균값을 나타내기는 매우 어렵다. 일반적으로 침출수의 양은 매립지로 유입되는 외부의 직접적인 영향을 받으므로 매립지가 공학적으로 설계되었다면 침출수 발생량을 예측할 수 있으며 발생된 침출수는 집수 및 제거시설은 통하여 처리된다.

침출수의 처리는 대부분 하수종말처리장 등에서 사용되는 생물학적 처리법이 많이 사용되며, 매립지내에 자체 침출수 처리장을 설치하는 경우와 인근 하수종말처리장 등 공공처리장에 이송하여 처리하는 방법이 있다.

2.3.5 소음과 진동 환경

(1) 소음의 일반사항

1) 소음의 정의

소음이란 좋아하지 않는 음, 혹은 성가시게 느껴지는 음을 말하며 음악이라도 성가시다고 느끼는 경우는 소음이 된다. 일반적으로 소음은 사람이 주관적으로 좋지 않다고 생각되는 음이나, 큰 음, 불순한 음, 돌발적인 음은 대부분의 사람에게 바람직스럽지 않다.

소음에는 연속소음, 단속소음, 변화소음, 돌발소음, 충격음, 간헐음 등의 표현법이 있으며, 또한 교통소음, 가두소음, 공장소음, 건축소음, 항공기소음, 기계소음 등으로 구별한다.

2) 소음의 단위

소음은 음의 파(波)이며, 이것은 물리적인 척도로 나타낼 수 있다. 음의 세기는 단위면적을 통과하는 에너지(Watt/cm^2)의 흐름의 크기로 나타낼 수 있고, 통상 dB로 표시한다.

음의 높이는 음파의 진동수(주파수)로 결정되며 1초간의 진동회수(Hz 또는 c/sec, cps)로 나타낸다. 낮은 음은 진동수가 적고 높은 음은 진동수가 많다.

3) 음의 가청범위와 크기의 레벨

사람이 들을 수 있는 음의 주파수 범위는 20~20,000Hz, 세기는 0~130dB 정도의 범위에서 들리나, 120dB 이상의 세기에서는 음으로서 통각을 느낀다. 다만 음으로서 들리는 음압레벨의 범위나 같은 크기로 들리는 음압레벨은 주파수에 따라 다르다. 즉 1,000Hz를 기준으로 하여 이때의 음의 세기(dB)가 그대로 음의 크기(Phon)이다. 1,000Hz 이외의 주파수에서 1,000Hz의 음과 비교하여 크기가 같다고 판단될 때 1,000Hz의 dB치가 Phon이 된다. Phon을 음의 크기의 레벨(Loudness Level)이라 하며, 이 음의 감각령의 크기이다.

4) 소음의 측정법

소음은 지시소음계 또는 간이소음계로 측정한다. 소음계는 A · B · C 3개의 청감보정 특성이 있으며, A특성은 감각량(Phon)을 측정하는 청감보정회로가 조립되어 있고, C특성은 기계음 등의 측정에 사용되며, B특성은 A와 C의 중간이다.

따라서 소음레벨은 소음계의 A특성으로 측정하고 dB(A) 혹은 Phon(A)로 표시한다. 변동하는 음의 레벨에 관하여는 표시치를 여러 번 읽고 그 평균치를 갖고 표시한다.

그리고 주기적 또는 간헐적으로 발생하며 그 표시치가 대략 일정한 음을 발생시는 그 최대치를 판독하여 수회의 평균치를 낸다.

가로(街路)소음과 같이 소음계의 지시가 불규칙하고 또한 대폭으로 변동하는 경우에는 임의의 시각에서 어느 시간(예를 들면 5초)마다 지시치를 판독하여 충분한 수(약 50회)가 될 때까지 계속하여 등가소음도나 그 중앙치를 갖고 표시하고 변동의 폭은 90% 범위의 하단과 상단에서 나타낸다.

가로에서 소음을 측정할 경우의 측정점은 보도와 차도의 구별이 있는 곳에서는 차도측의 보도단에서 측정하고, 구별이 없는 곳에서는 도로단에서 원칙적으로 지상 1.2m에서 측정한다.

(2) 소음 및 진동 대책

1) 공장소음의 저감 대책

공장소음을 근본적으로 해결하기 위해 토지이용의 적정화를 통한 소음배출원과 주거지역의 분리가 이루어져야 한다. 저소음 기계류의 개발과 소음방지시설의 기술개발 및 투자 확충 등도 활발히 이루어지도록 노력해야 할 것이다.

정온(靜穩)을 필요로 하는 지역에 설치되어 있는 공장에 대하여는 허가를 받고 가동할 수 있도록 하는 한편 소음 허용기준을 준수하도록 지도단속을 강화하고 특히 민원대상이 되고 있는 주택가의 공장에 대하여는 철저한 소음방지시설을 설치하여도 효과가 없는 업소에 대하여는 공업지역으로 이전토록 하는 등 다각적인 대책 추진이 필요하다.

2) 교통소음의 저감대책

자동차 및 철도 등 교통량의 급격한 증가로 교통소음 문제가 날로 심각해지고 있어 교통기관으로 인하여 발생하는 소음 · 진동을 규제할 필요가 있는 지역을 교통소음 · 진동 규제 지역으로 지정하여 규제지역내에서는 자동차 경음기의 사용금지, 속도의 제한, 우회명령 등 필요한 조치를 명할 수 있도록 하였다.

3) 생활소음의 저감대책

생활소음은 우리나라 생활영역에 다양하게 분포되어 있는 소음원에 기인된 것으로서 어느 분야보다 홍보가 필요한 분야이다. 따라서 대도시 지역의 정온한 생활환경을 조성하기 위하여 주거지역 등의 확성기, 소규모공장 및 건설공사장 등을 규제하며, 규제기준 초과시 소음방지시설 설치, 작업시간 조정 등 소음저감대책을 강구하도록 하고 있다.

또한 특정 공사장비를 사용하는 건설공사장의 소음 · 진동을 규제하기 위하여 공사전에 소음저감대책을 신고하도록 하여 특정공사로 인한 소음피해를 줄이도록 하고 있다.

4) 항공기소음의 저감대책

항공기는 이착륙시에 많은 동력이 소요되며 기기의 운전 부하량 변화가 많아 많은 소음이 배출되기 때문에 인근지역에 심한 소음피해를 준다. 이에 일반주민이 상주하는 공항주변지역의 항공기 소음을 파악하기 위하여 항공기 소음측정망을 설치하여 지속적으로 소음을 측정하고 그 자료를 기본자료로 활용하여 항공기 소음의 한계를 새로 규정함과 동시에 소음피해 지역에 소음 차폐막 등을 설치하여 항공기 소음을 최소화 하고 있다.

5) 진동 저감대책

현재 우리나라의 경우 소음 · 진동규제법에서는 탄성지지시설 및 방진구 시설 등을 진동방지시설로 지정하고, 배출시설을 설치하고자 할 때에는 진동 방지시설 설치를 의무화 하고 있다. 또한 배출시설 설치허가를 받은 진동배출업소에 대하여는 진동배출 허용기준을 준수하도록 지도 단속을 철저히 하고, 특히 민원대상이 되고 있는 주택가의 공장에 대하여는 진동 방지시설을 설차하도록 하는 한편, 진동방지시시설을 설치하여도 효과가 없는 업소에 대하여는 공업지역으로 이전토록 하는 등 대책을 강구해 나가고 있다.

(3) 발파소음과 발파진동

1) 발파소음의 특성

발파소음은 폭약의 에너지가 파쇄 되는 암괴를 통하여 대기 중으로 방출되는 압축파에 의해 주로 발생되며, 이외에도 지반진동으로 전파되었다가 자유면 근처에서 공기 중으로 전파되는 과정에서 매질의 차이로 소음을 야기하는 경우가 있으나, 이는 무시 할 정도로 경미한 상태이다.

대기 중으로 전파되는 발파폭음은 0.1Hz에서 200Hz범위의 저주파 특성으로 20Hz이상의 주파수는 가청소음으로 인체에 전달되며, 20Hz이하의 초저주파는 귀로 들을 수는 없으나, 비교적 먼 곳까지 에너지의 손실 없이 전파되는 특성이 있으며, 건물과 구조물을 진동시켜서 2차 소음을 발생시킨다.

실제로 건설 공사장의 터널이나 개착구간 발파에서 발파음의 주파수를 분석하면 40Hz이하의 저주파가 우세하며, 풍압기준으로 110dB(L)이하로 측정되어 건물이나 구조물에 손상을 주지는 않은 정도 수준이지만, 현실적으로 창문이나 문짝 등이 덜컹거리는 2차적 영향으로 불쾌감이 많아 인근 주민들은 발파진동으로 오해하여 주된 민원의 대상이 되고 있다.

그러나 발파음으로 인한 인체감응은 아직도 정량적으로 계산되지 못하고 있다. 인체에 대한 발파음의 영향중에서 건물 안에 있을 때가 건물밖에 있는 것보다 영향이 증가된다. 그 이유로는 건물에 초저주파로 전달되는 발파음이 건물자체를 진동시켜서 인체를 자극하기 때문이다.

2) 발파진동과 발파소음의 차이점

발파진동과 발파소음은 지반이나 대기 등의 전파매질이 다를 뿐 파동현상은 마찬가지이므로 파동론 범주에 속하는 문제로 같이 다루는 경우가 많다.

발파음은 전술한 바와 같이 발생원은 진동체이며, 초저주파를 수반하므로 크거나 작거나 간에 진동을 수반한다. 발파음에 의한 영향을 받는 주택이나 건물에서는 창호나 선반 등에서 소리를 내는 경우가 많아 일차적으로 도착하는 발파진동보다도 더욱 성가시게 느껴지므로 발파음에 대한 인체감응도는 더욱 커서 사실상 민원의 주 대상이 되고 있다.

그러나 발파진동과 달리 발파소음은 주택이나 구조물에 피해를 주는 일은 극히 드물기 때문에 인체감응에 대한 대수척도는 소음 레벨(Decibel : dB)을 사용하며, 발파진동은 건물이나 구조물에 직접적인 피해를 주므로 진동속도(cm/sec= Kine)를 사용한다.

발파진동과 발파소음의 차이점은 표 2.2와 같다.

표 2.2 발파진동과 발파소음의 차이점

구 분	발 파 진 동	발 파 소 음
전 달 매 질	지반 (토사, 암반)	대기 (공기 중)
전 파 속 도	2,000~5,000m/sec	340m/sec
인 체 감 응	· 전파속도가 빠르기 때문에 청각으로는 느끼지 못하고 육체적 신경으로 느낌 · 인체 감응도는 크지 않음	· 대부분 청각으로 느낌 · 소음을 수반하므로 인체감응도는 크게 느껴짐
주택 및 구조물의 피해정도	· 주택 및 구조물에 직접적인 피해 영향을 줌	· 주택이나 구조물에 피해를 주는 경우는 거의 없음
측 정 단 위	진동속도(cm/sec= Kine)	음압(dB)
민 원 정 도	민원이 적음	발파민원 대부분임

2.4 환경공학분야 국가기술자격 현황

2.4.1 수질환경기사

(1) 개요

수질오염이란 물의 상태가 사람이 이용하고자 하는 상태에서 벗어난 경우를 말하는데 그런 현상 중에는 물에 인, 질소와 같은 비료성분이나 유기물, 중금속과 같은 물질이 많아진 경우 수온이 높아진 경우 등이 있다. 이러한 수질오염은 심각한 문제를 일으키고 있어 이에 따른 자연환경 및 생활환경을 관리 보전하여 쾌적한 환경에서 생활할 수 있도록 수질오염에 관한 전문적인 양성이 시급해짐에 따라 수질환경기사 자격 제도가 제정되었다.

(2) 수행직무

수질 분야에 측정망을 설치하고 그 지역의 수질오염상태를 측정하여 다각적인 연구와 실험분석을 통해 수질오염에 대한 대책을 강구하고 수질 오염물질을 제거 또는 감소시키기 위한 오염방지시설을 설계, 시공, 운영하는 업무를 수행한다.

(3) 진로 및 전망

1) 정부 및 지방자치단체의 환경 관련 공무원, 한국환경공단, 한국수자원공사 등 유관기관, 화공, 제약, 도금, 염색, 식품, 건설 등 오·폐수 배출업체, 전문폐수처리업체 등으로 진출할 수 있다.

2) "수질환경보존법(법23조)"에서 사업자는 배출시설과 방지시설의 정상적인 운영 · 관리를 위하여 환경관리인을 임명할 것을 명시하고 있어 취업에 유리하며, 우리나라의 환경 투자 비용은 매년 증가하고 있으며 이중 수질개선부분 즉 수질관리와 상하수도 보전에 투자되는 비용은 전체 환경투자비용의 50%를 넘는 등 환경예산의 증가로 인하여 수질 관리 및 처리에 있어 인력수요가 증가되고 있다.

2.4.2 대기환경기사

(1) 개요

경제의 고도성장과 산업화를 추진하는 과정에서 필연적으로 수반되는 지구 온난화, 산성비 문제 등 대기오염이라는 심각한 문제를 일으키고 있다. 이러한 대기오염으로부터 자연환경 및 생활환경을 관리 · 보전하여 쾌적한 환경에서 생활할 수 있도록 대기환경분야에 전문기술인 양성이 시급해짐에 따라 대기환경기사 자격 제도가 제정되었다.

(2) 수행직무

대기 분야에 측정망을 설치하고 그 지역의 대기오염상태를 측정하여 다각적인 연구와 실험분석을 통해 대기오염에 대한 대책을 강구하며, 대기 오염물질을 제거 또는 감소시키기 위한 오염방지시설을 설계, 시공, 운영하는 업무를 수행한다.

(3) 진로 및 전망

1) 정부 및 지방자치단체의 환경공무원, 한국환경공단, 환경플랜트회사, 환경오염방지 설계 및 시공회사, 환경시설 전문관리인 등으로 진출할 수 있다.
2) 대기오염물질 배출량 현황을 보면 자동차가 대기오염물질을 가장 많이 배출하고 이밖에 산업, 발전, 선박 및 기타, 난방 순으로 나타나고 있다. 이에 정부는 저황유 사용지역 확대, 청정연료 사용지역 확대, 지하생활공간 공기질 관리, 시도지사의 대기오염 상시측정 의무화, 대기환경기준강화, 배출 허용기준 적용, 대기환경 규제지역내 휘발성유기화합물질의 규제 추진, 대기환경규제, 지역내 자동차 정기검사 강화 등 대기오염에 대한 관리를 강화할 계획이어서 이에 대한 인력수요가 증가되고 있다.

2.4.3 토양환경기사

(1) 개요

토양환경관련법, 관련제도 및 토양환경정화 및 복구분야의 과학 및 공학적 기초이론 지식 또는 숙련기능을 바탕으로 현장에서 토양 환경 오염정화 및 복구에 대한 복합적인 기술적 업무를 수행할 수 있는 인력양성을 목적으로 토양환경기사 자격 제도가 제정되었다.

(2) 수행직무

1) 토양 및 지하수를 채취하여 토양오염도 측정기를 이용하여 시험 · 분석하고, 중금속 및 기름 등의 오염분포도를 파악한다.
2) 화학약품처리나 열처리, 진공처리 등의 토양세척방법, 스팀제거, 미생물정화공법, 동전기정화작업 등의 다양한 토양정화공법을 이용한 정화 계획안을 마련한다.
3) 정화기술 및 정화시스템을 설계하고 정화작업을 감독한다.
4) 토양오염을 예방할 수 있는 대책을 마련하고 토양환경 관련 연구업무를 수행한다.

(3) 진로 및 전망

최근 우리나라에서도 토양환경평가제도를 도입하여 더욱더 전문가의 필요성이 대두되고 있는데 토양환경기사는 정부기관, 국립환경연구원, 환경정책영향평가연구원 등 정부산하기관, 토양 및 지하수환경 대행업체, 환경컨설턴트기관, 각종 교육기관 등에 진출할 수 있다.

2.4.4 소음진동기사

(1) 개요

생활수준의 급격한 발전에 따라 항공기나 자동차와 같은 교통수단의 보편화, 도로와 대형 건축물의 건설, 그리고 대형 산업설비의 사용에 따른 소음진동 발생이 증가하여 환경 문제를 일으키고 있다. 이에 따라 소음진동으로부터 자연환경 및 생활환경을 관리 보전하여 쾌적한 환경에서 생활할 수 있도록 소음진동에 관한 전문기술인 양성이 시급해짐에 따라 소음진동기사 자격제도가 제정되었다.

(2) 수행직무

소음진동 분야에서 측정망을 설치하고 그 지역의 소음진동상태를 측정하고 소음진동 원인을 제거 또는 감소시키기 위한 방지시설을 시공, 운영하는 업무를 수행한다.

(3) 진로 및 전망

1) 환경, 건설교통 관련 공무원, 한국환경공단 등 유관기관과 건축 또는 기계업체, 소음이나 진동을 일으키는 업체, 소음진동방지 설계시공업체 등으로 진출할 수 있다.
2) 정부에서는 정온한 생활환경이 요구되는 주거지역을 대상으로 이동소음규제지역을 확대하고, 도로교통소음을 저감하기 위하여 교통소음규제지역에서의 통행속도제한, 경음기 사용금지 등 저감대책을 추진하고 있으며 방음벽 등 방음시설의 성능 및 설치 기준을 개선할 계획으로 이에 대한 인력수요가 증가할 것이다.

2.4.5 자연생태복원기사

(1) 개요

자연생태계를 체계적으로 관리하고 환경오염과 자연생태계 파괴로 인한 피해를 최소화하며, 훼손된 생태계를 환경친화적으로 복원하고, 생태계 위해성을 평가할 수 있는 인력을 양성할 목적으로 자연생태복원기사 자격제도가 제정되었다.

(2) 수행직무

자연생태관련법, 관련 제도 및 환경 생태계 분야의 기술기초이론 및 지식 또는 숙련기능을 바탕으로 현장에서 동·식물상 조사 및 복원시공 감독 등 복합적인 기능 업무를 수행한다.

(3) 진로 및 전망

1) 점차 증가하고 있는 환경오염과 파괴로 인한 자연생태계의 훼손으로부터 환경친화적 개발, 생태계복원 사업, 환경영향평가, 생태계 위해성 평가, 전 과정 평가 등 다양한 분야에서 환경과 관련해서 효과적인 관리를 실시할 수 있다.
2) 자연생태복원기사 자격증 취득자는 토목건설 및 엔지니어링 업체, 환경복원 전문업체, 생태계 위해성 평가기관, 전과정 평가 등 산업체, 환경영향평가회사 및 환경현황 측정분석회

사, 국공립 공원관리기관, 정부투자기관, 국공립 및 기업체 연구소 등에 진출할 수 있다.

2.4.6 폐기물처리기사

(1) 개요

문명사회로부터 배출되는 폐물질을 폐기물이라고 하는데, 이와 같은 폐기물을 적절하게 처리 및 처분하지 않으면 환경을 오염시킴으로써 인간을 포함하는 생태계의 존속을 위태롭게 할 수 있다. 이에 따라 정부에서도 시대적 조류에 부응하여 폐기물 처리에 대한 전문인의 양성을 위해 폐기물처리기사 자격제도가 제정되었다.

(2) 수행직무

국민의 일상생활에 수반하여 발생하는 일반폐기물과 산업활동에 부수하여 발생하는 산업 폐기물을 기계적 분리, 증발, 여과, 건조, 파쇄, 압축, 흡수, 흡착, 이온교환, 소각, 소성, 생물학적 산화, 소화, 퇴비화 등의 인위적, 물리적, 기계적 단위조작과 생물학적, 화학적 반응조작을 주어 감량화, 무해화, 안전화 등 폐기물을 취급하기 쉽고 위험성이 작은 성상과 형태로 변화시키는 일련의 처리업무 담당한다.

(3) 진로 및 전망

1) 정부 및 지방자치단체의 환경공무원, 폐기물처리업체 등으로 진출 할 수 있다.
2) 경제성장으로 인하여 우리나라의 생활폐기물과 사업장폐기물의 배출량은 계속증가 하고 있으나 처리현황에 있어서 매립이 대부분을 차지하고 이밖에 소각, 재활용, 보관, 기타(파쇄, 중화 등)의 방법으로 처리하고 있어 이를 관리 및 처리하는 인력수요가 증가할 것이다.

연습문제

2.1. 환경공학의 정의를 설명하시오.

2.2. 오염의 분류 기준을 설명하시오.

2.3. 환경의 분류를 상세히 설명하시오.

2.4. 라니냐, 엘니뇨, 라나다를 설명하시오.

2.5. 대기와 환경문제를 설명하시오.

2.6. 도시화와 환경문제를 설명하시오.

2.7. 환경공학 분야의 전공교과목을 설명하시오.

2.8. 수자원의 종류를 상세히 설명하시오.

2.9. 수질오염의 원인을 상세히 설명하시오.

2.10. 수질오염의 영향을 상세히 설명하시오.

2.11. 수질오염이 수중생태계에 미치는 영향을 상세히 설명하시오.

2.12. 부영양화 현상을 설명하시오.

2.13. 적조현상을 설명하시오.

2.14. 수질오염 처리기술을 상세히 설명하시오.

2.15. 폐수의 생물학적 처리를 상세히 설명하시오.

2.16. 활성오니법을 설명하시오.

2.17. 고도처리(3차 폐수처리)의 정의와 고도처리 방법을 설명하시오.

2.18. 해양오염의 원인을 상세히 설명하시오.

2.19. 유류오염 대책 방법을 설명하시오.

2.20. 대기층의 구성을 상세히 설명하시오.

2.21. 대기오염의 정의를 국가별로 설명하시오.

2.22. 대기오염의 발생원을 설명하시오.

2.23. 대기중 배출가스의 종류를 상세히 설명하시오.

2.24. 대기오염 방지기술을 상세히 설명하시오.

2.25. 토양의 기능을 상세히 설명하시오.

2.26. 토양오염의 원인과 영향을 상세히 설명하시오.

2.27. 토양의 중금속에 의한 오염을 설명하시오.

2.28. 토양오염의 방지기술을 설명하시오.

2.29. 폐기물의 종류를 설명하시오.

2.30. 폐기물 관리체계를 설명하시오.

2.31. 폐기물 처리기술을 상세히 설명하시오.

2.32. 폐기물을 소각방법을 상세히 설명하시오.

2.33. 침출수를 설명하시오.

2.34. 소음의 일반적인 사항을 설명하시오.

2.35. 소음 및 진동대책을 상세히 설명하시오.

2.36. 발파소음의 특성을 설명하시오.

2.37. 발파진동과 발파소음의 차이점을 설명하시오

2.38. 수질환경기사에 대해 상세히 설명하시오.

2.39. 대기환경기사에 대해 상세히 설명하시오.

2.40. 토양환경기사에 대해 상세히 설명하시오.

2.41. 소음진동기사에 대해 상세히 설명하시오.

2.42. 자연생태복원기사에 대해 상세히 설명하시오.

2.43. 폐기물처리기사에 대해 상세히 설명하시오.

2.44. 환경분야기술사의 종류를 설명하시오.

참고문헌

1. 김수봉, 문지원, "도시생태 조경디자인론", 문운당, 2010.8, pp.3~8.
2. 박병윤, "환경학개론", 형설출판사, 2004.12, pp.10~20.
3. 박석환, 양금철, 양승룡, 황정원, "환경과 생태", 동화기술, 2010.9, pp.105~149.
4. 박종안, 손민일, 손부순, 안형환, 윤철훈, 장봉기, 정태웅, 조남영, "최신 환경과학", 동화기술, 2010.3, pp.105~228.
5. 우종태 외, "건설계측의 이론과 실무-지하 건설 시설물 편", 씨아이알, 2017.1, pp.259~340.
6. 이광래 외, "최신환경공학", 동화기술, 2016.9, pp.25~30.
7. 윤태경 외, "환경공학개론", 아이티씨, 2004.6, pp.2~12.
8. 조현길 외, "생태조경계획 및 설계", 기문당, 2008.3, pp.11~13.
9. 한국산업인력공단 홈페이지, "국가기술자격정보", 2017.12.

제3장

도로시설

3.1 도로의 정의 및 특징

3.1.1 도로의 개요

도로(道路, Road)는 일상생활이나 생산활동을 하는데 필요한 가장 보편적이고 기초적인 교통시설로 도로의 사전적 의미는 사람이나 차들이 다니는 비교적 큰길을 의미하나, 건축법상에서 도로는 보행 및 자동차의 통행이 가능한 너비 4m이상의 도로를 말한다.

도로의 기능은 사람이나 물자를 이동시키는 교통기능과 가로형성, 방재 및 채광과 같이 설치공간을 제공하는 공간기능이 있다. 도로는 그 지역의 경제, 사회활동을 지원하는 기초적인 역할을 담당하고 지역내의 정보소통을 긴밀하게 하며, 교육, 문화, 의료 활동 등과 같은 사회적 서비스수준을 향상시켜 사회기반시설(SOC : Social Overhead Capital)로서의 역할을 담당하는 등 인간생활에서 가장 기본적인 시설이다.

예를 들어 서울에서 부산까지의 경부고속도로는 연장이 428km로 1968년 2월 1일 착공하여 1970년 7월 7일 완전 개통되기까지 2년 5개월이 걸렸으며, 경부고속도로의 개통에 따른 효과는 다음과 같이 몇 가지로 요약할 수 있다.

첫째로 우리나라 경제발전에 기틀을 다졌다. 서울-부산 고속도로가 있었기에 오늘날의 한국이 가능하였다. 서울-부산 고속도로는 공업발전을 가속화 시켰고 수출을 통한 한국 경제발전의 초석으로 한국이 세계 경제 10위권으로 진입하는데 결정적인 역할을 하였다.

둘째로 우리 국토의 균형발전에 기여했다. 서울과 부산이 하나로 이어 지면서 내륙의 많은 도시와 지역이 상호 연계되어 국토통합을 가져왔고, 경제발전에 필요한 인력과 물자의 원활한 유통으로 인해 지방이 동반 발전됨으로써 지역격차가 해소되고 국토의 균형발전을 가져올 수 있었다.

셋째로 건설 산업의 발전을 가져왔다. 우리의 서울-부산 고속도로 건설은 인력, 장비, 예산, 총연장, 공사기간, 공법 등에서 한민족 역사 이래 그 유래를 찾을 수 없는 민족적 대사업이었다. 따라서 서울-부산 고속도로 건설은 우리 건설 산업의 기술발전을 향상시키고 국제적 경쟁력을 강화하여 중동건설수출에 크게 기여하였다. 오늘날 우리나라가 세계적인 건설 회사를 보유하게 된 것도 서울-부산 고속도로 건설에서 다져진 경험과 기술력의 향상에서 연유한다고 볼 수 있다.

넷째로 국토방위에 크게 기여하였다. 우리나라는 항시 전쟁의 위험을 안고 있다. 서울-부산 고속도로 건설은 잘 발달된 도로망 시스템으로 인해 유사시에 전투기의 이착륙과 첨단장비를 포함한 전투 병력을 신속하고도 능률적으로 동원함으로써 적의 침공으로부터 국토를 효과적으로 방어할 수 있게 됐다.

마지막으로 정신개혁에 기여했다. 우리의 경부고속도로가 준공된 1960년대 말만 해도 우리 국민의 의식은 일제의 식민통치와 6·25전쟁에 따른 가난과 폐허로 인한 패배의식과 상실감, 그리고 좌절감이 팽배하였다. 이러한 시기에 서울-부산에 이르는 428km에 달하는 경부고속도로가 우리의 기술력과 우리 건설 회사들로 완공됐다는 것은 우리민족의 저력이 무궁함을 확인하고, 우리 국민들에게 "우리도 할 수 있다"는 의식을 심어주는 결정적 계기가 되었다.

참고로 도로시설을 집필하기 위해 "도로공학원론(민 원, 구미서관, 2011.1, pp.155~202)"과 "현장실무를 위한 건설시공학(설진성, 김홍철 외, 구미서관, 2017.8, pp.454~483)" 교재 내용을 일부 인용 및 참고하였으며, 추가적인 내용을 필요로 할 경우 이들 교재를 참조하기 바란다.

3.1.2 도로의 정의 및 특징

(1) 도로법에서 도로의 정의

도로란 일반인의 교통을 위하여 제공되는 도로로서 고속국도, 일반국도, 특별시도, 광역시도, 지방도, 시도, 군도, 구도를 말한다

도로에는 터널, 교량, 도선장, 도로용 엘리베이터 및 도로와 일체가 되어 그 효용을 다하게 하는 시설이나 공작물로서 대통령령으로 정하는 것과 도로의 부속물을 포함한다.

교통이란 사람, 생활, 환경, 정보 및 물류의 이동이나, 운반행위를 말하며, 육상교통(도로교통과 철도교통), 수상교통, 공중교통으로 분류된다.

(2) 건축법상에서 도로의 정의

도로라 함은 보행 및 자동차의 통행이 가능한 너비 4m이상의 도로(지형적 조건으로 자동차 통행이 불가능한 경우와 막다른 도로의 경우에는 대통령령이 정하는 너비의 도로)로서 다음에 해당하는 도로 또는 그 예정 도로를 말한다.

1) 국토의 계획 및 이용에 관한 법률, 도로법, 사도법 기타 관계법령에 의하여 신설 또는 변경에 관한 고시가 된 도로
2) 건축허가 또는 신고시 특별시장, 광역시장, 도지사 또는 시장, 군수, 구청장(자치구 구청장에 한한다)이 위치를 지정, 공고한 도로

(3) 도로교통법에서 도로의 정의

1) 도로법에 의한 도로

2) 유료도로법에 의한 유료도로

3) 그 밖에 현실적으로 불특정 다수의 사람 또는 차마의 통행을 위하여 공개된 장소로서 안전하고 원활한 교통을 확보할 필요가 있는 장소

3.2 도로의 분류

3.2.1 도로관련 법령에 의한 분류

(1) 도로법에 의한 분류

도로법 제8조 도로의 종류와 등급에서 도로의 종류는 다음과 같고, 그 등급은 다음에 열거한 순위에 따른다.

1) 고속국도　2) 일반국도　3) 특별시도(특별시도) · 광역시도(광역시도)
4) 지방도　5) 시도　6) 군도　7) 구도

도로법에서 도로를 관리하는 주체(도로관리청)가 어느 기관인가에 따라 그림 3.1과 같이 분류한다.

1) 고속국도

중앙분리대에 의하여 양방향이 분리되고 입체교차를 원칙으로 하며, 설계속도로가 80km/h 이상인 통행인 출입이 제한된 도로로서 한국도로공사가 관리한다.

2) 일반국도

고속도로를 제외한 도로로서 그 기능에 따라 주간선도로, 보조간선도로, 집산도로 및 국지도로로 구분되는 도로로서 국토교통부가 관리한다.

3) 특별시도(광역시도)

고속국도와 함께 국가기간 도로망을 이루는 도로로서 국토교통부가 관리한다.

4) 지방도

지방의 간선도로망을 이루는 도로로서 관할도지사가 그 노선을 관리한다.

5) 시도

시내의 도로로서 관할시장이 그 노선을 관리한다.

6) 군도

군내의 도로로서 관할군수가 그 노선을 관리한다.

(a) 인천국제공항고속도로

(b) 국도3호선

(c) 동부간선도로

(d) 지방도456호선

그림 3.1 도로의 종류

(2) 도로의 구조 · 시설기준에 관한 규칙에 의한 분류

1) 주간선도로

전국 도로망의 주 골격을 형성하는 주요 도로로 지역 상호간의 주요도시(인구 5만명 이상)를 연결하는 설계속도 60~80Km/h인 도로

2) 보조간선도로

주 가선도로를 보완하는 도로로 주간선도로에 비해 비교적 통행거리가 짧고 광역간선 기능이 약한 설계속도 50~70Km/h인 도로

3) 집산도로

지역내에 통행을 담당하는 도로로 광역기능을 갖지 않는 40~60Km/h인 도로

4) 국지도로

군도의 일부 및 농어촌 도로 등 기초도로로 통행거리도 짧고 기능상 최하위의 도로이며, 설계속도 40~50Km/h인 도로

3.2.2 도시계획관련 법령에 의한 분류

도시계획시설기준에 관한 규칙에서 정한 도로의 넓이는 다음과 같다.

1) 광로(廣路)

도시 내 주요지역간 대량 통과 교통을 처리하고 도시의 골격을 형성하는 도로로서 광로1류는 폭 70m이상, 광로2류는 폭 50m이상~70m미만, 광로3류는 폭 25m이상~30m미만으로 분류한다.

2) 대로(大路)

광로와 중로 또는 주요 교통발생원을 연결하는 도로로서 인근 주거생활권의 외곽을 형성한다. 대로1류는 폭 35m이상~40m미만, 대로2류는 폭30m이상~35m미만, 대로3류는 폭 25m이상~30m미만으로 분류한다.

3) 중로(中路)

근린주거 생활권의 교통을 대로에 연결하는 도로로서 중로1류는 폭20m이상~25m미만, 중로2류는 폭15m이상~20m미만, 중로3류는 폭12m이상~15m미만으로 분류한다.

4) 소로(小路)

근린주거 생활권의 교통을 중로에 연결하는 도로로서 소로1류는 폭10m이상~12m미만, 소로2류는 폭8m이상~10m미만, 소로3류는 폭8m미만으로 분류한다.

3.2.3 포장재료에 의한 분류

도로 표층(表層)의 재료에 따라 다음과 같이 분류한다.

1) 토사도(Earthen Road)

포장이 없는 흙으로 된 도로

2) 자갈도(Gravel Road)

먼지 등 분진 발생을 방지하고 지지력을 보강하기 위하여 토사 노체위의 표층에 자갈이 부설된 도로를 말한다.

3) 쇄석도(Macadam Road)

분진 발생을 예방하고 지지력을 보강하기 위하여 토사 노체위의 표층에 쇄석을 부설하고 장비를 이용하여 다진 도로를 말한다.

4) 역청포장도(Bituminous Concrete Pavement)

표층 포장에 아스팔트 콘크리트를 사용하고 장비를 이용하여 다진 도로로 아스팔트콘크리트 포장도로라고 한다.

5) 시멘트 콘크리트 포장도(Cement Concrete Pavement)

표층 포장에 시멘트 콘크리트를 사용한 도로로 시멘트 콘크리트 포장도로라고 한다.

6) 블록 포장도(Block Pavement)

표층에 다양한 재료로 만든 블록을 사용하여 표층을 포장한 도로를 말한다.

3.3 도로의 계획

3.3.1 도로의 계획절차

도로계획과 설계는 중앙정부(국토교통부)나 지방자치단체, 한국도로공사, 민간투자사업자 등이 시행하는 것이 대부분으로서 예비타당성조사, 타당성조사, 기본설계, 실시설계의 과정을 거쳐 수행된다.

1) 예비타당성조사

국가예산의 반영여부를 검토하고 투자의 우선순위를 결정하기 위해 실시하며, 예비타당성조사 결과 도로사업을 시행 하는 것이 지역의 발전 및 국민경제 차원에서 바람직하다고 판단될 때는 사업타당성 조사 등의 단계로 넘어간다.

2) 사업타당성 조사

지역의 발전과 국민경제 차원에서 사업의 우선순위를 결정하고 기술적, 환경적, 경제적 및 재무적으로 우수한 대안과 최적안을 선정한다.

3) 기본설계

사업타당성 조사에서 검토된 대안에 대해 기술적, 환경적 세부기준과 시공법을 선정하고 이에 대한 설계를 통해 경제적, 재무적 타당성을 보다 정밀하게 파악하는 것이다. 기본설계 단계에서는 도로의 주요 구조제원, 공법 및 예산 등을 결정한다.

4) 실시설계

실시설계는 기본설계를 구체화하여 시공업체와 공사계약을 하기 위한 공사계약도서 또는 실제 필요한 설계도서를 작성하는 업무를 말한다.

실시설계는 기본설계로 결정한 노선, 기본선형, 구조물 위치 및 형식 등에 근거하여 공사계약서 또는 공사에 필요한 상세구조를 설계하고, 경제적이고 또한, 합리적으로 공사의 비용을 산정하기 위한 자료를 작성하는 것을 목적으로 한다. 또한 기본설계에서 결정해야 할 요건이 선행되어 있지 않은 경우, 혹 변경의 필요가 있는 경우는 발주청의 과업지시서에 근거하여 추가로 검토한다.

3.3.2 노선계획

도로의 노선계획은 노선이 통과해야 할 주요지점과 구조를 결정하는 과정으로 선형계획과는 구별되는 개념이다. 즉 선형계획은 평면선형과 종단선형의 제원을 결정하는 것인데 반해 노선계획은 주요 통과 지점과 통과 방법을 결정하는 것을 말한다.

노선계획은 대안을 설정하고 기술적, 경제적, 환경적 평가를 실시하여 가장 최적의 노선을 결정한다.

(1) 노선검토

노선선정을 위한 준비작업 단계로서 1/5,000~1/50,000축척의 지형도로 가능한 노선을 스케치하여 우열을 비교하는 단계로 노선을 3, 4개 선정한다.

이때 고려해야할 사항은 다음과 같다.

1) 도시계획상 용도지역의 통과 방법
2) 터널이나 교량의 필요 여부와 규모
3) 주요 도로나 철도와의 교차 및 접속방법
4) 국립공원, 사적, 천연기념물 등 피해야 할 지점의 처리 방법
5) 지질적으로 단층지대, 연약지반의 존재 유무
6) 대규모 토공구간과 토질 조건

(2) 대안검토

노선검토 단계에서 선정된 노선에 대하여 축척 1/1,200~1/5,000 지형도를 이용하여 보다 구체적인 노선을 선정하는 작업으로 노선 검토에서 선정한 3, 4개의 노선에 대한 개략설계와 장단점 분석을 통해 우열을 비교한다.

각 노선에 대해서는 교량, 터널 등 주요 구조물의 규모와 구조형식을 결정하며, 대규모 구조물을 포함한 구간의 선형에 대해서는 구조에 문제점이 없는지 검토하고 50~100m 간격으로 종횡단도를 작성하고 개략공사비를 산정한다.

(3) 평가

전술한 3, 4개의 대안노선에 대해 평가를 실시하는 단계로서 경제적, 기술적, 환경적인 면에 대해 평가한다.

1) 경제적 평가

① 각 노선 신설시 직접적인 편익인 주행비용이 적고 주행시간이 짧으며, 교통량이 많은 노선을 선택한다.
② 도로의 주행거리가 짧고 대규모 택지개발단지, 공업단지나 관광지역과 같이 교통발생원에 근접한 노선을 선택한다.
③ 타 교통기관과 접속이 가능하고 미개발 지역의 개발촉진과 관광자원의 개발을 유도할 수

있는 노선을 선택한다.

2) 기술적 평가

① 자연의 지형을 최대로 이용하는 노선을 선택한다.

② 지질과 토질이 양호하고 대절토, 연약지반을 통과하지 않는 노선을 선택하며, 절토한 흙과 암을 성토재나 골재로서 유용 가능한 노선 여부를 평가한다.

③ 배수가 양호하고 침수지역, 저지대, 절토 계곡부 등을 통과하지 않는 노선을 선택한다.

④ 재료의 구입과 수송이 쉽고 지하매설물이나 지장물이 적은 노선을 선택한다.

⑤ 건설 후 유지관리가 용이하고 유지관리 비용이 적은 노선을 선택한다.

3) 환경적 평가

① 토지이용, 지형 및 지질, 생태계, 경관과 같은 자연환경의 파괴가 최소가 되는 노선을 선택한다.

② 소음, 진동, 대기오염, 지하수 등과 같은 생활환경의 침해가 적은 노선을 선택한다.

③ 안개, 강우, 강설, 동결 등이 적은 노선을 선택한다.

④ 도시계획이나 토지이용계획과 부합되는 노선을 선택한다.

(4) 최적노선의 선정

대안검토와 노선평가를 통해 최종 노선 1개를 선정하고 이 노선을 수정해 가면서 경제적, 사회적, 기술적 평가를 재실시하여 최적 노선을 선정한다.

선정된 최적 노선에 대해서는 현장 조사와 측량을 실시하고 도로의 선형 배수공, 포장공, 토공과 구조물공 등에 대한 실시 설계를 실시한다.

3.4 도로의 설계

3.4.1 도로의 구성

(1) 도로의 횡단면 구성

도로의 횡단면 구성은 다음과 같다.

1) 차도　2) 중앙분리대　3) 길어깨　4) 정차대　5) 자전거전용도로
6) 자전거 보행자 겸용도로　7) 보도　8) 식수대　9) 측도　10) 전용차로

(2) 도로 횡단면의 표준 폭

우리나라는 표 3.1과 같이 도로 횡단면의 표준 폭을 규정하고 있으나, 이 값은 어디까지나 표준이므로 도로의 횡단구성시는 이 값을 참조하되 지형 여건, 경제성과 시공성 등을 종합 검토하여 결정하여야 한다.

표 3.1 도로 횡단면의 표준 폭

도로구분		해당도로	설계속도 (km/h)	차로폭 (m)	중앙 분리대 (m)	길어깨(m)		측대 (m)
						우측	좌측	
지방지역	고속도로	고속도로	100~120	3.5~3.6	3.0	3.0	1.0	0.5
	주간선도로	국도	60~80	3.25~3.5	1.25~2.0	2.0	0375	0.5
	보조간선도로	국도, 지방도	50~70	3.0~3.25		1.5	0.5	0.5
	집산도로	지방도, 군도	50~60	3.0		1.25	0.5	0.25
	국지도로	군도	40~50	3.0		1.0	0.5	0.25
도시지역	도시고속도로		80~100	3.5	2.0	2.0	1.0	0.5
	주간선도로		80	3.25~3.5	1.0~2.0	1.5	0.75	0.5
	보조간선도로		60	3.0~3.25		1.0	0.5	0.25
	집산도로		50	3.0		0.5	0.5	0.25
	국지도로		40	3.0~2.75		0.5	0.5	0.25

(3) 도로의 횡단경사

도로의 황단경사는 본선의 표준구간과 편경사 설치구간으로 나누져 있으며, 도로의 노면에는 노면 위의 우수 등을 측구로 배수시켜야 하므로 횡단경사를 설치한다.

횡단경사의 설치방법은 일반적으로 동일차로에서는 일방향으로 설치하나, 차로 수가 여러개인 도로에서는 동일차로에 양방향으로 설치 할 수 있으며, 횡단경사 설치 기준은 다음과 같다.

1) 차로

① 아스팔트 및 시멘트 콘크리트 포장 : 1.5~2.0%

② 간이포장 : 2.0~4.0%

③ 비포장도로 : 3.0~6.0%

2) 보도 또는 자전거 도로

① 표준 : 2% 이하

② 부득이한 경우 : 4% 이하

3) 길어깨

① 표준 : 4% 이하

② 부득이한 경우 : 8% 이하

(4) 차로 폭

차도란 차량의 통행에 이용되는 부분으로 차도는 차로로 구성되며 차로에는 직진차로, 회전차로, 변속차로, 오르막차로, 양보차로 등이 있다.

차로 폭은 노면표시의 중심선에서 중심선까지의 폭을 말하며, 차로 폭은 대향차와의 대피, 추월 등에 필요한 충분한 여유 폭이 필요하므로 설계속도가 높은 도로일수록 넓은 폭이 필요하며, 설계속도에 따른 차로의 최소 폭은 표 3.2와 같다.

표 3.2 설계속도에 따른 차로의 최소 폭

도로의 구분			차로의 최소 폭(m)		
			지방지역	도시지역	소형차도로
고속도로			3.50	3.50	3.25
일반도로	설계속도 (km/h)	80이상	3.50	3.25	3.25
		70이상	3.25	3.25	3.00
		60이상	3.25	3.00	3.00
		60미만	3.00	3.00	3.00

(5) 중앙분리대

중앙분리대란 안전하고 원활한 교통을 확보하기 위해 차로를 왕복 방향별로 분리시키고 측방여유를 확보하기 위해 도로의 중앙부에 설치하는 띠 모양의 부분을 말하며, 중앙분리대의 최소 폭은 표 3.3과 같고, 자동차 전용도로에서는 2.0m 이상, 중앙선을 두 줄로 표시할 때 중심간의 간격은 0.5m 이상으로 한다.

표 3.3 중앙분리대의 최소폭

도로의 구분	중앙 분리대의 최소 폭(m)		
	지방지역	도시지역	소형차도로
고속도로	3.0	2.0	2.0
일반도로	1.5	1.0	1.0

(6) 길 어깨

길 어깨란 차도, 보도, 자전거도, 또는 자전거 보행자도에 접속하여 설치되는 띠 모양의 도로 부분을 말한다.

3.4.2 도로포장공법

(1) 도로포장공법의 종류

도로포장공법은 크게 가요성 포장인 아스팔트콘크리트포장(아스팔트포장)과 강성포장인 시멘트콘크리트포장(콘크리트포장)으로 분류된다. 아스팔트포장은 표층, 기층, 보조기층으로 구성되며, 콘크리트포장은 콘크리트 슬래브와 보조기층으로 구성된다.

(2) 포장 공법의 선정

포장공법을 선정할 때는 지형, 기후조건, 통과 교통의 종류, 재료구입 등과 같은 영향 인자를 고려하여 주행 안전성, 경제성, 시공성, 유지관리성 등을 종합 검토하여 선정한다.

1) 주행 안전성

일반적으로 아스팔트포장이 유리하나, 콘크리트포장도 시공기술 향상과 시공기계의 발달로 주행성이 크게 향상되고 있다.

2) 미끄럼 저항 및 노면 안정성

미끄럼 저항은 콘크리트포장이 유리하며, 한랭지역에서 강설이나 결빙으로 인한 안정성에는 아스팔트포장이 유리하나, 동절기 바퀴체인에 의한 마모손상 면에서는 콘크리트포장이 유리하다.

3) 경제성

일반적으로 초기건설비는 콘크리트포장이 높고 유지관리비는 아스팔트포장이 높다.

4) 시공성

시공기술, 시공기계면에서는 경험정도에 따라 다르나, 신속성과 간편성, 시공기간면에서는 아스팔트포장이 유리하다.

5) 중교통에 대한 내구성

아스팔트포장은 아스팔트시멘트의 감온성 때문에 중차량에 의한 소성변형(바퀴자국 : Rutting)이 발생하는 것은 불가피하다.

3.4.3 아스팔트포장 설계

(1) 설계법의 발달

아스팔트포장 설계법은 교통, 노상재료, 환경조건에 만족하고 경제적인 설계를 할 수 있도록 발전되어 왔으며, 우리나라에서는 CBR(California Bearing Ratio) 설계법이 사용되어 오다가 AASHTO(American Association of State Highway Transportation Officials) 설계법으로 개정되어 사용되고 있다. 이러한 설계법들은 설계과정 중에 고려하는 입력 변수들의 정의와 평가방법이 다를 뿐이고 이상적인 조건에서 이상적인 입력변수를 입력한다면 그 성과는 동일하다. 아스팔트 포장설계법에서 고려하는 입력변수는 크게 교통량, 노상조건, 포장층의 재료물성, 환경조건, 공용조건 및 경제성으로 대별할 수 있다.

(2) AASHTO Road Test

우리나라를 비롯하여 세계적으로 가장 널리 사용되고 있는 AASHTO 설계법은 미국 일리노이주 오타와 근교에서 1951년부터 10년간 대규모 사업비를 투자하여 만든 대규모 시험 도로이다. 이 시험 도로는 아스팔트포장과 콘크리트포장의 합리적이고 경제적인 설계에 필요한 기초 자료를 얻기 위한 것으로 시험도로 규모는 2차로로 폭7.2m, 연장 약2km의 직선부분 양쪽에 회전부분을 둔 4개의 구간과 이것보다 작은 2개의 구간으로 이루어졌고, 포장은 약 30m마다 단면을 변화시켰다

AASHTO Road Test에서 얻은 큰 성과는 포장의 공용 능력을 서비스 지수로 나타낸 점과 포장

두께지수를 정립한 것이다.

(3) 한국도로공사의 시험도로

가) 시험도로의 건설목적

세계에서 시험도로는 미국에서만 세 차례에 걸쳐서 시도된 바 있는 국가적인 차원의 건설연구 프로젝트이며, 한국도로공사에서는 도로포장 관련 기술력을 진일보시키고자 1997년부터 시험도로의 건설을 계획하였고 설계 단계를 거쳐 1999년부터 시험도로의 건설에 착수하였다. 본 시험도로는 국토교통부 국책 연구과제인 "한국형 포장설계법 개발과 포장성능 개선방안 연구"의 진행과 발맞추어 2002년 12월에 중부내륙고속도로 구간에 완공되어 전체 시스템 및 계측기에 대한 초기계측을 완료하고 2004년 3월에 정식으로 개통하였다.

그 후 2004년 8월에 첫 정기계측을 실시하였고, 2004년 11월에 두 번째 정기계측을 완료하였으며, 지금까지 지속적으로 계측관리를 수행하고 있다.

시험도로 건설의 목적은 여러 가지가 있겠지만 가장 중요한 목적은 한국형 포장설계법 개발이라 할 수 있으며, 현재까지 우리나라에서는 미국과 일본에서 포장설계법을 도입하여 나름대로 개선된 포장 설계를 해왔지만 외국의 설계법을 기초로 만들어진 설계법을 사용하게 된 결과 우리나라에서 생산되는 포장 재료와 교통 및 기후조건과 같은 한국적인 특성이 고려되지 않은 포장 설계가 이루어졌다.

따라서 한국도로공사에서는 이와 같은 상황을 개선하고자 장기적으로 포장설계법을 자체 개발하겠다는 의지를 가지고 1997년에 시험도로의 건설을 결정하였다. 그에 상응하여 2000년에 국토교통부에서는 시험도로를 활용한 포장설계법 개발연구를 지원하기로 결정하였으며, 이를 위하여 국토교통부에서는 2000년에 포장설계법을 개발하기 위한 기본연구 용역을 발주하였고, 2001년에는 한국형 포장설계법 개발을 위한 본 연구과제를 발주하였다.

현재 한국도로공사 및 포장설계법 국책연구 참여진이 바라는 시험도로의 목적을 세부적으로 살펴보면 다음과 같다. 아래의 목적들은 포장설계법 개발에 더하여 포장의 성능개선과 도로건설 예산의 절감이라는 성과를 같이 고려 할 수 있도록 설정되었다.

① 실제 교통량을 이용한 포장의 공용성 평가
② 동상방지층의 유효성 검토
③ 새로운 포장 및 유지보수 재료의 성능 비교 평가
④ 실내 시험과 현장 시험의 상관관계 정립

⑤ 포장 두께 설계 방법 정립을 위한 자료 축적

⑥ 유지보수 기준 정립을 위한 자료 축적

⑦ 기능성 포장의 성과 검토

위의 목적에 따라서 발생되는 성과는 다음과 같다

① 한국형 포장설계법 개발 및 포장성능 개선 방안 정립

② 최적의 포장 및 유지보수 재료 선정

③ 교통량 및 환경영향에 대한 최적의 포장 두께 설계

④ 효과적인 유지보수를 통한 포장 수명 연장

위와 같은 성과들이 도출된다면 궁극적으로 시험도로의 건설을 통하여 우리나라의 포장관련 기술력을 향상시키고 건설 및 유지보수 예산의 절감을 이루어 낼 수 있다.

시험도로의 평면도는 그림 3.2와 같고, 포장 표준횡단면도는 그림 3.3과 같다.

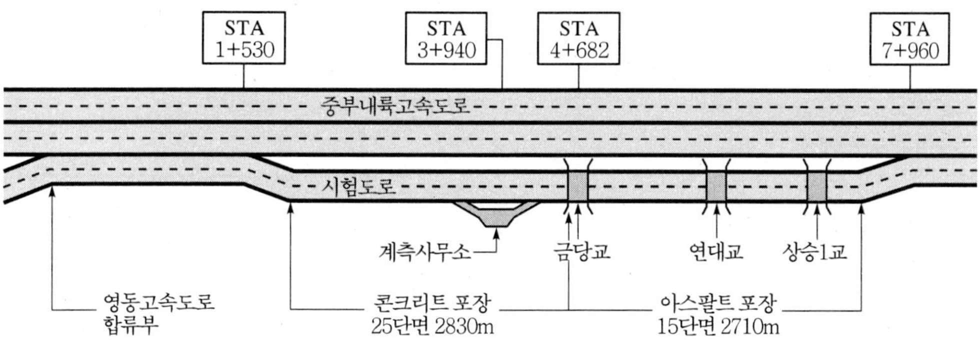

그림 3.2 시험도로 평면도

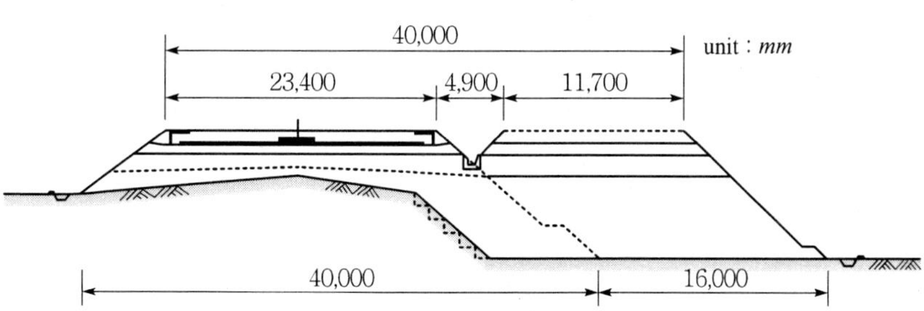

그림 3.3 시험도로 포장 표준횡단면도

나) 규모 및 시설

시험도로가 위치하는 중부내륙고속도로 시점 구간은 도로선형이 다른 신설 구간에 비하여 종 · 횡단이 양호하므로 시험도로를 건설하기가 상대적으로 용이하였다. 또한 포장단면 이외에도 시험 교량구조물이 3개소, 시험 지중구조물이 2개소 등의 설치가 가능한 제반 지형을 적절히 구비하고 있는 구간이다. 포장의 수명에 중요한 영향을 미치는 기후적인 관점에서는 중부내륙에 위치하여 영동산간기후, 경기이북의 한냉기후, 경기 이남의 온대성기후 조건을 겸비하고 있어 기후에 따른 영향을 다양하게 조사할 수 있다.

교통량 측면에서는 서울과 부산을 최단거리로 이어주는 고속도로 노선 상에 위치하므로 많은 교통량의 통과가 기대되어 시험도로의 설치에 적합한 구간으로 판단할 수 있다.

시험도로는 왕복 4차선의 중부내륙고속도로 본선에 부가적으로 총연장 7.7km에 걸쳐 편도 2차선으로 건설되었다. 본 구간 내에 2.83km연장의 25개 콘크리트포장 단면과 2.71km연장의 15개 아스팔트포장 단면이 시공되고, 3개의 교량과 2개의 지반구조물을 건설하였다. 따라서 시험도로를 통해 포장, 구조, 지반, 교통, 재료, 환경 등 도로에 관련된 모든 연구가 종합적이고 집약적으로 추진될 수 있으며, 시험도로의 개요는 표 3.4와 같다.

표 3.4 시험도로 개요

위 치	중부내륙고속도로 제1공구 하행선
총 연 장	7.7km
폭 원	11.7m (2차로)
공사기간	1997. 4 ~ 2002. 12
주요 연구시설	시험포장단면 40개 (콘크리트 25개, 2.83km; 아스팔트 15개, 2.71km) 시험 교량 3개소 (금당교, 연대교, 삼승1교) 시험 지중구조물 2개소 (파형강관, 보강토 옹벽) 계측사무소 (2층, 연건평 135평)
계측기 및 계측 시스템 설치 규모	콘크리트 포장 11종 1261개, 아스팔트 포장 6종 636개 자동 계측시스템 15조, 이동 계측시스템 2조

다) 시험도로 포장 단면 설계 및 시공

1) 포장 단면 설계

시험도로에 적용되는 포장단면은 크게 콘크리트포장과 아스팔트포장으로 구분되며, 시험도로 콘크리트포장은 총 25개 단면으로 이루어져 있다. 포장형식은 줄눈 및 연속철근콘크리트포장으로 이루어져 있고 줄눈콘크리트포장이 총 22개 단면, 연속철근콘크리트포장이 3개 단면이다.

줄눈콘크리트포장의 단면 설계에 반영된 변수는 슬래브 두께(25, 30, 35cm), 보조기층 두께(12, 15, 18cm), 보조기층 재료(린콘크리트, 쇄석, 아스팔트안정처리)이다. 3가지 변수 총 27개 팩토리얼(Factorial)중에서 쇄석 및 아스팔트안정처리 보조기층은 15cm 두께의 기본단면만 반영되고 린콘크리트 보조기층은 모든 경우가 반영되었다. 연속철근콘크리트포장의 변수는 철근비(0.6, 0.7, 0.8%)이다. 이외에도 기능성 포장단면으로서 강섬유보강콘크리트, 고급 린보조기층, 동상방지층 생략단면, 배수기층, 다웰바 생략 단면 등이 포함되었다.

아스팔트포장은 총 15개 단면으로 이루어져 있다. 단면 설계변수는 기층두께 (15, 25, 35cm), 기층재료(아스팔트안정처리 25mm, 40mm, 쇄석), 보조기층두께(30cm, 30cm+동상방지층, 40cm)로 구성되어 있다. 여러 가지 변수 총 27개 중에서 도로공사의 기본설계인 아스팔트안정처리 기층 25mm는 모든 경우가 40mm와 쇄석은 기본단면(보조기층 30cm+동상방지층)에만 반영되어 총 15개의 단면이 선정되었다. 표층의 재료를 검토하기 위하여 기본단면에 한하여 표층을 일반밀입도, SMA, PMA(개질재 사용)의 3가지 재료를 반영하여 소 단면을 형성하였다. 그 결과 아스팔트포장은 총 33개의 포장단면으로 구성되었다.

포장단면의 배치는 시공성을 고려하여 배치하였는데, 평탄성을 위하여 표층의 레벨을 일치시켜야 하므로 동상방지층의 높이를 조정하여 배치하였다. 시공상의 편의를 위하여 동상방지층의 레벨을 올리거나 내리는 방향으로 단면 순서를 조정하였고, 동일 재료를 한 지역에 모으는 방향으로 배치하였으며, 콘크리트포장 단면도는 그림 3.4, 아스팔트포장 단면도는 그림 3.5와 같다.

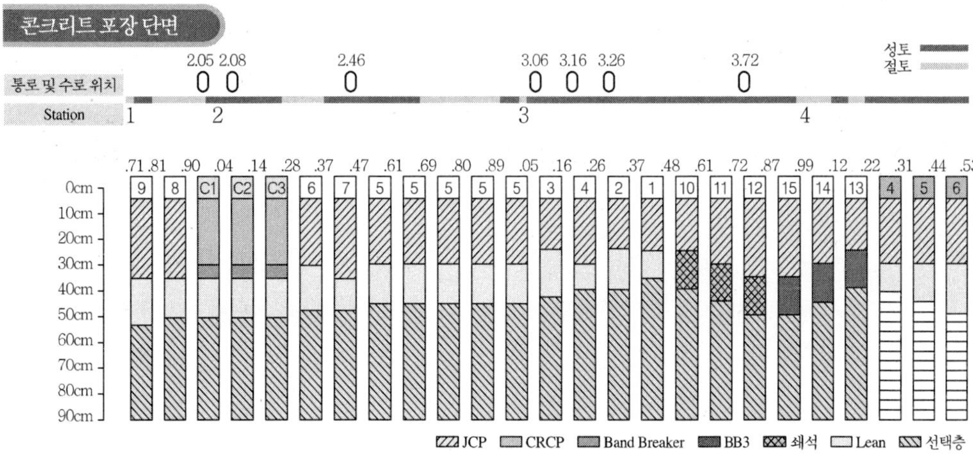

그림 3.4 콘크리트포장 단면도

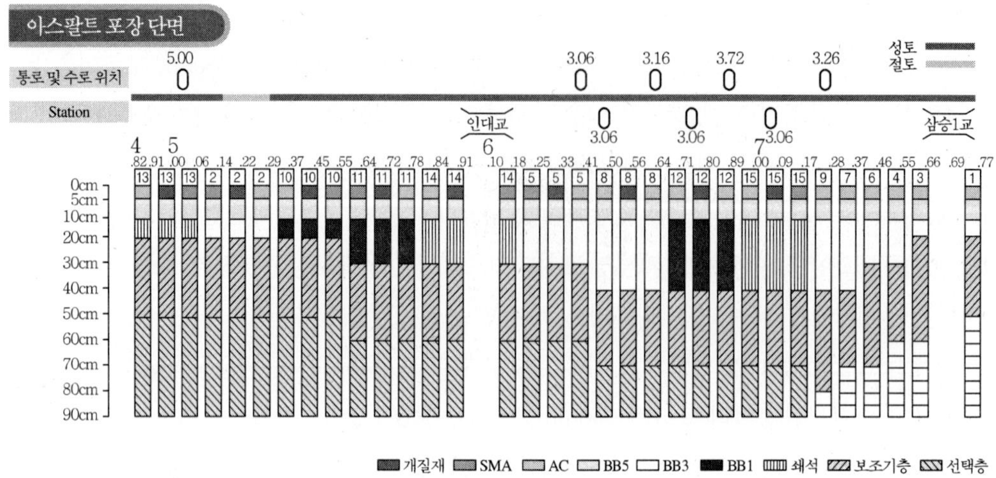

그림 3.5 아스팔트포장 단면도

2) 포장 단면 시공

시험도로의 포장하부는 2000년 상반기부터 중부내륙고속도로 여주-충주간 건설공사와 더불어 꾸준히 시공되어 왔으며, 본격적인 포장상부(기층 이상)의 시공은 2002년도 중반기에 들어 시작되었다.

포장상부의 시공은 포장체 내부에 계측기 매설이 동시에 이루어짐으로 시공 전 계측기 설치준비 작업, 시공 중 계측기 설치에 따른 포장장비의 작업공간 협소, 계측기와 장비와의 충돌위험, 설치 후 계측기 케이블 처리 등 일반적인 포장시공에 비하여 다소 공기가 연장되는 경향이 있었으며, 포장 단면 시공은 그림 3.6과 같다.

(a) 린콘크리트 포설

(b) 콘크리트 슬래브 포설

(c) 아스팔트포장 포설

(d) 아스팔트포장 다짐

그림 3.6 포장 단면 시공

라) 시험도로 운영

1) 시험도로 운영계획

향후 시험도로의 운영은 크게 세 가지 목적으로 나누어 진행된다. 첫째, 국토교통부 국책과제인 한국형 포장설계법 개발과 포장성능 개선방안 연구와 연계하여 국책과제 1단계, 2단계 연구성과로 개발될 포장설계법을 검증하고, 둘째, 시험도로의 중·장기 운영을 통하여 각종 포장 신공법 및 유지보수 공법들에 대해 검증하며, 셋째, 교통개방후 장기적인 포장 공용성 관측을 통하여 건설/유지관리비용 최적화를 위한 수명주기비용(LCC : Life Cycle Cost) 평가시스템을 구축한다. 시험도로의 장기 운영계획은 표 3.5와 같다.

표 3.5 시험도로의 장기 운영 계획

연 도	운영 계획
2003년~2004년	- 국책연구과제『한국형 포장설계법 개발과 포장성능 개선방안 연구』와 연계 운영 - 국책과제 1단계 연구 성과로 개발될 잠정 포장설계법의 검증 - 포장거동 계측자료의 DB구축 및 계측자료 공개시스템 구축
2005년~2010년	- 국책과제 2단계 연구 성과로 개발될 한국형 포장설계법의 검증 - 시험도로에 적용된 포장단면의 성능을 비교, 포장 성능 개선방안 도출 - 포장 신공법 및 유지보수 공법들을 시험시공을 통하여 검증 - 시험도로 운영 성과를 포장기술자들에게 개방하여 기술발전 유도
2010년 이후	- 포장 신공법 및 유지보수 공법들을 시험시공을 통하여 검증 - 포장의 장기 거동 특성 분석을 통하여 포장 설계 합리화 방안 확립 - 국책과제를 통하여 개발된 포장설계법의 보완 - 건설/유지관리비용 최적화를 위한 수명주기비용 평가시스템 구축

2) 운영 방법

시험도로의 운영 방법은 크게 연구관리 및 일반관리로 구분된다. 연구관리는 한국도로공사 도로교통기술원의 주관 하에 이루어지며, 시험도로 관련 연구 기획 및 예산 관리, 계측기 및 계측 시스템 관리가 이에 포함된다. 시험도로의 일반 관리는 중부내륙고속도로의 개통에 따라 신설되는 충주지사에서 주관하며, 시험도로 일반 유지 보수 및 계측사무소 건물 관리, 시험도로 정기계측을 위한 교통 전환(계측사무소 통제시설 활용) 등이 이에 포함된다.

3.4.4 아스팔트포장 시공

(1) 아스팔트 혼합물의 생산

가열 아스팔트 혼합물은 아스팔트 믹싱 플랜트라는 혼합 설비에서 제조되고 현장에 운반되어 포설되며, 플랜트는 계량 방식에 따라 배치식과 연속식으로 나누어지고 국내에서는 주로 배치식 플랜트가 사용되고 있다.

배치식은 각 재료를 일정량씩 계량하여 믹서에 보내고, 혼합 · 배출하는 조작을 1사이클로 하여 생산하는 방식을 말하며, 1사이클을 1배치라 한다. 이는 1배치의 중량이 명확하기 때문에 검측이 용이하며, 또한 혼합물 종류의 변환이 비교적 쉽게 이루어지고, 골재의 공급이 다소 변동되어도 품질관리의 측면에서 양호하며, 배치식 아스팔트 믹싱 플랜트는 그림 3.7과 같다.

그림 3.7 아스팔트 믹싱 플랜트

(2) 아스팔트 혼합물의 운반

가열 아스팔트 혼합물은 주로 덤프트럭으로 운반하며, 덤프트럭에 적재는 덤프트럭의 전부,

후부, 중앙부 순으로 하는 것이 일반적이다. 이것은 적재혼합물의 높이를 맞추기 위함과 혼합물의 재료분리를 막기 위해서이다. 운반 중에 혼합물의 온도가 저하된 경우는 표면 부근이 식어 굳어진 혼합물이 까는 면의 끌리는 원인이 되거나 소정의 다짐도 달성이 곤란하게 된다. 이 때문에 운반시간, 운반거리, 기온 등을 고려해 보온 대책을 강구하고 허용범위 내에서 온도저하를 예상해 혼합·출하온도를 정하는 것이 필요하다.

(3) 프라임 코트(Prime Coat)

프라임 코트는 보조기층이나 노상에 아스팔트 혼합물을 포설하기 전에 층의 보호 및 수분의 모관상승을 차단하고, 아스팔트 혼합물과의 접착성을 좋게 하기 위해 실시한다. 프라임 코트에 사용되는 역청재료는 부착성이 양호하고 충분한 피막을 형성할 수 있어야 하며, 기층 속에 잘 침투하는 것으로 주로 컷백 아스팔트가 사용된다. 살포시에는 아스팔트 디스트리뷰터를 사용해야 하지만 소규모 포장이나 디스트리뷰터의 출입이 곤란한 곳에서는 엔진 스프레이어나 핸드 스프레이어를 사용할 수 있다.

(4) 택코트(Tack Coat)

택코트는 기설포장과 그 위에 포설하는 혼합물층과의 부착을 향상시키기 위해 실시하는 것으로 보통 아스팔트 유제가 사용된다. 아스팔트 유제는 양생을 필요로 하는데 산포량이나 양생온도에 따라 그 시간이 변화한다. 또, 택코트의 부착력 발현은 유제의 종류, 살포량, 양생시간 및 양생온도에 따라 다르다. 이 때문에 특히 한냉기나 야간시공 등 조건이 까다로운 경우는 양생시간의 단축과 부착력의 조기발현을 위해 살포를 2회로 나눠서 하는 등의 방법이 효과적이다. 이 외에 양생시간을 단축하는 방법으로 유제를 가열해서 살포하거나 살포 후에 살포면을 노면 히터로 가열하는 방법등이 있다. 유제 살포량이 필요이상으로 많아지면 부착력이 저하되는 경향이 있기 때문에 필요량을 가능한 한 균일하게 살포하는 것이 중요하다. 아스팔트 디스트리뷰터 및 택코트 살포 전경은 그림 3.8과 같다.

(a) 아스팔트 디스트리뷰터　　　(b) 택코트 살포 전경

그림 3.8 아스팔트 디스트리뷰터 및 택코트 살포 전경

(5) 포설

아스팔트 혼합물은 포장의 평탄성을 확보한 뒤에 가능한 한 균일하면서 평탄하게 깔 필요가 있다. 아스팔트 혼합물의 포설은 그림 3.9와 같이 아스팔트 휘니셔로 한다. 아스팔트 휘니셔에 의한 혼합물의 다짐은 템퍼의 타격작용이나 스크리드의 진동에 의해 행해지고, 이들 어느 것이나 또는 양쪽을 장비하고 있는 휘니셔가 널리 사용되고 있다.

그림 3.9 아스팔트 휘니셔 및 시공 전경

(6) 다짐

다짐은 아스팔트 포장의 시공에 있어서 가장 중요한 공정으로 포장의 공용성능이나 내구성을 좌우한다. 포장에 다짐을 실시할 경우 다짐도를 향상시켜 혼합물의 휨강도가 증가하고 유동에

의한 소성변형의 발생을 억제할 수 있다. 또한 마모에 대한 저항성 및 물이나 공기의 흡입에 따른 아스팔트의 열화, 균열, 박리 등에 저항성이 향상된다.

다짐은 보통 횡이음부의 전압, 종이음부의 전압, 초전압, 이차전압, 마무리 전압의 순으로 행한다. 또, 이음부의 전압 및 초전압에는 매카덤 롤러, 텐덤 롤러 등의 로드 롤러나 진동 롤러가 사용된다.

롤러로 다짐을 할 경우의 유의점으로 롤러가 진행하는 방향으로 구동윤을 먼저 배치하는 것을 들 수 있다. 구동윤이 아닌 철륜으로 처음 포설된 혼합물을 다질 경우 수평방향으로 밀리거나 롤러가 후진한 후 철륜 바로 앞쪽의 혼합물이 융기되는 현상으로 인해 미세한 균열이 발생할 수 있기 때문이다.

초전압에 연속해 행해지는 2차 전압에서는 타이어 롤러 또는 텐덤형의 진동 롤러가 사용된다.

타이어 롤러에 의한 전압은 철륜의 로드 롤러보다 균일한 다짐을 얻을 수 있다. 또, 마무리 전압은 평탄성의 조정이나 롤러마크의 제거를 위해 타이어 롤러 또는 로드 롤러를 이용해야 한다.

1차 전압은 중량 8~10톤의 매카덤 롤러, 또는 텐덤 롤러가 사용되며, 1차 전압의 아스콘의 온도는 일반적으로 120~140℃이다. 2차 전압은 타이어 롤러로 시행되나 타이어 롤러가 없는 경우는 매카덤 롤러를 사용해도 좋다. 2차 전압의 완료온도는 100~120℃ 부근이 가장 다짐 효과가 좋다.

마무리 전압은 텐덤 롤러가 사용되며, 다짐온도는 70~90℃ 정도가 좋다.

롤러의 종류 및 시공 전경은 그림 3.10과 같다.

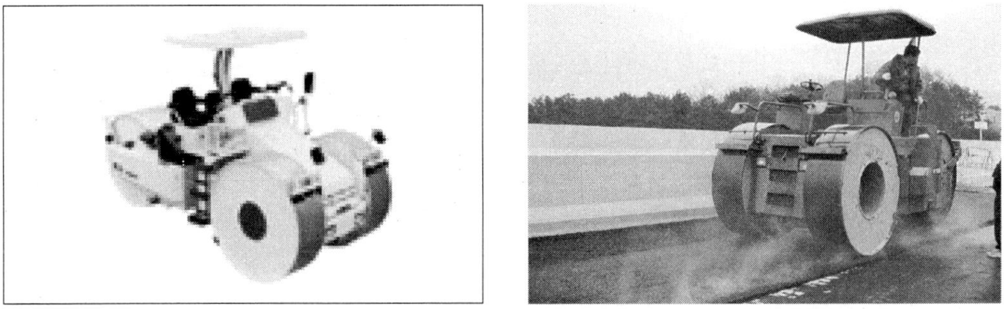

(a) 매카덤 롤러 및 시공 전경

(b) 텐덤 롤러 및 시공 전경

(c) 타이어 롤러 및 시공 전경

그림 3.10 롤러의 종류 및 시공전경

(7) 교통개방

다짐이 끝난 후 포장 표면이 충분히 식었을 때 교통을 개방해야 한다. 일반적으로 24시간 이상 양생하여 혼합물이 안정되도록 하는 것이 필요하며, 여름철이나 야간작업에서 작업시간이 제한적인 경우 교통개방 시기는 포장표면의 온도가 거의 50℃ 이하로 되었을 때를 기준으로 한다.

3.4.5 콘크리트포장 설계

(1) 콘크리트포장 설계이론

콘크리트포장 설계법은 각 나라의 환경에 적합한 형태로 개발하여 사용하고 있으며 그 특성도 매우 다양하다. 하지만, 이를 크게 분류하면 과거의 경험이나 이력에 기초한 설계방법과 역학이론에 따른 해석결과에 기초한 설계방법으로 나눌 수 있다. 일반적으로 전자를 경험적 설계법(Empirical Design Method), 후자를 역학적 설계법(Mechanistic Design Method)이라고 한다.

경험적 설계법은 과거의 경험을 바탕으로 하여 포장을 설계하는 방식으로 경험이 축적되면 주기적으로 이를 현재의 포장설계에 반영하는 방법이다. 1960년대까지의 포장 설계는 주로 계획된 공용년수 혹은 교통량을 지지할 수 있는 포장의 단면을 선정하는 방식으로 설계가 수행되어 많은 경험적 요소를 내포하고 있었다.

역학적 설계법은 반복 차량하중, 환경하중에 따른 포장체의 거동을 판이론과 같은 역학적 해석 방법을 적용하여 분석하고 이를 포장체의 피로, 스폴링과 같은 파손이 발생하지 않도록 포장층의 처짐 또는 휨응력을 제어하여 포장 설계를 수행하는 방법이다. 포장의 수명이 변해감에 따라 발생하는 탄성 특성이나 피로 특성에 대한 문제는 역학적인 모형을 통해 산출하며, 응력 특성과 구조적 특성을 연결하는 모형을 이용하여 포장을 해석한다.

하지만 현재에는 포장재료의 복잡한 거동으로 인해 역학적 이론만으로 완전한 포장 설계가 불가능하기 때문에 현장의 경험을 조합하여 역학적-경험적 설계법(Mechanistic- Empirical Design Method, ME 방법))을 사용하고 있다. 역학적-경험적 설계법은 역학적 해석을 통해 얻은 포장 거동 자료를 바탕으로 포장의 공용성을 추정하고 현장의 경험적 자료를 사용하여 모델을 조정하여 포장을 설계하는 것으로 AASHTO 설계법과 PCA 설계법이 대표적인 예이다.

1) AASHTO 콘크리트 설계법

AASHTO(American Association of State Highway Transprrtation Officials) 콘크리트 설계법은 1958년에서 1960년까지 미국 오타와, 일리노이 부근에서 행해진 AASHO 도로 실험 결과로부터 개발되었으며, 1993년도 설계 지침서는 덧씌우기에 대한 내용이 보강되었고 2002년에는 대폭적인 보강작업을 거쳐 역학적-경험적 설계법을 개발 중에 있다.

AASHTO 설계법은 실험 구간, 슬래브 두께, 보조 기층의 두께, 노상 지지력계수, 보조기층에서의 동결심도, 온도변화 주기, 줄눈 조건, 단축 하중 등에 대하여 제공되는 값들을 사용한다.

AASHTO 설계법은 비교적 간단한 방정식과 노모그래프가 제공되어 설계자들에게 편의를 제공하므로 쉽고 편리하게 설계할 수 있다. 그리고 다양한 차량하중, 기후, 재료 조건에 적용 가능한 일반적인 설계 모형을 제공하며 동상, 팽창, 결빙 등의 환경적인 요인들을 계절에 따른 노상 지지력계수, 공용성 등에 반영한다. AASHTO 설계법이 철근과 줄눈의 설계를 할 수 있는 몇 안되는 설계법이지만, 줄눈 형식에 따라 공용성이 크게 달라지는 현상을 아직은 구체화시키지 못하는 문제도 있다. 또한 슬래브 두께에 큰 영향을 미치는 지지력의 감소나 배수계수 같은 항목에 대한 정확한 정량화가 미비하다.

2) PCA 설계법

PCA(Portland Cement Association) 설계법은 1966년에 개발되었으며, 줄눈 콘크리트 포장, 줄눈 및 철근 콘크리트 포장, 연속철근콘크리트포장에 모두 적용이 가능하다. 1984년 미국 콘크리트학회에 의해서 수정 및 보완되었는데, 이전까지 고려되지 않았던 콘크리트 포장의 시공조건, 공용성 측면에서 균열 발생부의 하중 전달율, 콘크리트 포장 길어깨 사용효과, 피로와 침식에 관한 사항 등을 포함하였다.

PCA 설계법의 장점은 기존의 경험적인 방법에 근간을 두었던 포장 설계를 역학적 방법으로 진보시켰다는 점이다. 그리고 줄눈부 하중 전달 모형은 다웰바나 골재의 맞물림에 의해 제공되고, 구속된 콘크리트 포장 길어깨의 효과를 고려할 수 있으며, 설계에 필요한 요소들의 기본값이 제공되어 타 설계법에 비해 사용이 간편하다. 이에 반해 역학적인 분석에 근거했음에도 불구하고 포장체 두께 산정은 여전히 경험적 방정식에 대부분 의존하거나 연속철근콘크리트 포장과 줄눈 및 다웰바를 갖는 포장의 두께가 거의 비슷하게 산정되는 단점이 있다.

(2) 콘크리트포장의 종류

콘크리트 슬래브에 작용하는 응력에는 하중응력과 온도응력 및 기타의 응력이 있다. 하중응력은 슬래브가 전적으로 받으므로 이것만을 고려하면 안전율이 매우 높다. 그러나 콘크리트포장의 특수성은 온도응력과 하중응력의 조합에 따른 합성 응력이 발생하며 이 발생응력이 시멘트 콘크리트의 강도보다 크거나 피로저항을 넘으면 균열이 발생하므로 이 균열 제어가 설계의 관심사이다. 이러한 합성 응력에 의한 균열을 제어하는 방법에는 두 가지의 기본 원리가 있다.

1) 슬래브를 철근 등으로 보강한다.
2) 슬래브 판 크기를 작게 한다.

이러한 원리를 이용 주된 도로포장공법으로 사용되고 있는 것이 무근(줄눈) 콘크리트포장과 연속철근 콘크리트포장공법이며 일부 특정 개소에는 철근콘크리트포장도 사용되고 있다.

(3) 무근(줄눈) 콘크리트포장(JCP, Jointed Concrete Pavement)

무근(줄눈) 콘크리트포장은 다우웰바나 타이바를 제외하고는 철근 보강이 없는 포장형태이다. 일정한 간격으로 줄눈을 두어 이곳에서만 균열이 발생되도록 조절하고 필요에 따라 줄눈부에 다우웰바를 사용하여 하중전달을 돕는다. 무근콘크리트포장에서는 줄눈 이외의 부분에서의 균열발생을 허용하지 않는다. 그 이유는 철근보강이 없으므로 줄눈부 외에 발생한 균열이 과대하게 벌어지는 것을 막을 수 없기 때문이다.

무근(줄눈) 콘크리트포장에서는 콘크리트 슬래브와 보조기층 사이에 분리막을 설치한다. 이는 마찰력을 줄임으로써 온도변화 및 건조수축에 의한 콘크리트 슬래브의 움직임을 자유롭게 하기 위함이며, 구속력이 줄어들면 콘크리트에 발생되는 응력도 줄어들고 따라서 균열의 발생도 줄일 수 있다.

줄눈 간격은 4~6m간격이며, 포장두께의 1/3~1/4 깊이로 컷팅하고, 무근(줄눈) 콘크리트포장은 그림 3.11과 같다.

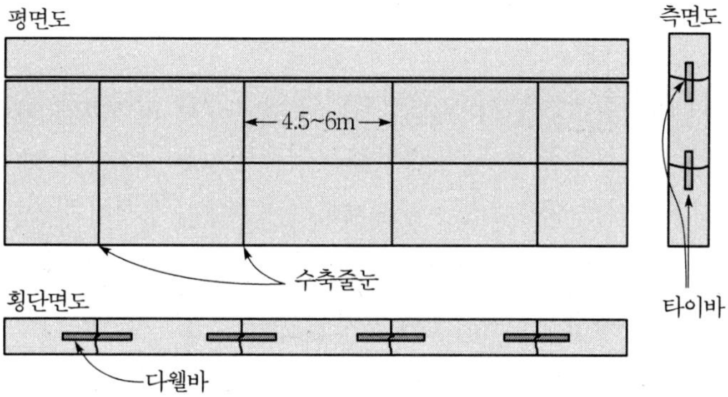

그림 3.11 무근(줄눈) 콘크리트포장(현장실무를 위한 건설시공학 인용)

(4) 철근(줄눈) 콘크리트포장(JRCP, Jointed Reinforced Concrete Pavement)

무근 콘크리트포장은 필연적으로 많은 줄눈을 사용하게 되는데 이러한 줄눈으로 인한 문제점을 감소시키기 위하여 고안된 포장의 형태가 철근(줄눈) 콘크리트포장이다.

철근(줄눈) 콘크리트포장은 줄눈의 개수를 감소시키고 그 대신 줄눈 이외의 부분에서 발생되는 균열을 어느 정도 허용하는데 이렇게 발생된 균열들이 과대하게 벌어지는 것을 방지하기 위하여 일정량의 철근을 사용하는 포장의 형태이다.

철근(줄눈) 콘크리트포장의 줄눈 간격은 8~13m간격이며, 철근량은 콘크리트 환산단면적의 0.2~0.3%이고, 철근(줄눈) 콘크리트포장은 그림 3.12와 같다.

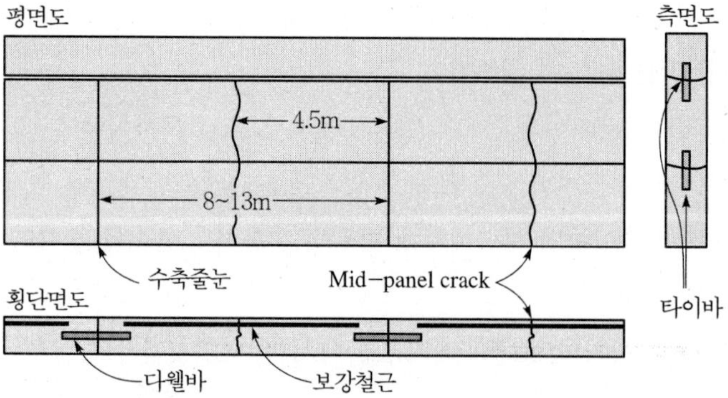

그림 3.12 철근(줄눈) 콘크리트포장(현장실무를 위한 건설시공학 인용)

(5) 연속철근 콘크리트포장(CRCP, Continuously Reinforced Concrete Pavement)

연속철근 콘크리트포장은 횡방향 줄눈을 완전히 없앤 포장의 형태이다. 균열의 발생을 허용하고 콘크리트 환산단면적의 0.5~0.7%의 종방향을 철근을 사용하여 콘크리트에서 허용 가능한 폭이 좁은 많은 수의 균열이 발생하도록 균열을 제어하는 포장의 형태이다. 연속철근콘크리트포장은 가능한 한 온도변화 및 건조수축에 의한 콘크리트 슬래브의 움직임을 막아야 하므로 콘크리트 슬래브와 보조기층사이에 분리막을 사용하지 않는다.

즉 콘크리트 슬래브와 하부층 사이의 마찰과 종방향 철근의 부착력에 의해 균열의 폭과 균열의 간격을 제어한 포장이다.

연속 철근 콘크리트 포장은 줄눈이 없기 때문에 승차감이 좋고 포장수명도 다른 포장 형태보다 길기 때문에 미국의 텍사스 같은 주에서는 각광을 받고 있으나, 해석 기술의 미비, 콘크리트의 품질관리, 비교적 높은 건설초기비용, 고도의 시공 관련 기술의 필요성 등으로 인해 도입이 활발하지 못하였으나, 국내에는 중부고속도로에서 줄눈 콘크리트의 비교대안으로 도입, 평가가 이루어지고 있고, 연속철근 콘크리트포장은 그림 3.13과 같다.

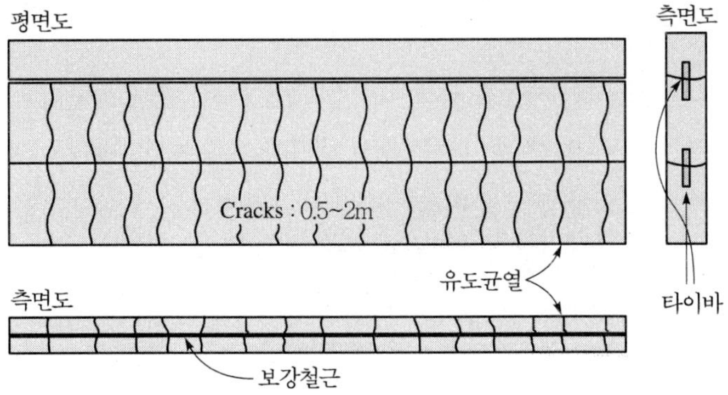

그림 3.13 연속철근 콘크리트포장(현장실무를 위한 건설시공학 인용)

3.4.6 콘크리트포장 시공

콘크리트포장 시공을 위한 세부 계획은 그림 3.14와 같다.

그림 3.14 콘크리트포장 시공을 위한 세부 계획(현장실무를 위한 건설시공학 인용)

(1) 시공계획의 수립

시공계획의 수립은 성공적인 시공을 위해서 필수적인 것으로 포장 시공업체, 콘크리트 공급업체, 교통관련기관(경찰서 등) 간에 끊임없는 정보 공유를 통하여 이루어져야 한다. 또한 성공적인 포장 시공을 위해 분쟁의 발생 시 준비해야 할 시방규정에 관한 문서로는 표준시방서, 전문시방서, 특별시방서가 있다. 표준시방서는 국토교통부에서 발행된 시방서이며, 전문시방서와 특별시방서는 각각 발주기관에서 만든 시방서이다. 표준시방서는 특별시방서를 첨부하여 공사시방서로 사용하는 형태로서 운영되고 있고, 지방자치단체 및 정부투자기관에서 제정한 전문시방서의 경우에는 일종의 가이드시방서 형식으로 되어 있어서 수정 보완하여 공사시방서로 작성하여 사용하기도 한다.

(2) 유도선 설치

포장 시공계획에 대한 작업이 끝난 후에는 실제 시공을 위한 유도선을 설치한다. 측량팀은 골격측량을 통해 노선의 중심을 연결하고 중심선에 따라 종횡단 측량 및 평판, 시거 측량을 실시하여 노상과 보조기층의 고도 및 노선 통제를 위해 그림 3.15와 같이 정확한 유도선을 제공한다.

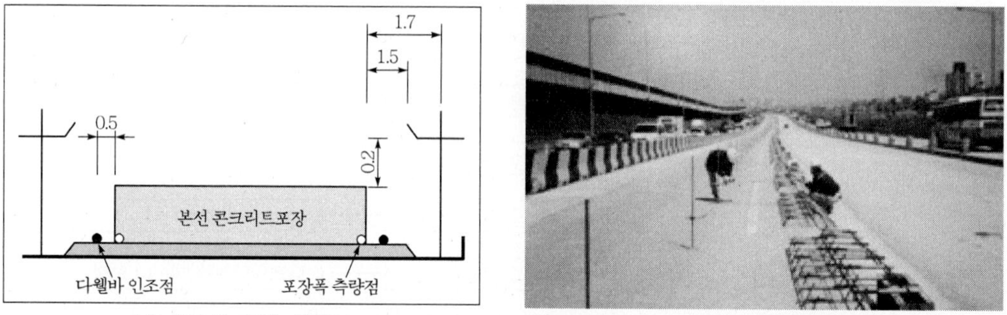

(a) 유도선 측량 위치도 (b) 유도선 설치 전경

그림 3.15 유도선 설치

(3) 분리막 설치

분리막은 콘크리트 슬래브의 바닥과 보조기층면과의 마찰저항을 감소시켜 슬래브의 균열 방지를 위해 설치한다. 더불어 콘크리트 모르타르의 손실방지 및 보조기층면의 이물질이 콘크리트에 혼입되는 것을 방지하기 위한 목적으로 사용된다.

분리막은 그림 3.16과 같이 취급이 용이하고 물을 흡수하지 않으며 콘크리트를 타설할 때 찢어지지 않아야 하는 것으로 주로 폴리에틸렌 필름 또는 크라프트지를 사용한다.

분리막을 설치할 경우에는 가능한 한 슬래브의 전체 폭에 해당하는 만큼을 한 번에 깔아서 겹이음부가 없도록 한다. 만약 시공상의 제약 조건으로 인해 겹이음을 할 경우 세로방향으로 10cm 이상, 가로방향으로 30cm 이상 겹치도록 설치한다.

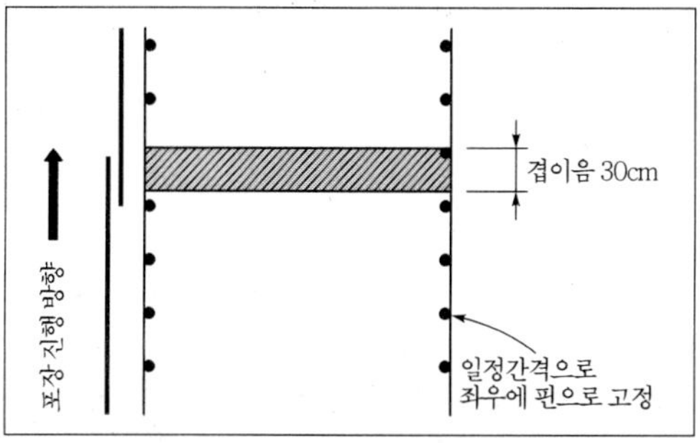

(a) 분리막 설치도면

(b) 분리막 설치 전경

그림 3.16 분리막 설치

(4) 철근의 설치

1) 다웰바의 설치

다웰바의 역할은 인접한 두 슬래브의 하중전달효율을 높여 줄눈 콘크리트의 대표적인 파손형태 중 하나인 줄눈부 단차를 감소시키는데 있다.

콘크리트 포장에 다웰바를 설치할 경우 그림 3.17과 같이, 콘크리트 포설에 앞서 미리 설치된다. 다웰바는 슬래브의 두께에 따라 직경 25~32mm, 길이 500mm의 크기 범위 내에서 조건에 따라 다르지만 약 30cm 간격으로 배치한다. 다웰바의 매설시에는 도로 중심선에 평행한 위치에 바르게 매설할 수 있도록 체어를 이용하여 지지한다. 체어는 직경 13mm 정도의 철근을 용접하여 만드는 것으로 시공 중에 다웰바의 위치가 변형되지 않는 구조로 한다. 다웰바의 한쪽 단은 고정하고, 반대쪽 단은 다웰바의 신축 및 팽창으로 인한 부식을 방지하기 위해 부착방지재를 씌우거나 역청재료를 바른다. 부착방지 길이는 다웰바 길이의 1/2에서 5cm를 더한 길이로 한다.

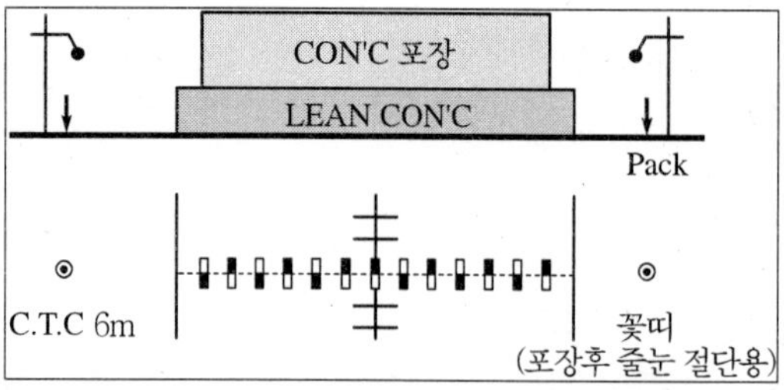

(a) 다웰바 설치도면

(b) 다웰바 설치 전경

그림 3.17 다웰바의 설치

2) 타이바의 설치

타이바는 이형 철근으로 종방향 줄눈에 설치하며 규격과 배치 간격은 포장조건에 따라 다르나 일반적으로 지름16mm, 길이 80cm의 것을 75cm 간격으로 사용한다.

타이바는 횡방향으로 설치된 슬래브의 줄눈이 벌어지는 것을 방지하는 것을 주목적으로 하며 단차 발생을 방지 및 하중 전달 능력 향상 등의 부가적인 효과가 있어 현장에서는 일반적으로 설치 및 사용하고 있다.

타이바의 내구성을 높이기 위하여 경우에 따라 방청 페인트 등을 중앙부에 칠하기도 한다. 타이바의 경우 인력식으로 처리한 경우가 많았으나 최근에는 그림 3.18과 같이 페이버에서 직접 타이바를 설치한다.

그림 3.18 페이버를 이용한 타이바 설치

3) 철근의 설치

콘크리트 포장에 사용되는 철근은 대부분 이형철근(Deformed Bar)으로 줄눈 및 철근 콘크리트 포장에서 철근의 목적은 포장체의 균열을 방지하는데 있는 것이 아니라 온도 및 함수비 변화, 교통 하중에 의해 발생된 균열의 벌어짐을 최소화하는데 있다. 적정 철근량을 산정하기 위해 포장체의 줄눈 간의 거리, 보조기층의 마찰계수, 철근의 허용응력 등을 고려한다.

연속철근 콘크리트포장에서의 철근배근 목적 또한 포장에 발생하는 균열폭을 최소로 억제하는데 있으며, 콘크리트 포장에서 종방향 철근의 최소 철근비는 0.6% 정도이고 계절적 온도변화가 큰 지역과 혹한 지역일 경우는 0.7%로 하고 있으며, 그림 3.19는 연속철근 콘크리트의 철근배치와 받침대를 보여주고 있다.

그림 3.19 연속철근 콘크리트포장 받침대 모습(현장실무를 위한 건설시공학 인용)

(5) 콘크리트 포설

가) 콘크리트 비빔

현장에서 콘크리트를 비비는 방법으로는 중앙혼합소 방법, 중앙계량 현장비비기 방법, 트럭믹서 방법 등 크게 세 가지로 나눌 수 있다.

중앙혼합 방법은 현장 부근의 적당한 장소에 계량 및 비비기 설비를 설치하고 콘크리트를 비비는 것으로 재료의 계량이 정확하며 비비기 작업을 관리 및 진행하기 쉬운 장점이 있다. 국내의 경우 고속도로 공사시 공사 구간에 중앙 혼합소를 현장에 설치하여 비비는 경우가 이에 해당한다. 중앙계량 현장비비기 방법은 배치 플랜트로 계량한 재료를 덤프트럭으로 운반한 후 타입 현장에 설치한 믹서로 비비는 방법으로 운반에 의한 콘크리트의 분리가 없는 장점이 있지만 많이 활용되지 않고 있다.

트럭믹서 방법은 적당한 장소에 배치 플랜트를 설치하여 배치분의 재료를 트럭믹서로 비비면서 동시에 운반하는 방법으로 원거리의 운반에 적합하다. 최근에는 차량 자체에 믹서기가 설치되어 골재와 모래 그리고 시멘트를 자체 계량하여 현장에서 비빈 후 바로 포설하는 이동식 믹서를 활용 하고 있다.

나) 콘크리트 운반

콘크리트의 운반은 재료분리와 함수비의 변화가 최소화할 수 있도록 하여야 하며, 또한 운반되는 과정에서 굳지 않아야 한다. 이를 위하여 공사 현장에서는 트럭믹서(Truck Mixer) 또는 에지테이터 트럭(Agitator Truck) 등이 콘크리트 운반 차량으로 사용된다. 슬럼프가 낮은 일반 콘크리트 포장의 경우는 트럭을 이용하여 운반하며 과정 중에 골재 분리가 일어나지 않도록 유의해야 한다. 또한 기온이 매우 높을 경우에는 콘크리트가 빨리 응결하게 됨으로 콘크리트의 운반에 소요되는 시간을 더 단축시켜야 한다.

다) 콘크리트 포설 및 다짐

1) 포설

콘크리트 슬래브의 포설에는 일반적으로 거푸집을 설치하여 스프레더, 피니셔 등으로 콘크리트를 치는 사이드폼(Side Form) 공법과 거푸집을 사용하지 않고 콘크리트 포설, 다짐, 마무리 등 모든 공정을 기계적으로 연속 시공하는 공법인 슬립폼(Slip Form) 공법 등이 있다.

포설 작업은 트럭에 실려 온 재료를 포장면에 내려놓는 작업과 분리가 일어나지 않도록 균형되게 분배하는 작업 등을 포함한다. 재료를 포장면에 내려놓는 과정은 다음의 두 가지로 나눌 수 있다. 포장 측면에서 재료분리가 일어나지 않도록 특수 장비인 스프레더(Spreader)를 설치하여 페이버 앞으로 내려놓는 경우와 트럭이 포장 중앙에 내려놓은 것을 백호 같은 것을 이용해서 내려놓는 경우로 나뉘는데 전자는 주로 연속 철근 콘크리트 포장에 후자는 주로 줄눈 콘크리트 포장에 많이 이용되고 있다. 특히 후자는 재료 분리 가능성이 있어 주의를 요한다.

그림 3.20은 슬립폼 페이버를 이용한 콘크리트 포설 전경이다.

그림 3.20 슬립폼 페이버를 이용한 콘크리트 포설

2) 다짐

콘크리트 포장의 다짐은 일반구조물의 시공시 봉 형식의 바이브레이터를 사용하는 것과는 달리 피니셔와 슬립폼 페이버 포설 기계에 진동시스템이 장착되어 있는 것을 활용하고 있다.

콘크리트를 깔고 펴서 고른 다음, 바로 피니셔나 슬립폼 페이버로 충분히 다져야 한다.

다짐 기계에 따라 진동수와 진동폭 등에 따라 다짐의 성질이 달라지므로 슬래브 콘크리트 하부까지 충분히 다져지는 에너지를 가하되 과하여 혼합물의 미립자가 위로 올라오는 블리딩 및 재료의 분리가 일어나지 않도록 해야 하며, 그림 3.21은 다짐 장비로 시공된 전경이다.

그림 3.21 다짐 장비(바이브레이터)

라) 표면 마무리

콘크리트 포장의 표면 마무리는 그림 3.22와 같으며, 미끄럼 저항을 고려하여 굳지 않은 상태에서 진행하는 타이닝(Tining), 종·횡방향 쓸기, 거친 천 끌기, 인공잔디 때 모양 끌기 등이 있으며, 이 중에서 타이닝과 거친 천 끌기 방법이 주로 사용된다.

(a)최종 마무리 (b) 타이닝 작업

그림 3.22 표면 마무리

(6) 양생

콘크리트 양생이란 콘크리트의 타설이 이루어진 후 시멘트의 수화작용에 적합한 조건으로 보호해서 콘크리트가 경화되도록 하는 작업이다.

양생 방법은 피막 양생, 습윤 덮개 양생, 폴리에틸렌 덮개 양생 등이 있으며 이 중 피막 양생이 가장 많이 이용된다.

1) 피막 양생

피막 양생은 콘크리트가 외부에 노출되고 표면의 자유수가 증발되었을 때 표면 전체를 감싸는데 사용하거나 작은 배수구조물의 콘크리트 양생에 주로 사용한다. 만약 이 용액을 두 번 연속으로 사용한다면 처음 사용 후 30분 이내에 살포하며 적절한 장비를 이용해 콘크리트 표면에 용액이 0.3~0.5 L/m^2 정도의 양으로 균등하게 뿌리도록 한다.

비가 올 경우는 용액을 뿌리는 것을 삼가야 한다. 만약 양생막이 충격에 충분히 견디기 전에 콘크리트 표면에 비가 내린다면 그 위에 영향을 받은 비율대로 다시 양생제를 뿌려야 하며, 그림 3.23은 피막 양생제 살포 장면이다.

그림 3.23 피막 양생제 살포 장면(현장실무를 위한 건설시공학 인용)

2) 습윤 덮개 양생

외부에 노출된 콘크리트 전체 표면에 물을 뿌린 후 마대나 마포 등의 덮개를 이용하여 콘크리트 표면을 덮어 준다. 사용된 덮개는 항상 습윤 상태를 유지하여야 하며 양생기간 동안 물을 흡수하고 콘크리트의 습기를 유지시켜 준다. 표면을 매끄럽게 만들 수 없고 굳지 않은 상태에서 타이닝을 줄 수도 없으므로 국내에서는 공항 등의 교통하중이 제하되지 않는 곡면부위 등에 제한적으로 사용되고 있다.

3) 폴리에틸렌 덮개 양생

외부에 노출된 콘크리트 전체 표면을 흰색의 폴리에틸렌 덮개로 덮고, 가능한 표면과의 접촉을 거의 완벽한 상태로 만들기 위해 고정시킨다.

(7) 줄눈 컷팅 및 실런트 주입

콘크리트 슬래브는 초기 양생 과정에서 수화열로 인해 수축하게 되어 균열이 발생하는데 이런 불규칙한 균열의 발생을 막기 위해서 미리 인위적인 줄눈을 만들어 균열을 유도한다. 줄눈의 시공형식은 컷팅(Sawing), 플라스틱 줄눈 발생기(Plastic Insert), 양철 줄눈 발생기(Metal Insert) 삽입 방법 등이 있으며, 가장 많이 이용되는 줄눈의 시공형식은 컷팅 방법이다.

콘크리트 포장의 줄눈 절삭은 일반적으로 1차와 2차 절삭으로 나누어 실시한다.

1차 줄눈 절삭은 슬래브 두께의 약 1/3~1/4 정도의 깊이로 하며 무작위 균열을 방지하고 원하는 위치에 줄눈을 유도시킬 목적으로 수행한다. 1차 줄눈 절삭이 너무 빠른 시기에 행해질 경우 골재 튐현상이 발생하여 공용성 및 승차감을 저하시킨다. 또한 줄눈 절삭이 너무 늦을 경우는 줄눈이 유도되지 않는 줄눈 잠김 현상으로 인해 두 개의 슬래브가 일체 거동을 하는 경우가 발생한다.

2차 줄눈 절삭은 1차 줄눈 절삭으로 인해 유도된 줄눈부에서 온도에 의한 컬링 및 수축 · 팽창에 의한 줄눈 모서리 부분의 국부적 응력 집중을 제거할 목적으로 1차 줄눈보다 줄눈 폭을 더 넓게 하여 시공한다.

줄눈은 그 형식에 따라 수축 줄눈, 팽창 줄눈, 시공 줄눈으로 나누어진다.

수축 줄눈은 수분, 온도 그리고 마찰에 의해 발생하는 인장 응력을 완화시켜 균열을 억제하기 위하여 슬래브 중앙에서 설치한다.

팽창 줄눈은 슬래브 크기 변화에 의해 발생되는 압축응력으로 인한 손상이 악화되는 것을 억제하는 것과 인접 구조물로 압력이 전달되는 것을 방지기 위해 사용된다.

시공 줄눈은 1일 포설 종료시나 강우 등에 의해서 시공을 중지할 때에 설치하는 줄눈으로 시공 줄눈의 위치는 수축 줄눈의 예정 위치에 설치하는 것이 좋으며 이 경우는 맞댄형의 수축 줄눈이 된다.

그림 3.24는 줄눈이 올바르게 유도된 슬래브와 줄눈 잠김현상이 발생한 슬래브를 나타내고 있다.

(a) 줄눈이 올바르게 유도된 슬래브

(b) 줄눈 잠김현상이 발생한 슬래브

그림 3.24 줄눈 시공(현장실무를 위한 건설시공학 인용)

(8) 교통 개방

일반적으로 콘크리트를 타설한 지 28일 정도가 지나면 포장의 상태를 관측한 후 교통을 개방한다.

연습문제

3.1. 도로의 정의를 법의 종류에 따라 설명하시오.

3.2. 경부고속도로 개통에 따른 효과를 설명하시오.

3.3. 도로법에 의한 도로의 분류를 설명하시오.

3.4. 도로의 구조 · 시설기준에 관한 규칙에 의한 도로의 분류를 설명하시오.

3.5. 도시계획시설기준에 관한 규칙에 의한 도로의 분류를 설명하시오.

3.6. 도로 표층재료에 따른 도로의 분류를 설명하시오.

3.7. 도로의 계획절차를 설명하시오.

3.8. 도로의 노선 계획을 설명하시오.

3.9. 도로의 대안노선 평가방법을 설명하시오.

3.10. 도로 횡단면의 표준 폭을 설명하시오.

3.11. 도로의 횡단경사를 설명하시오.

3.12. 설계속도에 따른 차도의 최소 폭을 설명하시오.

3.13. 도로포장공법의 종류를 설명하시오.

3.14. 포장공법 선정시 검토사항을 설명하시오.

3.15. 아스팔트포장 설계법을 설명하시오.

3.16. 한국도로공사의 시험도로 건설목적을 설명하시오.

3.17. 한국도로공사의 시험도로 포장단면 설계를 설명하시오.

3.18. 아스팔트포장 시공에 대해 설명하시오.

3.19. 아스팔트포장 시공에서 프라임코트와 택코트를 설명하시오.

3.20. 아스팔트포장 시공에서 다짐에 대해 설명하시오.

3.21. AASHTO 콘크리트 설계법을 설명하시오.

3.22. 무근(줄눈) 콘크리트 포장을 설명하시오.

3.23. 철근(줄눈) 콘크리트 포장을 설명하시오.

3.24. 연속철근 콘크리트 포장을 설명하시오.

3.25. 콘크리트 포장 시공에 대해 설명하시오.

3.26. 콘크리트 포설에 대해 설명하시오.

3.27. 콘크리트의 양생에 대해 설명하시오.

3.28. 콘크리트 포장에서 줄눈의 종류를 설명하시오.

참고문헌

1. 민 원, "도로공학원론", 구미서관, 2011.1, pp.155~202.
2. 설진성, 김홍철 외, "현장실무를 위한 건설시공학", 구미서관, 2017.8, pp.454~483.
3. 우종태, 이래철, "건설계측공학", 구미서관, 2008.9, pp.204~214.
4. 우종태, "최신 건설적산학", 기문당, 2012.2, pp.105~107.
5. 우종태, "건설계측의 이론과 실무(1) 연구최종보고서", 한국지반공학회, 한국연구재단, 2009.9, pp.201~220.
6. 우종태, 지효선, "건설재료 및 품질시험", 구미서관, 2018.6. pp.121~123.
7. 우종태 외, "건설계측의 이론과 실무-지상 건설 시설물편", 씨아이알, 2014.3. pp.223~230
7. 이승언 외, "살아있는 토목시공학", 구미서관, 2014, pp.398~420.
8. 지효선, 우종태, "철근콘크리트공학", 예문사, 2017.1, pp.224~225.
9. 홍순헌, 김일배, "토목공학개론", 형설출판사, 2004.7, pp.23~40.

제4장

철도시설

4.1 철도의 정의 및 특징

4.1.1 철도의 개요

철도(鐵道, Railway)는 철 궤도와 철 차륜이 마찰에 의해 주행하는 방식으로 원칙적으로는 평행하는 2개의 철제 레일 상을 차륜을 이용하여 주행하는 운송수단을 의미한다.

철도의 사명은 사람과 물류를 빠른 시간 내에 한 장소에서 다른 장소로 이동하도록 함으로써 개인의 시간가치 증대와 국가 물류비를 절감함으로써 국민경제에 이바지함을 목적으로 한다. 1960년대까지 철도는 국내 교통기관의 총아로서 그 역할을 충실히 수행하여 왔으나, 1970년대 경부고속도로 개통과 더불어 도로교통위주의 교통정책에 따라 사양길에 접어들기도 하였으나 최근 선진 외국의 철도발전 사례와 국내 고속철도 개통으로 철도에 대한 시각이 바뀌면서 철도 투자가 활발히 진행되고 있다. 특히, 교토의정서에서 채택한 이산화탄소(CO_2) 협약 발효에 따라 환경에 대한 문제점이 집중 부각되면서 철도에 대한 역할이 그 어느 때 보다도 절실히 필요한 실정이다.

참고로 철도시설을 집필하기 위해 "현장실무를 위한 건설시공학(설진성, 김홍철 외, 구미서관, 2017.8, pp.602~605)" 교재와 "한국철도대학 최연혜총장의 레일웨이-마이웨이(2011.12)" 내용을 일부 인용 및 참고하였으며, 추가적인 내용을 필요로 할 경우 이들 교재를 참조하기 바란다.

4.1.2 철도의 정의 및 특징

철도라 함은 철도법에서 여객 또는 화물을 운송하는데 필요한 철도시설과 철도차량 및 이와 관련된 운영 및 지원체계가 유기적으로 구성된 운송체계로 정의된다. 철도는 대표적인 육상교통기관중의 하나로서 일정한 궤도(Track)를 따라 차량 및 열차가 운행된다는 점에서 도로와 대비되며, 이와 같이 궤도상에서 안전하게 열차가 운행하기 위해서는 전력, 통신, 신호, 제어 등 시스템 설비가 구축되어야 한다.

우리나라의 철도부설은 일제에 의한 식량 등 자원수탈의 목적으로 부설되었지만 해방 후에는 우리의 유일한 교통수단이었고 1960년대 경제개발 5개년 계획의 조국 근대화를 추진할 때는 국토의 대동맥으로서 중추적 역할을 담당하여 왔다. 1980년대 후반부터 자동차의 급속한 증가로 인한 도로교통의 발전에 밀려 다소 침체되었으나, 21세기의 저탄소 녹색성장의 견인차로 현재는 철도의 장점이 부각되고 철도의 르네상스시대를 맞고 있다

이러한 철도의 특성은 다른 교통수단에 비해 정시성, 신속성, 대량수송성의 장점 외에도 환경성, 국토이용효율성, 에너지효율성, 교통사고 감소 등에서 뛰어나다.

(1) 철도의 장점

철도는 다른 교통편에 비하여 안전성과 정시성에 특히 우수하며, 또한 대량 수송 능력을 가지고 있어 단위 수송비용이 낮다. 또한, 토지 이용효율 면에서 우수하며, 전기철도화 될 경우 배기가 극히 적어 환경에 가하는 부담이 적다. 특히 이산화탄소(CO_2) 배출에 대해서도 강점을 가지고 있으며, 특히, 에너지의 효율적 사용이라는 부분에서 철도는 최근 크게 각광받고 있다

1) 환경성

현대인은 각종 환경공해 즉, 소음 및 진동, 대기오염, 수질오염 등에 노출되어 이에 대한 문제해결을 위하여 많은 노력을 기울이고 있고, 이러한 시대의 흐름에 비추어 볼 때도 친환경적인 철도는 다른 교통수단인 자동차, 항공기, 선박 등에 비하여 월등히 우수하다.

특히 이산화탄소(CO_2) 배출에 대해서도 강점을 가지고 있다. 여객 철도는 1인km당 1.0g의 이산화탄소 배출을 하는데 비하여, 승합차는 3.3g, 승용차는 5.8g의 배출량을 가진다. 화물에서도 1톤km당 1.0g의 배출에 비해, 국내 해운은 2.4g, 화물자동차는 13.4g이라는 배출량을 가진다.

이러한 대기오염 문제는 UN에서 추진중인 "CO_2협약" 발효로 국제 간 규제는 더욱더 심해질 것인데 이렇게 되면 자동차 운행제한이라는 상황까지 가정할 수 있으며, 이런 관점에서도 볼 때도 환경 친화적인 철도의 중요성은 더욱 부각될 것이다.

한편, 이러한 대기오염 문제는 현재 동력차가 디젤기관차에서 점차로 전기기관차로 바뀌어 가고 있고 기존선의 전철화를 꾸준히 추진하고 있으므로 이렇게 되면 무공해 전기에너지를 사용하게 되어 대기오염에 의한 환경피해는 거의 없을 것으로 예상된다.

2) 국토이용 효율성

우리나라처럼 전 국토의 70%가 산악지인 나라에서 국토이용의 효율성은 매우 떨어지고 있으며, 이러한 좁은 국토에서조차 가용할 수 있는 평지 등은 사회간접자본시설 확충으로 점차 잠식되고 있는 실정이다.

국토 이용면에서 복선 철도에 해당하는 4차선 도로를 건설 할 경우 편입면적이 철도에 비하여 4배정도가 필요하므로 국토의 효율적인 이용면에서도 철도는 도로보다 월등히 우수하다.

3) 에너지 효율성

에너지의 효율적 사용이라는 부분에서 철도는 최근 크게 각광받고 있다. 여객 수송에 있어서 철도는 1인km당 소비 열량이 1.0kcal로서, 승합차의 3.3kcal, 승용차의 8.4kcal에 대비하여 우위를 가지며, 화물 수송 면에서도 1톤km당 1.0kcal를 소비하는데 비해 국내 해운은 2.5kcal, 화물자동차는 14.2kcal를 소비하는 등 압도적인 효율을 가지고 있다

우리나라의 도로와 철도를 비교하여 보면 철도의 수송분담율은 약22%인데 반해 에너지 사용량은 4% 불과하나, 도로의 수송분담율은 약60%정도이지만 에너지 사용량은 50%를 넘고 있다. 최근 국제유가 급등으로 국가경제에 미치는 영향 등을 고려할 때 에너지 절약형 교통수단인 철도의 중요성이 더욱 부각되고 있으며, 에너지 효율성이 높은 전철화를 꾸준히 추진하면 청정에너지 사용으로 대기오염의 피해를 줄일 수 있으므로 일석이조의 효과를 얻을 수 있는 장점이 있다.

4) 교통사고

자동차가 이 땅에 들어온 이후 교통사고로 인하여 인적 및 물적으로 입는 피해는 실로 막대하다. 또한, 항공기와 선박은 그동안의 사례에서 보듯이 발생빈도도 잦고 사고 또한 한번 발생하면 대형사고로 연결되므로 그 피해도 막대하다 하겠다. 이러한 관점에서도 철도는 사고빈도가 적으며, 만일 사고가 발생하더라도 대량의 사상 사고는 발생하지 않으므로 국민의 인적 · 물적 재산 보호에 공헌하고 있다.

(2) 철도의 단점

1) 철도시설에 대규모 예산 필요

철도는 시설을 독점적으로 사용하며, 대규모 자본을 소요하는 문제를 가지고 있다. 따라서, 철도는 단위 수송비용이 낮은 대신, 철도 교통을 유지하기 위한 충분한 교통량이 확보되지 않으면, 그 투자 및 운영의 경직성이 커서 경영이 성립되지 못하는 문제를 가지고 있다. 이로 인해서 철도 대다수가 경영상의 적자 문제를 내포하고 있으며, 따라서 보조금이나 정책적인 지원책에 의존하는 경향을 가진다.

2) 문전 접근성이 불리하다

특히 화물의 경우 최종 수요처까지 다른 교통수단을 통한 연계가 필수적이다. 이로 인해서, 짧은 거리의 수송에서 철도는 수송 시간이나 수송 비용 면에서 효율성이 떨어지는 문제를 가진다.

과거에는 소운송이라 불리는 문전 수송업이 철도와 결합하여 성행하였으나, 도로 교통의 발달과 택배업의 대두로 인해 이러한 방식의 사업 모델은 사양화되게 된다. 이러한 부분을 보완하기 위하여 이른바 일관수송과 같은 방식이 고안되고 있다.

3) 생활환경 문제

생활환경 문제에서 열차운행에 따른 소음과 진동 문제가 상존하며, 또한 철도의 유지를 위해 소비되는 윤활유나 제초제 등과 같은 약품, 기타 발생 분진에 의한 토양오염, 자갈로 인한 문제, 레일 마모에 의한 철분 배출, 주로 벌크 화물에서 발생하는 각종 분진에 의한 환경 피해가 존재한다.

4.2 철도의 분류

4.2.1 기능에 따른 분류

한국철도공사(코레일)에서 운영하는 국철은 그 노선의 중요도 및 성격에 따라 간선철도, 보조간선철도, 지선철도로 구분할 수 있다.

1) 간선철도

국가전체 철도망의 근간을 이루는 철도로서 주요 대도시를 연결하는 역할을 하며, 경부고속철도, 일반철도 중 현재 운행중인 경부선, 호남선, 경전선, 동해남부선, 장래 건설예정인 서해선 등이 여기에 해당된다.

2) 보조간선철도

주요 간선철도와의 연결노선으로서 주로 2개도(광역시) 이상 권역내의 간선을 형성하여 권역내의 주요 도시를 연결하는 역할을 하며, 일반철도 중 장항선, 충북선, 전라선 및 경인선, 안산선, 과천선 등 광역철도가 여기에 해당된다.

3) 지선철도

간선 또는 보조간선에서 분기하여 지역내 도시를 연결하는 노선으로서 간선 또는 분기하여 산업단지, 항만, 화물터미널 등을 연결하는 역할을 하며, 일반철도중 경북선, 진해선, 남부화물기지선, 여천선, 울산항선 등이 여기에 해당된다.

4.2.2 운행속도 및 성격에 따른 분류

한국철도공사에서 운영하는 국철은 당해 노선의 성격과 역할, 중요도, 운행속도, 서비스 제공 범위 등에 따라 고속철도, 일반철도, 광역철도, 산업철도로 구분한다.

1) 고속철도

철도건설법에 정한 열차가 주요구간을 시속 200킬로미터 이상으로 주행하는 철도로서 국토교통부장관이 그 노선을 지정·고시하는 철도를 말하며, 현재 운행 중인 경부고속철도와 호남고속철도, 그리고 수도권고속철도(수서~평택)가 여기에 해당된다.

2) 일반철도

고속철도와 도시철도법에 정한 도시철도를 제외한 열차가 주요구간을 시속 200킬로미터 미만으로 주행하는 철도로서 주로 여객 및 화물을 병행 수송하는 철도를 말하며, 경부선, 호남선, 전라선, 장항선 등이 여기에 해당된다.

3) 광역철도

대도시권 광역교통관리에 관한 특별법에서 규정한 철도로서 2개 이상의 광역시·도에 걸쳐 통근, 통학 등의 일상적인 교통수요를 처리하기 위한 철도를 말하며, 분당선, 안산선, 일산선 등이 여기에 해당된다. 일반철도중 일부 구간에서 전철 운행을 병행하기 위해 건설중인 중앙선(청량리~덕소), 경원선(의정부~동안), 경의선(용산~문산), 수인선(수원~인천), 동해남부선(부산~울산) 등도 광역철도로 분류할 수 있다.

4) 산업철도

일반철도의 주요 거점역에서 분기하여 산업단지, 항만, 화물기지를 연결하는 노선으로 주로 물류기능을 담당하며, 광양역에서 분기하는 광양항선 및 광양제철선, 창원역에서 분기하는 진해선, 덕양역에서 분기하는 여천선 등이 여기에 해당되며, 넓은 의미로 군부대 인입선 등도 포함한다.

4.2.3 일반적 분류

일반적으로 철도는 한국철도공사에서 운영하는 국철 외에 1975년 서울시에서 최초로 개통하여 영업중인 도시철도, 노면전차 등 신교통시스템을 포함하여 정의할 수 있다.

(1) 국철

철도건설법에 의거 정부에서 입안하여 정부출연기관인 한국철도시설공단에서 건설하고 정부투자기관인 한국철도공사(코레일)에서 운영하는 철도를 말한다.

우리나라 철도는 남북 축으로 발달되어 서울을 중심으로 한 일축(一軸)구조로 되어 있어 서울~대전 구간의 병목현상이 심한 반면에서 동서축을 연결하는 철도는 경전선을 제외하고는 전무한 실정이다. 우리철도의 효시인 경인선, 서울과 부산을 연결하는 경부선 및 경부고속철도, 호남평야를 가로지르는 호남선, 과거 경제성장의 견인차 역할을 한 중앙선 및 태백선, 서울과 신도시를 연결하는 안산 · 분당 · 일산선 등이 이에 해당된다.

(2) 도시철도

도시철도법에 의거 지방자치단체에서 기본계획 수립 후 중앙도시교통정책심의위원회 심의를 거쳐 국토교통부장관이 확정 · 고시하는 철도로서 보통 지하철로 불리는 철도를 말한다. 도시철도법에서 "도시철도라 함은 도시교통의 원활한 소통을 위하여 도시교통권역에서 건설 · 운영하는 철도 · 모노레일 등 궤도에 의한 교통시설 및 교통수단을 말한다" 라고 정의하고 있어 궤도에 의한 모든 교통시설을 총칭하되 도시교통권역에서 건설 · 운영되는 도시교통시설로 한정하고 있다.

우리나라 최초의 도시철도는 서울지하철 1호선으로 1975. 8.15 개통된 후 현재 9호선까지 건설하여 영업 중에 있고 9호선 3단계 구간은 건설 중에 있으며, 최근 개통하여 운영중인 도시철도는 그림 4.1, 경전철은 그림 4.2, 국내 도시철도 운영현황은 표 4.1과 같다.

(a) 서울지하철 9호선

(b) 신분당선

그림 4.1 도시철도

(a) 용인경전철(에버라인)

(b) 의정부경전철(유라인)

그림 4.2 경전철

표 4.1 국내 도시철도 운영현황

지자체	호 선	구 간	연장(km)	최 초 개통년도	비 고
서울특별시	1호선	서울~청량리	7.8	1974. 8.15	
	2호선	성수~성수	60.2	1980.10.31	지선 포함
	3호선	지축~오금	38.2	1985. 7.12	
	4호선	당고개~남태령	31.7	1985. 4.20	
	5호선	방화~상일동 강동~마천	45.3 7.0	1996	
	6호선	응암~봉화산	35.1	2000	
	7호선	장암~부평구청	57.1	2000	
	8호선	암사~모란	17.7	1999	
	9호선	김포공항~ 종합운동장	21.5	2009	3단계구간 '18년 10월 완공예정
부산광역시	1호선	노포~ 다대포해수욕장	40.4	1994	
	2호선	양산~장산	45.2	2002	
	3호선	대저~수영	18.7	2008	
	4호선	미남~안평	12.3	2011	경전철
인천광역시	1호선	박촌~동막	29.4	1998	
	2호선	검단~운연	29.1	2016	
대구광역시	1호선	설화명곡~안심	31.0	2002	
	2호선	문양~영남대	32.2	2005	
	3호선	칠곡~용지	23.9	2017	
광주광역시	1호선	용산동~마륵동	11.96	2003	
	1호선	마륵동~옥동	8.14.	2007	
	2호선	임암동~백운광장	27.4	-	'18년 착공예정
대전광역시	1호선	판암~외삼	22.6	2007	

(3) 신교통시스템

신교통시스템은 영어로 LR(Light Rail)이라고 부르며, 미국의 노면전차인 Trolley, Street Car, 영국의 노면전차인 Tram, Tramway의 의미를 확장시킨 표현으로 1960년대에 들어와서 처음 사용되었다.

미국의 수송연구위원회에서는 Light Rail Transit이란 지면의 고가구조물위 또는 지하에 독립된 통행로를 설치하거나 경우에 따라 도로 위에 통행로를 설치하고 궤도 또는 차량바닥 높이로 승·하차가 가능하며, 1량 또는 다량편성이 가능한 운영상의 특징을 갖춘 도시 전기철도시스템이라고 정의하고 있다.

신교통시스템은 첨단제어시스템으로 완전자동 운행되고, 한방향으로 5,000～30,000명/시간을 수송하는 AGT, LRT, 모노레일, BRT, PRT 등을 말한다. 미국에서는 ATS(Advanced Transit System), 일본에서는 NTS(New Transit System)로 불려지고 있으며, 우리나라 일부에서는 신교통시스템을 경량전철(LRT)이란 명칭으로 사용하고 있다.

신교통시스템은 교통계획 측면에서 대중 교통수단인 버스의 수송분담을 대체할 수 있고 전체 노면교통의 수송분담율을 경감시키며, 건설비용 측면에서는 중량전철에 비해 대폭 줄일 수 있다. 운영적인 측면에서는 완전 무인자동운전으로 지하철 시스템에 비하여 운영요원 을 50%이상 감축이 가능한 특징이 있으며, 신교통시스템의 범주는 그림 4.3과 같다.

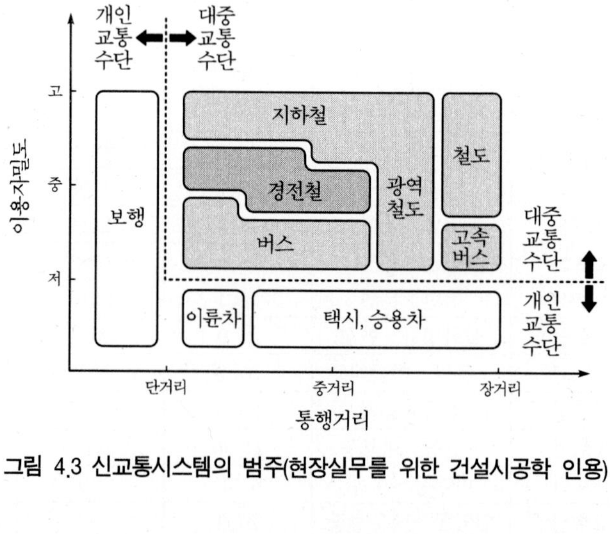

그림 4.3 신교통시스템의 범주(현장실무를 위한 건설시공학 인용)

가) 신교통시스템의 구분 및 주요특성

신교통시스템의 구분 및 주요특성은 표 4.2와 같다.

표 4.2 신교통시스템의 구분 및 주요특성(현장실무를 위한 건설시공학 인용)

구 분		주요특성	적용지역 적합성
기존철도 시스템	重量전철 (HRT)	· 대량 고속 수송 가능	· 대도시권의 대량교통수단에 적합
	中量전철 (MRT)	· 대량 고속 수송 가능	· 대·중소시권의 교통수단에 적합
신교통 시스템	노면전차 (SLRT)	· 기존 신호시스템 이용 · 타 궤도시스템에 비해 건설비 저렴	· 도시내 도입공간이 있는 경우 도시내 기본교통으로 적합
	철제차륜 AGT	· 비교적 장거리 교통에 효율적 · 완전 자동운전시스템 도입 가능	· 중량전철 정도의 규모는 아니나, 노면교통수단(버스)으로는 대응할 수 없을 만큼의 수요가 있는 경우에 도시내 기본 교통수단으로 적합
	고무차륜 AGT	· 비교적 단거리 교통에 효율적 · 완전 자동운전시스템에의한 무인운전 가능	
	모노레일 (Monorail)	· 점유공간이 작음 · 급곡선, 급경사에 대응가능	
	선형모터열차 (LIM LRT)	· 단면이 작아 지하철에 비하여 건설비 저렴 · 급경사에 대응 가능	· 기존의 지하철 수송용량 만큼은 아니나, 대도시권에 있어서 대량 수송 수요가 있는 경우에 적합
	자기부상열차 (Maglev)	· 급경사에 대응 가능 · 저진동 시스템, 최고속도 우수	· 고속성의 활용을 위해 어느 정도 거리가 있는 2개의 거점간 수송에 적합
	그룹운송수단 (GRT)	· 저렴한 비용에 높은 서비스수준 제공 · 비교적 단거리 통행에 유리	· 공원, 공항 및 도심의 단거리 교통수단에 유리
	개인운송수단 (PRT)	· 개인승용차 이용자를 대중교통으로 전환 유리 · 이용자 요구에 의해 운행하는 개인 교통	· 차량 소형화로 외관이 유리 · 작은 수송용량 등으로 학교 등 내부 교통수단에 적합
	간선급행버스체계 (BRT)	· 간선도로에 분리된 전용차로를 이용하므로 정시성 확보 가능	· 기존 간선도로망에 도입공간이 필요 · 대도시권에서의 도시간 연결 간선교통수단에 유리

1) 노면전차 (SLRT : Street Light Train, Tram)

도로면에 궤도를 설치하여 노면교통과 공동운행이 가능하며, 소음, 진동과 매연이 없어 환경친화적 교통수단으로 노면전차 운행현황은 그림 4.4와 같다.

(a) Strasbourg - EuroTram

(b) 브뤼셀 - Tram

그림 4.4 노면전차

2) AGT (Automated Guidway Transit)

고가 등의 전용 궤도를 고무타이어 또는 철제차륜을 부착한 소형 경량 차량이 가이드웨이(Guideway)를 따라 주행하는 경량전철시스템으로 무인운전 가능하며, AGT의 종류는 그림 4.5와 같다.

(a) 철제차륜형식 AGT

(b) 고무차륜형식 AGT

그림 4.5 AGT의 종류

3) 모노레일 (Monorail)

콘크리트 또는 철제 빔 고가안내 궤도를 이용하며, 과좌식(Straddle Type, 궤도빔 위로 주행)과 현수식(Suspended Type, 궤도빔 아래에 매달려 주행)으로 분류하고 저소음, 저진동으로 주행이 가능하며, 모노레일 종류 및 운행현황은 그림 4.6과 같다.

(a) 과좌형(Straddle Type)

(b) 현수형(Suspended Type

그림 4.6 모노레일의 종류

4) 선형모터열차 (LIM : Linear Induction Motor)

차량 저상화로 인한 터널 단면적 감소 및 소형화가 가능하고 급곡선 및 급구배로 등판 능력이 우수하며, 선형모터열차의 운행현황은 그림 4.7과 같다.

(a) 운행현황

(b) 리니어 모터

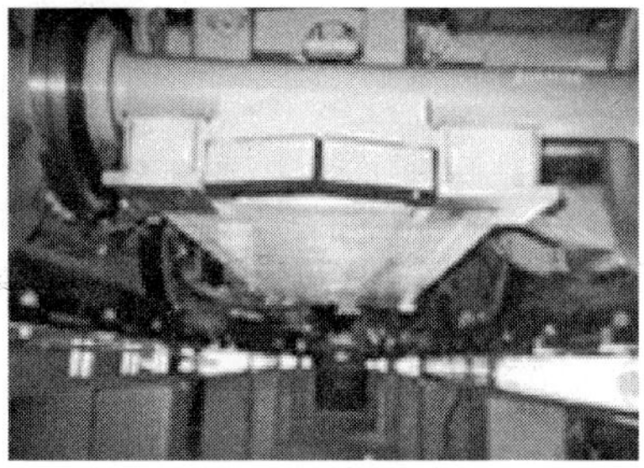

(c) 리액셔 플레이트

그림 4.7 선형모터열차

5) 자기부상열차

바퀴 없이 전자석으로 떠서 달리는 새로운 궤도 교통수단으로 기계적 원인에 의한 진동이 거의 발생하지 않는 친환경적인 열차이다.

한국 도시형 자기부상열차는 그림 4.8과 같이 최고 시속 110km 중저속형으로 운전자가 필요 없는 무인운전방식으로 운영되고 있다. 2량 1편성으로 186명 정도가 탑승할 수 있으며, 국토교통부는 인천공항 교통센터와 국제업무지역, 용유차량기지를 연결하는 6.1km의 시범 노선은 2010년 건설에 착수해 2016년에 개통되어 운행하고 있으나, 국내 지자체에서 도입에 관심을 보이지 않고 있다.

인천공항 옆에 설치되어 시범운행 중인 인천공항에서 용유 간 6.1km 구간의 한국형 자기부상열차는 개발비와 건설비를 포함해 모두 4,500억원이 소요되었으며, 비용 부담은 정부가 3,520억원, 인천공항공사가 790억원, 인천시가 190억원이다.

이 자기부상열차는 시내 출퇴근 수요를 소화하기 위한 도심형 모델로 110km의 중저속형으로 개발되었으며, 도심형 자기부상열차는 일본 나고야에 이어 세계 두 번째이다. 중국의 상하이에서 운영 중인 자기부상열차는 400km의 초고속형이다.

당시 정부는 한국형 자기부상열차를 개발하면 국내외 경전철 시장 진출 등을 통해 3조 3,000억원의 경제적 파급효과를 예측했으나 지금까지의 성적표는 낙제 수준이다.

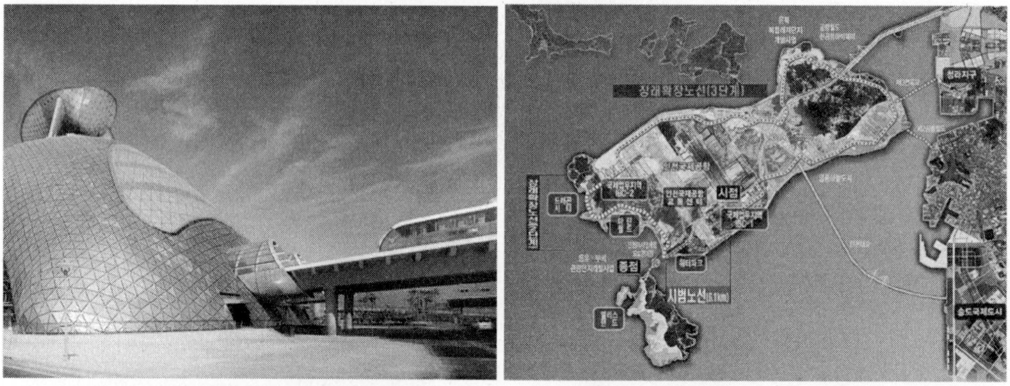

(a) 자기부상열차 정거장 조감도 (b) 인천국제공항 자기부상열차 시범노선도

그림 4.8 인천국제공항 자기부상열차 시범노선도

열차를 전진 및 후진시키는 추진력은 열차에 장착된 선형 동기식 전동기에서 나온다. 독일은 이 기술을 중국에 공급해 약 30km 길이의 중국 상하이노선(푸동공항~상하이 시내)에서 최고시속 430km로 달리는 데 성공했다

베이징-상하이 노선은 길이가 1,320km, 시속 350km의 고속철도가 건설되었으며, 이 구간은 자기부상열차 대신 바퀴식열차를 투입할 것으로 알려졌다. 상하이에서 항조우 인근까지 새로 부설될 노선 길이는 177km로 이 노선은 베이징-상하이 노선과는 달리 자기부상열차를 오는 2013년부터 투입하고 있는 것으로 알려졌다.

자기부상열차 현황은 그림 4.9와 같다.

(a) 한국형 자기부상열차 (고려청자의 곡선과 벌집 구조를 형상화)

(b) 미국식 자기부상열차

(c) 독일식 자기부상열차

(d) 일본식 자기부상열차

(e) 중국식 자기부상열차

그림 4.9 자기부상열차 현황

6) 개인운송수단 (PRT : Personal Rapid Transit)

완전무인운전으로 모노레일의 발전된 형태이며, 지상, 지하, 고가에 적용 가능한 경량구조로 목적지까지 환승 및 정차없이 논스톱 운행하며, 승차 정원은 1명에서 6명이다.

개인운송수단의 운행현황은 그림 4.10과 같다.

그림 4.10 개인운송수단

7) 간선급행버스체계 (BRT : Bus Rapid Transit)

버스운행에 철도시스템의 개념을 도입한 신대중 교통수단으로서, BRT전용 통행권, 교차로 우선처리, 쾌적한 차량, 편리한 환승시설을 갖추어 운행속도, 정시성, 수송능력을 제고하여 통행시간 감축 등 저렴한 비용으로 서비스를 향상시킨 새로운 교통수단이며, 간선급행버스체계는 그림 4.11과 같다.

중앙버스전용차로　입체교차로

환승센타　버스사령실(BMS)

그림 4.11 간선급행버스체계

BRT와 대중교통수단간 건설비 및 수송능력 비교는 표 4.3과 같다.

표 4.3 BRT와 대중교통수단간 건설비 및 수송능력 비교

구분	지하철	경전철	BRT
km당 건설비	405~2,027억원	100~963억원	2~44억원
수송능력	40~80천명/시간	5~66천명/시간	15~35천명/시간

8) **가이드웨이버스** (Guideway Bus)

일반 버스에 안내차륜을 장착하고 고가차도에 궤도(Guide Way)를 설치하여 운행하며, 일반 도로에 진입시 안내차륜을 접고 운행한다. 가이드웨이버스의 운행현황은 그림 4.12와 같다.

(a) 가이드웨이버스

(b) 가이드웨이

(c) 안내차륜

그림 4.12 가이드웨이버스

나) 도시철도(전철)와 신교통시스템의 특성 비교

도시철도(전철)와 신교통시스템의 특성 비교는 표 4.4와 같다.

표 4.4 도시철도(전철)와 신교통시스템의 특성 비교(현장실무를 위한 건설시공학 인용)

구 분		중량전철 (HRT)	중량전철 (MRT)	신교통시스템 (ATS)
최대수송량		50,000~9,000 인/시간/일방향	20,000~50,000 인/시간/일방향	5,000~30,000 인/시간/일방향
차량크기		폭원 : 2.7~3.2m 높이 : 3.7~4.2m 길이 : 20~22.0m	폭원 : 2.4~2.8m 높이 : 3.2~4.0m 길이 : 12~18.0m	폭원 : 2.0~2.60m 높이 : 2.3~30.0m 길이 : 6.0~12.0m
편성당 차량수		6~10량	6~10량	1~6량
1량당 정원		150~160명	110~130명	60~80명
최소운전시격		2분	2분	1분
최고속도		80~110km/hr	80~110km/hr	50~90km/hr
운행속도		30~35km/hr	32~38km/hr	34~40km/hr
최소곡선반경		400m	300m	40~80m
바퀴형식		철제차륜	철제차륜	철제 및 고무차륜
운행형태		대도시 간선교통축	대도시 간선교통축	연계지선, 위성도시순환
운행 사례	기존	서울, 동경, 홍콩 지하철 등	부산지하철 1호선 대구지하철 1호선	벤쿠버, 타이페이, 오사카 등
	건설 (계획)	-	부산지하철 2호선 광주지하철 1호선	김해, 용인, 의정부 경전철 등

주) 중량전철(HRT, Heavy Rapid Transit), 중량전철(MRT, Mass Rapid Transit)

4.2.4 고속철도

(1) 대한민국 고속철도

대한민국의 고속철도인 KTX (Korea Train eXpress)는 1992년 6월에 착공되어 총 18조 4,358억원의 국책사업으로 2004년 4월 1일 경부선이 서울에서 부산까지 부분 개통되어 시속 약 300Km/hr로 2시간 58분에 운행하였고, 2010년 11월 경부선이 서울에서 부산까지 완전개통되어 2시간 18분에 운행하고 있으며, 한국의 KTX는 그림 4.13과 같다.

그림 4.13 한국의 KTX

(2) 일본의 신간센 (新幹線)

2차 세계대전이후 대도시의 인구 집중에 따라 교통문제를 해결하기 위해 1964년 동경 올림픽 개최에 맞추어 동경에서 오사카까지 515km 고속철도가 개통되었으며, 개통된지 3년만에 흑자 경영을 보이면서 물류 수송에 큰 기여를 하고 있으며, 일본의 신간센은 그림 4.14와 같다.

그림 4.14 일본의 신간센

(3) 프랑스의 TGV

프랑스의 TGV(Train A Grande Vitesse)는 굉장히 빠른 기차란 뜻으로 1960년 파리에서 리옹의 여객과 화물 수송이 포화가 되어 국영 철도회사인 SMCF가 TGV의 건설을 추진하게 되었다, 1981년 남도선인 파리에서 리옹간이 우선 개통된 후 TGV-PSE가 시속 380km를 기록하였고, 1990년에 TGV-A가 시속515.3km를 기록하면서 세계 최고속도를 달성한 바 있으며, 프랑스의 TGV는 그림 4.15와 같다.

(a) TGV-PSE (b) TGV-A

그림 4.15 프랑스의 TGV

(4) 독일의 ICE

독일의 ICE (Inter City Express)는 1950년대 이후 자동차산업의 발달로 도로교통 위주였으나, 도로의 한계와 환경 보호 정책 등에 따라 고속철도 건설이 시작되었다. ICE는 도시간의 초특급 열차로 시속 250km로 하노버에서 뷔르쯔부르크, 만하임에서 스트가르트간이 1991년에 준공되어 운행중에 있으며, 독일의 ICE는 그림 4.16과 같다.

그림 4.16 독일의 ICE

(5) 스페인의 AVE

스페인의 AVE (아베 : 스페인어로 비둘기)는 1992년 바르셀로나 올림픽과 세비야 엑스포92의 개최에 따른 국내 수송의 문제점 해결을 위해 마드리드에서 세비야간 고속철도 건설계획에 따라 1987년 마드리드에서 세비아간 417km구간에 최고속도 300km/h로 달리는 고속철도 공사를 시작해 1992년에 개통되었으며, 스페인의 AVE는 그림 4.17과 같다.

그림 4.17 스페인의 AVE

(6) 중국의 고속철도

2004년 중국철도부는 중장기 철도망 계획을 발표하였으며, 2008년 10월 이를 조정하여 2012년까지 중국 철도운영연장을 11만km 건설하고, 철도의 복선화 및 전기화율을 50% 이상 달성할 것이라 발표하였다. 2010년부터 2012년까지 중국에 새로 신설될 철도의 길이는 약 2만 6,000km에 달하며, 그 중 여객전용선이 9,200km로 추정하고 있다.

중국의 고속철도 건설은 환보하이(环渤海)·창장삼각주(长江三角洲)·주장(珠江)삼각주, 창주탄(长株潭)·청위도시군(成渝城市群)·종위엔(中原)도시군·우한(武汉)도시군, 관종도시군(关中城镇群)·하이시아시안(海峡西岸)도시군 등 경제발달 및 인구밀집지역의 연결과 지역 내 주요 도시를 연결하는 도시 간 여객운송체제의 건설을 주목적으로 하고 있다.

2011년 개통된 광저우에서 무한까지는 연장이 1,068Km, 시속 3백50Km로 주행시 3시간30분이 소요되며, 2011년 말 개통되는 상하이에서 광저우까지는 연장이 1,890Km로 주행시간은 약 8시간으로 예상하고 있으며, 2011년 현재 중국의 고속철도 건설현황은 그림 4.18과 같다.

그림 4.18 중국의 고속철도 건설현황 (2011년 기준)

중국철로고속(중국어 : 中国铁路高速, China Railway High-Speed, CRH)은 중국의 철도 전용으로 도입된 고속철도 차량으로 외국에서 기술 이전을 목적으로 생산된 철도 차량이며, 그림 4.19와 같다.

그림 4.19 중국의 고속철도

4.3 철도의 계획

4.3.1 노선계획

철도의 노선계획은 노선의 기능 및 성격에 따라 지역사회에 편익이 크고, 사업주체의 이익도 높도록 고려되어야 한다. 노선계획은 지역사회에 미치는 영향이 크고 많은 사람들과 직간접적으로 이해관계를 가지므로 보다 신중하고 합리적인 계획이 요구된다.

양호한 노선계획이란 건설비와 유지관리비가 최소화 될 수 있고 영업수익을 극대화 할 수 있는 노선계획을 말한다. 다시 말하면 노선계획은 주변의 각종 현황 및 지형, 지질여건상 선로등급에 따라 기술적으로 건설기준에 적합하여야 하며 지역발전계획과 부합하고 목표하는 수송능력을 달성하면서 열차운행효율과 건설비를 최적화 시킬 수 있도록 하는 것이 노선계획의 기본이다. 다만, 노선계획에 있어서는 다소의 건설비가 추가소요 되더라도 경제 · 사회 발전에 대응할 수 있도록 건설선의 선로등급을 격상시키는 것이 바람직하다.

(1) 노선계획 순서

1) 도상계획(Paper Location)은 1/25,000∼1/50,000 지형도상 비교노선 작성, 개략적인 선로종 · 평면도 등을 작성한다.

2) 답사 도상계획 비교노선에 대한 현지답사 및 조사
3) 예측은 1/50,000 선로종 · 평면도, 50m간격 선로횡단면도를 작성하여 비교노선의 건설비 분석 및 경제성 평가를 한다.
4) 실측은 최종선정 된 노선에 대한 확정측량을 시행하여 1/1,000 선로 종 · 평면도, 20m 간격 선로 횡단면도를 작성한다.

(2) 정거장의 위치 선정

1) 지형전후의 선로상황, 운전조건 등의 기술적인 면과 그 지방의 경제, 교통상황을 종합하여 고려한다.
2) 정거장의 위치는 가급적 시가지 또는 교통중심지에 계획한다.
3) 장래 도시계획상의 확장가능 지역을 고려한다.
4) 화물 등의 적하를 위한 광장 여부도 고려한다.
5) 역간거리는 광역철도는 2~3km, 일반철도는 10~15km, 고속철도는 50km 정도를 고려한다.

(3) 기울기의 산정

열차의 속도 및 견인력에 관계되므로 이는 선로의 수송능력에 크게 영향을 미친다. 따라서 제한기울기 및 지형과 건설비, 운전비 등을 고려하여 기울기를 결정하여야 한다.

1) 터널 내의 기울기

제한기울기(보통 취급기울기)보다 1‰ 정도 완만한 기울기로 하여야 하며, 보통 배수, 환기 목적으로 3‰ 기울기를 둔다.

2) 교량상의 기울기

급 기울기는 자제하고 기울기 변경점을 두지 말아야 하며, 특히 하향급 기울기 중에 기울기 변경점은 대단히 불리하다.

(4) 곡선의 선정

1) 곡선은 열차저항을 크게 하고 견인정수를 저하시키며, 차량의 고정축거를 제한하여 대형차량의 사용을 제한한다.

2) 곡선 중에 장대교량, 터널, 사각교량은 가급적 계획하지 않는다.
3) 건설비와 운전비를 비교 · 검토하여 곡선반경을 선정한다.

(5) 선로중심선(노선) 및 시공기면 높이

1) 가급적 직선으로 계획한다.
2) 장래 보수가 곤란한 곳은 피한다.
3) 터널은 가급적 짧게 하고 지질이 양호한 곳을 택한다.
4) 환경조건에 대하여 충분히 검토한다.
5) 하천 횡단시에는 유수저해 및 기초세굴 우려 개소는 피한다.
6) 도로, 농로 등에 대하여는 입체화한다.
7) 하천횡단의 경우 교량은 계획홍수위 1m 이상 (장대교량 및 기타특수한 곳은 1.5m 이상)의 형하공간 확보 필요
8) 정거장에서는 도로연결이 용이해야 한다.
9) 깎기와 돋기의 토공량은 균형을 이루게 하여야 한다.

(6) 교량의 경간비

교량부 구조의 비용은 경간길이의 2승에 비례하므로 상부구조와 하부구조의 비용을 종합적으로 검토하여 최소의 공사비가 될 수 있도록 하면서 형하공간도 고려해야 한다.

(7) 터널위치 및 단면

1) 편토압을 받을 우려가 있는 산허리, 단층지대, 애추지대 등은 피한다.
2) 지질이 양호하면 복선터널, 불량하면 단선터널이 유리하다.
3) 5km 이상의 장대터널은 단선병렬을 원칙으로 한다.

4.3.2 정거장계획

정거장은 철도수송의 기지로서 한번 건설에 많은 투자비가 소요됨으로 수송량과 수송형태에 따라 합리적으로 위치와 설비규모를 결정하여야 하며 정거장 계획 시에는 다음사항을 기본방향으로 한다.

1) 시설규모 결정은 열차운행 및 계획에 부합되도록 시설규모를 적용한다.
2) 선형조건은 가능한 한 수평, 직선으로 계획하고 정거장 전후 인접부 선형도 장래확장을 대비하여 급곡선 및 급기울기를 피해야 한다.
3) 역간거리는 광역철도 2~3km, 일반철도 10~15km, 고속철도 50km정도로 계획한다.
4) 접근동선 및 연계교통은 간선도로와 근접 접근동선 확보 및 타교통 수단과 연계성 확보가 되도록 한다.
5) 도시개발계획 연계하여 역세권 확보 및 도시발전을 도모한다.
6) 정거장 전후 기울기는 정거장 전방기울기는 상향, 후방기울기는 하향으로 한다.
7) 토지이용조건은 토지수용이 용이하고 토공량 및 구조물 시공량이 적은 곳으로 한다.
8) 여객취급설비는 접근동선이 단순하여 이용에 편의를 제공하여야 한다.

4.4 철도의 설계

4.4.1 설계일반

철도설계는 신설되는 철도 및 기존선의 개량에 따른 철도운영시설 전반에 걸친 시설물을 설치하기 위한 설계로써 토공, 교량, 터널, 정거장 등 노반을 구축하기 위한 토목분야 설계와 건축, 궤도, 전력, 전차선, 신호, 통신, 검수설비 분야 등으로 구분되며, 시설계획에 많은 분야가 연계됨에 따라 종합 시스템으로 설계가 수행되어야 한다.

건설 후 운영중에 철도운영효율의 극대화를 위해서는 각 분야의 건설계획을 근간으로 각 분야가 긴밀한 협의가 필요하며, 상호 인터페이스(Interface) 확보에 의한 시설계획의 수립이 무엇보다 중요하다. 따라서, 철도설계는 분야 간 연계시설 계획에 대한 상호협의 반영이 용이하도록 각 분야별 설계 시행시기를 단계별로 시행하는 것이 바람직하다.

4.4.2 기본설계

기본설계는 타당성조사 결과를 토대로 노선 및 공사의 규모, 시설물의 배치 등을 결정하고 실시설계 방침 등 공사의 계획과 제반조건 및 기본적인 사항 등을 결정한다.

타당성조사에서 결정된 최적 노선을 토대로 시공성, 경제성, 유지관리, 열차운행계획, 안정성 및 환경 등을 종합적으로 검토하여 노선과 정거장 입지를 선정하고 이에 따른 토공, 교량, 터널,

정거장 시설 등의 건설규모와 건설비 공사기간 등 사업세부계획의 수립을 목적으로 한다.

(1) 조사업무

1) 현지조사 및 답사 : 노선경유지역에서의 지형, 지물, 식생, 용·배수, 토지이용상황 및 문화재 등을 파악·확인하고 민원 등 정책기본방침에 따라 노선을 조정·재검토할 경우 이에 따른 답사 및 조사를 한다.
2) 수리수문조사 : 계획구간 하천의 상태, 정비계획, 유역면적, 하폭, 하상구배, 제방 및 호안 현황, 지류 등을 조사한다.
3) 환경영향조사 : 계획시설물의 설치로 발생되는 소음, 진동과 동물 및 식물의 식생에 미치는 영향을 조사한다.
4) 측량 : 삼각측량, 수준측량, 골조측량, 현황측량을 수행하며 중심선 측량은 20～100m 간격으로 실시한다.
5) 지질 및 지반조사 : 지표지질조사 및 시추조사를 시행하여 구조물 계획에 반영하여야 하며 노선대 주변의 광업권 설정현황, 폐광 및 지하공동 등을 조사한다.
6) 지장물 및 구조물조사 : 시설물의 설치 및 시공에 영향을 미치는 각종 지하매설물과 지상시설물 및 장애물을 조사한다.
7) 용지조사 : 사업구간의 토지이용현황 및 이용계획을 조사하여 시설계획 수립자료로 활용하며 기존철도용지 현황과 활용가능성을 검토한다.

(2) 계획업무

1) 전단계 성과검토 : 앞서 실시한 타당성조사의 성과품을 검토·분석하여 기본설계에 최대한 활용하며 조정이 필요한 경우 발주청과 협의하여 계획하도록 한다.
2) 설계기준 검토 : 철도시설은 분야별 시설간의 연계성이 최적화 되어야 함으로 각 시스템간 연계성을 감안하여 노선계획 및 정거장 계획에 적용할 건설기준과 설계기준을 검토한다.
3) 최적노선 선정 : 타당성조사에서 제시한 개략노선에 대해 현장답사, 지장물 조사, 관계기관 의견, 도시개발계획, 민원사항 등을 고려한 비교대안을 검토하여 경제성, 시공성, 환경성 등을 평가하여 최적노선을 선정한다.
4) 정거장 위치선정 : 열차운행계획에 따른 정거장의 기능과 시설계획을 검토하여 도시계획 및 역세권과 연계 및 관계기관 의견을 수렴하여 최적입지를 선정한다.

5) 주요 구조물 계획 : 교량, 터널, 입체교차 구조물은 철도시스템에 따른 건설기준과 기술성, 경제성, 시공성, 안전성, 미관성, 유지관리 등의 장단점을 비교 · 검토하여 최적안을 선정하여야 한다.
6) 열차운영계획 : 구간별 여객 및 화물수요에 따라 운행할 열차의 종류, 편성 수, 운행 횟수, 완행 및 급행의 운영방식을 산정하고 이를 토대로 정거장 및 차량기지의 시설계획에 반영한다.
7) 환경 및 교통영향성 검토 : 환경 · 교통영향 조사와 현황조사 내용을 검토하여 설계에 반영한다.
8) 수리수문 검토 : 최적노선과 정거장 입지를 최종적으로 결정하여 이에 따른 수리, 수문사항을 검토하여 설계에 반영한다.
9) 관계기관 협의 : 기본설계가 결정되면 민원 등으로 실시설계에서 변경이 곤란한 경우가 있으므로 관계기관과의 충분한 협의가 필요하다.

(3) 설계업무

1) 철도설계 : 철도시스템 결정에 따른 건설기준 적용을 검토하고 설계조건을 검토하여 기재한다.
2) 노선설계 : 최적노선의 선형설계는 건설기준에 부합되고 토공분배, 구조물계획, 배수계획, 도시개발계획 등에 대한 기술적 연계성이 최적화되도록 평면, 종단, 횡단설계를 시행한다.
3) 정거장 설계 : 열차운행계획에 따른 배선계획을 수립하여 여객 · 화물 · 운전취급시설 등이 철도운영효율이 극대화될 수 있도록 설계하여야 한다.
4) 교량설계 : 최적안의 구조형식에 따라 주요구조물의 상 · 하부 구조 및 기초단면을 설정하고 구조물의 안정성, 내구성, 사용성 등을 검토하여 설계한다.
5) 터널설계 : 선정된 노선에 대하여 지표지질조사 및 시추조사 결과와 현장여건을 감안하여 갱구위치 및 현식을 비교 · 검토 선정하고 내공단면, 방수 및 배수, 굴착 및 지보공법, 가시설 및 부대시설, 방재 및 환기시설 등을 설계한다.
6) 입체교차설계 : 도로의 방향, 지형조건, 구조물의 위치, 장래계획에 맞는 폭 · 형식 등을 검토하여 가장 합리적인 설계가 되도록 한다.
7) 용수 및 배수 설계 : 기존자료 및 현지답사, 수리수문조사 결과를 활용하여 용 · 배수계통계획 및 구조물의 형식, 단면을 검토하도록 한다.

8) 공구분할 : 설계구간의 지역여건, 공사량, 공사현장 관리의 효율성, 주요구조물, 공사시행 여건 등을 종합 · 검토하여 적정한 공구로 분할한다.

(4) 성과품 작성

기본설계 주요성과품은 기본설계보고서, 주요 구조 및 수리계산서, 지질 및 지반조사 보고서 기본설계 예산서 (기본설계내역서, 기본단가산출서, 기본수량산출서), 기본설계도면 등이다.

4.4.3 실시설계

실시설계는 기본설계를 구체화하여 시공업체와 공사계약을 하기 위한 공사계약도서 또는 실제 필요한 설계도서를 작성하는 업무를 말한다.

실시설계는 기본설계로 결정한 노선, 기본선형, 구조물 위치 및 형식 등에 근거하여 공사계약서 또는 공사에 필요한 상세구조를 설계하고, 경제적이고 또한, 합리적으로 공사의 비용을 산정하기 위한 자료를 작성하는 것을 목적으로 한다. 또한 기본설계에서 결정해야 할 요건이 선행되어 있지 않은 경우, 혹 변경의 필요가 있는 경우는 발주청의 과업지시서에 근거하여 추가로 검토하는 것으로 한다.

(1) 조사업무

1) 현지조사 및 답사 : 전단계의 조사사항을 검토분석하고 시설계획과 연계한 쟁점사항을 도출하여 현지조사 및 답사를 시행하며 기본설계 이후 민원 등 정책기본방침에 따라 확정된 노선을 재검토할 경우 이에 따른 현지답사 및 조사를 한다.
2) 수리 · 수문조사 : 전단계 조사사항을 재검토 · 분석하고 교량 등 배수구조물에 대하여 수리 · 수문상 영향성을 종합적으로 검토 · 확인한다.
3) 측량 : 전단계 용역에서 기 수행된 측량자료를 검토하여 측량성과의 활용가능 여부를 검토하여 중심선 및 종 · 횡단 측량과 길내기 등 본선부속 측량 등의 세부측량을 실시한다.
4) 지질 및 지반조사 : 전단계 용역에서 기수행한 조사자료를 검토하고 시설계획과 연계하여 추가로 필요한 시추조사 및 시험 등을 시행토록하고 광업권 설정현황과 폐광 및 지하공동 등을 조사하여야 한다.
5) 지장물, 구조물 조사 : 전단계 과업에서 조사내용을 재검토, 분석하고 추가조사를 시행하고 노선데 위치한 구조물 등 기존시설물을 조사하여 설계에 반영하여야 한다.

6) 토취장, 사토장, 재료원 조사 : 지역여건 및 환경영향성을 고려하여 토공분배계획에 의한 토취장 및 사토장 입지를 관계기관과 협의, 선정하고 지역 내의 골재원에 대하여 세부조사 한다.
7) 용지조사 : 편입대상 용지는 별도 시행하는 용지측량 성과를 근거로 소유자 관계인을 조사하여 용지 및 지장물 보상과 인·허가 서류의 기초자료로 활용한다.

(2) 계획업무

1) 전단계 성과검토 : 전단계에서 수행된 성과품을 검토, 분석하여 실시설계에 최대한 활용하며 만일 조정이 필요한 경우 발주청의 승인을 받아 다시 실시하도록 한다.
2) 주요 구조물 계획 : 전단계 과업에서 제시된 교량, 터널, 입체교차 등 주요구조물 계획은 검토한 내용을 제반조사업무 내용과 연계 세부검토하여 보완한다.
3) 열차운영계획 : 전단계 과업에서 제시된 열차운행계획이 교통량 변화 추이 등으로 수송수요 예측치에 변화요인이 있는지를 검토하고 세부적인 열차운행계획을 수립한다.
4) 환경 및 교통영향 검토 : 전단계 과업에서 검토한 내용을 교통·환경영향평가 결과와 연계 재검토하여 설계에 반영한다.
5) 수리·수문검토 : 전단계 과업에서 검토한 내용을 수리·수문검토 결과와 연계 검토, 분석하여 설계에 반영하여야 한다.
6) 관계기관 협의 : 도로, 하천 통과개소 및 민원예상개소는 세부시설계획을 관계기관과 문서로 협의하여야 한다.

(3) 설계업무

1) 실시설계 단계에서의 설계업무를 상세설계라 말하며 기본설계에서 적용된 설계기준안을 검토하여 발주청과 협의, 확정한다.
2) 기본설계에서 제시된 토공, 용·배수공, 교량, 터널, 입체교차 등은 철도설계기준(노반 및 철도교편, 한국철도시설공단)에 의거하여 상세설계를 시행하여야 한다.

(4) 성과품 작성

실시설계 주요성과품은 실시설계보고서, 지질 및 지반조사보고서, 구조 및 수리계산서, 설계예산서, 설계도면, 공사시방서, 용지도 및 용지도서 등이다.

연습문제

4.1. 철도의 정의를 설명하시오.

4.2. 철도의 장점을 상세히 설명하시오.

4.3. 철도의 단점을 상세히 설명하시오.

4.4. 철도를 기능에 따라 분류하고 설명하시오.

4.5. 철도를 운행속도 및 성격에 따라 분류하고 설명하시오.

4.6. 철도의 일반적인 분류를 설명하시오.

4.7. 신교통시스템의 정의를 설명하시오.

4.8. 신교통시스템의 종류와 주요특성을 설명하시오.

4.9. SLRT, AGT, Monorail, LIM에 대해 설명하시오.

4.10. 자기부상열차, PRT, BRT, Guideway Bus에 대해 설명하시오.

4.11. 도시철도(전철)와 신교통시스템의 특성을 비교하여 설명하시오.

4.12. 각 나라별 고속철도에 대해 설명하시오.

4.13. 철도의 노선계획을 설명하시오.

4.14. 정거장 위치선정시 고려사항을 설명하시오.

4.15. 정거장 계획시 검토할 사항을 설명하시오.

4.16. 철도설계의 정의를 설명하시오.

4.17. 기본설계의 정의를 설명하시오.

4.18. 기본설계시 조사업무를 설명하시오.

4.19. 기본설계시 계획업무를 설명하시오.

4.20. 기본설계시 설계업무를 설명하시오.

4.21. 실시설계의 정의를 설명하시오.

4.22. 실시설계시 조사업무를 설명하시오.

4.23. 실시설계시 계획업무를 설명하시오.

4.24. 실시설계시 설계업무를 설명하시오.

참고문헌

1. 김승렬, "도시철도기술자료집-터널", 서울특별시 지하철건설본부, 2004.12, pp.3~13.
2. 백영현, "도시철도기술자료집-계획", 서울특별시 지하철건설본부, 2005.6, pp.1~10.
3. (사)한국터널공학회, "터널설계기준해설서", 씨아이알, 2016.6, pp.83~92.
4. (사)한국터널공학회, "터널표준시방서", 국토교통부, 2016.2, pp.31~41.
5. (사)한국터널공학회, "터널의 이론과 실무", 구미서관, 2007.1, pp.1~11.
6. (사)한국터널공학회, "창립15주년백서", 씨아이알, 2007.10, pp.27~32.
7. 설진성, 김홍철 외, "현장실무를 위한 건설시공학", 구미서관, 2017.8, pp.602~605.
8. 이승언 외, "살아있는 토목시공학", 구미서관, 2014.1, pp.299~317.
9. 임한욱, 김치환, "터널공학", 구미서관, 2004.1, pp.1~13.
10. 우종태, "지하구조물 안전계측 이론과 실무", 한국구조물진단유지관리공학회, 구미서관, 2006.11, pp.398~401.
11. 우종태, "터널계측의 이론과 실무", 구미서관, 2006.7, pp.263~273.
12. 우종태, "토목시설물 안전점검 및 정밀안전진단 교육과정교재(터널편)", 국토교통인재개발원, 2017.1, pp.325~377.
13. 우종태 외, "건설계측 기본실무", 씨아이알, 2015.2, pp. 181~184
14. 우종태 외, "건설계측 응용실무", 씨아이알, 2016.2, pp. 191~196
15. 우종태 외, "건설계측의 이론과 실무-지하 건설 시설물편", 씨아이알, 2017.1, pp. 3~9
16. 최연혜, "한국철도대학 홈페이지 레일웨이-마이웨이", 2011.12.

제5장

교량시설

5.1 교량의 정의 및 특징

5.1.1 교량의 개요

교량(橋梁, Bridge)은 다리로 사전적 의미는 강, 개천, 길, 골짜기, 또는 바다의 좁은 목 등에 건너다닐 수 있도록 높게 가로질러 놓은 시설을 말한다.

교량은 다른 사회기반시설과는 달리 자연과 잘 어울려진 조형미를 가졌을 때 교량의 본 기능 외에 관광명소가 되기도 한다.

최근 우리나라의 교량들도 횡단 구조물로서의 단순한 기능뿐만 아니라 도시의 미관이나 자연 환경과의 조화를 위하여 아름다운 교량, 건너보고 싶은 다리들이 전국적으로 많이 건설되었거나 건설 중에 있다.

참고로 교량시설을 집필하기 위해 "현장실무를 위한 건설시공학(설진성, 김홍철 외, 구미서관, 2017.8, pp.291~345)"과 살아있는 토목시공학(이승언 외, 구미서관, 2014.1, pp.337~377) 교재 내용을 일부 인용 및 참고하였으며, 추가적인 내용을 필요로 할 경우 이들 교재를 참조하기 바란다.

5.1.2 교량의 정의 및 특징

(1) 교량의 정의

교량이란 도로, 철도, 수로, 가옥, 계곡, 호수, 해안, 시가지 등의 위를 건너는 경우에 이들 위에 가설하여 차량, 사람, 용수 및 동물 등이 통행 할 수 있도록 하는 구조물의 총칭으로서 교량 위를 지장 없이 통행할 수 있도록 충분한 강도와 사용성과 내구성과 규모를 확보하는 기능적인 면과 교량 자체의 형태미와 교량이 주위의 환경과 결합하여 창출하는 경관미로 구성되는 정신적인 면이 있다.

교량은 시대흐름을 반영하는 구조물로서 오랜 기간 주변에 영향을 미치고 지역주민의 정서를 대변하며, 아름다운 교량은 지역의 상징물로서 관광자원의 하나가 되어 지역경제에 도움을 주기도 한다.

(2) 교량의 특징

일반적으로 교량의 구성은 그림 5.1과 같이 상부구조와 하부구조로 크게 구분한다.

1) 상부구조(Super-Structure)

자동차나 보행자 등을 직접 지지하는 부분으로 교대나 교각 위에 설치되는 주거더(Main Girder)를 비롯한 일체의 구조물을 말한다.

2) 하부구조(Sub-Structure)

상부구조로부터 전달되는 하중을 기초지반으로 전달하는 구조부분으로 교대, 교각 및 이들의 기초를 말한다.

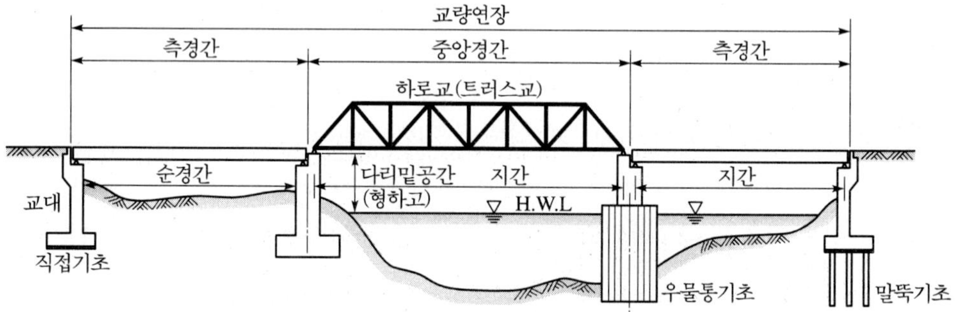

그림 5.1 교량의 구성(현장실무를 위한 건설시공학 인용)

5.2 교량의 분류

교량은 주로 상부구조의 형식에 따라 분류되는데 그 외에도 교량의 노면의 위치, 사용목적, 평면형상, 내용년수, 설계하중 및 사용재료 등에 따라 표 5.1과 같이 분류할 수 있다.

표 5.1 교량의 분류

교량의 분류	교량의 종류
상부구조형식	슬래브교, 라멘교, 거더교, 트러스교, 아치교, 사장교, 현수교
노면의 위치	상로교, 중로교, 하로교, 복층교
사 용 목 적	도로교, 관로교, 철도교, 수로교, 군용교, 운하교, 보도교
평 면 형 상	직교, 사교, 곡선교
내 용 년 수	영구교, 가설교, 응급교
설 계 하 중	1등교(DB-24), 2등교(DB-18), 3등교(DB-13.5)
사 용 재 료	목교, 석교, 강교, 콘크리트교

5.2.1 상부구조형식에 의한 분류

(1) 슬래브교

슬래브교(Slab)의 종류에는 RC(철근콘크리트, Reinforced Concrete) 슬래브, PSC(프리스트레스트콘크리트, Prestressed Concrete) 슬래브, 중공 슬래브, 프리캐스트(Precast) 슬래브 등이 있으며, 슬래브교는 그림 5.2와 같이 직사각형의 콘크리트 바닥판이 상부하중을 부담하는 가장 간단한 형태의 교량형식으로 적용지간이 10~30m의 소규모 하천교량에 유리하다.

그림 5.2 슬래브교(현장실무를 위한 건설시공학 인용)

(2) 라멘교

라멘교(Rahmen)의 종류에는 문형 라멘교, π 형 라멘교가 있으며, 그림 5.3과 같이 상부구조와 하부구조를 강결(Fixed)하여 전체구조의 강성을 높임과 동시에 지간 내에 발생하는 휨모멘트를 교대나 교각에서 일부 부담케 하는 교량의 형식으로 적용지간은 10~30m의 소규모 교량에 적합하다.

(a) 문형 라멘교 (b) π형 라멘교

그림 5.3 라멘교(현장실무를 위한 건설시공학 인용)

(3) 거더교

거더교(Girder)는 그림 5.4 및 5.5와 같이 바닥판에서 전달된 하중을 복부와 상 · 하 플랜지로 구성된 I형 또는 상자형 단면의 거더가 부담하는 교량 구조형식으로 바닥판의 재료와 합성유무에 따라 비합성 거더교, 합성 거더교, 강상판 거더교 등으로 분류되며, 적용지간은 20~150m로 광범위하게 적용되고 있다.

(a) PSC Beam교

(b) Steel Plate Girder교

그림 5.4 I형 거더교(현장실무를 위한 건설시공학 인용)

(a) 강상자형교

(b) PSC상자형교

그림 5.5 Box형 거더교(현장실무를 위한 건설시공학 인용)

(4) 아치교

아치교(Arch)는 부재내에 압축력만 발생하도록 하는 아치의 구조적 특성을 이용한 교량형식으로 수평반력에 의해 아치리브의 모멘트를 감소시켜 축방향 압축력이 단면을 결정하게 되는 주요원인이 되는 구조이다.

아치교는 구조적으로 매우 이상적일 뿐만 아니라 독특한 곡선의 아름다움 때문에 예로부터 널리 이용되어 온 교량형식이다.

과거에는 주로 암석을 이용하여 석조아치교를 건설하였으나, 최근 강재의 고강도화가 실현되고 해석기법이 발달함에 따라 장지간을 갖는 강아치교의 건설이 가능하게 되었다.

아치교의 종류는 그림 5.6과 같고, 적용지간은 80~200m로 광범위하게 적용되고 있다.

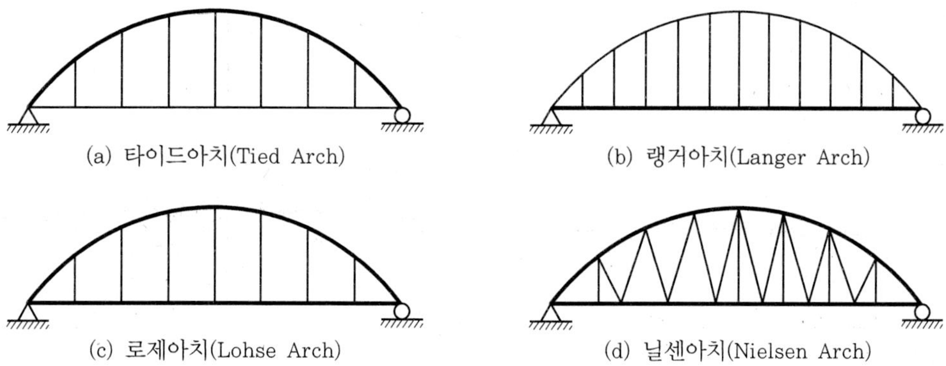

(a) 타이드아치(Tied Arch)　(b) 랭거아치(Langer Arch)　(c) 로제아치(Lohse Arch)　(d) 닐센아치(Nielsen Arch)

그림 5.6 아치교의 종류

(5) 트러스교

트러스교(Truss)는 절점부가 리벳, 볼트 또는 용접에 의해 강결되어 있으나, 마찰이 없는 힌지로 가정하고 각 직선부재가 이러한 힌지로 연결되어 삼각형을 이루고 있다고 가정한 구조물이다.

트러스교의 종류는 그림 5.7과 같고, 적용지간은 50~200m로 광범위하게 적용되고 있다.

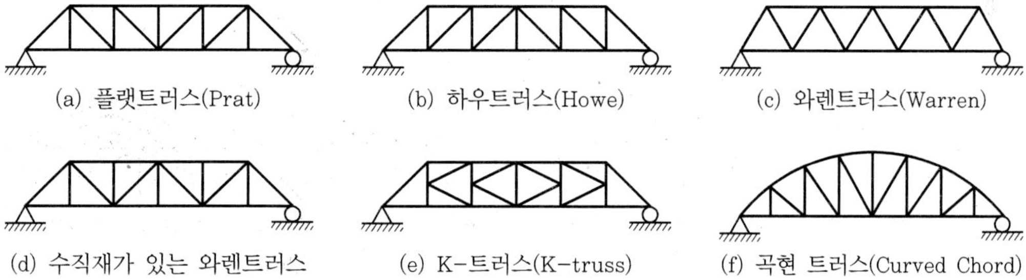

(a) 플랫트러스(Prat)　(b) 하우트러스(Howe)　(c) 와렌트러스(Warren)　(d) 수직재가 있는 와렌트러스　(e) K-트러스(K-truss)　(f) 곡현 트러스(Curved Chord)

그림 5.7 트러스교의 종류(현장실무를 위한 건설시공학 인용)

(6) 사장교

사장교(Cable Stayed Bridge)는 교량에 가해지는 하중을 케이블과 주탑을 통하여 지반으로 전달시키도록 고안된 구조로 케이블의 인장력을 조절하여 교량 각 구조부재의 단면력을 가능한 균등하게 분배시킴으로서 일반적인 거더교에 비하여 단면의 크기를 줄일 수 있는 교량이다.

최근에 고장력 케이블 재료 및 제작기술 등의 발달로 장대사장교의 합리적인 설계가 가능하게 되었으며, 중앙경간 200~500m정도의 규모에서 가장 경제적인 형식이나, 최근에는 중앙경간 1,000m 이상의 초장대교량도 설계 및 시공이 이루어지고 있다.

1) 케이블 형상에 따른 분류

사장교의 케이블 형상에 따른 분류는 그림 5.8과 같다.

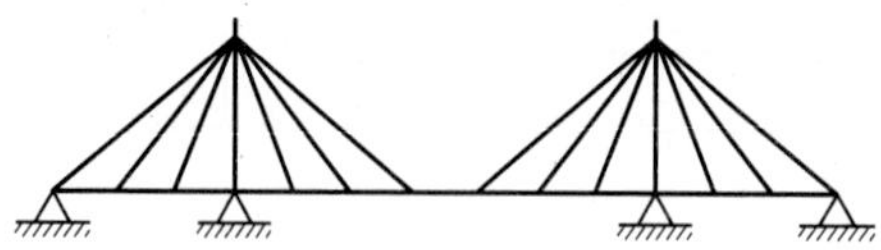

(a) 방사형(Radiating)

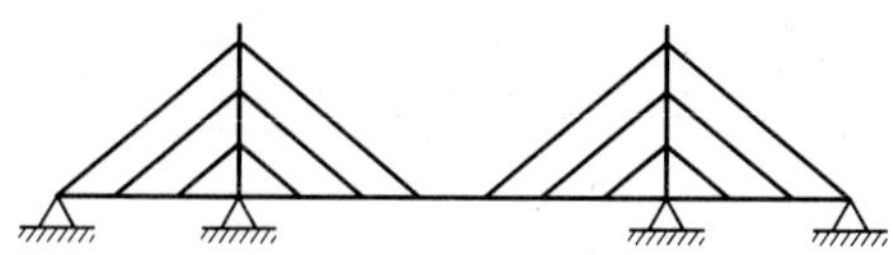

(b) 하프형(Harp)

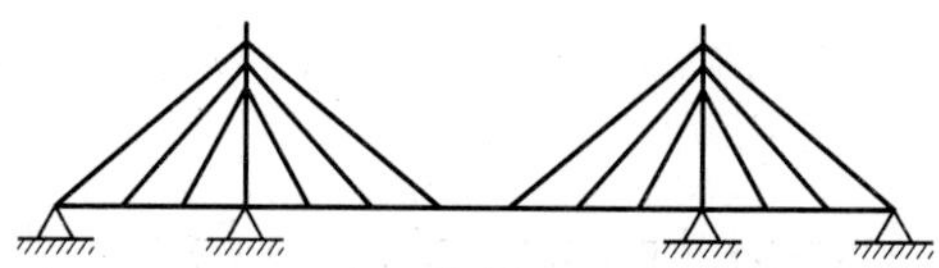

(c) 팬형(Fan)

그림 5.8 사장교의 케이블 형상에 따른 분류

2) 케이블의 지지면수에 따른 분류

사장교의 케이블 지지면수에 따른 분류는 그림 5.9와 같다.

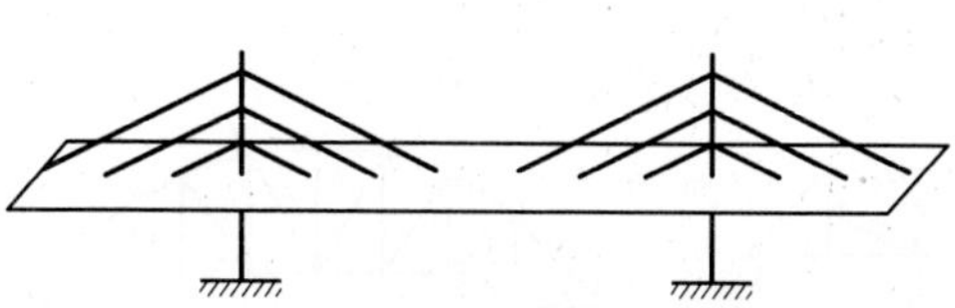

(a) 일면 케이블 사장교

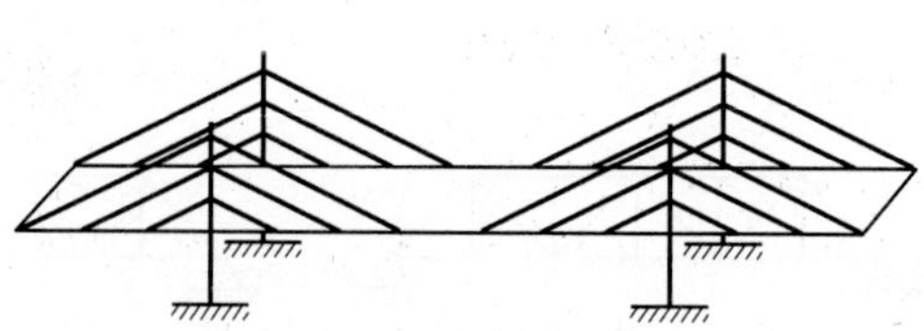

(b) 2면 케이블 사장교

그림 5.9 케이블의 지지면수에 따른 분류(현장실무를 위한 건설시공학 인용)

3) 경간 배치에 따른 분류

사장교의 경간 배치에 따른 분류는 그림 5.10과 같다.

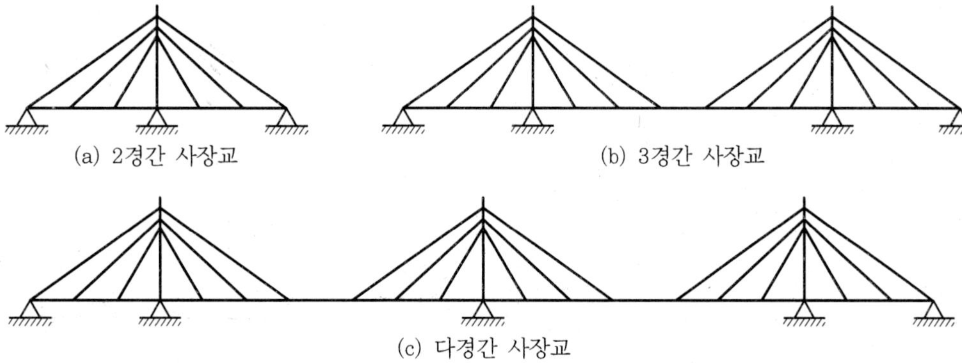

그림 5.10 경간 배치에 따른 분류(현장실무를 위한 건설시공학 인용)

4) 주탑 구조형식의 종류

사장교 주탑 구조형식의 종류는 그림 5.11과 같다.

그림 5.11 주탑 구조형식의 종류(현장실무를 위한 건설시공학 인용)

(7) 현수교

현수교(Suspension Bridge)는 지간이 긴 교량에 가장 적합하며, 인장력이 강한 주케이블(Main Cable)을 양쪽 끝의 앵커블럭(Anchor Block)에 견고히 고정시키고 적절한 세그를 잡기 위한 주탑(Tower)를 세워 보강형을 행어(Hanger)에 의하여 주케이블에 매단 형태의 교량 형식이다.

케이블로 지지되는 형식의 교량은 원시시대부터 존재해 온 것으로 기록에 남아 있고 당시에는 나무덩굴 등을 이용하여 목재를 매달아 사용하였던 것으로 알려져 있다.

고강도의 강을 사용한 와이어(Wire)가 고안된 19세기 후반에는 무거운 차량하중 등을 지탱하는 근대적인 현수교가 완성되었으며, 20세기에 이르러 해석방법 및 재료의 발달 등으로 그림 5.12와 같이 경간장 500m 이상의 교량에서 가장 대표적인 구조형식으로 채택되기에 이르렀다.

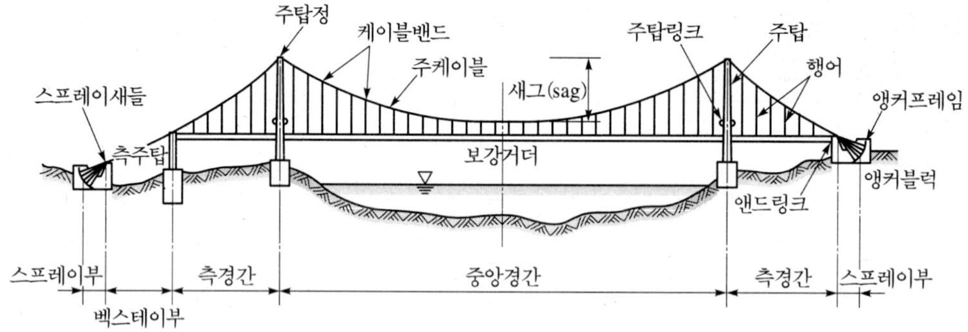

그림 5.12 현수교의 구성(현장실무를 위한 건설시공학 인용)

주케이블의 지지형태에 따른 현수교는 타정식과 자정식으로 구분한다.

1) **타정식 현수교**

그림 5.13(a)와 같이 본 교량과는 별도로 설치된 앵커블럭에 케이블을 정착하는 형식으로 부산 해운대의 광안대교 등이 있다,

2) **자정식 현수교**

그림 5.13(b)와 같이 측경간의 보강형 단부에 앵커장치를 설치하여 케이블을 정착하는 형식으로 인천신공항고속도로상에 있는 영종대교 등이 있다.

(a) 타정식 현수교(광안대교)

(b) 자정식 현수교(영종대교)

그림 5.13 주케이블의 지지형태에 따른 현수교(현장실무를 위한 건설시공학 인용)

(8) 엑스트라도즈교

엑스트라도즈(Extradosed)는 "~을 개량하기 위해 요소를 첨가한" 이라는 의미이며, PSC Box형교를 개선한 신개념의 교량형태로 제안되었다.

엑스트라도즈교는 그림 5.14와 같이 부모멘트 구간에서 PS강재로 인해 단면에 도입되는 축력과 모멘트를 증가시키기 위해 단면 내에 위치하던 PS강재를 낮은 주탑 정부에 External Tendon의 형태로 배치하여 부재의 유효높이 이상으로 PS강재의 편심량을 증가시킨 형태의 교량이다.

(a) 엑스트라도즈교(무영대교)

(b) 엑스트라도즈교(평여2교)

그림 5.14 엑스트라도즈교(현장실무를 위한 건설시공학 인용)

5.2.2 하부구조형식에 의한 분류

(1) 교대

교대(Abutment)는 상부하중과 토압을 지지하며 설계 및 시공은 옹벽과 거의 동일하나, 교좌면은 낙교 및 집중하중에 대한 별도의 검토가 필요하다.

위치에 따라 다르지만 교대 배면에는 토사의 유실방지를 위한 날개벽과 성토지반의 침하방지를 위한 접속슬래브를 설치한다.

교대의 형식은 그림 5.15와 같이 중력식, 반중력식, 역T형식, 뒷부벽식 및 라멘식 등이 있다.

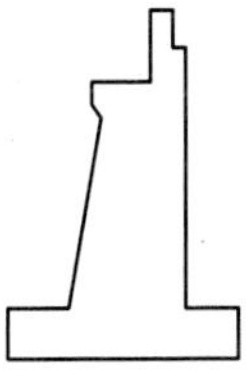
(a) 중력식 교대

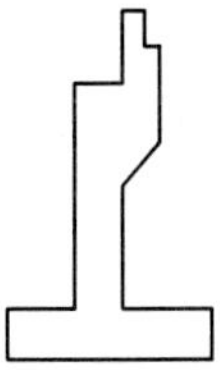
(b) 역 T형식 교대

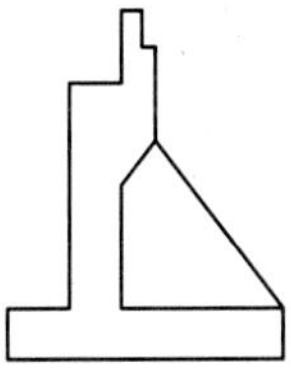
(c) 부벽식 교대

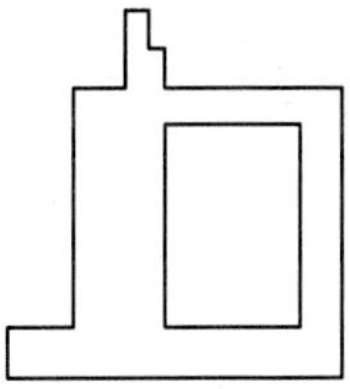
(d) 라멘식 교대

그림 5.15 교대의 형식

(2) 교각

교각(Pier)은 교량의 길이가 길어질 때 교대와 교대사이에 상부구조를 지지하기 위해 설치하는 구조물이다.

교각은 상부구조의 지점이 되는 교좌부, 본체 그리고 기초로 나눈다.

교각의 수는 상하부구조의 균형, 공사비 및 시공성을 고려하고, 형상은 주변경관과의 조화, 유수흐름에 대한 방해 및 세굴작용이 최소화 되도록 계획한다.

교각은 그림 5.16과 같이 벽식 교각, 기둥식 교각, 라멘식 교각, T형 교각, V형 교각 등이 있다.

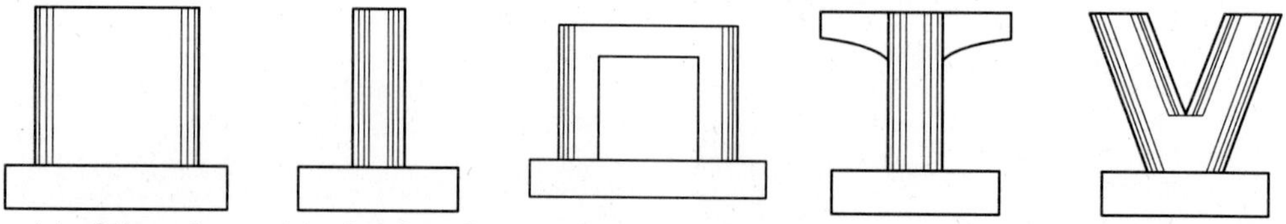

(a) 벽식 교각 (b) 기둥식 교각 (c) 라멘식 교각 (d) T형 교각 (e) V형 교각

그림 5.16 교각의 형식

(3) 기초구조

교량의 기초는 일반적으로 직접기초, 말뚝기초, 케이슨 기초 등으로 나눠진다.

5.3 교량의 계획

교량은 기술적, 인문 · 사회적인 측면을 종합적으로 고려하여 안전성, 경제성, 시공성, 환경과의 조화 및 유지관리 등을 고려하여 기능이 최대한 발휘될 수 있도록 계획하여야 한다.

경제성은 설계, 시공, 유지관리 등의 생애비용(LCC, Life Cycle Cost)을 고려한다.

교량계획은 면밀한 현장조사를 실시하고 계획에 필요한 조건들은 각종조사, 자료수집, 관계기관 및 발주처와 충분히 협의하여 결정한다.

(1) 교량의 기본계획

1) 교량의 연장

교량의 연장은 교차현황(하천, 교차 도로 및 철도 등) 및 지형여건에 따라 교량연장을 결정하되 주변여건 및 공사비를 고려하여 결정한다.

2) 지간분할

교량연장에 준해서 지간분할을 검토하며, 지간분할 검토시에는 교차현황에 의한 제약, 지형의 특성, 하천의 수리 · 수문 등을 고려하여 결정한다.

3) 지지 지반의 선정

지지 지반은 상부공의 구조형식, 지지조건, 하중에 의해 결정하되 시공성을 반드시 고려한다.

4) 가설공법

하천, 해상, 산지 및 도심지 등의 가설조건을 고려하여 결정한다.

(2) 교량형식의 선정

교량의 상부구조, 하부구조 및 기초형식은 각각 타당성과 경제성을 확보함은 물론 전체적으로 조화를 이룰 수 있도록 계획하여야 한다.

(3) 경관계획

경관계획은 구조공학적으로 계획된 교량을 대상으로 하여 교량이 미적, 경관적 요소를 갖도록 교량에 주변경관과의 조화미, 형태미 및 색채미 등을 부여하는 것이다.

1) 주변경관과의 조화

① 소거 : 주변의 자연경관이 우수한 지역에서 인공의 교량을 숨기기 위하여 형태나 사용재료의 질감, 색채를 주위와 동일하게 하여 주위환경에 매몰시키는 방법이다.

② 조화 : 주위환경과 잘 어울리는 형태 및 규모를 산정하고 사용재료의 질감, 색채가 주위경관에 순화하여 조화를 이루도록 하는 방법이다.

③ 대비 : 주위환경과 교량을 대비시켜 적극적으로 인지시키는 방법으로 그 지역에 랜드마크(Landmark)를 부여할 때 사용하는 적절한 방법이다.

2) 형태 및 규모

① 조화 : 상부공과 하부공의 균형, 지간분할, 아치의 지간과 라이즈(Rise)의 균형 등 구조상 합리성을 추구함으로써 적절한 조화를 얻을 수 있다.

– 아치수평거리(스팬, L)에 대한 아치높이(라이즈, Rise, f)를 라이즈비 (f/L)라 하며, 라이즈비가 1/6일때 가장 미적 감각이 뛰어난 것으로 보고 있다.

아치교에 대한 라이즈비는 그림 5.17과 같다.

(a) 부산광역시 부산대교

(b) 경남 사천시 초양대교

그림 5.17 아치교에 대한 라이즈비

② 연속감 및 리듬 : 연속교에서 볼 수 있는 것으로 교량 측면에 보이는 수평선이나 매끄러운 곡선의 연속감 및 리듬감을 주는 것을 말한다.

3) 질감 및 색채

① 질감 : 재료 표면의 성질로 교량의 시각적 가치를 높일 수 있으며, 재료 고유의 것과 인공적으로 재료 표면에 요철를 주어 질감을 부여하는 방법 등으로 표현하는 것을 말한다.

② 색채 : 재료 고유의 색채와 인공적인 색채가 있으며, 시간이 지남에 따라 자연적인 색채의 미적효과가 높아지는 경우가 대부분이다.

교량 주변의 경관과 조화를 이룬 아름다운 교량 시공사례는 그림 5.18과 같다.

(a) 마창대교 (경남 창원시)

(b) Sunniberg교 (스위스)

그림 5.18 주변경관과 조화를 이룬 아름다운 교량(현장실무를 위한 건설시공학 인용)

5.4 교량의 설계 및 가설공법

5.4.1 교량의 설계

(1) 설계의 기본원칙

구조물의 설계와 시공은 구조물의 안전성, 사용목적에 대한 적합성, 시공 및 유지관리의 용이성, 경제성, 환경과의 조화 등을 고려하여야 한다. 구조물은 가장 불리한 정적하중 및 동적하중 재하시에 부재 안전성 및 처짐 · 균열 · 피로 · 진동 등의 사용성을 충족시켜야 한다.

교량의 등급은 다음과 같이 구분한다.

1) 1등교

하중등급은 DB-24이며, 고속도로 및 자동차 전용도로상의 교량, 교통량이 많고 중차량의 통과가 불가피한 도로, 국방상 중요한 도로상에 가설하는 교량, 장대교량에 적용한다.

2) 2등교

하중등급은 DB-18이며, 일반국도, 특별시도와 지방도상의 교통량이 적은 교량, 시도 및 군도 중에서 중요한 도로상에 가설하는 교량에 적용한다.

3) 3등교

하중등급은 DB-13.5이며, 산간벽지에 있는 지방도와 시도 및 군도 중에서 교통량이 극히 적은 곳에 가설하는 교량에 적용한다.

(2) 설계방법

1) **허용응력설계법**(WSD, Working Strength Design or ASD, Allowable Strength Design)

부재가 탄성거동을 하는 탄성체로 보고 재료에 적합한 안전율을 고려한 허용응력을 사용하여 설계하는 방법으로 PSC(Prestressed Concrete), 강재구조물 및 가시설 등에 적용한다.

부재의 허용응력 $\geq$ 부재의 작용응력

2) **강도설계법**(USD, Ultimate Strength Design)

부재의 공칭강도에 강도감소계수(Strength Reduction Factor)를 곱하여 감소시킨 설계강도(Design Strength)가 실제하중에 하중계수를 곱하여 증가시킨 하중을 이용하여 구한 부재의 극한강도(Ultimate Strength) 보다 크게 설계하는 방법으로 RC(Reinforced Concrete)구조물에 적용한다.

부재의 설계강도 ≥ 부재의 극한강도

(3) 교량의 설계하중

1) 주하중

교량의 주요 구조부를 설계하는 경우에 항상 또는 자주 작용하여 내하력에 결정적인 영향을 미치는 하중의 총칭으로 다음과 같은 종류가 있다.

고정하중(D), 활하중(L), 충격(I), 프리스트레스(PS), 콘크리트 크리프의 영향(CR), 콘크리트 건조수축의 영향(SH), 토압(H), 수압(F), 부력 또는 양압력(B) 등이 있다.

2) 부하중

교량설계시 항상 또는 자주 작용하지는 않지만 내력에 영향을 미칠 수 있고 다른 하중과 동시에 작용하는 하중으로 하중의 조합에서 반드시 고려하는 하중의 총칭으로 다음과 같은 종류가 있다.

풍하중(W), 온도하중의 영향(T), 지진의 영향(E) 등이 있다.

3) 특수하중

교량의 주요 구조부를 설계하는 경우에 교량의 종류, 구조형식, 가설지점의 상황 등의 조건에 따라 특별히 고려하여야 하는 하중의 총칭으로 다음과 같은 종류가 있다.

설하중(SW), 지반변동의 영향(T), 지점침하(SD), 파압(WP), 원심하중(CF), 제동하중(BK), 가설시 하중(ER), 충격하중(CO) 등이 있다.

(4) 내진설계

내진설계는 지진에 의해 교량이 입는 피해 정도를 최소화 시킬 수 있는 내진성을 확보하기 위한 것으로 기본원칙은 다음과 같다.

① 인명피해를 최소화 한다.

② 지진시 교량 부재들의 부분적인 피해는 허용하나, 전체적인 붕괴나 낙교를 방지한다.

③ 지진시 가능한 한 교량의 기본 기능은 발휘할 수 있게 한다.

④ 교량의 정상수명 기간 내에 설계 지진력이 발생할 가능성은 희박하다.

지구의 내부구조와 지구를 둘러싼 판구조도는 그림 5.19와 같다.

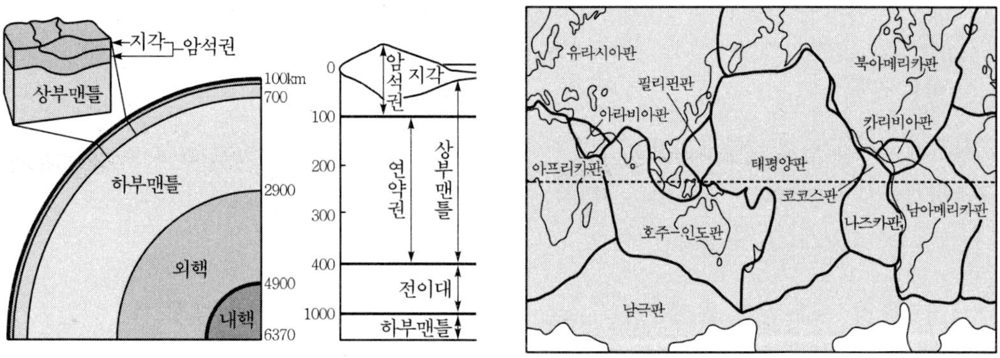

(a) 지구의 내부구조 (b) 지구를 둘러싼 주요 판구조도

그림 5.19 지구의 내부구조와 주요 판구조도

1) 내진해석방법

① 등가정적 해석법(Equivalent Load Analysis)

지진의 영향을 등가의 정적하중으로 환산하여 적용하는 방법으로서 구조물의 동적특성을 고려하기가 곤란하므로 단순하고 정형화된 구조물에 적용한다.

② 스펙트럼 해석법(Spectrum Analysis)

구조물의 주기를 산정하고 지역특성에 맞게 기 작성된 응답스펙트럼을 이용하여 구조물의 탄성지진력을 예측하는 해석법이며, 하나의 진동모드만을 사용하는 단일모드 스펙트럼해석법과 여러 개의 진동모드를 사용하는 다중모드 스펙트럼해석법이 있다.

③ 시간이력 해석법(Time History Analysis)

해석모델에 지역의 지반운동을 외력으로 직접 적용하는 해석법이고 구조물의 형상이 복잡하거나 높은 안정성이 요구되는 교량에 적용한다. 재료의 선형거동만을 고려하여 필요한 모드의 수만큼 응답지진력을 중첩하는 모드중첩법과 재료의 비선형 거동까지 고려하여 모드의 수만큼 응답지진력을 적분하는 직접적분법이 있다.

2) 내진설계 적용

① 내진설계 : 지진에 의한 지진동을 에너지 소산 없이 교량에 그대로 전달시켜 교량자체를 지

진력에 견디도록 하는 설계방법이다.

② 면진설계 : 교량의 고유주기를 인위적으로 길게 함으로써 지진의 탁월주기 대역과 어긋나게 하여 공진을 피하고, 면진장치를 이용하여 에너지를 소산시켜 지진력이 구조물에 상대적으로 약하게 전달될 수 있도록 하는 설계 방법이다.

3) 내진대책

지진에 의해 교량의 상부구조가 낙교하는 것을 방지하기 위하여 교량받침 설치시 거더의 단부에서 최소받침 지지길이를 확보하고 전단키, 하부와 거더 연결장치 및 이탈장치(Knock-Off) 등과 같은 낙교방지시설을 설치한다.

① 내진장치 : 포트받침, 롤러받침, 디스크 받침(Disk Bearing), 충격전달장치

② 면진장치 : 고무받침, 고감쇠 고무받침, 납탄성받침, 마찰포트받침, 점성댐퍼(Viscous Damper), 강재댐퍼(Steel Damper)

지진에 의한 교량의 붕괴과정과 붕괴된 교량은 그림 5.20과 같다.

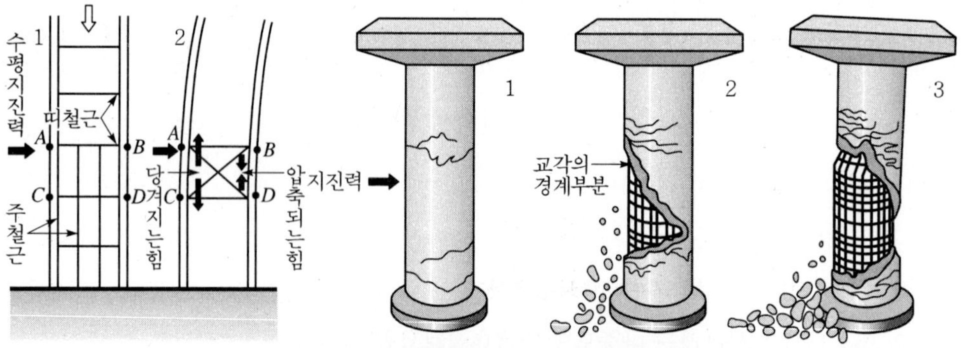

(a) 교각에 작용하는 힘과 붕괴과정

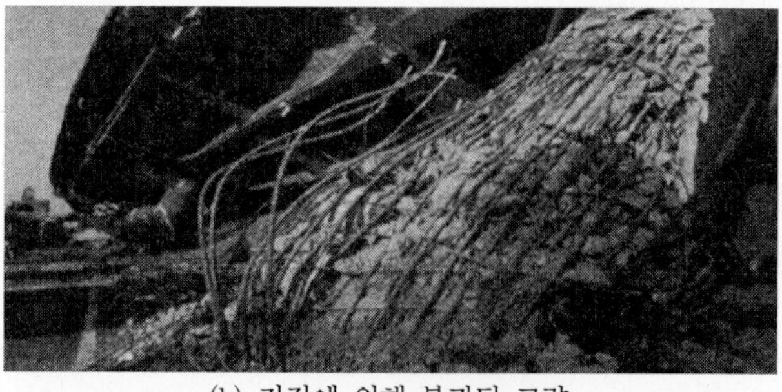

(b) 지진에 의해 붕괴된 교량

(c) 지진에 의해 붕괴된 교량

(d) 지진에 의해 파손된 교량

그림 5.20 교량의 붕괴과정과 붕괴된 교량

(5) 내풍설계

1) 기본풍속 및 설계풍속

① 순간에 가장 세게 불었던 풍속을 최대 순간풍속, 임의의 10분간 평균으로 가장 세게 불었던 풍속을 최대풍속, 재현기간 100년에 대한 최대풍속의 비초과확률 60%에 해당하는 개활지에서 지상 10m의 10분간 평균풍속을 기본풍속(V_{10})이라 한다.

② 설계풍속(V_d)은 기본풍속에 지표면의 조도 및 고도 보정을 고려하여 산정한다.

2) 풍동실험(Wind Tunnel Test)

주경간 200m 이상의 장대 특수교량 설계시에는 정적설계 결과에 대하여 동적해석과 풍동실험을 통하여 풍하중의 동적효과에 대한 공기역학적 안정성을 검토해야 한다.

① 플러터나 갤로핑 등의 발산진동이 발생하는 풍속이 설계풍속에 안전율을 곱하여 산정한 한계풍속 이상이면 풍하중에 안전하고, 이하이면 불안정하므로 유속 교란장치(Flap, Fairing, Splitter, Spoiler, Deflector), 동조 유동형 감쇠장치(TMD, Tuned Mass Dampe) 등의 진동억제장치를 설치하거나 단면형상을 변경한다.

② 교량 상부구조 계산시 항력계수 풍동실험시 측정한 값과, 설계기준(도로교설계기준 등) 값을 비교하여 사용하는데 일반적으로 불리한 값을 사용한다.

③ 풍동시험에 사용되는 모형에는 대표적으로 2차원 강체모형과 3차원 탄성체모형이 있다.

그림 5.21은 경남 창원시에 건설된 마창대교의 풍동실험 사례이다.

(a) 주형 공기력측정실험

(b) 독립주탑 공기력진동실험

(c) 전체교량 공기력진동실험

그림 5.21 마창대교의 풍동실험(현장실무를 위한 건설시공학 인용)

(6) 선박충돌에 대한 설계

항로상에 계획되는 교량은 선박충돌의 위험이 있으며, 특히 대형선박이 빈번히 통항하는 곳에서는 선박충돌 하중이 타 하중에 비하여 월등히 커서 이에 대한 검토가 필수적이라 할 수 있다

충돌방지시설에는 직접구조와 간접구조로 구분하고 있다.

① 직접구조 : Fender 방식, 강재 다실형 방식

② 간접구조 : Dolphin 방식, Pile 방식, 축제 방식(Artificial Island)

선박충돌에 의한 교량의 붕괴 및 충돌방지시설은 그림 5.22와 같다.

(a) 벤자민헤리슨교의 붕괴

(b) Fender 방식

(c) 강재 다실형 방식

(d) Dolphin 방식　(e) Pile 방식　(f) 축제+Dolphin 방식

그림 5.22 선박충돌에 의한 교량의 붕괴 및 충돌방지시설(현장실무를 위한 건설시공학 인용)

(7) 교량의 유지관리

교량의 유지관리란 각종 점검을 통하여 이상이 있는 곳의 보수・보강을 실시하여 그 기능을 항상 발휘할 수 있도록 하고 교량의 내구성이 유지되도록 하는 작업이다.

1) 유지관리 업무의 분류

① 일상관리 및 점검 : 일상관리는 사용중 내구적인 손상을 예방하기 위한 작업으로 시설물 청소, 소모품 교환 또는 내구수명이 짧은 부착물의 정비 등을 하고, 점검은 교량의 유지관리 자료를 획득・분석하여 이상 및 손상을 조기에 발견하는 작업이다.

② 보수・보강 및 신설・교체 : 점검을 통하여 손상의 원인과 정도를 정확히 파악한 후 보수・보강 또는 신설・교체를 실시한다.

③ 사후관리 : 교량은 유지관리 측면이 고려된 설계와 시공을 실시하고 시공관련 자료를 보관・관리하여 시설물에 대해 지속적인 사후관리를 실시한다.

2) 교량유지관리시스템(BMS, Bridge Management System)

유지관리시스템은 시공중, 공용중 계측시스템을 구축하여 교량의 거동과 손상을 자동적, 연속적, 장기적으로 모니터링하여 체계적인 유지관리와 교량 안전성을 확보토록 한다.

교량의 유지관리 및 교통관리 중앙통제실과 BMS 모니터링시스템은 그림 5.23과 같다.

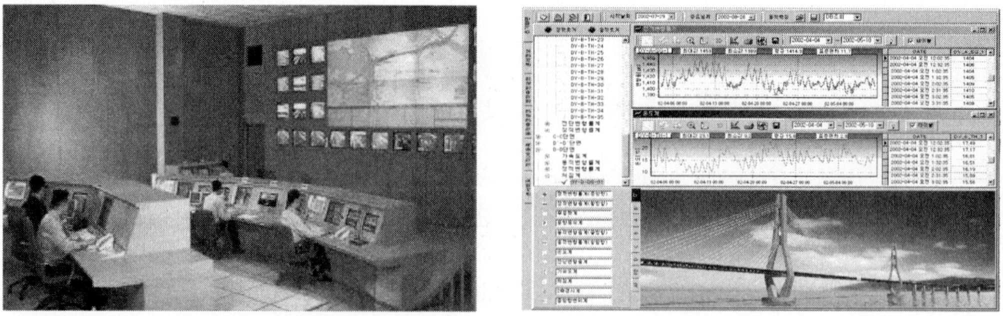

(a) 교량 유지관리 및 교통관리 중앙통제실　　(b) BMS 모니터링시스템

그림 5.23 교량의 유지관리 시스템(현장실무를 위한 건설시공학 인용)

5.4.2 교량의 가설공법

(1) 상부구조의 가설공법

1) 강교의 가설공법

강교의 가설공법은 사용하는 가설장비의 종류와 가설되어지는 상부구조를 지지하는 방법에 따라 다음과 같이 나뉜다.

① 가설장비에 따른 분류

- 자주식 크레인에 의한 가설 : Derrick 크레인에 의한 가설
- Floating 크레인에 의한 가설 : 윈치에 의한 Heavy Lifting가설
- 케이블 크레인에 의한 가설 : 압출장비를 이용한 압출가설

② 상부구조 지지조건에 따른 분류

- 가설 벤트에 의한 공법 : 대블럭 일괄 거치공법
- 소블럭 캔틸레버 처리공법 : 가설용 트러스를 이용한 공법
- 가설 케이블을 이용한 공법 : 캔틸레버 방식의 압출공법

2) 콘크리트교의 가설공법

콘크리트 교량의 시공법은 가설현장에서 거푸집을 사용해 콘크리트를 직접 타설 시공하는 가설공법과 제작장에서 제작한 프리캐스트 부재를 사용하는 시공법으로 나눌 수 있다.

① 현장타설 콘크리트에 의한 공법(CPCM, Cast-in-Place Concrete Method)

- 동바리 공법(FSM, Full Staging Method)

- 캔틸레버 공법(FCM, Free Cantilever Method)
- 이동식 비계공법(MSS, Movable Scaffolding System)

② 프리캐스트 콘크리트 세그먼트에 의한 공법(PSM, Precast Segment Method)

- launching 거더에 의한 캔틸레버 공법(FCM, Free Cantilever Method)
- launching 거더에 의한 지간대지간 공법(SBS, Span By Span Method)
- 압출공법(ILM, Incremental Launching Method)

(2) 강교의 가설공법

1) 자주식 크레인에 의한 벤트식 공법

이 공법은 강교 가설의 가장 일반적인 방법으로 그림 5.24와 같이 교량 바로 아래 또는 인근에서 자주식 크레인으로 거더 전체 또는 단위부재를 인양 설치하고 벤트에 의해 직접 상부거더를 지지하면서 연결한 후 벤트를 철거하여 가설하는 공법이다.

가설위치가 지상 30m 정도까지인 경우에 적당하며, 가설용 임시설비가 적고 공기도 짧아 많이 이용된다.

그림 5.24 자주식 크레인에 의한 벤트식 가설공법(현장실무를 위한 건설시공학 인용)

2) 플로팅(Floating) 크레인에 의한 가설공법

수심이 깊거나 유수의 흐름이 있는 해상 또는 하천 상에 교량을 가설하는 경우 가설벤트의 설치가 어렵고, 특히 해상교량의 경우는 장대교량은 상부 거더가 무겁고 형하고가 높아서 가교를 설치한다고 해도 일반적인 자주식 크레인은 인양능력이나 인양고가 부족하다. 이러한 경우에 그림 5.25와 같이 제작공장이나 현장 제작장에서 제작된 대블럭의 상부 거더를 바지선 또는 플로팅 크레인에 의해 가설위치까지 운반한 후 플로팅 크레인으로 일괄거치 하는 가설공법이 많이 사용된다.

그림 5.25 플로팅 크레인에 의한 가설공법(현장실무를 위한 건설시공학 인용)

3) 데릭(Derrick) 크레인에 의한 가설공법

교각이나 주탑 정부에 기 설치한 대블럭거더 상면에 주행이 가능한 데릭 크레인을 설치하여 상부거더의 단위세그먼트를 캔틸레버공법으로 가설하는 공법이다.

그림 5.26과 같이 주로 장대 사장교에서 세그먼트의 인양 및 접합, 케이블의 가설 작업을 반복적으로 수행하는데 많이 적용되고 있다.

그림 5.26 데릭 크레인에 의한 가설공법(현장실무를 위한 건설시공학 인용)

4) 압출장비를 이용한 압출가설공법

압출공법은 교량하면에 지장물이 있어서 가설벤트를 세울 수 없거나 형하고가 높아 기타 공법이 비경제적일 경우에 적용하는 공법으로 교대 배후에 충분한 작업공간을 확보할 수 있어야 한다.

그림 5.27과 같이 공장에서 제작된 강거더의 연결을 위한 제작장을 설치하고 10~50m 길이의

블록을 연결 및 압출하는 작업을 반복적으로 수행하는 공법이다.

(a) 강거더의 압출시공

(b) 운반 케리어에 의한 아치교의 압출

그림 5.27 압출장비에 의한 압출가설공법(현장실무를 위한 건설시공학 인용)

(3) 콘크리트교의 가설공법

가) 현장타설 콘크리트에 의한 공법(Cast-in-Place Concrete Method)

1) 동바리공법(FSM, Full Staging Method)

동바리공법은 그림 5.28과 같이 현장 타설된 콘크리트가 소정의 강도에 도달할 때까지 콘크리트 및 거푸집의 자중, 작업대 등의 중량을 동바리가 지지하는 방식으로 콘크리트 가설 공법 중 가장 일반적인 공법이다.

사용 장비의 비용이 저렴하고 비교적 간편한 장점이 있기 때문에 지금도 평탄한 지형에 높이가 낮은 짧은 교량을 가설할 경우에는 보편적으로 많이 이용되고 있다.

그림 5.28 동바리에 의한 가설공법(현장실무를 위한 건설시공학 인용)

2) 캔틸레버공법(FCM, Free Cantilever Method)

캔틸레버공법은 그림 5.29와 같이 교각을 중심으로 선 시공된 주두부 거더의 양쪽 캔틸레버 끝부분에 이동식 거푸집(Form Traveller)을 설치하고, 여기서 콘크리트를 타설하여 소정강도가 되었을 때 포스트텐션 방식으로 프리스트레스를 도입한다.

완성된 부분으로 이동 거푸집을 내밀어 다음 블록의 시공을 순차적으로 시행하며, 이 작업은 양쪽 캔틸레버에서 균형을 이루도록 동시에 시공한다.

접속장치에 의하여 긴장재를 연결시킴으로써 신 · 구 블럭의 연결을 위한 긴장작업이 가능하며, 이렇게 하여 최종적으로 지간 중앙에서 폐합시켜 양쪽 캔틸레버가 연결된다.

그림 5.29 캔틸레버에 의한 가설공법(현장실무를 위한 건설시공학 인용)

3) 이동식비계공법 (MSS, Movable Scaffolding System)

이동식비계공법은 그림 5.30과 같이 지상의 동바리를 없애는 대신 거푸집이 부착된 비계보와 추진보(선행가설거더)로 구성된 특수 지보를 교각 위에서 이동하면서 한 지간씩 교량을 가설하는 공법이다.

그림 5.30 이동식비계에 의한 가설공법(현장실무를 위한 건설시공학 인용)

나) 프리캐스트 콘크리트 세그먼트에 의한 공법(PCM, Precast Concrete Method)

1) 프리캐스트 세그먼트공법(PSM, Precast Segment Method)

프리캐스트 세그먼트공법은 그림 5.31과 같이 일정한 길이의 상부거더 세그먼트를 제작장에서 제작하여 트레일러 등에 의해 가설현장으로 운반하여 설치하며, 캔틸레버공법(FCM, Free Cantilever Method)과 지간대지간공법(SBS, Span By Span Method)으로 크게 구분할 수 있다.

캔틸레버공법은 리프팅 장치를 갖추고 교각 주두부를 지점으로 이동하는 상부이동식 거더(Above Launching Girder)를 사용하고, 지간대지간공법은 교각 또는 브라켓을 지점으로 이동하는 하부이동식 거더(Below Launching Girder)를 사용한다.

한 지간 전체의 프리캐스트 세그먼트의 거치가 완료되면 지간 전체에 종방향 프리스트레싱을 도입하여 상부구조를 완성한다.

세그먼트 간의 접합방법으로는 모르타르, 콘크리트, 에폭시수지 등을 이용한 접착방식이 있으나, 강도나 양생기간 및 접착력 등을 고려하여 에폭시수지의 사용이 일반화되어 있다.

(a) 캔틸레버공법(FCM) (b) 지간대지간공법(SBS)

그림 5.31 프리캐스트 세그먼트에 의한 가설공법(현장실무를 위한 건설시공학 인용)

2) 압출공법(ILM, Incremental Launching Method)

압출공법은 그림 5.32와 같이 교대 배후에 거더 제작장을 설치하고, 기 제작된 거더의 뒷부분에 10~30m 길이의 단위 거더를 타설 · 양생한 후, 프리스트레스의 도입을 통해 기 제작된 박스거더와 일체화시켜 압출 장치에 의해 거더를 교축 방향으로 밀어내는 공법이다.

그림 5.32 압출에 의한 가설공법(현장실무를 위한 건설시공학 인용)

(2) 하부구조의 가설

교량의 하부구조는 상부구조로부터 전달되는 하중을 지반에 전달시켜 주는 목적으로 설치되는 구조물로서 교대, 교각 및 주탑 등으로 나누어진다.

1) 철재패널폼(유로폼, Euro Form)

가장 기본적인 방법으로 그림 5.33과 같이 시스템 거푸집의 표준타입을 변형시키지 않고 조립함으로써 현장제작에 소요되는 인력을 줄여 생산성을 향상시키고 자재의 전용횟수를 증대시키는 것을 목적으로 개발된 방법이다.

그림 5.33 철재패널폼(유로폼)(현장실무를 위한 건설시공학 인용)

2) 슬립폼(Slip Form)

구조물이 수직적 또는 수평적으로 연속되어 있는 경우 여기에 거푸집 설치 · 해체와 같은 과정 없이 1.0~2.0m 정도 높이의 거푸집, 비계틀 및 작업대가 일체화된 설비를 기 타설 경화된 콘크리트에 지지시키면서 수동 · 전동 · 유압잭 등의 장비를 이용하여 점차 위쪽 방향으로 미끄러지면서 연속적으로 시공을 진행하는 방식으로 슬라이딩폼(Sliding Form)공법, 이동거푸집(Moving Form)공법으로도 불리고 기둥모양의 구조물에 주로 사용되는 형식으로 그림 5.34와 같다.

그림 5.34 슬립폼(현장실무를 위한 건설시공학 인용)

3) 클라이밍폼(Climbing Form)

그림 5.35와 같이 거푸집과 벽체 마감공사를 위한 비계틀을 일체로 조립하여 콘크리트 타설·양생 완료 후 설비를 상부로 인양하면서 반복적으로 작업을 수행하는 공법으로 거푸집을 80~100회 정도 전용이 가능하며, 높이가 높고 갑작스런 단면의 변화가 없는 고교각 등에 적용된다.

그림 5.35 클라이밍폼(현장실무를 위한 건설시공학 인용)

4) 헤비리프팅(Heavy Lifting)공법

그림 5.36과 같이 기둥작업과 별도로 보 구조의 가로보를 지상에서 프리캐스트 부재로 제작하여 기 완료된 기둥의 상부에 설치한 인양장비를 이용하여 끌어올려 기둥에 연결 설치하는 공법이다.

본 공법은 상부구조 가설시와 마찬가지로 하부구조 가설시에도 고공에서 이루어져야할 작업을 최소화해 안전성과 제품의 품질을 높이고 공기를 단축할 수 있는 공법이라고 할 수 있다.

(a) 1단 크로스빔 가설　　(b) 2단 크로스빔 가설

그림 5.36 헤비리프팅공법(현장실무를 위한 건설시공학 인용)

연습문제

5.1. 교량의 정의를 설명하시오.

5.2. 교량의 상부구조와 하부구조를 설명하시오.

5.3. 교량의 분류와 교량의 종류를 설명하시오.

5.4. 교량을 상부구조형식에 의해 분류하고 상세히 설명하시오.

5.5. 슬래브교, 라멘교, 거더교, 아치교를 설명하시오.

5.6. 트러스교, 사장교, 현수교, 엑스트라도즈교를 설명하시오.

5.7. 사장교와 현수교를 비교하여 설명하시오.

5.8. 사장교를 여러 가지로 분류하여 설명하시오.

5.9. 현수교를 타정식과 자정식으로 구분하여 설명하시오.

5.10. 교량을 하부구조형식에 의해 분류하고 설명하시오.

5.11. 교량의 기본계획시 고려사항을 설명하시오.

5.12. 교량의 경관계획을 설명하시오.

5.13. 아치교의 라이즈(Rise)비에 대해 설명하시오.

5.14. 교량의 등급을 설명하시오.

5.15. 교량의 설계방법을 설명하시오.

5.16. 교량의 설계하중을 설명하시오.

5.17. 내진설계의 기본원칙을 설명하시오.

5.18. 내진해석방법을 설명하시오.

5.19. 내진설계와 면진설계를 설명하시오.

5.20. 내풍설계에 대해 설명하시오.

5.21. 교량의 선박충돌 방지시설에 대해 설명하시오.

5.22. 교량의 유지관리에 대해 설명하시오.

5.23. 강교의 가설공법을 상세히 설명하시오.

5.24. 현장타설 콘크리트에 의한 공법을 상세히 설명하시오.

5.25. 프리캐스트 콘크리트 세그먼트에 의한 공법을 상세히 설명하시오.

5.26. 하부구조 가설공법을 상세히 설명하시오.

참고문헌

1. 김진우, “사회기반시설공학”, 구미서관, 2006.3, pp.83~136.
2. 박영호 외, “기초공학실무와 무조인트교량”, 건설가이드, 2009.4, pp.235~275.
3. 설진성 · 김홍철 외, “현장실무를 위한 건설시공학”, 구미서관, 2017.8, pp.291~345.
4. 우종태, “건설계측공학”, 구미서관, 2008.9, pp.69~81.
5. 우종태 외, “건설계측의 이론과 실무-지하 건설 시설물편”, 씨아이알, 2017.1, pp. 77~88
6. 우종태 외, “건설계측 기본실무”, 씨아이알, 2015.2, pp. 117~127
7. 우종태 외, “건설계측 응용실무”, 씨아이알, 2016.2, pp. 85~95
8. 이승언 외, “살아있는 토목시공학”, 구미서관, 2014.1, pp.337~377.
9. 이철규, 김성근, 김경주, “토목공학개론”, 구미서관, 2006.2, pp.145~160.
10. 지효선, 우종태, “철근콘크리트공학”, 예문사, 2017.2, pp.273~279.
11. 조효남, “교량공학”, 구미서관, 2001.9, pp.10~150.
12. 홍순헌, 김일배, “토목공학개론”, 형설출판사, 2004.7, pp.179~198.

제6장

터널시설

6.1 터널의 정의 및 특징

6.1.1 터널의 개요

우리나라는 전 국토의 70% 정도가 산악지형으로 구성되어 있고 경제적 및 생활수준의 향상으로 인한 사회간접자본의 건설과 도로 및 철도의 직선화로 인해 터널 건설이 1990년대 이후 급격하게 증가하고 있을 뿐만 아니라 석유 및 액화가스 등의 에너지비축기지, 양수지하발전소, 핵폐기물지하저장소, 농수축산물지하저장소 등을 활용하기위한 지하공간개발이 더욱 활발히 진행될 것으로 예상된다.

또한 수도권의 대심도터널(GTX, Great Train eXpress) 및 고속철도(KTX, Korea Train eXpress) 건설계획, 서울시의 U-Smartway Project, 호남~제주간 해저터널 건설계획, 장기적으로 검토 중인 한국~일본 해저터널, 한국~중국 해저터널 등이 논의 되고 있다.

터널(Tunnel)이란 지표면 아래에 통로나 공간으로 이용할 수 있도록 지하 또는 산을 뚫어 건설한 지하구조물로써 도로나 철도, 지하공간(원유 및 핵폐기물 저장시설, 지하상가, 지하도로, 대피시설 등), 상수도, 하수도, 전기, 통신, 가스 등 그 용도가 점점 확대되어지고 있다.

우리나라의 터널은 1901년부터 1911년까지 건설한 경부선 서울~부산간, 경의선 용산~신의주간 철도건설에서 처음 터널을 시공하게 되어 1945년 8월 15일 광복 후 오늘에 이르기 까지 경제사회개발계획에 따라 고속철도, 일반철도, 지하철, 고속도로, 국도 및 지방도, 상하수도, 댐의 도수로, 유류 및 가스지하저장 등 터널을 산악터널, 도심터널, 하저 및 해저터널, 지하공간 개발로 터널기술은 거의 선진국 수준에 이르고 있다.

참고로 철도시설을 집필하기 위해 “서울특별시 도시기반시설본부 도시철도 자료(2011.6)”와 “현장실무를 위한 건설시공학(설진성, 김홍철 외, 구미서관, 2017.8, pp.925~953)” 교재 내용을 일부 인용 및 참고하였으며, 추가적인 내용을 필요로 할 경우 이들 교재를 참조하기 바란다.

6.1.2 터널의 정의 및 특징

터널(Tunnel)이란 지반 중에 어떤 목적이나 용도에 따라 만들어 놓은 공간을 갖는 구조물로 입구와 출구를 갖는 지하통로 역할을 하는 연속적인 공간을 말한다.

안전점검 및 정밀안전진단 세부지침상의 터널의 정의는 지표면 하에 축조되는 도로나 공간으로 이용하는 지하구조물로서 단면적이 $2m^2$이상의 것을 말한다.

국내터널에서 최초의 도로터널은 전남 여수시의 마래 제2터널로 1926년 준공된 연장 640m,

폭과 높이 4.5m이며, 최초 고속도로터널은 경북 경주시의 경주이화터널로 1969년 준공된 2차선 터널로 연장 152m, 폭 9.2m, 높이 6.8m이며, 최초 4차선 고속도로터널은 경기도 의왕시의 청계 터널로 1995년 준공된 4차선터널로 연장 450m, 폭 17.6m, 높이 8.7m이다.

국내최초의 NATM 철도터널은 안산터널로 1988년 준공된 연장 1072m, 폭 8.6m, 높이 7.7m 마제형 터널이며, 최초의 한강하저터널은 NATM공법으로 서울지하철5호선 여의나루와 마포간 하저터널로 1997년 준공된 연장 1288m, 터널직경 7.7m이며, 최초 해저터널은 경남 통영시의 통영해저터널 1932년 준공된 연장 483m, 폭 5m, 높이 3.5m이다.

6.2 터널의 분류

터널의 분류는 일반적인 분류, 단면형상에 따른 분류, 터널의 시공방법에 따른 분류, 터널 라이닝의 재질에 따른 분류로 구분할 수 있다.

(1) 일반적인 분류

1) 위치에 따른 분류 : 산악터널, 지하터널, 하저터널, 해저터널

2) 기능에 따른 분류 : 도로터널, 일반철도터널, 고속철도터널, 도시철도터널

① 도로 터널 : 도로법에 의한 도로상의 터널

② 고속철도 터널 : 고속철도법에 의한 철도상의 터널

③ 도시철도 터널 : 도시철도법에 의하여 건설 또는 관리하는 철도상의 터널로서 터널의 연장은 도시철도 건설규칙에서 규정한 정거장이 포함된 지하터널 입출구부를 기준으로 함

④ 일반철도 터널 : 철도법에 의한 철도상의 터널

⑤ 지하구조물 : 지표면의 하부에 설치된 구조물.
단, 지상건축물과 연결된 지하구조물은 건축물로 본다.

(2) 단면형상에 따른 분류

1) 원형터널 : 수압이나 토압을 많이 받는 터널에 적용되며, 구조적으로 가장 안전

2) 난형터널 : 구조적으로 원형과 마제형의 중간정도로 양호

3) 마제형 : 외력에 대한 구조적 취약성, 시공성이 양호하고 경제적

(3) 터널의 시공방법에 따른 분류

1) 재래식터널(ASSM, American Steel Support Method) : 터널주변의 암반을 단지 터널에만 작용하는 하중으로 고려하는 터널공법
2) NATM(New Austrian Tunnelling Method)공법 : 1962년 오스트리아 터널협회의 Rabcewicz 등에 의해 전통적인 오스트리아 터널 굴진공법과 구별하기 위해 제안한 터널 굴착방법으로 주변지반이 링 모양지반의 지지작용에 의해 하중을 지지하는 구조부재의 개념이며, 숏크리트와 록볼트를 중요한 지보재로 하여 지반의 강도 약화를 최대한 억제하며, 지반이 가지고 있는 내하능력 즉 지지력을 적극적으로 활용하면서 지속적인 계측관리를 바탕으로 하여 터널을 굴진하는 공법
3) Shield 터널 : 강제로 된 원통을 지중에 밀어 그 내부에서 토사의 붕괴를 방지하면서 안전하게 굴착하고 동시에 쉴드 뒷부분에서 터널라이닝 세그먼트를 설치하는 공법
4) TBM(Tunnel Boring Machine) : 굴착에서 버력처리까지 기계화 시스템화 되어 있는 대규모 굴착기계를 말하며, 일반적으로 개방형TBM과 쉴드TBM으로 구분한다.
5) Shield TBM : 주변지반을 지지할 수 있는 보호강관이 부착되어 있는 TBM을 말한다.

(4) 터널 라이닝의 재질에 따른 분류

터널 라이닝의 재질에 따른 분류는 그림 6.1과 같다.

- 터널의 분류
  - 재래식 터널
    - 조적식 라이닝
    - 무근콘크리트 라이닝
  - NATM 터널
    - 무근콘크리트 라이닝
    - 철근콘크리트 라이닝
  - Shield 터널 —— 콘크리트 세그먼트 라이닝
  - 개착식 터널 (Cut and Cover : BOX형) —— 철근콘크리트

그림 6.1 터널 라이닝의 재질에 따른 분류

6.3 터널의 계획

터널계획의 일반사항은 다음과 같다.

1) 터널계획은 지역여건, 지형상태, 토지이용, 현황 및 장래전망, 지반조건 등 사전조사 성과를 기초로 하여 계획한다.

2) 터널계획은 건설 목적 및 기능의 적합성, 공사의 안전성 및 시공성, 공법의 적용성을 우선하여 수립하며 건설비 및 유지관리비 등 경제성을 고려하여 계획한다.

3) 터널계획은 공사중은 물론 유지관리시 주변환경에 유해한 영향을 미치지 않도록 하고 환경보전에 대해서도 검토한다.

4) 터널의 내공단면의 크기는 단선터널과 복선터널 또는 대단면터널로 구분하고 터널의 기능과 목적에 따라 계획한다.

5) 터널계획은 터널길이에 따라 1,000m 미만은 짧은 터널, 1,000m~5,000m는 장대터널, 5,000m 이상은 초장대터널로 구분하여 계획한다.

6) **평면선형 계획시 고려사항**

① 편토압이 예상되는 비탈면부 및 습곡지역, 애추(talus) 분포지역, 용수개소 및 단층 및 파쇄대 지역 등은 피하는 것이 바람직하다.

② 터널의 갱구위치는 안정된 지반으로 지형조건이 좋은 위치에 선정하도록 하고 자연비탈면에 직교되도록 선정하는 것이 바람직하다.

③ 터널을 2개 이상 병렬로 계획하는 경우에는 터널공사로 인한 주변지반 거동 및 발파진동이 인접터널에 나쁜 영향을 미치지 않도록 상호 이격시켜야 한다.

④ 터널의 부속시설인 환기터널, 피난터널과 장대터널(L=1km 이상) 에서의 작업터널 및 기타 터널 외부설비, 사토장 등의 입지조건을 검토한다.

7) **종단선형 계획시 고려사항**

① 터널의 기울기는 자연배수가 가능하도록, 가급적 완만하게 계획하되 도로 및 철도 건설규칙에 규정된 선로의 등급에 정하는 기울기 이하가 되도록 계획한다.

② 계획기울기는 터널입구에서 진행방향으로 가능한 한 상향경사가 되도록 하여 배수가 원활히 이루어지도록 하는 것이 바람직하며 현장조건과 터널의 목적이나 시공계획, 환기계획

등의 조건상 터널중앙부가 입구부보다 낮은 하향기울기가 불가피할 경우에는 배수설비를 계획한다.

③ 선형조건상 터널의 입구와 출구가 중앙부보다 높은 종단선형으로 계획한 경우에는 공사중 배수설비를 계획한다.

④ 종단계획에 따른 터널의 최소 토피는 터널의 구조적 안전영역의 범위가 확보되도록 결정하여야 하며, 최소 토피에는 장래 예상되는 토지이용 한계심도를 반영한다.

8) 내공단면 계획시 고려사항

① 내공단면은 터널목적 및 기능에 따른 건축한계와 평면선형이 곡선인 구간은 캔트에 의한 차량경사량과 슬랙량을 더하여 확대하여 설정하고, 터널내 신호, 통신 등 설비의 시설공간, 유지관리에 필요한 여유폭, 보도 등을 고려하여 정하며 시공중 터널 변형 등 시공오차에 대한 여유를 예상하여 결정한다.

② 동일 작업구간내의 터널 내공단면은 가급적 동일한 규격 및 형상으로 표준화하여 시공성을 높일 수 있도록 계획한다.

9) 부속설비 계획시 고려사항

① 터널의 부속설비는 운영시의 유지관리용 영구설비와 공사중 시공을 위한 임시설비로 구분하여 계획한다.

② 부속설비의 계획에는 기능의 부합성과 함께 경제성 및 유지관리성을 종합적으로 검토하여 수립하여야 한다.

③ 일반적인 영구설비는 환기설비, 전기설비, 급배수설비, 방재설비, 신호통신 및 조명설비, 보안설비, 점검설비, 대피설비 등이 있으며 터널의 목적 및 기능에 따라 설비종류 및 규모를 결정하여야 한다.

④ 공사용 임시설비에는 자재저장 시설, 자재반입 및 버력처리 설비, 용수 및 배수설비, 오수 및 폐수 정화설비, 환기 및 수전설비, 전기설비, 방음 및 방진설비, 숏크리트 배합 및 타설설비, 비상급기 설비 등이 있으며 설비종류 및 규모결정은 공사규모와 공법, 공사기간, 현장여건 등을 고려하여 결정하여야 한다.

10) 방수계획시 고려사항

① 방수형식은 터널 전체 주위 벽면 중 일부분에 지하수의 배수경로를 만들어 지속적으로 지

하수를 배수시킴으로서 콘크리트 라이닝에 수압이 작용하지 않도록 하는 배수형 방수형식과 터널 전체 주위 벽면에 방수재를 설치하여 지하수가 터널내부로 유입되는 것을 차단하여 콘크리트 라이닝이 수압을 받도록 하는 비배수형 방수형식으로 구분한다.

② 방수형식은 지형, 지상 토지이용 현황, 토피정도, 지하수의 특성 및 수위, 주변지반 상태 등 현장 지반조건과 터널형상 및 규모 등의 조건을 감안하여 시공성, 경제성 및 유지관리성 등을 종합 검토한 후 결정한다.

③ 비배수형 터널에서는 시공 특성에 부합되는 방수형식 및 재료를 선정하고 작용수압에 충분히 견딜 수 있는 콘크리트 라이닝을 계획하여야 하며 유사시 또는 과도한 누수에 대비하여 적정 용량의 배수시설을 설치하는 것을 검토한다.

④ 배수형 방수형식의 터널에서 원활한 배수계통과 배수단면을 확보하여야 하며 유지관리상 배수계통의 기능 확인과 보수가 용이하도록 계획한다.

11) 환기계획시 고려사항

① 터널의 환기설비는 철도차량의 배기가스를 터널 밖으로 배출시켜 터널 내 오염물질의 농도가 허용수준 이하로 유지될 수 있도록 한다.

② 터널의 환기계획은 교통, 기상, 환경, 지형, 지물 및 관련 법규를 바탕으로 소요환기량을 산정하여 자연환기와 기계환기 중 적합한 방법을 선정한다.

③ 기계환기 선정시에는 구조설계, 배치 및 환기장소를 고려하여 설비제원을 결정한다.

④ 환기시설은 화재 발생시 배연시설로서 운용되기 때문에 환기방법 선정시에는 비상시 안정성을 검토한다.

6.4 터널의 설계 및 굴착

6.4.1 터널의 설계

(1) 설계의 기본방향

1) 터널설계는 단선터널, 복선터널, 대단면터널 등으로 구분하여 설계한다.

2) 터널설계는 터널의 총연장을 감안하여 그 기능과 목적 및 승객의 안전에 적합하도록 설계한다.

3) 터널설계는 조사결과를 토대로 안전성, 시공성, 경제성과 내구성이 확보되고 유지관리가 편리한 시설이 되도록 하되 실제 시공시의 조건이 설계 당시에 예측한 조건과 상이하게 되는 경우의 변경방법 및 조치사항 등을 포함하여야 한다. 이를 위하여 설계시에 적용한 모든 적용자료와 분석 및 예측사항을 명확하게 제시하여야 한다.
4) 터널설계는 터널주변 원지반이 보유하고 있는 지보능력을 최대한 활용할 수 있도록 단면형상, 굴착공법 및 방법, 지보재 및 시공순서 등을 선정한다.
5) 터널설계시 환기, 조명, 방재시설 등의 제반설비 사항도 고려하고 이들의 역할이 잘 발휘되도록 설계한다.
6) 터널굴착시 원지반의 손상이나 여굴발생이 최소화되도록 설계하며 원지반의 손상이나 여굴발생시 그 처리방안을 설계한다.
7) 터널시공이 터널주위에 미치는 영향에 대해서 분석하고 필요시 합리적인 대책을 강구한다.

(2) 설계방법의 선정

1) 설계방법 선정은 지반의 거동특성과 지보재의 지보력이 상호 연합하여 일체가 되게 거동하여 터널의 안전성이 영구적으로 유지될 수 있는 방법을 선정한다. 다만, 지반의 거동특성상 지반의 지보능력 활용이 불가능할 경우에는 지반보강을 시행하거나 지보재가 지반하중을 모두 지지하도록 하는 설계방법을 채택한다.
2) 지반조사 자료에 따라 지반등급을 분류하고 해당 지반등급에 적용할 표준적인 지보패턴과 굴착방법을 선정한다. 이 경우 유사지반조건의 시공실적 또는 RMR 방법 및 Q-시스템에서 제안한 지보패턴을 참조하여 지보패턴을 정할 수 있다. 단, Q-시스템에서 제안한 방법을 사용하여 섬유보강이 없는 일반 숏크리트의 두께를 정하고자 할 경우에는 섬유보강 유무에 따른 숏크리트의 특성을 감안하여 그 두께를 결정한다.
3) 굴착방법과 지보패턴은 선정조건에 따라 각 조건별 해석적인 방법을 통하여 그 안정성을 검증하여 안정성 검증은 작용하중, 공학적 특성치, 해석기법 및 경계조건 등을 종합적으로 검토한다.
4) 설계조건이 표준적이 아니고 특수하거나 유사조건에서의 시공사례도 없는 경우에는 예상되는 문제들을 면밀히 검토한 후 굴착방법과 지보패턴을 설정하고 해석적인 검증을 통하여 확정한다.

(3) 설계의 주요내용

가) 터널설계에는 다음 사항을 포함하여야 한다.

1) 평면 및 종단선형
2) 굴착 대상지반의 분석 및 분류
3) 터널단면의 형상
4) 굴착공법 및 굴착방법
5) 각종 지보재의 규격 및 시공순서
6) 필요한 보조공법
7) 방수 및 배수방법
8) 콘크리트 라이닝의 시공
9) 계측계획 및 수행방법
10) 환기, 방재 등을 비롯한 각종 부대시설
11) 터널시공에 따른 환경영향분석
12) 공사시방서

6.4.2 터널의 굴착

터널의 굴착방법은 굴진면의 지반을 굴착하는 수단을 말하며, 인력굴착, 기계굴착, 파쇄굴착, 발파굴착방법 등이 있으며, 세부적인 내용은 다음과 같다.

1) 인력굴착은 연약한 토사층을 작업자가 삽이나 착암기 등으로 굴착하는 방법이다.
2) 기계굴착은 브레이커, 굴착기, 전단면 터널굴착기계(TBM) 등을 이용하여 터널을 굴착하는 방법이다.
3) 파쇄굴착은 유압가스, 팽창성 모르타르, 특수저폭속화약 등을 이용하여 암반을 파쇄시켜 굴착하는 방법을 말한다.
4) 발파굴착은 착암기나 점보드릴 등 천공장비를 이용하여 천공된 빈구멍에 화약을 장약함으로써 그 폭발력을 이용하여 암반을 굴착하는 방법을 말한다.

국내 터널공사에서 NATM공법이 약 70%이상이 사용되고 있으며, NATM공법은 그림 6.2와 같이 장약을 위한 천공, 장약, 발파, 환기, 버력처리, 부석정리로 구분 할 수 있는데 이 공정에 따라 시공계획을 수립을 하여야 한다.

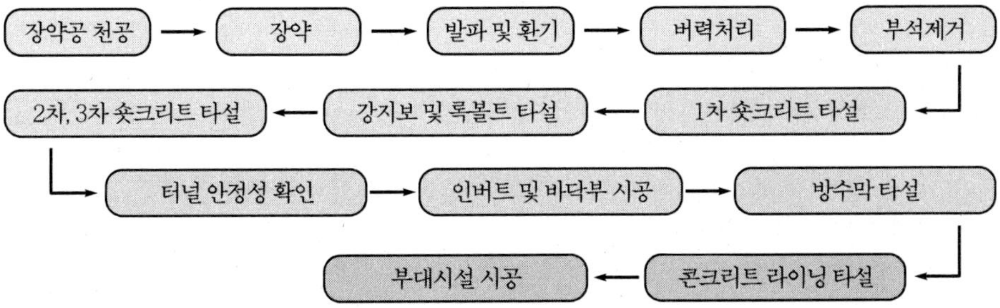

그림 6.2 NATM공법의 터널 굴착 공정(현장실무를 위한 건설시공학 인용)

터널의 굴착방법인 인력굴착, 기계굴착을 상세히 설명하면 다음과 같다.

(1) 인력굴착

인력굴착은 삽, 착암기를 이용하여 인력으로 굴착하는 공법이다. 현재 거의 쓰이지 않는 공법이나 소단면 터널이나 자립시간이 짧은 토사터널에서 분할 굴착시 터널 안정성을 확보해가며 굴착하는 공법이다.

(2) 기계굴착

일반적으로 기계굴착은 TBM 또는 쉴드, RBM 장비를 이용해 굴착하는 공법이나, NATM터널에서의 기계굴착으로 브레이커(Breaker), 터널용 브레이커(ITC), 로드헤더(Road Header) 등 굴착장비를 이용해서 굴착을 하고 있다.

기계굴착은 파쇄암 또는 풍화암, 토사층 등에서 굴착시 지반이완을 최소화하고 여굴을 억제하기 쉬운 공법으로 지반조건, 주위환경, 지하수 상태, 터널단면, 크기, 형상 등을 고려하여 시공성과 경제성을 고려하여 기종을 선정해야 한다.

굴착방법으로는 브레이커나 ITC를 이용하여 굴착과 함께 계측을 실시하여 터널의 안정성을 확보해야 하며, 기계에 의한 터널굴착은 그림 6.3과 같다.

1) 브레이커

토목현장에 일반장비인 굴착기(Back hoe)에 브레이커를 장착하여 유압 타격에 의해서 굴착하는 장비로 풍화암 이하의 지반에서 적용이 가능하며 일일 굴착속도는 왕복 2차선 터널에 대해서 0.25~0.45m가 가능하다.

2) 터널용 브레이커(ITC)

유압 타격에 의해 굴착하는 방법으로는 브레이커와 같으나 부석처리용 버켓이 장착되어 있어 버켓을 갈아 끼우는 브레이커와는 달리, 굴착 효율면에서도 뛰어나 일일 굴착속도는 왕복 2차선 터널에 대해서 0.4~0.5m 굴진이 가능하다.

3) 로드헤더 (Road Header)

커터헤드에 커터용 비트를 장착하여 굴착하는 장비로 원래 개발 용도는 석탄광산에서 채탄용 장비로 개발되었으나, 현재는 터널 굴착용으로 적용되고 있다. 굴착하는 과정에서 먼지가 심하게 발생되어, 작업환경이 열악한 반면 굴착효율이 높다. 일반적으로 풍화암 이하의 지반에서 적용이 가능하다.

(a) 브레이커 굴착

(b) ITC굴착

(c) Road Header 굴착

그림 6.3 기계굴착 장비(현장실무를 위한 건설시공학 인용)

인력굴착이나 기계굴착에 의한 터널 시공현황은 그림 6.4 및 6.5와 같다.

아래 그림은 서울특별시 강서구 등촌동 백석길에서 시공된 서울지하철9호선906공구건설공사(시공자 대림산업) 터널 시공사례로 터널 상부반단면과 하부반단면으로 구분되어 있다.

(a) 상부굴착

(b) 1차 숏크리트

(c) 강지보 설치

(d) 2차 숏크리트

(e) 자천공 강관다단 천공/주입

(f) 막장면 GRP 보강

그림 6.4 터널 상부반단면 시공전경

(a) 하부 기계굴착

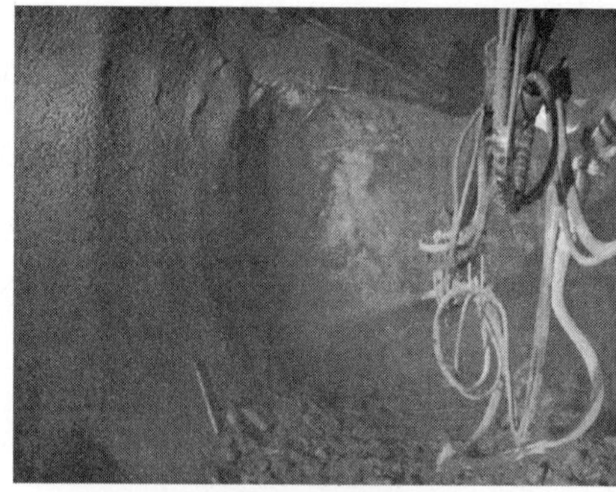

(b) 1차 숏크리트

(c) 강지보 설치

(d) 록볼트 천공 및 주입

(e) 2차 숏크리트

(f) 인버트 숏크리트

그림 6.5 터널 하부반단면 시공전경

4) 쉴드(Shield)공법

쉴드공법은 최근 들어 사용이 증가 되고 있는 터널 굴착공법으로 터널굴착과 동시에 터널벽면에 몇 개의 콘크리트 세그먼트(Segment)로 이루어진 링(Ring)을 순차적으로 조립하면서 전진하는 특수기계식 굴착공법으로 재래식 터널 공법 적용시 겪게 되는 지반침하와 각종 소음 및 진동 등의 건설공해를 최소화할 수 있는 터널 시공법이다.

쉴드공법은 쉴드라는 강재원통형의 기계를 수직 작업구내에 투입 시켜 커터헤드를 회전시키면서 지반을 굴착하고 막장면은 각종 보조공법 (압기 약액주입)으로 막장면의 붕괴를 방지하면서 실드기계 후방부에 세그먼트를 설치하는 것을 반복해가면서 터널을 굴착하는 공법을 말하며 점토, 모래, 자갈 등을 포함하는 연약지반에서의 도시기반시설을 위한 지하공간(상하수도, 전기, 통신선로, 지하철도 등)의 확보를 위해 종래 개착식 공법으로 시공 시에 발생하는 지반침하와 각종 소음 및 진동 등의 건설공해와 교통, 통행의 장해 등의 문제점을 최소화하기 위해 개발된 공법으로 그동안 쉴드 기술의 비약적인 발달로 예전에는 굴착 불가능했던 거대 전석층, 복합 지질구간 (토사+암구간) 등도 굴착이 가능하게 되었다.

쉴드장비의 현황은 그림 6.6, 쉴드터널 공사순서는 그림 6.7과 같다.

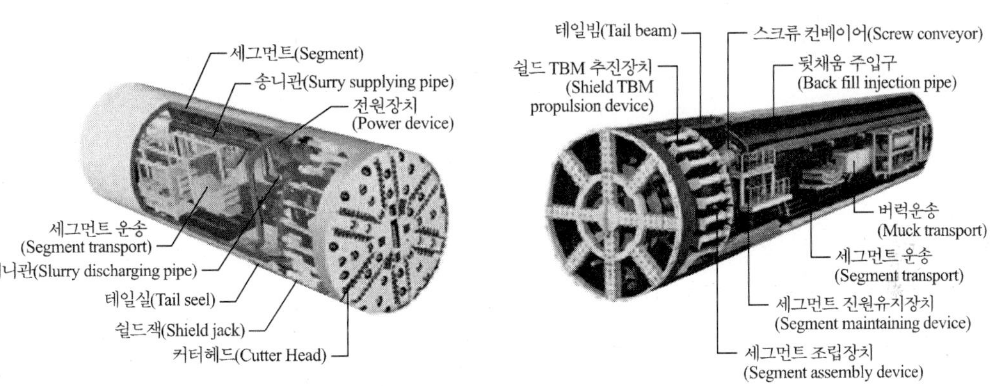

(a) 이수식 쉴드 (b) 토압식 쉴드

그림 6.6 쉴드장비 현황

1단계

장비투입 및 조립

2단계

초기굴진

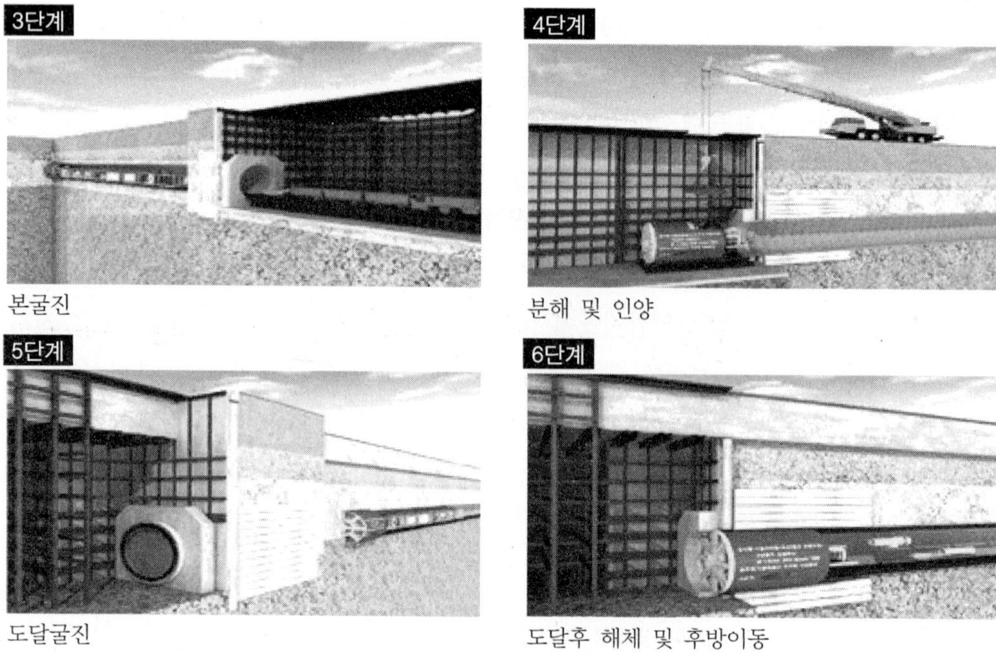

그림 6.7 쉴드터널 공사순서

(3) 파쇄굴착

파쇄굴착은 유압가스, 팽창성 모르타르, 특수저폭속화약 등을 이용하여 암반을 파쇄시켜 굴착하는 방법을 말한다.

암반 천공홀 구경축소 및 천공간격을 넓힘으로써 천공장비 투입대수를 줄이는 반면 단시간에 천공량을 증가시키며 암반의 강도에 제약 받지 않고 적은 구경의 암반 천공홀을 무진동으로 절개할 수 있는 유압 피스톤식 무진동 암반절개장비를 사용하는 공법 등이 있다.

유압 피스톤식 무진동 암반절개공법은 그림 6.8과 같다.

(a) 유압 크롤러드릴 천공　　(b) 천공홀 속에 유압 엘리먼트 삽입

(c) 유압으로 암반절개

(d) 암반절개 현황

그림 6.8 유압 피스톤식 무진동 암반절개공법

(4) 발파굴착

1) 발파 개념

폭발(爆發, Explosion)은 "압력의 급격한 발생 또는 해방의 결과로서 격렬하게 그리고 요란하게 파괴하거나 팽창하는 것"이다. 폭파(爆破, Blasting)는 "폭약이 폭발에 의하여 생기는 충격파 또는 가스의 팽창력을 이용하여 물량을 파괴한다"는 뜻으로 구조물이나 시설 등을 파괴한다는 의미가 내포되어 있는 반면 발파(發破, Blasting)는 "암반을 파괴하되 주변에 있는 구조물이나 시설을 보호한다"는 뜻을 지닌다.

발파 현상은 충격파에 의하여 견고한 암반에 잔금이 가도록 하고, 가스의 팽창에 의하여 이 잔금을 크게 넓혀서 블록으로 쪼개서 떨어뜨리게 된다.

따라서 발파계획을 세울 때는 암석의 종류, 지질구조, 굴진장, 폭약의 종류, 발파공의 배치 등을 고려해야 한다.

2) 터널 발파

터널 발파의 목적은 터널의 용도에 맞는 공간을 확보하기 위하여 암반의 안전성을 유지 시키면서 경제적이고 효율성 있게 굴착하기 위하여 화약을 이용하여 굴착하는 기술이다.

터널발파의 경우 여러 실험과 경험에 의하여 다양한 발파방법이 사용되고 있으나, 터널에서의 발파는 1자유면 발파형태이므로 2자유면 이상의 계단발파 형태와 비교하여 천공배치, 화약량 산출방법 등 여러 요인에 대하여 변수가 많은 것이 현 실정이다. 따라서 터널굴착 시 굴착예정단면을 정확히 절취할 수 있는 발파설계 및 시공은 고도의 기술과 많은 경험을 필요로 한다.

그림 6.9는 터널발파 시공순서이다.

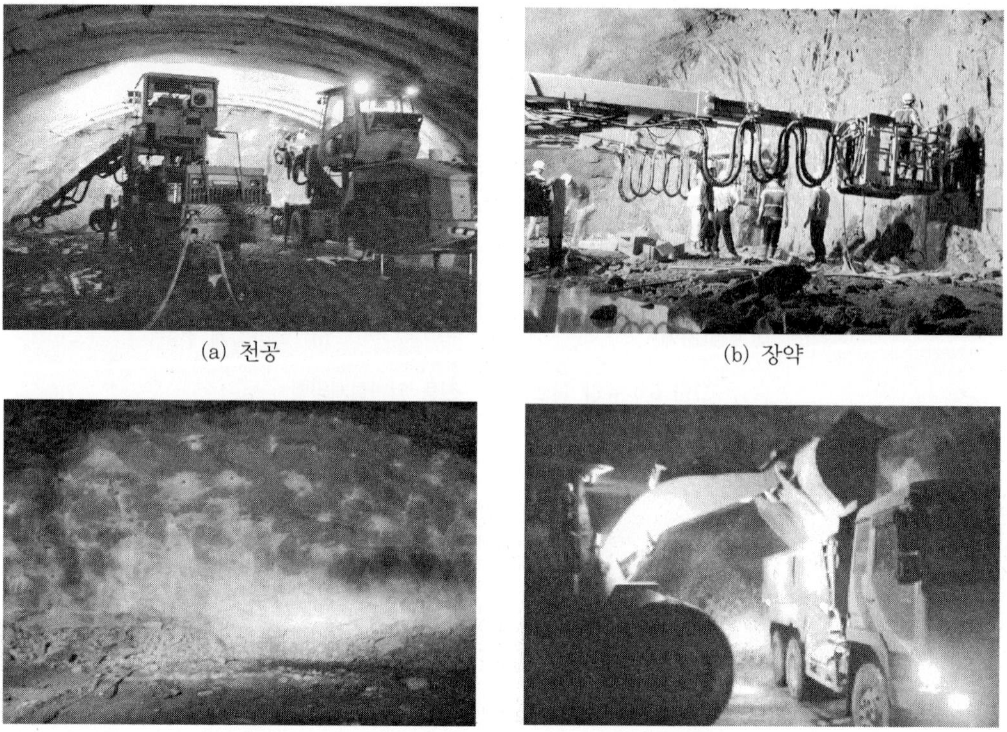

(a) 천공 (b) 장약

(c) 발파 (d) 버력처리

그림 6.9 터널발파 시공순서(현장실무를 위한 건설시공학 인용)

3) 발파소음과 발파진동

NATM 터널 굴착에서 가장 일반적으로 적용되는 공법으로 경제성과 시공성은 뛰어나나 발파 과정에서 진동과 소음이 일어나 민원을 야기 시킬 뿐만 아니라, 고압 발파가스와 진동이 터널 주변 지반에 이완 영역대를 형성되어 터널 구조적으로 악영향을 미치므로, 발파굴착시 발파 진동이나 소음이 주변 환경에 미치는 영향을 고려하여 대책을 수립하여야 한다.

① 발파소음의 특성

발파소음은 폭약의 에너지가 파쇄 되는 암괴를 통하여 대기 중으로 방출되는 압축파에 의해 주로 발생되며, 이외에도 지반진동으로 전파되었다가 자유면 근처에서 공기 중으로 전파되는 과정에서 매질의 차이로 소음을 야기하는 경우가 있으나, 이는 무시 할 정도로 경미한 상태이다.

대기 중으로 전파되는 발파폭음은 0.1Hz에서 200Hz범위의 저주파 특성으로 20Hz이상의 주파수는 가청소음으로 인체에 전달되며, 20Hz이하의 초저주파는 귀로 들을 수는 없으나, 비교적 먼 곳까지 에너지의 손실 없이 전파되는 특성이 있으며, 건물과 구조물을 진동시켜서 2차 소음을 발생시킨다.

실제로 건설 공사장의 터널이나 개착구간 발파에서 발파음의 주파수를 분석하면 40Hz이하의 저주파가 우세하며, 풍압기준으로 110dB(L)이하로 측정되어 건물이나 구조물에 손상을 주지는 않은 정도 수준이지만, 현실적으로 창문이나 문짝 등이 덜컹거리는 2차적 영향으로 불쾌감이 많아 인근 주민들은 발파진동으로 오해하여 주된 민원의 대상이 되고 있다.

그러나 발파음으로 인한 인체감응은 아직도 정량적으로 계산되지 못하고 있다. 인체에 대한 발파음의 영향중에서 건물 안에 있을 때가 건물밖에 있는 것보다 영향이 증가된다. 그 이유로는 건물에 초저주파로 전달되는 발파음이 건물자체를 진동시켜서 인체를 자극하기 때문이다.

② 발파진동과 발파소음의 차이점

발파진동과 발파소음은 지반이나 대기 등의 전파매질이 다를 뿐 파동현상은 마찬가지이므로 파동론 범주에 속하는 문제로 같이 다루는 경우가 많다.

발파음은 전술한 바와 같이 발생원은 진동체이며, 초저주파를 수반하므로 크거나 작거나 간에 진동을 수반한다. 발파음에 의한 영향을 받는 주택이나 건물에서는 창호나 선반 등에서 소리를 내는 경우가 많아 일차적으로 도착하는 발파진동보다도 더욱 성가시게 느껴지므로 발파음에 대한 인체감응도는 더욱 커서 사실상 민원의 주 대상이 되고 있다. 그러나 발파진동과 달리 발파소음은 주택이나 구조물에 피해를 주는 일은 극히 드물기 때문에 인체감응에 대한 대수척도는 소음 레벨(Decibel : dB)을 사용하며, 발파진동은 건물이나 구조물에 직접적인 피해를 주므로 진동속도(cm/sec = Kine)를 사용한다.

발파진동과 발파소음의 차이점은 표 6.1과 같다.

표 6.1 발파진동과 발파소음의 차이점

구 분	발 파 진 동	발 파 소 음
전 달 매 질	지반 (토사, 암반)	대기 (공기 중)
전 파 속 도	2,000~5,000m/sec	340m/sec
인 체 감 응	· 전파속도가 빠르기 때문에 청각으로는 느끼지 못하고 육체적 신경으로 느낌 · 인체 감응도는 크지 않음	· 대부분 청각으로 느낌 · 소음을 수반하므로 인체감응도는 크게 느껴짐
주택 및 구조물의 피해정도	· 주택 및 구조물에 직접적인 피해 영향을 줌	· 주택이나 구조물에 피해를 주는 경우는 거의 없음
측 정 단 위	진동속도(cm/sec= Kine)	음압(dB)
민 원 정 도	민원이 적음	발파민원 대부분임

③ 국내 공공기관의 발파진동 허용기준

국내 공공기관의 발파진동 허용기준은 표 6.2와 같다.

표 6.2 국내 공공기관의 발파진동 허용기준 (단위 : cm/sec)

구 분	진동속도에 따른 규제 기준	
	건 물 종 류	허용 진동치
서울특별시 지하철 시방기준	문화재, 정밀기기 설치건물	0.2
	주택, 아파트	0.5
	상가, 사무실, 공공건물	1.0
	철근 콘크리트, 철골조 공장	4.0
노 동 부 (노동부고시 94~26호)	문화재, 컴퓨터 등 정밀기기	0.2
	결함 또는 균열이 있는 건물	0.5
	균열이 있고 결함이 없는 빌딩	1.0
	회벽이 없는 공업용 콘크리트 구조물	1.0~4.0
한국토지공사 시방기준	가축(소, 닭, 돼지 등)	0.09
	문화재, 진동 예민 시설물	0.2
	주택, 아파트	0.5
	상가건물	1.0
	철근 콘크리트 건물	1.0~4.0
건설교통부 터널설계기준 (1999)	진동 예민 구조물(문화재 등)	0.3
	조적식 벽체와 목재 천정 구조물(재래가옥 등)	1.0
	조적식 중소형 건축물(저축양옥, 연립주택 등)	2.0
	철근콘크리트 중소형 건축물(중,저층아파트 등)	3.0
	철근콘크리트 대형 건축물(고층아파트 등)	5.0

(5) 개착터널

지하에 구조물을 축조하는 가장 대표적인 공법으로 우리나라 지하굴착 공사에 가장 많이 사용되어 왔으며, 굴착심도 15~20m 범위에서 가장 경제적인 공법으로 시공순서는 다음과 같다.

1) 굴착에 필요한 범위만큼 흙막이 말뚝(H-Pile)을 타입
   (필요시 지반보강 또는 지중연속벽 설치)
2) 공사중 노면 교통을 유지하기 위해 복공판으로 복공
3) 지하매설물 보호 및 흙막이를 하면서 굴착
4) 지하에 구조물을 만든 후 노면을 복구하는 공법

개착터널의 시공순서는 그림 6.10과 같다.

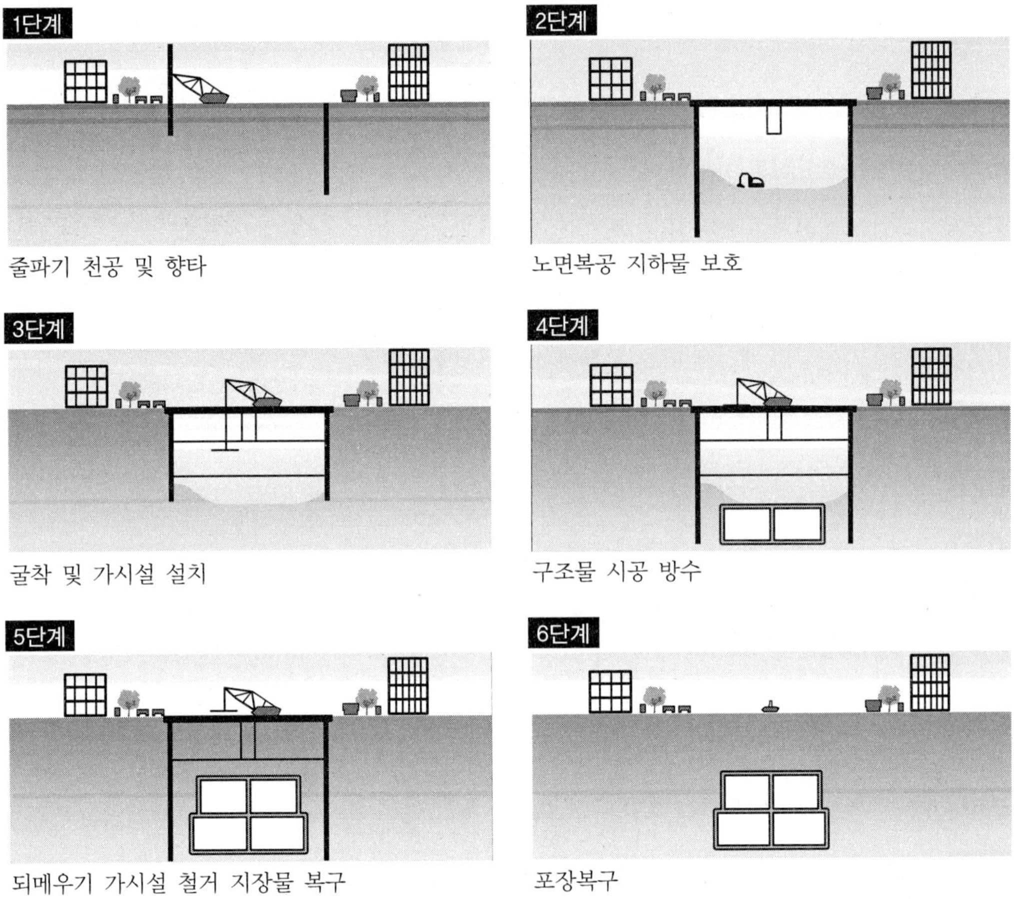

그림 6.10 개착터널의 시공순서

연습문제

6.1. 터널의 정의를 설명하시오.

6.2. 국내터널에서 최초의 터널들을 설명하시오.

6.3. 터널을 분류하고 설명하시오.

6.4. 터널의 일반적인 분류를 설명하시오.

6.5. 터널을 시공방법에 따라 분류하고 설명하시오.

6.6. 터널 라이닝의 재질에 따른 분류를 설명하시오.

6.7. 터널계획의 일반사항을 설명하시오.

6.8. 터널 평면선형 계획시 고려사항을 설명하시오.

6.9. 터널 종단선형 계획시 고려사항을 설명하시오.

6.10. 터널 방수계획시 고려사항을 설명하시오.

6.11. 터널 환기계획시 고려사항을 설명하시오.

6.12. 터널 설계의 기본방향을 설명하시오.

6.13. 터널 설계의 주요내용을 설명하시오.

6.14. 터널 굴착방법의 종류와 내용을 설명하시오.

6.15. 터널 기계굴착의 종류와 내용을 설명하시오.

6.16. NATM, Shield, TBM에 대해 설명하시오.

6.17. 파쇄굴착을 설명하시오.

6.18. 발파굴착을 설명하시오.

6.19. 발파소음의 특성을 설명하시오.

6.20. 발파진동과 발파소음의 차이점을 설명하시오.

6.21. 국내 공공기관의 발파진동 허용기준을 설명하시오.

6.22. 개착터널을 설명하시오.

참고문헌

1. 국토교통부, "터널설계기준", (사)한국터널공학회, 2016.1, pp.14~40.
2. 국토교통부, "도로설계편람(터널)", 한국건설기술연구원, 2015.03, pp.602-1~602-18.
3. 김승렬, "도시철도기술자료집-터널", 서울특별시 지하철건설본부, 2004.12, pp.3~13.
4. 백영현, "도시철도기술자료집-계획", 서울특별시 지하철건설본부, 2005.6, pp.1~10.
5. (사)한국터널지하공간학회, "터널설계기준해설서", 씨아이알, 2016.6, pp.83~92.
6. (사)한국터널지하공간학회, "터널표준시방서", 국토교통부, 2016.2, pp.31~41.
7. (사)한국터널지하공간학회, "터널의 이론과 실무", 구미서관, 2004.1, pp.1~11.
8. (사)한국터널지하공간학회, "창립15주년백서", 씨아이알, 2007.10, pp.27~32.
9. 서울특별시 도시기반시설본부, "도시철도 건설자료", 2011.12.
10. 설진성, 김홍철 외, "현장실무를 위한 건설시공학", 구미서관, 2017.8, pp.925~953.
11. 이승언 외, "살아있는 토목시공학", 구미서관, 2014.1, pp.299~317.
12. 임한욱, 김치환, "터널공학", 구미서관, 2004.1, pp.1~13.
13. 우종태, "지하구조물 안전계측 이론과 실무", 한국구조물진단유지관리공학회, 구미서관, 2006.11, pp.398~401.
14. 우종태, "터널계측의 이론과 실무", 구미서관, 2006.7, pp.263~273.
15. 우종태, "토목시설물 안전점검 및 정밀안전진단 교육과정교재(터널편)", 국토교통인재개발원, 2017.1, pp.325~377.
16. 우종태 외, "건설계측 기본실무", 씨아이알, 2015.2, pp. 181~189
17. 우종태 외, "건설계측 응용실무", 씨아이알, 2016.2, pp. 191~204
18. 우종태 외, "건설계측의 이론과 실무-지하 건설 시설물편", 씨아이알, 2017.1, pp. 3~16

제7장

공항시설

7.1 공항의 정의 및 특징

7.1.1 공항의 개요

공항(空港, Airport)은 지상 또는 수상에 항공기가 뜨고 내릴 수 있도록 여러 가지 시설을 갖춘 곳으로 비행장이라고도 한다.

항공기의 정의를 보면 우리나라 항공법 제2조에서는 "항공기(Aircraft)를 민간항공에 사용하는 비행기 · 비행선 · 활공기 · 회전익 항공기 기타 대통령령이 정하는 것으로서 항공에 사용할 수 있는 기기를 말한다."라고 정의하고 있다.

국제민간항공기구(ICAO, International Civil Aviation Organization)나 미국연방항공청(FAA, Federation Aviation Administration)에서는 "항공기를 공기반력에 의한 양력으로 대기중에 부양할 수 있는 기기로서 비행을 위하여 사용하도록 계획되거나 사용되는 장치이며, 항공교통관제의 용어로 사용될 때에는 비행승무원을 포함하기도 한다."라고 정의하고 있다.

공항은 항공기의 발달과 함께 성장하였으며, 1969년 점보제트기(좌석 300~550석), 1976년 영국과 프랑스가 공동 개발한 콩코드기(좌석 145석), 2005년 에어버스사가 개발한 A380기(좌석 최대 800석) 등의 개발로 여객이나 화물의 대량 및 고속 수송이 가능해지고 있다.

7.1.2 공항의 정의 및 특징

공항은 민간 항공용으로 여객이나 화물의 항공 운송에 필요한 시설과 기능을 갖추고 항공기가 최소한 계기 비행으로 이륙과 착륙이 가능한 비행장을 말하며, 국제공항은 국내공항의 기능 외에 출입국 관리의 3대 업무(CIQ)인 세관(Customs), 출입국(Immigration), 검역(Quarantine)을 위한 시설과 기능이 추가된 공항을 말한다.

공항의 주요시설로는 항공기를 안전하게 이륙과 착륙을 시키는 착륙대, 활주로, 유도로, 주기장 격납고, 비행장 표지시설, 이륙과 착륙을 위한 보조 항법 시설, 기상 및 관제시설, 급유시설, 소방시설, 구급시설 등이 있다.

또한, 여객의 탑승 및 통과, 화물의 적재, 도착, 통과 등을 취급하는 시설과 대합실, 표지판 등의 여객 안내시설, 여객의 탑승시설, 항공사의 여객 및 화물 카운터, 화물 적재시설, 보세창고, 경비 및 보안시설 등이 있다.

그 외의 시설로는 여객과 환송객 또는 공항 근무자를 위한 숙박시설, 식당, 은행, 우체국, 편의점 및 주차시설 등이 있다.

현대적 공항의 등장은 1970년대에 들어서면서 전 세계의 항공사가 운영하는 대부분의 항공기 기종이 제트 추진 항공기로 교체됨으로써 본격적인 제트 여객기 시대를 맞이하였다. 특히 B-747 점보기가 주도하는 항공기의 대형화와 고속화는 대량 수송과 장거리 수송에 일대 혁신을 가져왔다. 뿐만 아니라, 해외 여행의 자유화 추세에 따른 항공 여행의 대중화는 세계의 지구촌화 시대를 개막시키는 촉매 역할을 하기에 이르렀다.

항공 운송 산업의 변화와 소득 증대 및 생활 수준 향상으로 인한 여행 목적의 다양화, 공항 이용객의 다양한 요구, 시간 가치 상승에 따른 항공 화물의 증가 등은 항공기 제작 기술 발달에 따른 항공기 대형화, 고속화와 더불어 기존 공항의 기능과 역할을 변화시키는 요인으로 작용하게 되었다.

그러나 항공기가 대형화, 고속화되고 세계적으로 경제가 성장함에 따라 항공 교통이 대중화되면서 공항의 기능과 역할이 점차 다양화되기 시작하였다. 여기에다 이용객들의 소득 증대 및 생활 수준 향상으로 여행 목적이 다양해지고 이용객들의 서비스 욕구도 과거 대중적이고 공통적인 것에서 개별적이고 높은 수준으로 상승하게 되면서 공항은 거대한 종합 서비스 센터로서의 역할까지도 담당하게 되었다. 이와 같이 공항의 역할이 다양해지면서 공항의 기능 역시 복잡하고 다양해져 가고 있다.

기본적으로는 운송 규모 증대에 맞추어 공항 규모를 확충하고 항공기 및 항행시스템의 발달에 따라 첨단 과학 장비들을 구비하여 항공기가 안전하게 이착륙하고, 여객과 화물의 흐름이 원활히 이루어지게 할 수 있는 기능을 갖추게 되었다.

물류센터로서의 역할을 충실히 하여 국가 경제와 산업 발달에 기여하기 위해서는 공항의 모든 기능이 신속하게 이루어지도록 해야 한다. 이를 위해 공항에 신속하게 접근할 수 있도록 도로, 철도, 지하철 등 지상 연계 교통이 유기적으로 연결되고, 여객 입출국 시스템이나 수하물 처리 시스템 등도 전산화, 자동화되어 공항 내에서의 모든 절차가 신속하게 처리되도록 모든 시스템이 고도화되고 있다.

이 때문에 세계 주요 공항들은 다양한 품목의 물품을 구비한 상가와 면세점, 각종 식당, 여유 시간을 보낼 수 있는 레크레이션 시설, 사업 여행자를 위한 비즈니스센터는 물론 호텔, 영화관, 박물관, 미술관 등의 시설을 갖추고 있으며, 이러한 변화는 운송 규모에 따라 지속적으로 요구되는 공항 시설 확장에 필요한 재원을 확보하기 위한 수익 증대와도 직결되는 사항이기 때문에 각국의 주요 공항은 경쟁적으로 편의 시설 확충에 노력하고 있다.

최근 12년 연속 세계 최고의 서비스 공항(The World's Best Airport Award)으로 선정된 우리나라 인천국제공항의 특징은 다음과 같다.

(1) 안전운항과 원활한 공항 운영을 위한 첨단 시스템

인천국제공항의 종합정보통신시스템은 공항 전체를 살아있는 유기체처럼 움직이게 한다. 공항정보처리, 공항안전관리, 통신망관리를 담당하는 이 시스템은 공항 전 지역의 음성, 데이터, 영상 정보가 통합되고 규격화돼 실시간으로 관리자에게 제공됨으로써 공항 서비스의 효율성과 편리함을 극대화시키는 역할을 하게 된다.

또한 종합정보통신시스템은 항공기 운항정보와 각종 공항 운영정보 및 행정정보를 자동으로 연계・처리하며, 공항시설관리시스템은 각종 공항 시설의 운영정보를 실시간으로 제공하게 된다. 뿐만 아니라 순간적인 정전사고까지도 방지할 수 있는 최신 전력공급 시스템과 항공기의 안전한 이착륙과 지상 이동을 위한 최첨단 항공등화시설, 그리고 항공기의 안전한 비행을 위한 항행안전시설 등이 공항의 원활한 운영과 안전을 이어주게 된다. 자칫 시스템의 사소한 오작동만으로도 대형사고로 이어질 수 있는 공항의 특수성을 감안해 공항 내 시설과 운영 상태를 실시간으로 감시할 수 있는 것도 인천국제공항의 특징이다.

(2) 친절한 서비스가 제공되는 첨단 편의시설

현재 인천국제공항의 첨단 편의시설은 크게 세 가지의 서비스를 위해 계획되었다.

1) 전체적인 공항의 동선을 고려한 서비스를 위해 공항의 동선은 크게 출발과 도착, 환승으로 구분되며, 그 특수성 때문에 일반적인 동선과는 다른 계획을 필요로 한다. 따라서 이용자들의 동선을 최소화할 수 있는 첨단 편의시설을 곳곳에 배치, 이용자를 위한 편리성 제공에 중점을 두었다.
2) 이용객들이 필요로 하는 여객기 운항, 입출국, 수하물 검색 등에 관한 종합적인 정보 제공과 안내, 보도 지도 등이 제공되는 정보 시스템이다. 여객터미널 어디에서나 이들 정보에 접속할 수 있는 시설이 배치되며, 여권 자동 판독기 같은 편의 시설도 정보통신망으로 관리된다.
3) 모든 사람들, 특히 노인과 어린이는 물론 활동이 불편한 사람들도 편리하고 만족스럽게 이용할 수 있는 장애인 편의 시설로 인천국제공항은 현행 장애인 관련 법규와 외국의 장애인 시설 기준을 적용시키는 한편, 관련분야 전문가의 자문을 기초로 설계 단계에서부터 기능적 효율성과 편리성을 고려해 수준 높은 장애인 편의시설을 갖추어 나가고 있다.

(3) 세계적으로 기술력을 인정받은 첨단 토목 및 건축 기술

인천국제공항이 첨단공항의 면모를 지니고 있음은 시설물에서도 드러난다. 역학적 안전성을 확보하고 보다 넓고 쾌적한 실내공간을 조성하기 위해서 도입된 독특한 형태의 트러스 건물 구조, 하이테크 재료와 천연의 재료를 함께 사용한 외부 마감은 인공과 자연을 조화시키는 첨단 건축양식의 상징물이다.

인천국제공항의 신공법들은 모두 3차원 CAD(Computer Aided Design) 설계시스템에 바탕을 둔 것으로 3차원 모델링(Modeling), 인터페이스(Interface) 시스템, 애니메이션(Animation) 및 시뮬레이션 모듈(Simulation Module)로 구성되어 있다.

인천국제공항에서 사용한 3차원 CAD 설계시스템은 시공 대상의 형상 설계나 검토, 자재 산출 등 기존의 방식에만 그치는 것이 아니라, 2차원 전산 도면을 3차원으로 자동 변환시키는 기술 개발이 포함돼 있다.

또한 안전설계와 시공을 위한 인천국제공항의 노력은 여기서 그치지 않고 그동안 쌓아온 기술력과 노하우를 바탕으로 공항 내 모든 시설의 유지 및 보수에도 활용하게 된다.

(4) 주변국 경쟁공항 비교

2011년 2월 국토교통부 항공정책실에서 발표한 우리나라와 경쟁공항의 승객 및 화물 처리용량 비교는 표 7.1 및 그림 7.1과 같다.

표 7.1 주변국 경쟁공항 비교표(계속)

구 분	활주로 수 량	운항횟수 ('08년)	수송실적('08년)		장래 확장계획
			여객 (만명)	화물 (만톤)	
인천공항 (처리용량)	3본	21.1만회 (41만회)	2,997 (4,400)	242 (450)	-최종 : 활주로 3본 → 5본 여객 1억명 화물 1,000만톤 운항 74만회
중국북경 수도공항 (처리용량)	3본	43만회 (60만회)	5,570 (7,800)	130 (180)	-'15 : 화물 500만톤 ※ 제2북경공항 건설 규모 : 0.7~1.0억명 예상
중국 푸동공항 (처리용량)	3본	25만회	2,890 (6,000)	260 (420)	- '15 : 여객 8,000만명 (T3) 화물 600만톤 활주로 3본 → 5본 - 최종 : 여객 1억명 (T3확장) 화물 700만톤

구 분	활주로 수 량	운항횟수 ('08년)	수송실적('08년)		장래 확장계획
			여객 (만명)	화물 (만톤)	
중국 광저우공항 (처리용량)	2본	26.1만회	3,100	68.6 (100)	-'10 : 활주로 2본 → 3본 여객 8,000만명 화물 300만톤 -최종 : 활주로 5본 여객 9,500만명 화물 600만톤
홍콩공항 (처리용량)	2본	30만회 (32만회)	4,790 (7,000)	363 (500)	-활주로 : 2본 → 3본 -여 객 : 8,700만명 (T2 확장) -화 물 : 800만톤
싱가포르 창이공항 (처리용량)	2본	23.2만회	3,770 (6,870)	188 (350)	-'15 : 여객 9,000만명 -활주로 2본 → 3본 (시기미정)
일본 간사이공항 (처리용량)	2본	13.2만회	1,600 (2,500)	82 (140)	-최종 : 활주로 2본 → 3본 '여객 4,000만명 터미널 1 → 2개소
일본 나리타공항 (처리용량)	2본	19.3만회	3,353 (5,400)	193 (270)	

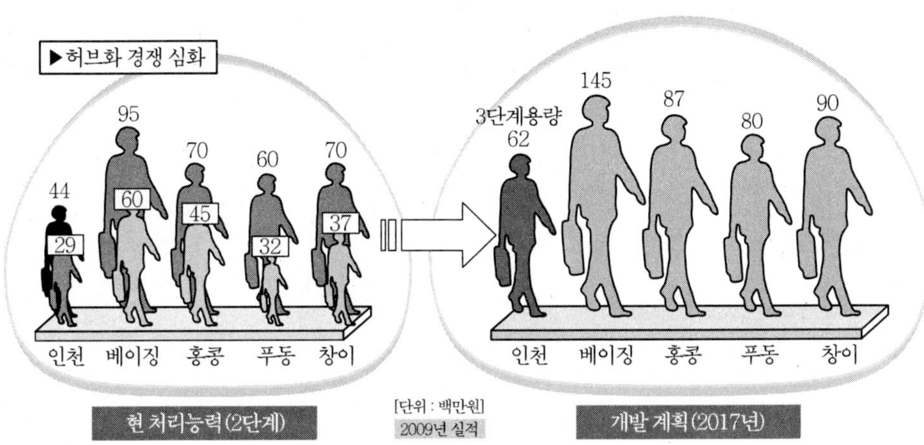

그림 7.1 주변국 경쟁공항 처리용량 비교도

(5) 인천국제공항 건설 3단계 확장사업

인천국제공항은 물동량에서 우리나라 전체 수출입 금액의 25% 이상을 차지하는 동북아시아의 허브(Hub) 공항이며, 증가되는 항공수요 선점을 위해 인천국제공항 건설 3단계 확장사업을 아래와 같이 추진 완료하였다.

1) 사업기간 : 2009～2017

2) 사업비 : 약 4조 386억원(추정 사업비)

3) 사업내용 : 제2여객터미널 건설, 여객 · 화물 계류장 및 화물터미널 확장, 접근교통시설 확충 등

기존의 인천국제공항 제1여객터미널과 2017년 완공한 제2여객터미널은 그림 7.2와 같다.

그림 7.2 인천국제공항 여객터미널 확장계획

인천국제공항 제1여객터미널의 전경, 출국장, 입국장은 그림 7.3과 같다.

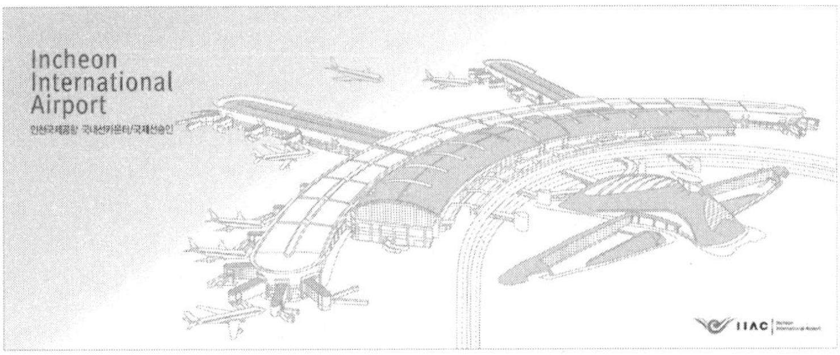

(a) 인천국제공항 전경

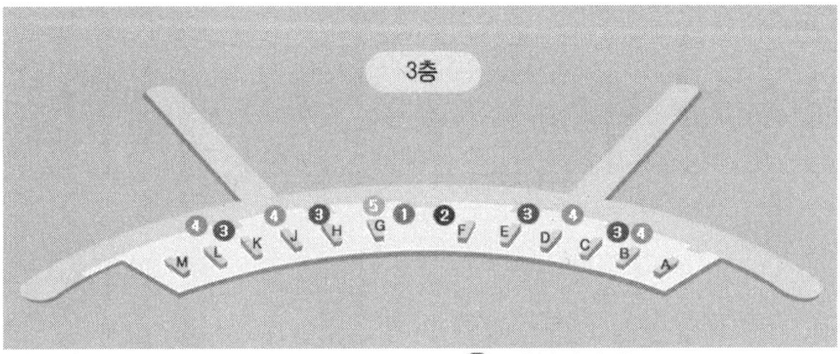

❶ 병무신고
❷ 영사민원 서비스센터
❸ 출국장
❹ 대형수하물 수속카운터, 세관신고대
❺ 출입국관리사무소
A~M 체크인카운터
❻ 검역심사대
❼ 입국심사
❽ 동·식물검역소
❾ 대형수하물수취대
❿ 분실수하물 안내카운터
⓫ 세관검사대
A~F 도착장출구

(b) 인천국제공항 출국장

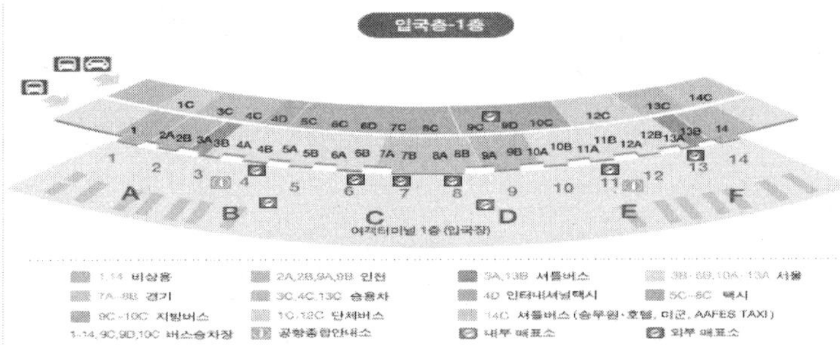

(c) 인천국제공항 입국장

그림 7.3 인천국제공항 제1여객터미널 현황도

국내 공항 시설 현황은 표 7.2 (a)~(c)와 같다.

표 7.2 국내 공항 시설 현황 (a)

<table>
<tr><th rowspan="2">구분</th><th rowspan="2">공항명</th><th colspan="2">김포</th><th colspan="2">김해</th><th colspan="2">제주</th><th colspan="2">광주</th><th colspan="2">대구</th><th colspan="2">청주</th></tr>
<tr><th>국내</th><th>국제</th><th>국내</th><th>국제</th><th>국내</th><th>국제</th><th>국내</th><th>국제</th><th>국내</th><th>국제</th><th>국내</th><th>국제</th></tr>
<tr><td rowspan="10">시설현황</td><td>소재지</td><td colspan="2">서울 강서구 과해동</td><td colspan="2">부산 강서구 대저 2동</td><td colspan="2">제주시 용담2동</td><td colspan="2">광주시 광산구 신촌동</td><td colspan="2">대구시 동구 지저동</td><td colspan="2">충북 청원군 내수읍 입상리</td></tr>
<tr><td>부지 (m²)</td><td colspan="2">8,458,719</td><td colspan="2">6,518572</td><td colspan="2">3,500,771</td><td colspan="2">5,854,564</td><td colspan="2">6,617,283</td><td colspan="2">6,739,778</td></tr>
<tr><td>활주로 (m)</td><td colspan="2">3,200×60
3,600×45</td><td colspan="2">2,743×45
3,200×60</td><td colspan="2">3,000×45
1,910×45</td><td colspan="2">2,836×45
2,836×45</td><td colspan="2">2,743×45
2,743×45</td><td colspan="2">2,743×60
2,743×45</td></tr>
<tr><td>계류장 (m²)</td><td colspan="2">1,199,267</td><td colspan="2">382,594</td><td colspan="2">257,290</td><td colspan="2">44,300</td><td colspan="2">41,582</td><td colspan="2">52,173</td></tr>
<tr><td rowspan="2">여객 터미널 (m²)</td><td rowspan="2">76,045</td><td rowspan="2">49,698</td><td rowspan="2">37,282</td><td rowspan="2">19,514</td><td rowspan="2">44,747</td><td rowspan="2">15,858</td><td colspan="2" rowspan="2">10,561</td><td colspan="2">26,716</td><td colspan="2">22,406</td></tr>
<tr><td>11,985</td><td>14,731</td><td>8,000</td><td>14,406</td></tr>
<tr><td>주차장 (m²)</td><td colspan="2">313,018</td><td colspan="2">81,848</td><td colspan="2">57,593</td><td colspan="2">38,300</td><td colspan="2">25,117</td><td colspan="2">36,095</td></tr>
<tr><td rowspan="2">화물 터미널 (m²)</td><td rowspan="2">30,914</td><td rowspan="2">95,556</td><td rowspan="2">9,685</td><td rowspan="2">7,961</td><td rowspan="2">15,652</td><td rowspan="2">1,922</td><td colspan="2">2,765</td><td colspan="2" rowspan="2">844</td><td rowspan="2">1,667</td><td rowspan="2">590</td></tr>
<tr><td>2,765</td><td>0</td></tr>
<tr><td>항행안 전시설</td><td colspan="2">5종류</td><td colspan="2">5종류</td><td colspan="2">4종류</td><td colspan="2">3종류</td><td colspan="2">3종류</td><td colspan="2">3종류</td></tr>
<tr><td rowspan="7">처리능력</td><td>운항횟 수(년)</td><td colspan="2">226,000</td><td colspan="2">200,000</td><td colspan="2">143,000</td><td colspan="2">140,000</td><td colspan="2">140,000</td><td colspan="2">140,000</td></tr>
<tr><td>동시주 기(대)</td><td colspan="2">122</td><td colspan="2">22</td><td colspan="2">24</td><td colspan="2">7</td><td colspan="2">5</td><td colspan="2">6</td></tr>
<tr><td>여객 (만명)</td><td>3,042</td><td>397</td><td>1,269</td><td>166</td><td>1,010</td><td>117</td><td colspan="2">293</td><td>189</td><td>126</td><td>189</td><td>126</td></tr>
<tr><td>동시주 차(대)</td><td colspan="2">8,804</td><td colspan="2">2,539</td><td colspan="2">1,729</td><td colspan="2">945</td><td colspan="2">1,058</td><td colspan="2">1,058</td></tr>
<tr><td>화물 (만톤)</td><td>62</td><td>82</td><td>19</td><td>6.9</td><td>31</td><td>1.7</td><td>5.5</td><td></td><td>3.3</td><td>0.5</td><td>3.3</td><td>0.5</td></tr>
<tr><td>운항 항공기</td><td colspan="2">B747,767, A300,MD11,82</td><td colspan="2">B777,767,737, MD82,A300</td><td colspan="2">B747,767,777, B737,A300, MD82</td><td colspan="2">B767, B737,A300, MD82</td><td colspan="2">B767, B737,A300, MD82</td><td colspan="2">MD82, B737,A300</td></tr>
<tr><td>최저착 륙시정</td><td colspan="2">350m</td><td colspan="2">350m</td><td colspan="2">350m</td><td colspan="2">800m</td><td colspan="2">800m</td><td colspan="2">800m</td></tr>
</table>

표 7.2 국내 공항 시설 현황(b)

구분	공항명	울산	포항	사천	여수	군산	원주
시설현황	소재지	울산시 북구 송정동	포항시 남구 동해면	사천시 사천읍 구암리	여수시 율촌면 신풍리	군산시 옥서면 선연리	횡성군 횡성읍 곡교리
	부지(m^2)	919,977	4,035,563	4,039,465	1,402,000	94,568	5,675,650
	활주로 (m)	2,000×45	2,133×45	2,749×452, 743×45	2,100×45	2,743×45 2,455×23	2,743×45
	계류장 (m^2)	33,605	32,617	13,140	41,868	13,758	5,808
	여객터미널(m^2)	8,886	11,700	4,692	13,328	2,852	1,596
	주차장 (m^2)	26,860	16,400	16,400	25,548	10,421	2,006
	화물터미널(m^2)			133.3	803		
	항행안전시설	3종류	2종류	3종류	3종류	4종류	3종류
처리능력	운항횟수 (년)	60,000	100,000	165,000	60,000	140,000	115,000
	동시주기 (대)	4	5	2	5	2	1
	여객 (만명)	240	385	101	272	44	25
	동시주차 (대)	534	530	320	554	387	90
	화물(만톤)			0.2	1.6		
	운항 항공기	B737 MD82	B737 MD82	B737 MD82	B737	B737	B737
	최저착륙시정	800m	2,000m	1,600m	550m	1,200m	1,600m

표 7.2 국내 공항 시설 현황(c)

구분	공항명	인천		양양		무안	
		국내	국제	국내	국제	국내	국제
시설현황	소재지	인천시 중구 운서동		강원도 양양군 손양면 학포리		전남 무안군 망운면 피서리	
	부지(m^2)	11,724,000		2,281,353		2,653,118	
	활주로(m)	3,750×60(3본)		2,500×45m		2,800×45	
	계류장(m^2)	1,697,000		45,250		90,692	
	여객터미널(m^2)	496,000		26,130		29,106	
		16,000	480,000	10,083	16,047	20,000	9,106
	주차장(m^2)	988,000		18,466		67,000	
	화물터미널(m^2)		129,000			3,112	
						2,050	1,062
	항행안전시설	1식		1식		1식	
처리능력	운항횟수(년)	240,000		43,000		140,000	
	동시주기(대)	84		4		9대	
	여객(만명)	3,000		317		519	
		200	2,8000	207	110	416	103
	동시주차(대)	16,464		498		2,095	
	화물(만톤)		270			4.1	0.9
	운항 항공기	B747, B767 B777, B737 A330, A300 등		B737		B737	
	최저착륙시정	100m		500m		500m	

주) 1. 민간과 군이 공동으로 사용하는 공항(8개) : 김해, 대구, 광주, 청주, 사천, 원주, 포항, 군산
2. 민간전용공항(7개) : 인천, 김포, 제주, 울산, 무안, 양양, 여수
3. 국제공항(8개) : 인천, 김포, 제주, 김해, 청주, 대구, 양양, 무안

7.2 공항의 분류

7.2.1 항공기의 분류

우리나라 항공법 제2조에서는 "항공기(Aircraft)를 민간항공에 사용하는 비행기 · 비행선 · 활공기 · 회전익 항공기 기타 대통령령이 정하는 것으로서 항공에 사용할 수 있는 기기를 말한다." 라고 정의하고 있다.

국제민간항공기구(ICAO, International Civil Aviation Organization)나 미국연방항공청(FAA, Federation Aviation Administration)에서는 "항공기를 공기반력에 의한 양력으로 대기중에 부

양할 수 있는 기기로서 비행을 위하여 사용하도록 계획되거나 사용되는 장치이며, 항공교통관제의 용어로 사용될 때에는 비행승무원을 포함하기도 한다."라고 정의하고 있다.

공항은 크게 민간용과 군용으로 대별되며, 민간공항은 다시 적용기준에 따라 국제민간 항공기구에 의한 경우와 미연방항공청에 의한 경우 등이 있다.

항공기의 성능과 형태에 의한 단순한 분류가 아닌 공항토목시설의 설계, 건설과 운영에 관한 공항 엔지니어링 측면에서의 항공기 분류기준은 다음과 같다.

(1) 항공기 크기별 분류

국제민간항공기구에서는 비행장에 취항이 예상되는 항공기를 수용하는 일련의 비행장시설을 설치하기 위하여 항공기 제원과 연관된 비행장 코드분류를 제정하였으며, 이 코드는 항공기의 성능특성 및 크기와 관련하여 2가지 요소로 구성되어 있다.

첫째는 항공기별 활주로 길이를 기본으로 한 코드번호가 있고, 둘째로 항공기의 날개폭 및 외측차륜 간격을 기본으로 한 코드문자가 있다.

미국연방항공청에서도 공항의 기하구조 설계를 위하여 국제민간항공기구와 동일한 기준에 의하여 항공기 날개폭을 근거로 그룹 I ~그룹VI까지 항공기를 여섯 개의 그룹으로 분류하고 있다.

이러한 그룹분류는 활주로의 표준 분리간격, 유도로의 표준 분리간격 및 비행장내 각종 장애물 이격거리, 장애제한 구역의 제원 등 공항의 기하구조를 설계하는 기준으로 이용된다.

(2) 착륙속도별 분류

항공기의 성능은 계기진입 절차와 관련하여 항공기가 다양한 기동(起動)을 실행하는데 필요한 비행공역(空域)과 시정(視묘)에 직접적인 영향을 미친다. 가장 중요한 성능 요소는 항공기의 속도이다. 따라서 명확한 계기진입 절차를 위하여 관련된 항공기의 기동성에 대하여 표준화된 기준을 제공하고자 항공기 제작자와 운영자는 각 항공기에 대하여 알파벳으로 된 카테코리를 부여하고 있다.

항공기가 최대중량의 약 85%의 평균 총 착륙 중량으로 착륙할 때 실속도(失速度, Stall Speed, 체공 가능한 최소속도)의 1.3배의 속도로 활주로말단을 통과한다고 가정하며, 이를 기초로 하여 다음과 같이 대표적인 항공기의 다섯 가지 카테고리를 정하였다.

① A그룹 : 169km/h(91노트)미만, Convair240, DC-3, DHC-7

② B그룹 : 169km/h(91노트)~222km/h(120노트), Convair600, DC-6, F27, Viscount800

③ C그룹 : 224km/h(121노트)~259km/h(140노트), B-707, B-727, DC-8, Trident

④ D그룹 : 261km/h(141노트)~306km/h(165노트), B-747, DC-10, IL62M, L-1011, TU-154

⑤ E그룹 : 307km/h(166노트) 이상, 장래 기종

이러한 항공기의 진입 카테고리 운항 특성은 각 절차를 위하여 소요되는 착륙 및 이륙 최소기준과 적당한 장애물 이격거리를 산출하기 위하여 이용되며, 선회 반경의 최소기준과 선회 및 실제 진입을 위한 장애물 이격거리 지역을 결정하는데 이용된다. 또한 유도로 체계에서 고속탈출 유도로의 적정위치를 산출하는 데에도 이용된다.

(3) 후풍와류 및 중량별 분류

항공기는 엔진에서 발생하는 후풍와류로 인하여 지상이나 공중 운항시 적당한 거리만큼 서로 떨어져야 하며, 이 후풍와류의 크기는 항공기의 중량에 따라 달라진다.

동일 항로상에서 항공기간의 이격거리 또는 동일방향에서 항공기간의 수평 분리간격 설정기준이 되는 항공기 등급은 다음과 같으며, 후풍와류 분리간격의 최소 기준을 목적으로 항공관제기준에서 항공기를 최대인가 이륙중량에 따라 다음과 같이 중형(重形, Heavy), 대형(大形, Large) 및 소형(小形, Small)으로 분류한다.

① 중형 : 300,000 lbs(136톤) 이상의 중량으로 이륙할 수 있는 항공기

② 대형 : 이륙중량이 12,500 lbs(5.7톤) 보다 크고 300,000 lbs(136톤) 미만인 항공기

③ 소형 : 이륙중량이 12,500 lbs(5.7톤) 이하인 항공기

활주로 길이 산출 시에도 항공기를 최대 총 중량에 따라 구분한다.

활주로를 사용하도록 계획된 비행기의 최대 총 중량이 60,000 lbs(27.2톤) 이하일 때는 활주로 길이를 진입속도에 따라 몇 개의 소집단으로 분류한 비행기 집단에 대하여 설계하여야 한다. 또한 활주로를 사용하도록 계획된 비행기의 최대 총 중량이 60,000 lbs(27.2톤)를 넘을 때는 일반적으로 활주로 길이를 특정한 비행기에 대하여 설계한다.

(4) 설계하중에 의한 비행장 분류

많은 항공관련 기구에서 비행장의 포장설계를 위해 항공기를 하중에 따라 분류하고 있으며, 대부분의 포장설계 방법은 항공기의 총 중량에 근거를 두고 있다.

(5) 착륙장치 형태별 분류

착륙장치 형태와 배치는 항공기 중량이 어떻게 포장에 분포되는지를 반영하며, 항공기 하중에 대한 포장의 반응을 결정한다. 일반적으로 사용되는 기어형태, 타이어 접지면적 및 타이어 압력에 대한 실험에 의하여 이들이 항공기 총 중량과 밀접하게 관련되었다는 것이 입증되었으며, 미국연방항공청에서는 이로부터 기어형태를 분류하여 포장 설계곡선을 완성하였다. 이들 기어형태에 의한 항공기분류는 다음과 같다.

① 단차륜 항공기
② 듀얼 기어 항공기
③ 듀얼 탠덤 기어 항공기
④ 광동체 항공기 : 총 중량과 기어구조의 큰 차이로 인하여 광동체 항공기에 대하여는 별도의 설계곡선이 개발되었다.(B-747, DC-10, L-1011 등)

(6) 장래항공기

날로 증가하는 항공수요에 대비하여 에어버스, 보잉 등 유수의 항공기 제작사 들은 더욱 많은 화물과 여객을 운반할 수 있는 장래항공기의 개발을 추진하고 있다. 특히 보잉사에서는 최대이륙중량 1,700,000 lbs(770톤)의 초대형 항공기의 개발을 계획하고 있다.

비록 이러한 초대형 항공기가 개발된다고 하더라도 현재 운영중인 공항시설물에 극단적인 영향을 미치지는 않을 것이며 포장에 대한 하중 재하는 항공기 착륙장치의 형태변환, 바퀴수의 증가 또는 타이어 접지면적의 증가 등에 의하여 그 영향을 최소화 할 것이므로 현재 사용중인 포장은 큰 문제없이 계속적인 사용이 가능하다.

7.2.2 공항의 분류

공항의 분류기준과 설치기준은 공항의 관리주체, 사용목적, 시설규모에 따라 국가마다 별도로 규정하고 있다.

(1) 우리나라의 공항분류

우리나라의 현행 공항분류는 기능별 분류체계가 이루어지지 않고 행정목적상의 시설기준에 따라 분류되고 국토교통부에 의하여 설치 및 운영되고 있으나, 향후 노선망의 확충과 더불어 공항이 양적으로 증대되고 지방자치제의 시행에 따라 지방별 항공서비스가 요구될 것이므로 이에 대비하여 공항의 분류체계와 관리체계, 투자정책이 확립되어야 한다.

(2) 영국의 공항분류

영국에서는 공항을 기능별로 표 7.3과 같이 분류하고 있다.

표 7.3 공항의 기능별 분류

공 항 분 류	기준
Gateway International Airport	국제항공노선, 장거리 국내선
Regional Airport	단거리 국제선, 중단거리 국내선
Local Airport	중소형기(25인승 이하) 정기운송, 정기 경항공운송
General Aviation Airport	경항공운송

7.2.3 공항시설의 분류

항공법시행령 제10조에서 공항시설의 분류는 다음과 같다.

(1) 공항의 기본시설

1) 활주로 · 유도로 · 계류장 · 착륙대등 항공기의 이 · 착륙시설
2) 여객터미널 · 화물터미널 등 여객 및 화물처리시설
3) 항행안전시설
4) 관제소 · 송수신소 · 통신소 등의 통신시설
5) 기상관측 시설
6) 공항이용객 주차시설 및 경비보안시설
7) 이용객 홍보 및 안내시설

(2) 공항의 지원시설

1) 항공기 및 지상조업장비의 점검 · 정비등을 위한 시설
2) 운항관리 · 의료 · 교육훈련 · 소방시설 및 기내식 제조공급등을 위한 시설
3) 공항의 운영 및 유지보수를 위한 공항운영 · 관리시설
4) 공항 이용객 편의시설 및 공항근무자 후생복지 시설

5) 공항 이용객을 위한 업무 · 숙박 · 판매 · 위락 · 운동 · 전시 및 관람집회시설
6) 공항교통시설 및 조경 · 방음벽 · 공해배출방지시설등 환경보호 시설
7) 상 · 하수도시설 및 전력 · 통신 · 냉난방 시설
8) 항공기 급유 및 유류저장 · 관리 시설
9) 항공화물의 보관을 위한 창고시설
10) 공항의 운영 · 관리와 항공운송사업 및 이와 관련된 사업에 필요한 건축물에 부속되는 시설

(3) 도심공항터미널

(4) 헬기장안에 있는 여객 · 화물 처리시설 및 운항지원시설

(5) 기타 국토교통부장관이 공항의 운영 및 관리에 필요하다고 인정하는 시설

7.3 공항의 계획

7.3.1 공항의 기본계획

공항 기본계획(Airport Master Plan)의 일반적인 개념은 공항수요를 충족시킬 수 있고, 지역사회개발과 타 교통망 및 타 공항과 조화되는 종합적인 공항건설 개발계획의 지침을 제시하는 것이며, 공항 기본계획의 목적은 다음과 같다.

(1) 공항기본계획의 목적

1) 공항의 장기개발계획과 공항 인접의 토지이용계획의 효율적인 접합
2) 계획에 입안된 여러 가지 개발계획 중 우선 순위와 단계별 개발계획 수립
3) 개발계획에 필수적인 자료와 정보제공, 개발계획을 추진하기 위한 여러 가지 대안과 참고사항 제공
4) 항공종사자, 공항당국, 사업의 승인기관, 사업의 재정담당기관 등에서 충분히 이해할 수 있도록 논리적이고 간략한 보고서를 제출함으로써 목적을 달성

(2) 공항기본계획의 관련분야

공항건설은 개인으로부터 지역사회, 공항이용자, 도시계획 담당기관, 자연보호기관, 산림 관

리기관, 지상교통 담당기관, 항공 및 공항당국자에 이르기까지 관심을 갖고 있으므로 기본계획 설계자는 성공적인 계획수립을 위하여 상기 관계자와 충분한 협의를 하여야한다.

기본계획 작성에는 경제전문가, 재정담당자, 과학자, 각 분야의 공학기술자, 교통전문가와 조종사, 관제사, 공항관리자 등의 자문이 필요하며 환경학자, 경제학자, 도시계획가 등이 필수적으로 참여하여야 한다.

(3) 공항기본계획의 단계별 요소

① 공항소요(Airport Requirement) : 현황조사 분석, 항공수요추정, 시설소요 용량판단, 소요시설의 결정, 주변환경 조사

② 부지선정(Site Selection) : 위치선정(기초조사, 정밀조사, 최적후보지 판단)

③ 공항계획(Airport Plan) : 시설배치 계획, 토지이용 계획, 청사지역 계획, 공항 접근계획

④ 재정계획(Financial Plan) : 개발계획의 일정, 건설비 산출, 경제성 분석, 재정계획, 계획의 타당성, 공청회

(4) 제1단계 : 공항소요(Airport Requirement)

1) 현황조사 분석

기본계획의 첫 단계로 기존 공항시설, 후보지에 대한 현황과 계획조사, 주변의 각종 계획과 건설연혁 등을 기초적으로 조사 분석한다.

2) 항공수요의 추정

항공수요 추정은 단기, 중기, 장기별로 구분하여 추정하되 5년, 10년 그리고 20년 후로 구분하며, 항공기의 혼합율을 고려한 운항회수, 여객, 화물, 기타 공항접근자료와 함께 사회적 · 지리적 환경, 경제적 · 기술적 요소도 고려하여야 한다.

3) 시설소요 용량판단

항공수요와 용량분석으로 시설소요량을 구하고 편익비(Benefit/Cost) 분석을 병행한다. 시설소요 용량분석 시에는 비행장 시설에 대한 운항회수, 청사시설과 여객수, 접근도로와 인터체인지 시설과 같은 지상교통시설, 화물청사와 화물량 등이 분석되어야 한다.

4) 소요시설의 결정

소요시설의 결정시에는 활주로의 숫자, 길이, 포장강도, 게이트의 수, 계류장의 면적, 여객청사 및 화물청사 등의 면적, 주차장의 크기(상주인원용과 공공용)등이 결정되는데 계획의 타당성 조사의 기초로 사용하게 된다.

5) 주변환경조사

주변환경조사는 기존공항을 기본계획에 의하여 확장할 때 또는 부지선정시 모두 필요하며 전문가의 조사가 필요하다.

(5) 제2단계 : 부지선정(Site Selection)

1) 새로운 공항을 건설할 때는 위치 선정 자체가 기본계획의 하나의 요소가 되며, 가장 적절하고 가능한 공항의 위치를 결정하는 일로서 이때는 기존공항의 확장안도 함께 고려되어야 한다.
2) 위치선정은 기초조사와 도상조사를 통한 1차적 선정과 정밀조사와 현장조사를 통한 2차적 선정을 통하여 최적 후보지를 3~4개소로 압축한 다음 최종 분석과 검토를 거쳐 최적후보지를 선정하게 된다.
3) 위치선정 시에는 공역, 환경인자, 지역사회의 성장도, 공항접근, 토지이용, 주변지가, 개발공사비, 정치적 고려사항도 포함하여 검토되어야 한다.

(6) 제3단계 : 공항계획(Airport Plans)

1) 시설배치 계획

위치선정과 시설소요가 결정되면 시설배치 계획을 작성하는데 활주로, 유도로, 계류장, 청사시설 및 부대시설을 배치하고 항행보조시설과 활주로 진입공역 등도 고려하여야 하며, 시설배치 계획 시에는 각 시설의 크기를 명시해야 한다.

2) 토지이용 계획

시설배치 계획상의 포장지역, 접근공역 등이 토지이용 계획의 기초가 된다. 공항내의 토지이용 계획은 청사시설, 정비시설, 상용건물, 공업지역, 공항접근지역, 완충지역, 휴식공간 등의 배치를 고려하여야 하며, 공항외부의 토지이용 계획은 장애구릉, 소음지역, 항행보조시설의 배치 등이 고려되어야 한다.

3) 청사지역 계획

청사지역 계획은 비행장시설과 기타 토지이용 계획으로부터 발전시켜야 하는데 발전 정도는 개념검토와 개념도 정도로 국한된다.

청사지역 계획에는 청사지역의 조감도와 중요한 구역의 대축척 도면을 포함하여야 하며, 중요 구역은 여객청사지역, 화물청사지역, 격납고지역, 공항 호텔지역, 상용 및 서비스지역, 공항 접근 도로, 기타 필요시설 등이다.

4) 공항접근 계획

배후도시 도심의 중심업무 지구로부터 공항까지의 지상 연결도로에 대하여 여러 가지 대안을 검토하여야 하며, 도로의 크기는 교통량추정에 의거하여 결정한다.

접근도로 노선의 결정은 공항당국자의 업무범위에 속하지 않으므로 관계기관과 면밀히 협의하여야 한다.

(7) 제4단계 : 재정계획(Financial Plan)

1) 개발계획의 일정

공항기본계획은 단기, 중기, 장기로 구분하여 보통 5년, 10년, 20년 후를 기준해서 단계별 개발계획이 수립되어야 한다.

2) 건설비의 산정

단계별로 건설비를 산출한다.

3) 경제성 분석

공항기본계획의 목적은 완전한 공항이 되도록 설계개념을 발전시키는 일이지만 공항운영과 서비스 면에서의 경제분석이 절대적으로 필요하다. 경제성 분석에는 총 건설사업비, 유지·운영·행정 등에 소요되는 자금과 이로 인하여 얻어지는 수익 등을 분석한다.

4) 재정계획

경제성 분석이 끝나면 계획에 입안된 총 사업비의 예산편성이 되어야 하는데 소요예산은 세금, 사용료, 민자유치, 정부지원 등으로 구성된다.

5) 계획의 타당성

계획전반에 걸친 기술적, 경제적 분석이 끝나면 설계자는 기존공항을 확장하는 것이 좋은지 신공항을 건설하는 것이 좋은지를 결정해야 하고, 공항후보지를 결정하는 과정에서 각 후보지에 대한 공항건설 타당성이 검토되어야 하며, 이런 과정을 거치는 동안 기존공항의 확장이 좋은 것으로 결정될 수도 있다.

공항후보지가 선정되면 구체적인 비행장시설, 청사 등의 시설을 채택하기 앞서 여러 가지 공항개념의 타당성이 검토되어야 한다.

최종적으로 개발계획에 대한 예산편성을 위해 총 투자금액과 이로 인한 수입에 대하여 면밀한 경제분석이 이루어져야 한다. 이러한 경제분석은 소요자금의 확보와 개발계획의 수행에 자극제가 되므로 꼭 거쳐야 하는 과정이다.

6) 공청회

공항의 위치선정, 활주로의 신설 및 확장 시에는 공청회의 기회가 있어야 하며, 공항 위치선정 후 사업의 승인을 거쳐 용지매입을 하기 전에 공청회를 가진다.

7.3.2 활주로 계획

활주로(滑走路, Runway)는 비행기가 뜨거나 앉을 때 활주하는 도로 모양의 부분을 말하며, 활주로 계획시 고려사항은 다음과 같다.

(1) 활주로 수 결정시 검토사항

1) 항공기의 이착륙 횟수
2) 항풍 방향
3) 대형기, 소형기, 민간기와 군용기 등 여러 항공기가 혼재하여 안전상 사용 활주로를 분리하는 것이 바람직 한 경우
4) 적설 등 특수요건에 의한 활주로의 폐쇄 등으로 대체 활주로의 확보가 필요한 경우

(2) 활주로의 처리 능력

1) 활주로의 수

2) 유도로의 종류와 배치

3) 운항기종과 그 혼재율

4) 진입 및 출발 방식과 항공로 등 공역조건

5) 관제능력(비행지원시설, 관제방식 등)

6) 계류장(Apron) 등의 터미널 지역의 처리 능력

(3) 활주로의 배치계획

1) **단일 활주로**(Single Runway)

① 활주로 1본으로 가징 단순한 형식

② 용량 32회/시

2) **근접 평행 활주로**(Close Parallel Runway)

① 2본의 활주로를 평행으로 근접 배치

② 다른 활주로를 이용하는 항공기의 운항에 영향을 받기 때문에 독립 운영 불가능

③ 용량 41회/시

3) **개방 평행 활주로**(Open Parallel Runway)

① 2본의 활주로를 평행으로 충분한 거리를 두고 이격 배치

② 용량 64회/시

③ 터미널 지역은 항공기의 활주로 횡단을 막기 위해 활주로 간의 최소 간격을 1,525m유지

4) **개방 V형 활주로**(Open V Runway)

① 교차활주로는 횡풍 대책으로 계획되며, 2본 째의 활주로를 주 활주로로부터 경사를 주어 이격 배치하여 악풍일 때는 각 활주로를 이륙, 착륙 전용으로 활용

② 용량 50회/시

5) **교차활주로**(Intersection Runway)

① 횡풍용의 교차활주로를 주 활주로와 교차하도록 배치하는 형식

② 항공기가 교차하는 관계로 처리 능력은 저하

활주로의 배치방법은 그림 7.4와 같다.

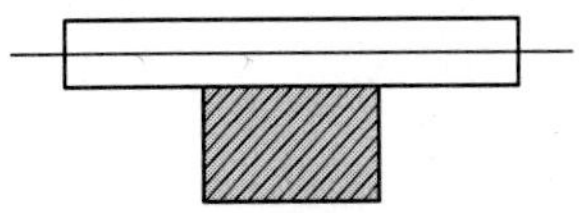

(a) 단일활주로

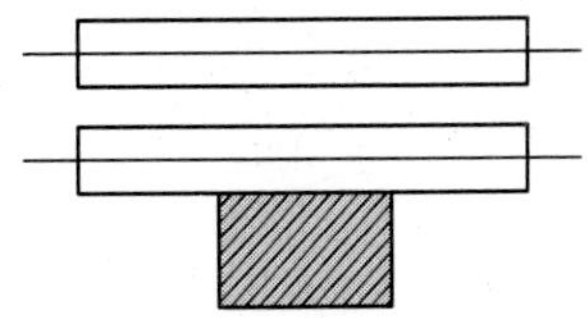

(b) 근접평행활주로

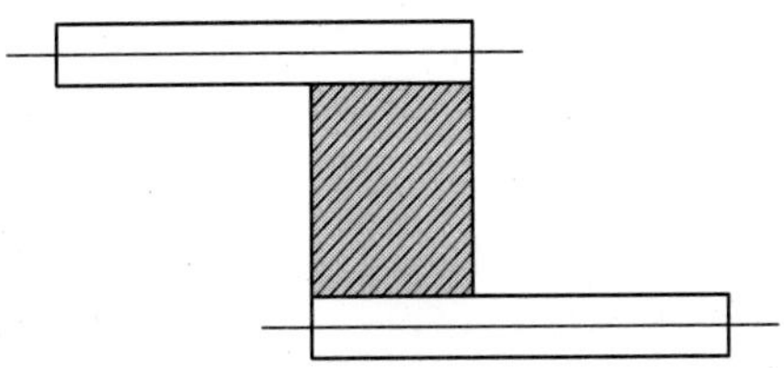

(c) 개방평형활주로

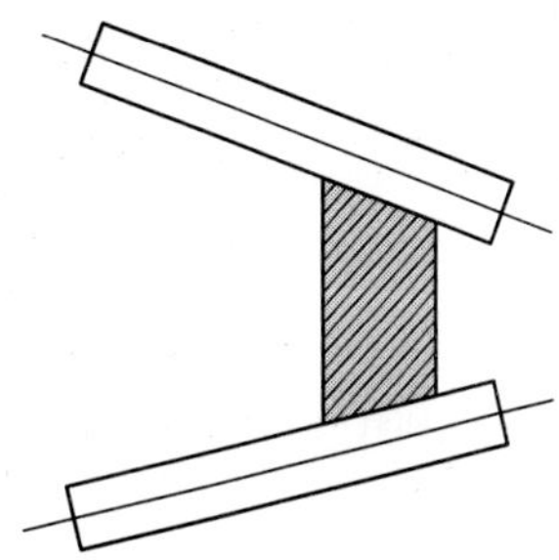

(d) 개방v형활주로

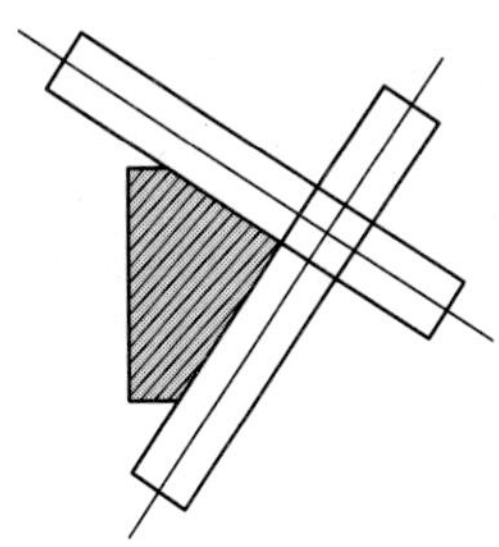

(e) 교차활주로

그림 7.4 활주로의 배치방법

현재 사용중인 국내와 국외의 공항 활주로는 그림 7.5와 같다.

(a) 김포국제공항 활주로

(b) 인천국제공항 활주로

(c) 필리핀 바기오공항 활주로

(d) 콜롬비아 보고타 엘도라도공항 활주로

그림 7.5 국내와 국외의 공항 활주로

(4) 활주로의 설계

1) 활주로 폭

① 항공기 규격, 외측 차륜 간격, 지상 속도 등에 따라 좌우

2) 활주로의 구배

① 평탄한 것이 좋으나 배수를 고려하여 1.0~1.5%가 적정

② 구배, 종단곡선의 최소반경, 시야 확보 등 시거리가 필요

3) 포장

① 아스팔트나 콘크리트 포장이 이상적

② 설계 반복 작용 회수 : 20,000회

4) 과주대

① 항공기의 과주행(過走, Over Run)이나, 활주로에 못미침(Undershoot) 사고에 대비하여 활주로 양단에 과주대 설치

② 폭 60m로 전면 포장하고, 포장 두께는 활주로 본체의 1/2로 한다.

(5) 착륙대

1) 착륙대(Runway Strip) 규격

① 활주로 양단에 60m 연장

② 착륙대의 구배 및 강도는 5% 이내

③ 착륙대내의 시설 설치

항공보안조명시설, 항공보안무선시설, 항공기상시설(풍속) 등 최소한 시설을 설치

④ 활주로단 안전 구역(Runway End Safety Areas)

– 항공기의 안전을 위해 정지 및 식생을 한 활주로 안전구역을 설치

– 착륙대의 전 폭에 대해 90m의 안전 구역 설치

(6) 유도로

유도로(Taxiway)는 활주로와 터미널 또는 터미널지역 상호간을 연결하는 도로를 말하며, 그림 7.6과 같다.

1) 유도로의 종류

① 연결 유도로(Exit Taxiway) : 항공기가 활주로에서 Apron으로 나오기 위하여 또는 Apron 쪽에서 활주로로 진입하기 위해 활주로에 연결된 유도로

② 평행 유도로(Parallel Runway) : 활주로에서 평행하게 설치된 유도로로 항공기의 활주로 점유시간을 대폭 줄임

③ 고속탈출 유도로(Rapid Exit Taxiway) : 활주로에 착륙한 항공기가 보다 고속으로 활주로에서 탈출 가능하도록 활주로에 경사지게 연결한 유도로

④ 계류장 유도로(Apron Taxiway) : 계류장 일부로서 실질적으로 유도로 기능을 가진 부분

2) 유도로의 계획

① 활주로의 점유시간을 가능한 한 짧도록 계획

② 유도로의 경로는 복잡한 경로를 피하고 또 유도로 주해경로를 절약하기 위하여 가능한 한 직접적이고 단순하게 함

③ 항공기의 안전상, 활주로 또는 다른 유도로와의 교차는 피함

④ 이동을 원활하게 하고, 교통 상의 충돌을 피하기 위해 일방통행이 되도록 계획

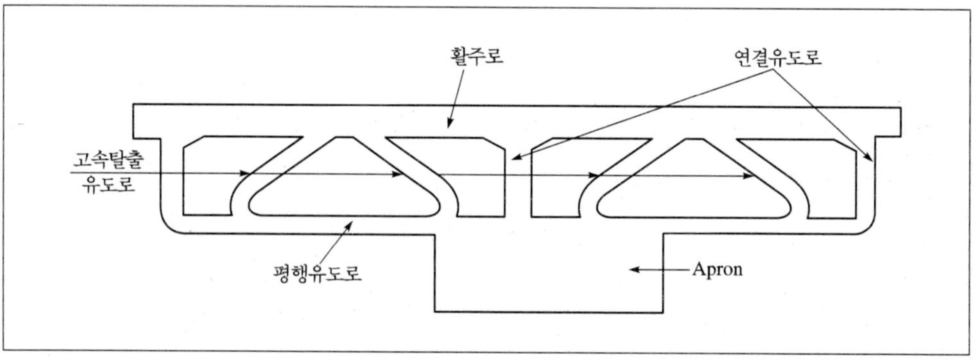

그림 7.6 유도로의 종류

7.3.3 터미널 계획

공항터미널이란 공항의 기능 중 탑승수속, 수화물탁송, 보안수속, 출국심사를 받을 수 있는 공간으로 공항내의 터미널과 도심에 있는 공항터미널로 구분되며, 여객터미널과 화물터미널로 구분된다.

도심공항터미널은 서울의 삼성역과 서울역에 있으며, 도심공항터미널을 설치하는 이유는 현지공항의 혼잡을 분산시킬 수 있으며, 승객이 몰려들어 도심공항터미널 주변의 상업 발전도 기대할 수 있기 때문이다. 또한 승객 입장에서는 집에서 가까운 도심공항터미널에서 무겁고 큰 짐을 미리 부칠 수 있기 때문에 한결 가볍게 움직이는 것이 가능하다.

그리고 도심공항터미널에서 수속을 미리 마친 승객은 국제공항의 출국장 전용통로로 입장하여 외교관, 승무원용 심사대에서 출국심사 확인만 마치면 되므로 매우 간편하게 비행기를 탈 수 있고, 짐을 자기가 직접 옮길 필요 없이 도심공항터미널에서 처리해주는 것도 편리한 부분이다.

(1) 터미널의 기능과 구성

터미널지역의 기능과 구성은 항공여객, 항공화물 송출기능, 급유, 정비, 서비스기능, 관제, 시설유지 등 공항관리기능으로 구성되다.

(2) 터미널의 계획순서

1) 지구내 시설, 활주로, 접근도로 및 철도 등의 상호 관계성 검토하여 지구내의 배치 및 시설 등의 계획 실시
2) 시설 및 지구 소요 규모 검토, 공항 개통 후 5년 이상 표준적인 취급을 위한 수요추정
3) 사람 및 항공기의 동선계획 등

(3) 여객 터미널 계획

1) 여객터미널 구성요소

① 계류장, 터미널빌딩, 접근시설의 3요소로 구성
 – 계류장(Apron)은 여객의 승강, 화물의 적재 및 적하, 급유, 정비 등을 위하여 항공기가 주기하는 장소이며, 그 목적에 따라 Loading Apron, Maintenance Apron, Night Stay Apron으로 구분한다.

② 출발수속, 화물접속, 서비스기능, 항공사 운항업무, 수화물처리업무, 출입국검사수속 등

2) 주차장계획

① 접근성 향상, 승용차, 버스, 택시 등

3) 접근(Access) 계획

① Monorail, 버스, 승용차 등

(4) 화물 터미널 계획

① 화물의 집배, 수탁, 분류 등
② 정비시설
③ 급유시설
④ 관리시설 : 공항경비, 소화, 구난, 관제, 운항관리, 기상, 시설관리, 청사, 차고, 전기시설 등

인천국제공항 시설배치도는 그림 7.7과 같다.

(a) 인천국제공항 전경 (b) 인천국제공항 시설배치도

그림 7.7 인천국제공항 시설배치도

7.4 공항의 설계

7.4.1 공항 설계 일반사항

공항을 구성하는 시설물중 가장 중요한 것은 활주로, 유도로, 계류장, 여객 및 화물터미널이며, 공항은 활주로 배치방법에 따라 터미널 지역의 배치가 달라진다.

공항 설계의 기본적인 원칙은 활주로의 이륙시점 또는 착륙 항공기가 터미널 지역에 최단거리로 신속히 이동하는 것이므로 시설을 계획할 때 이점을 고려해야 한다.

1) 공항배치 상 가장 바람직한 평면계획은 터미널 지역에서 활주로의 이륙지점까지 또는 착륙한 항공기가 터미널 지역까지의 거리가 최단거리가 되도록 계획해야 하며, 적절한 위치에 유도로를 설치하여 활주로상의 항공기 점유시간을 단축하도록 계획되어야 한다.
2) 여객터미널 배치시에는 여객 편의성, 운용상 효율성, 시설물 투자 및 미관상 상호 균형을 유지하도록 해야 하며, 공항 시설들이 현재 및 향후 항공기 사용지역으로부터 적정거리에 위치하도록 해야 한다.

7.4.2 구역별 포장공법

포장은 계획된 수명과 공용성을 얻고자 설계하며 그 형태와 소요 두께의 결정은 기술적으로 복잡한 문제로서 하중과 기후 등의 영향에 따라 다양하게 변화한다. 만족스러운 서비스 수준을 제고하기 위하여 소요 포장 설계에 영향을 주는 요소는 지지하게 될 항공기 하중의 특성, 운항 회수, 특정 지역에서의 교통의 집중 및 반복, 지반의 토질조건 및 특성과 포장을 구성하는 재료의 품질 조건, 공사비 등 많은 변수가 있으며 이러한 제반 요소를 충분히 검토 · 분석함으로써 필요로 하는 포장 시설을 얻을 수 있다.

(1) 공법선정시 고려사항

비행장 포장의 구조적인 설계에서 가장 중요한 요소들은 항공기 종류, 교통량 및 항공기 운항 형태의 영향이며, 항공기 운항형태는 주로 포장지역을 운항하는 항공기의 속도와 밀접한 관련이 있다. 예를 들어 항공기가 주기하거나 느린 속도로 이동하는 계류장 지역의 포장설계는 동일한 항공기가 150mph의 속도로 운항하는 활주로의 포장과 다르게 설계되어야 한다.

비행장 포장의 주요 손상의 원인은 유도로와 활주로 단부상에서의 저속이동에 의한 하중이다. 특히 활주로 단부에서의 엔진 런엎으로 인한 진동을 동반한 정지하거나 느린 이동하중 상태가 포장에 중대한 영향을 미친다. 또한 활주로와 계류장을 연결하는 유도로 지역의 회전 부분에서와 마찬가지로 유도로와 활주로 단부에 높은 교통량이 발생한다.

제트항공기가 취항하는 비행장포장은 제트분사나 연료누유에 의하여 손상되기가 쉽고, 제트엔진과 애프터버너에 의한 제트분사는 과도한 열로 인하여 포장에 해로운 영향을 주게된다. 일반적으로 상업용 제트항공기에 의한 제트분사의 해악은 그리 큰 것이 아니지만, 군용전투기의 경우에는 중대한 문제가 될 수 있다. 제트분사는 과도한 열의 영향으로 포장재료의 심각한 침식에 의한 포장체의 약화를 초래한다.

연료 누유는 제트분사보다 더욱 치명적이 될 수 있다. 반복된 누유는 연성포장의 역청재를 용해하고 골재가 이탈되어 제트엔진 속으로 흡입됨으로써 막대한 정비비용을 야기하게 된다.

연성(아스팔트) 및 강성(콘크리트) 포장의 비교는 경제성 뿐만 아니라 노면의 평탄성, 내마모성, 내구성, 미끄럼 저항성, 주행성, 안전성, 포장주변의 환경영향, 지반의 강약, 시공의 연속성, 시공기술상의 숙련도, 시공장비의 확보, 유지보수성 등 비교 · 분석할 사항이 많이 있다.

항공기가 대형화함에 따라 계류장과 유도로 즉, 항공기가 최대하중의 상태에서 정지하거나 저속 주행하는 구역은 대개 콘크리트 포장을 채택하고 있으며, 반면에 활주로는 유지 보수가 용이하고 고속 주행시 승차감이 양호한 아스콘 포장을 채택하는 경향이 있다.

구역별 포장선정시 주요 고려요소는 표 7.4와 같다.

표 7.4 구역별 포장선정시 고려사항

구분	활주로	유도로	계류장
고려 요소	- 유지보수 용이성 - 고속주행시 승차감 - 적설시 해빙성 - 단부의 분사열 - 단부의 저속, 집중하중	- 교통반복및 집중화 - 저속운항부분 - 고속운항부분 - 활주로 인입부의 집중하중	- 제트연료 누유 - 정지및 저속운항 - 교통의 반복 및 집중화 - 최대하중 재하

(2) 구역별 포장공법 기준

어떤 종류의 포장이던 간에 적절하게 설계 및 시공된 경우에는 모두 우수한 공용성을 나타낸다. 그러나 일반적으로 강성포장은 연성포장에 비하여 연료나 윤활유의 누유 및 저속으로 운항하는 고성능 제트항공기의 제트분사열풍에 내구적이며 또한 중하중 차륜의 저속 방향전환에 대하여도 상대적으로 유리하다.

따라서 항공기가 일상적으로 주기하고 정비하는 지역이나 사전 비행점검지역 등 다음과 같은 포장지역이 강성포장으로 설계되어야 한다.

1) 활주로 단부
2) 주 유도로
3) 활주로 단부에 인접한 유도로 부분
4) 계류장
5) 대기 지역
6) 제트 블라스트 패드
7) 격납고 바닥

그 외의 지역은 연성이나 강성포장이 모두 사용 가능하며 비용, 주행성, 지반에 대한 순응성 등 여러 특성에 따라 공법을 선정하는 것이 타당하다.

이와 같이 제트분사열풍이나 연료누유가 우려되고, 항공기가 저속으로 운항하는 지역인 활주로 단부와 계류장은 주로 강성포장을 채택하고 있으며, 그 외 활주로 중앙부와 유도로 지역은 지역여건에 따라 적합한 공법을 선정하고 있음을 볼 수 있다.

(3) 연성(아스팔트) 및 강성(콘크리트) 포장 선정 요건

공항 포장에서 연성 및 강성 포장의 구역을 결정하는 요소는 주로 중하중이 저속으로 집중된 교통의 통로화를 이루느냐의 여부에 따라야 하며, 그 밖에 제트후풍 분사의 영향, 항공유의 누유 여부, 등기구 주변의 포장 파손 정도, 고속 주행시의 승차감, 신속한 유지 보수 가능성 등을 고려하게 된다.

아스팔트포장과 콘크리트포장의 특성 비교는 표 7.5와 같고, 구조 비교는 그림 7.8과 같다.

표 7.5 아스팔트포장과 콘크리트포장의 특성 비교

구 분	아스팔트 포장 (연성포장)	콘크리트 포장 (강성포장)
하중전달 형태	표층→기층→보조기층→노상으로 확산분포시킴	콘크리트 슬래브가 직접 지지함
표층	교통 하중을 일부 지지하면서 하부층으로 전달하고 표면수가 포장내로 침입하는 것을 방지	포장 슬래브가 보로 작용하여 교통 하중에 저항함
기층	표층과 일체로 되어 하중을 분산시켜 보조기층으로 전달	표층에 포함됨
보조기층	하중을 노상으로 전달하고 포장층 내부의 배수 기능을 가지며 노상토가 기층으로 침입하는 것을 방지함	슬래브에 대해 균일한 지지력을 확보하고 펌핑 현상의 방지작용
수명	약 10~20년	약 30~40년
구조적인 특성	연약지반에의 적응성이 양호하고 교량, 암거 등 구조물이 많은 도로에 유리	침하(부등침하)시 파손의 가속화 노상의 강도가 크면 유리
유지보수	보수가 빈번하여 교통 소통에 지장을 주고 유지 관리비가 높으며, 대략 5년이 경과하면 덧씌우기가 필요함	국부적인 파괴시 보수가 어렵고 유지관리비가 저렴 철근 콘크리트 포장은 제설용 염화물에 의한 부식의 우려
시공성	단계적인 시공이 가능하고 시공 후 즉시 개방 가능하나 노반의 공사비가 큼	콘크리트의 품질 관리가 중요하고 양생기간이 필요함
사용성	주행 소음이 적고 승차감이 양호하나 중차량의 통행이나 고온에 의한 변형 발생의 우려	주행 소음이 발생하고 줄눈부에 의해 승차감이 불량

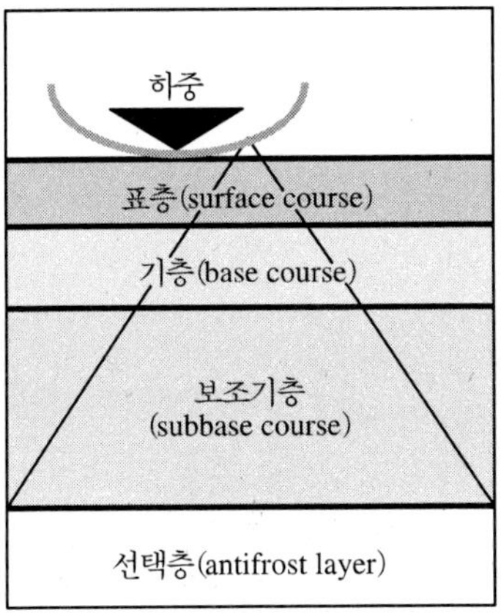

(a) 아스팔트포장

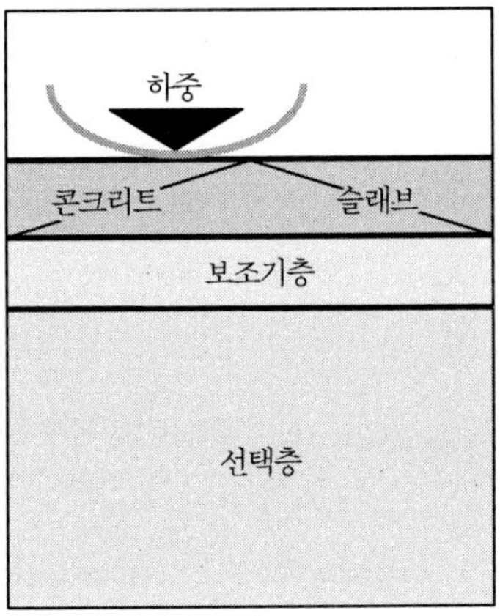

(b) 콘크리트포장

그림 7.8 아스팔트포장과 콘크리트포장의 구조 비교

(4) 구역별 포장공법 선정

앞에서 검토한 조건을 감안하여 중하중의 교통이 반복적으로 저속 운항하는 활주로 단부, 이륙시 주로 이용되는 평행 유도로 및 활주로 단부에 인접한 연결 유도로와 계류장은 중하중에 양호하며, 제트후풍 및 분사열에 내구적이고 유지관리가 비교적 경제적인 한편 연료 누유에도 매우 유리한 강성(콘크리트) 포장으로 선정한다.

항공기가 주로 고속으로 운행하거나 재하하중이 상대적으로 적은 활주로의 중앙부와 고속탈출 유도로, 착륙시에 주로 이용되는 평행 유도로 및 직각 유도로를 비롯한 기타 유도로는 승차감이 양호하고 연약 지반에 순응성이 좋으며, 유지 보수가 신속한 연성(아스팔트) 포장으로 선정하는 것을 기준으로 한다.

공항 구역별 포장 구분은 그림 7.9, 포장시공현황은 그림 7.10과 같다.

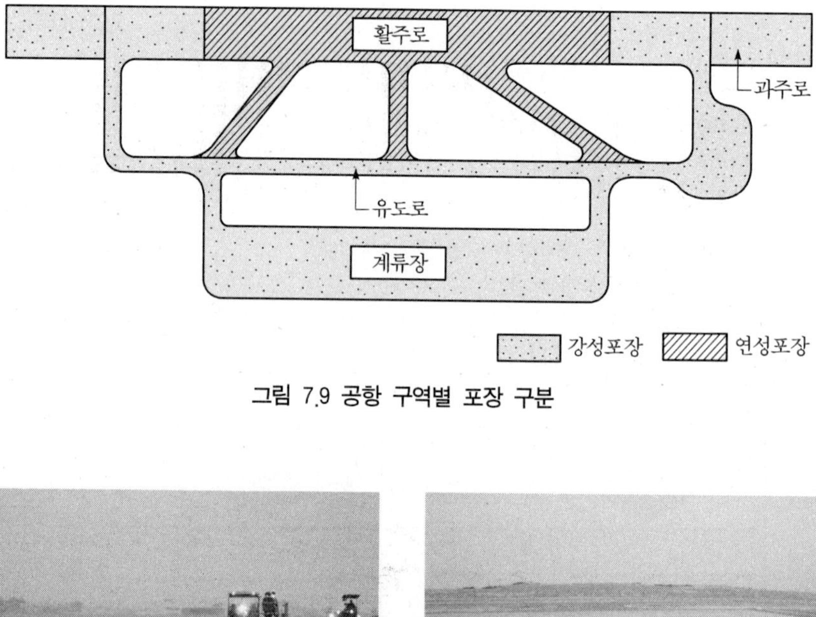

그림 7.9 공항 구역별 포장 구분

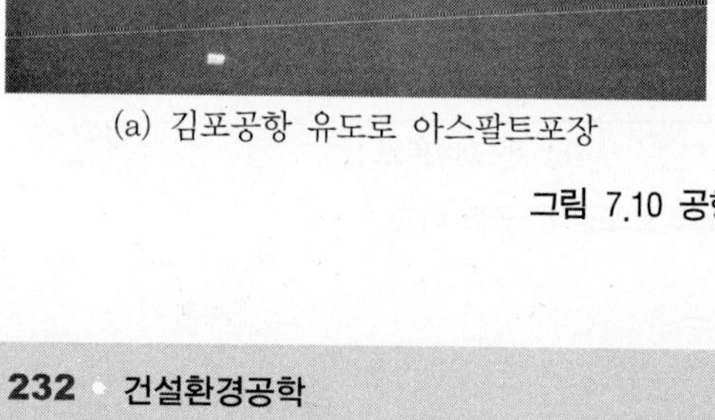

(a) 김포공항 유도로 아스팔트포장

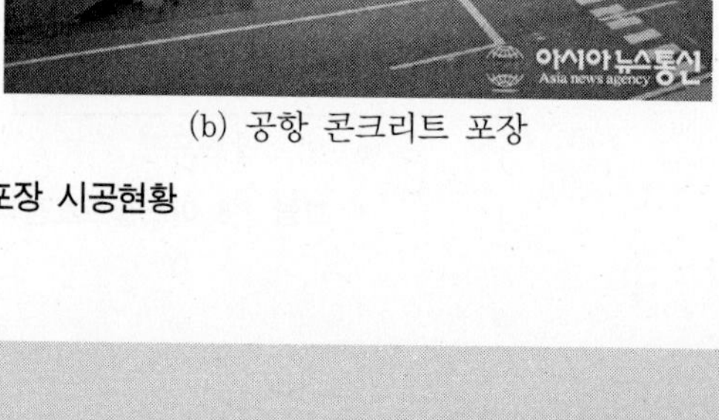

(b) 공항 콘크리트 포장

그림 7.10 공항 포장 시공현황

7.4.3 공항 콘크리트 포장의 설계 및 시공

(1) 개요

국내 공항에서의 콘크리트 포장 기술의 도입은 미극동공병단(FED, Far East District)으로부터 시작되어 현재에는 국방부에서 주로 적용하고 있다. 즉, 국방부에서 관리하는 대부분의 공항 포장은 콘크리트로 포장되어 있으며, 횡방향 줄눈부에 다웰바가 없는 무근 콘크리트 포장(JPCP, Jointed Plain Concrete Pavement)이다. 또한 중간층이 없는 입상재료 보조기층의 무근콘크리트 포장으로 시공되어 있으며, 인천국제공항을 비롯하여 최근에 와서 다웰바 및 중간층을 도입한 포장 설계를 실시하고 있다.

기존 공항 콘크리트 포장의 설계는 대부분 국방부에서 수행하였는데 기존의 포장 설계 기준은 미공군 교범에 따라 실시하였으며, 최근에 와서는 미국연방항공청 규정 및 국제민간항공기구 기준을 도입하여 설계하고 있다.

(2) 공항 포장과 도로 포장의 차이

공항포장은 일반 도로 포장과 비교할 때 교통하중의 크기 및 하중 횟수 등의 차이로 인해 포장을 설계 및 유지관리하는 측면에 있어서 상이한 점이 많으며, 공항 포장과 도로 포장의 차이는 표 7.6과 같다.

설계 측면에서 보면 공항 포장이 하중의 크기는 크고 하중 횟수는 적지만, 반면 도로 포장은 하중 크기가 적은 대신 하중이 가해지는 횟수는 매우 많다.

운영측면에서는 공항 포장은 포장체 중심선을 기준으로 하여 하중이 집중적으로 가해지며, 구역별로 항공기의 속도가 틀리므로 포장체에 가해지는 하중의 크기는 상이하다. 반면 도로 포장은 포장체 끝단에서 약 0.9~1.2m 정도 떨어져 일정 하중이 계속해서 가해진다. 따라서 공항 포장은 포장층의 두께를 설계하기 위해 동질성 구간을 나누어 설계한다. 즉, 하중이 많이 통과하는 주기장, 유도로 및 활주로 말단은 포장층의 두께가 두꺼우며, 그렇지 못한 지역은 포장층의 두께가 얇기 때문에 포장 구조를 A, B, C, D 교통구역으로 나누어 설계한다. 그러나 도로 포장에서는 일정 구간 내에서는 동일한 포장 구조 및 두께를 가진다.

유지관리 측면을 보면 공항 포장은 고속으로 항공기가 운영되므로 종단평탄성이 도로보다 좋아야 하며, 포장의 표면에 파손이 발생되어 이물질이 존재하게 되면 항공기의 제트엔진 흡입구에 이물질이 빨려들어 항공기가 파손되는 FOD(Foreign Object Damage)현상을 줄이기 위해 유지관리 수준이 매우 높다. 반면 도로 포장은 종단평탄성이 중시되긴 하지만 공항 포장에 비해 유지관리 수준은 높은 편이 아니다.

표 7.6 공항 포장과 도로 포장의 차이

구분	항 목	공 항	도 로
설계	하중 기준	ESWL (Equivalent Single Wheel Load)	ESAL (Equivalent Single Axle Load)
	하중 크기	100,000lbs(45.4톤)	9,000lbs(4.1톤), 윤하중(Dual tire)
	하중 횟수	20,000~40,000 Coverage/수명기간	1,000~2,000 Truck/일
	타이어압력	약 300~400psi	약 60~90psi
	슬래브형상	정사각형 (7.6×7.6 또는 6.0×6.0m)	직사각형 (3.8×6.0m)
	포장 구조	교통 구역별 두께가 상이함	일정 구간 내에서는 동일한 두께 적용
운영	하중 분포	포장체 중심부	포장체 끝단에서 3~4ft
유지관리	파손이 심한 구간	주기장 및 유도로의 항공기가 주로 통과하는 지역 활주로 양쪽 말단	차륜이 통과하는 부분 도로 끝단(길어깨가 없는 경우)
	유지관리 기준	종단평탄성 및 미끄럼 저항성이 중요하며, FOD가 있으면 안됨	종단평탄성 및 거북등 균열 등 전반적인 파손 고려

연습문제

7.1. 공항의 정의를 설명하시오.

7.2. 공항의 주요시설을 간단히 설명하시오.

7.3. 인천국제공항의 특징을 상세히 설명하시오.

7.4. 우리나라와 주변국의 공항 처리용량에 대해 설명하시오.

7.5. 인천국제공항 건설3단계 확장사업을 설명하시오.

7.6. 국내 국제공항 8개에 대한 시설현황을 설명하시오.

7.7. 항공기의 정의를 설명하시오.

7.8. 항공기를 다양한 분류방법으로 설명하시오.

7.9. 공항의 기본시설을 설명하시오.

7.10. 공항의 지원시설을 설명하시오.

7.11. 공항기본계획의 목적을 설명하시오.

7.12. 공항기본계획의 단계별요소를 설명하시오.

7.13. 공항의 부지선정에 대해 설명하시오.

7.14. 공항의 계획에 대해 설명하시오.

7.15. 활주로 계획시 고려사항을 설명하시오.

7.16. 활주로 설계시 고려사항을 설명하시오.

7.17. 착륙대 설계시 고려사항을 설명하시오.

7.18. 유도로의 종류를 설명하시오.

7.19. 공항터미널의 정의를 설명하시오.

7.20. 도심공항터미널의 목적을 설명하시오.

7.21. 여객터미널 계획시 고려사항을 설명하시오.

7.22. 공항 구역별 포장 선정시 고려사항을 설명하시오.

7.23. 공항구역별 포장공법 기준을 설명하시오.

7.24. 아스팔트포장과 콘크리트포장의 특성을 비교하여 설명하시오.

7.25. 공항포장과 도로포장의 차이점을 설명하시오.

참고문헌

1. 국토교통부 항공정책실 홈페이지, "공항시설 자료실", 2017.12
2. 국토교통부 항공정책실, "항공정책론", 백산출판사, 2011.1
3. 우종태 외, "건설계측의 이론과 실무-지하 건설 시설물편", 씨아이알, 2017.1, pp. 223~231
4. 인천국제공항 홈페이지, "공항 자료실", 2017.12
5. 조규태, "도로 및 공항 특론", 예문사. 2004.1
6. 최명기, "공항개론", 구미서관, 2008.1
7. 최명기, "공항토목시설공학", 예문사, 2011.7
8. 한국공항공사 홈페이지, "세계공항, 항공역사", 2017.12
9. 한국항공기술연구소 홈페이지, "엔지니어링 자료실", 2017.12
10. 한국항공진흥협회 홈페이지, "항공역사", 2017.12

제**8**장

하천시설

8.1 하천의 정의 및 특징

8.1.1 하천의 개요

하천(河川)이란 지표면에 떨어진 비와 눈 등이 모여서 바다와 호수 등으로 흘러 들어가는 수로와 그 유수를 포함하는 총칭이다. 유수의 양은 시시각각으로 변화하며, 때로는 유수의 양이 증대하여 유로 밖으로 범람하는데 이러한 현상을 홍수(洪水)라 하고, 유수의 양이 현저하게 감소하는 현상을 갈수(渴水)라 한다.

참고로 하천시설을 집필하기 위해 "현장실무를 위한 건설시공학(설진성 · 김홍철 외, 구미서관, 2017.8, pp.691~725)"과 대한토목학회지(김민수, 2009.8, 염경택, 2010.9) 자료 내용을 일부 인용 및 참고하였으며, 추가적인 내용을 필요로 할 경우 이들 교재를 참조하기 바란다.

8.1.2 하천의 정의 및 특징

(1) 하천의 정의

일반적인 개념의 하천은 자연 또는 인위적인 작용에 의하여 지구표면에 만들어진 유로를 의미하며, 바다로 이어지기 이전까지를 말한다.

하천법 제2조에서 "하천이란 지표면에 내린 빗물 등이 모여 흐르는 물길로서 공공의 이해에 밀접한 관계가 있어 국가하천 또는 지반하천으로 지정된 것을 말하며, 하천구역과 하천시설을 포함한다." 라고 정의 하고 있다.

(2) 하천시설의 정의

하천시설은 홍수와 토사유출의 제어와 조절, 이수를 위해 흐름의 제어와 유도, 하천환경의 유지와 개선 등을 위해 건설된다.

하천시설이란 하천법에서 "하천의 기능을 보전하고 효용을 증진하며, 홍수 피해를 줄이기 위하여 설치하는 다음과 같은 시설을 말한다."

1) 제방, 호안, 수제 등 물길의 안정을 위한 시설
2) 댐, 하구둑, 홍수조절지, 저류지, 지하하천, 방수로, 배수펌프장, 수문 등 하천수위의 조절을 위한 시설
3) 운하, 안벽, 물양장, 선착장, 갑문 등 선박의 운항와 관련된 시설

4) 운하 및 갑문, 저류지, 보, 수문 및 배수펌프장 등의 시설

(3) 하천의 특징

하천의 기능은 다음과 같다.

1) 이수(利水)기능 : 각종 용수의 공급은 물론, 수력발전이나 수운교에 활용될 수 있는 기능을 말한다.
2) 치수(治水)기능 : 홍수소통 및 홍수피해를 경감시킬 수 있는 기능을 말한다.
3) 환경(環境)기능 : 자연보존과 친수공간을 제공하는 기능을 말한다.

8.2 하천의 분류

(1) 하천법에 의한 분류

1) 국가하천 : 국토보전상 또는 국민경제상 중요한 하천으로 국가가 직접 관리하는 하천을 말한다.
2) 지방 1급하천 : 지방이 공공의 이해에 밀접한 관계가 있는 하천으로써 특별시장, 광역시장 또는 도지사가 관리하는 하천을 말한다.
3) 지방 2급하천 : 국가 또는 지방 1급하천에 유입하거나 이에서 분기되는 수류로써 국가하천 또는 지방 1급하천에 준하여 시 · 도지사가 관리하는 하천을 말한다.

(2) 수계상 하천의 분류

1) 본류(本流) : 두 개 이상의 하천이 합류할 때 가장 크고 주요한 하천을 말한다.
2) 지류(支流) : 두 개 이상의 하천이 합류할 때 규모가 작은 하천을 말한다.
3) 파천(波川) : 두 개 이상의 하천이 나누어질 때 규모가 작은 하천을 말한다.

(3) 하천의 명칭

1) 하상(河床, River Bed) : 하천 유로의 바닥
2) 저수로(底水路, Low Water Channel) : 저수시 물이 흐르는 하천 내부의 유로

3) 둔치(고수부지, High Water Channel) : 홍수시 물이 흐르는 유로로 하천 내부 홍수터의 일종

4) 하안((河岸, Bank) : 평상시 물이 흘러가는 하도의 측면

5) 제외지(堤外地, Fore Land) : 하천의 내부로서 물이 흐르는 부분

6) 제내지(堤內地, Protected Low Land) : 하천의 외부로 농경지, 부락 및 도시가 제방으로 인하여 보호되는 지역

하천 제방단면의 구조와 명칭은 그림 8.1과 같다.

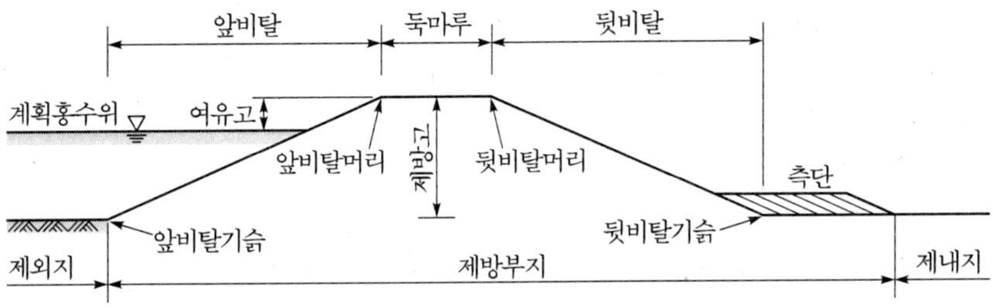

그림 8.1 제방단면의 구조와 명칭(현장실무를 위한 건설시공학 인용)

8.3 하천의 계획과 설계

8.3.1 하천제방의 계획과 설계

(1) 제방의 개요

제방(堤防, Levee, Embankment)은 유수가 하도(河道) 밖으로 흘러 넘치는 것을 방지하고 유수의 소통을 원활하게 하기 위하여 보통토사나 자갈 등으로 다져서 만든 하천시설물을 말한다. 우리말의 **"둑"**은 흙, 돌, 나무 등으로 하천을 가로지르거나 나란히 쌓은 구조물로서 한자로는 제방(堤防) 또는 언(堰)을 말한다.

(2) 제방의 기능에 따른 분류

1) 본제(Main Levee)

본제란 제방 원래의 목적을 위해서 하도의 양안에 축조하는 연속제로서 가장 일반적인 형태이다.

2) 부제(Secondary Levee)

부제는 본제가 파괴되었을 때를 대비하여 설치하는 제방으로서 본제보다 제방높이를 약간 낮게 설치한다.

3) 윤중제(둘레둑, Ring Levee)

특정한 지역을 홍수로부터 보호하기 위하여 그 주변을 둘러싸서 설치하는 제방이다.

(3) 제방의 안정성 검토

1) 일반사항

① 제방의 파괴는 월류, 세굴, 누수, 활동, 침하 등에 의해 발생할 수 있으며, 이러한 현상들은 역학적으로 서로 다른 특성을 지니고 있다.
② 침투류 계산 방법은 정상 해석법과 비정상 해석법이 있으며, 비정상 해석법의 경우 포화 해석 및 포화 · 불포화 해석이 있다.
③ 제방 활동에 대한 안정성은 비정상 침투류 계산 및 원호 활동법에 의한 안정 계산에 의해서 평가된다.

2) 제방누수에 대한 안정

① 제방의 누수는 외수위가 상승하여 제체 또는 지반을 통해 제내측으로 침투수가 유출하는 현상을 말하고, 제체를 침투해오는 제체누수와 지반을 침투해 오는 지반누수가 있다.
② 제체누수는 제체의 침윤선을 낮추어 제체 하부에 위치하도록 해야 하며, 지반누수에 대해서는 적절한 대책공법으로 대처한다.
③ 지반의 투수성이 높은 경우에는 하천수위가 상승함으로써 침투압이 증가하여 제내지측 지반에 침투수가 용출하는 파이핑 현상이 발생하여 제방 붕괴의 원인이 된다.
④ 제방에서의 누수는 비탈면 붕괴, 제방파괴 등의 원인이 된다.
⑤ 배수통문의 설치는 제체누수의 주요 원인이 된다.

3) 제방활동에 대한 안정

① 제방의 활동에 대한 안정해석은 침투류 계산에 의해서 얻어진 침윤면을 고려하여 원호 활동법에 근거해 경사면 파괴에 대한 최소 안전율을 산출한다.

② 제체 및 기초의 활동파괴에 대한 안전성 검토에 고려되는 하중은 자중, 정수압, 간극수압 등으로 하고 이를 제방의 포화상태에 따라 적용한다.

4) 제방침하에 대한 안정

제방침하의 원인은 지반의 탄성침하, 압밀, 흙이 측방으로 부풀어 오르는 현상 등이 있다.

(4) 제방의 계획과 설계

1) 제방축제

제방축제의 형태에는 제방축제와 기존제방 확축이 있다.

① 제방축제는 무제부에 제방을 축제하는 경우이다. 제방을 축제할 경우는 연약지반 등 기초지반이 불안정한 장소는 최대한 피한다.

② 기존제방 확축은 현재의 제방높이를 높이는 것과 단면을 크게 하는 경우가 있다. 단면을 크게 하는 경우는 가능한 한 제내지측으로 확장하는 것을 원칙으로 하지만 제방법선과 관련이 있는 경우나 둔치가 넓고 하폭에 여유가 있는 경우는 제외측으로 확장할 수도 있다.
제방 완성후, 제방축제 지반의 압밀침하와 제방자체 수축을 고려하여 실제 시공에서는 제방계획 높이에 여성토를 추가한 시공단면으로 한다. 여성토의 크기는 제방 및 기초지반의 토질과 제방 높이에 따라 다르며 대개 제방의 5~10% 정도로 한다.

2) 성토

① 벌개제근

기존 지반에 초목이나 뿌리를 남겨 두면 제방축조 후, 부식하여 그 부분이 누수나 미끄럼 등의 원인이 되기 쉬우므로 공사에 앞서 제거해 두어야 한다.

벌개 제근은 공사규모나 계절과도 관계가 있지만, 전 구간을 한 번에 먼저 진행시키면 강우에 의한 비탈 붕괴나 성토가 마무리되지 않은 중간에 풀이 자라나는 경우도 있으므로 공사 진척에 맞추어 시공한다.

② 기초지반처리

논이나 풀밭과 같은 습지, 연약지반에 성토를 시행할 경우는 샌드드레인(Sand Drain) 이나 홈을 파서 배수시켜야 하며, 기초지반이 불량한 경우는 그 정도에 따라 흙을 치환하는 것도 고려해야 한다.

성토 장소에 빗물이 고여 있을 경우는 주변에 배수로를 만들고 성토 부분을 건조시키도록 해야 한다.

③ 층따기

제방에 배붙임을 할 경우는 신구 비탈면이 조화를 이루도록 하기 위하여 층따기를 한다. 크기는 제방다짐 1층 마무리 두께의 2배인 50~60cm 정도로 하는 경우가 많다. 절단면에는 시공 중의 배수를 위하여 어느 정도의 횡단 경사를 만든다.

④ 축제재료

제방 축조에 사용되는 토사는 일반적으로 실시되는 하상이나 둔치의 굴삭토 또는 준설토인 경우가 많다. 또한 경제적인 이유로 부근의 산을 토취장으로 하는 경우도 많은데, 환경보전과 자원의 효율적 이용을 배려하여 다른 사업장에서의 발생토를 효과적으로 이용하도록 노력해야 한다.

제방축조용 흙은 다음과 같은 조건을 만족해야 한다.

(가) 물로 포화하였을 때, 비탈면의 미끄럼이 발생하기 어려운 것
(나) 투수계수가 작은 것
(다) 습윤, 건조에 의한 팽창, 수축이 심하지 않고 균열이 발생하지 않는 것
(라) 물에 용해하는 성분을 포함하지 않은 것
(마) 초목의 뿌리와 같은 유기물이 많이 섞여있지 않은 것
(바) 굴삭, 운반, 다짐 등의 시공이 용이한 것

⑤ 축조용 흙의 폐기

제방축조용 흙은 균등하게 펴서 고른 후 다짐도가 균일하도록 다지며, 1층의 마무리 두께는 30cm 이하가 되도록 시공한다.

기존제방을 확장하는 경우 높게 복토를 실시하면 기존 제방과 새 제방의 경계부분을 충분히 다질 수 없게 되고, 미끄럼이나 침투수가 이 부분에 집중하여 제방 붕괴를 초래하므로 절대로 시행해서는 안 된다.

⑥ 성토재의 함수량 조정

제방의 강도는 토질, 복토 두께, 시공기계, 함수비 등에 따라 변화하지만 제방 재료의 함수비가 다짐 규정에서 설정된 시공 함수비의 범위에 들어가도록 조절하기 위하여 건조, 트렌치 굴삭에 의한 함수비 감소나 부족시, 살수 등을 실시한다.

3) 성토비탈면의 다짐 및 마무리

제방 비탈면이 급격한 경우, 잔디 등이 뿌리를 내리기 전에 제방과 표층과의 사이에 분리가 발생하기 쉽고 표층 미끄럼을 발생하기 쉬우므로 제방과 표층이 일체가 되도록 다져야 한다.

① 비탈면 다짐

다짐시에는 성토의 비탈면 및 비탈어깨 부분은 일반적으로 다짐이 부족하기 쉬운데, 성토 비탈면은 충분히 다져서 설계 단면을 만족하도록 마무리해야 한다. 비탈면 표층부분이 성토 전체의 다짐에 비해 불충분하면 호우 등으로 비탈면이 붕괴되는 경우가 많다. 이런 종류의 붕괴를 방지하기 위해 비탈면은 가능한 한 기계를 사용하여 충분히 다져야 하며, 비탈면 부분의 다짐 방법은 다음과 같다.

(가) 불도저로 비탈면을 꼼꼼하게 주행시켜 다진다. 이 방법은 비탈기슭 부분에 불도저의 이동에 필요한 평지가 필요하다.

(나) 성토 폭보다도 넓게 여성토를 실시하고 다짐이 불충분한 성토 표층부분을 굴삭기 등으로 굴삭하여 비탈면을 정형한다.

(다) 소형 진동롤러를 성토 천단부분에서 감아올리면서 다진다.

(라) 작은 비탈면, 축조토의 다짐 등은 성토 본체를 조성한 후에 흙을 보충하면서 람마와 같은 소형 기계로 다진다.

② 마무리

비탈면 마무리의 규준틀은 비탈어깨, 비탈앞에 약 10m 간격으로 나무말뚝을 박고 이 규준틀을 기준으로 마무리한다. 규준틀은 시공 기준이 되는 것이므로 견고하게 설치하고 항상 점검을 실시하여야 한다.

4) 잔디식재

제방의 비탈면이 강우나 유수 등에 의한 비탈붕괴나 세굴에 대해 안전해지도록 잔디로 덮는 것을 잔디식재라고 하며, 잔디식재공에는 평떼, 줄떼, 종자살포 등이 있다.

① 평떼

평떼에 사용하는 잔디는 토목공사에서는 들잔디가 보통이고 잔디의 크기는 1매에 20cm×20cm×3cm로 흙 붙은 것 또는 흙이 반 정도 붙은 것이다.

② 줄떼

줄떼는 성토비탈면에 일반적으로 시공하며, 줄떼의 길이 30cm, 폭10~15cm 정도의 떼를 20~30cm 간격으로 떼붙임하며, 줄떼는 잔디를 성토비탈면에 다짐판이나 다짐봉으로 두드리면서 줄떼를 정착시키는 방법이 많이 사용되고 있다.

③ 종자살포

최근에는 인력절감 등으로 물, 종자, 비료, 혼합양성제를 혼합한 종자살포공이 사용되고 있다.

5) 드레인공(Drain)

드레인공법은 홍수시에 제방으로 침투한 강우 및 하천수를 집수 및 배수하기 위한 드레인 부분과 배수를 받아 이것을 일정한 율로 이끌기 위한 측구수로, 드레인 부분의 막힘을 방지하기 위한 필터 부분으로 구성된다. 드레인공의 두께는 제방 배수를 확실히 하기 위하여 제방내 지반보다 최소한 0.5m이상을 확보하고, 폭은 드레인공 전면에서의 평균 동수경사(H/D)가 0.3을 상회하지 않으며 미끄럼 파괴에 대해 일정한 안전율을 확보하는 구조로 한다.

드레인공의 기본적인 구조는 그림 8.2와 같다.

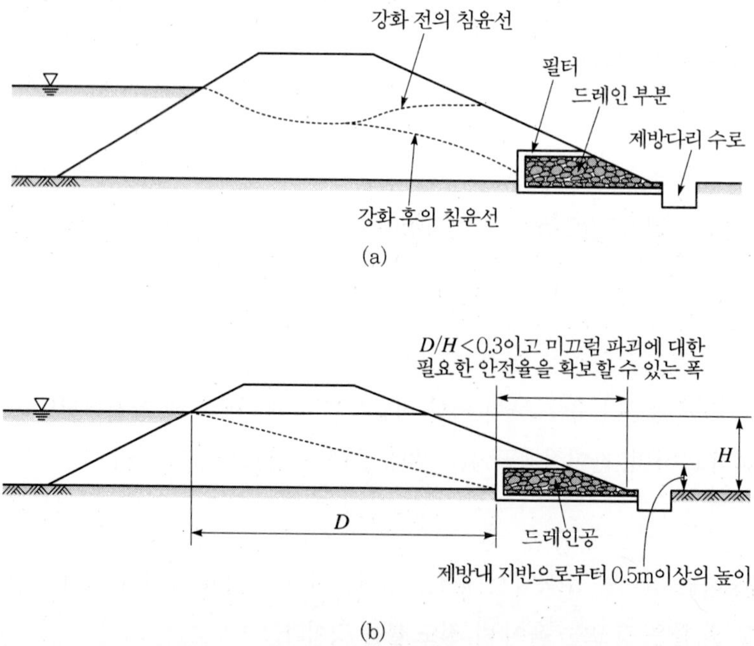

그림 8.2 드레인공의 기본적인 구조(현장실무를 위한 건설시공학 인용)

6) 측구수로 및 비탈길

측구 수로는 다음과 같은 목적으로 만들어지며 제방단면 외에 설치한다.

① 측구수로

(가) 제방에 내린 비의 배수를 목적으로 설치되며, 특히 제내측에 가옥이 있을 경우에는 반드시 설치한다.

(나) 지형적으로 제내지의 제방측이 낮아 물이 고일 경우는 비탈앞 보호를 겸한다.

(다) 드레인 배수에는 반드시 설치한다.

(라) 제방 부지와 사유지와의 경계 명확히 한다.

② 비탈길(부채도로)

제방은 통로로서 이용되는 경우도 많은데, 제내지와 제외지를 연결하는 것은 비탈길이다. 비탈길을 만들 경우에는 제방이 정규단면보다 부족하지 않도록 하며, 또한 멈춤턱을 설치하여 차가 제방측으로 들어오지 않도록 주의해야 한다.

앞비탈면의 비탈길을 수충부나 상류를 향하여 설치하는 것은 홍수위의 상승 등을 유발하게 되므로 피해야 한다. 비탈길 경사는 이용하는 차 등을 고려하여 6% 이하로 하는 것이 바람직하다.

8.3.2 호안의 계획과 설계

(1) 호안의 개요

호안(護岸)이란 하안(河岸) 및 제방을 보호하는 시설을 말한다. 넓은 의미로는 수제공(水制工)도 호안의 일종이지만, 좁은 의미로는 직접제방 또는 하안을 보호하는 것을 호안이라고 한다.

1) 호안의 설치위치별 종류와 구조

호안의 설치위치별 종류는 그림 8.3과 같다.

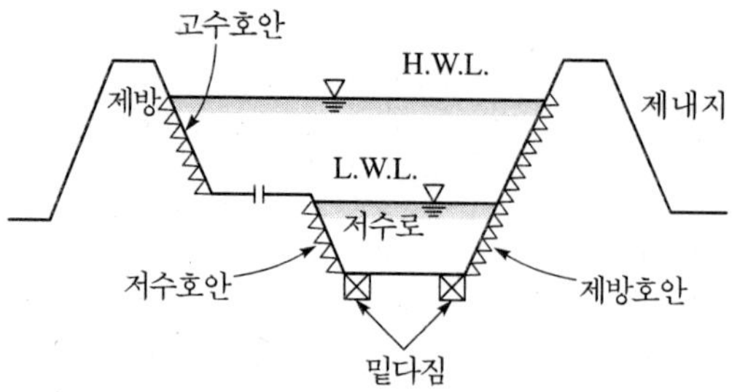

그림 8.3 호안의 설치위치별 종류(현장실무를 위한 건설시공학 인용)

① 제방호안

단단면(單斷面) 하도 또는 복단면이지만 저수로가 근접해 있는 하천에서 제방과 저수하안을 일체로 하여 보호하기 위해 제방에 직접 시공하는 호안을 말한다.

② 고수(高水)호안

복단면(複斷面)을 형성하는 하천에서 제방을 보호하기 위하여 둔치 이상의 제방 비탈면에 직접 시공하는 호안을 말한다.

③ 저수(低水)호안

저수로(低水路)에 발생하는 난류를 방지하고, 둔치의 세굴(洗掘)을 방지하기 위하여 저수로의 하안에 시공하는 호안을 말하며, 일반적으로 홍수시에는 수중에 잠기므로 세굴에 대한 배려가 필요하다.

2) 호안의 구조

호안의 구조는 그림 8.4와 같다.

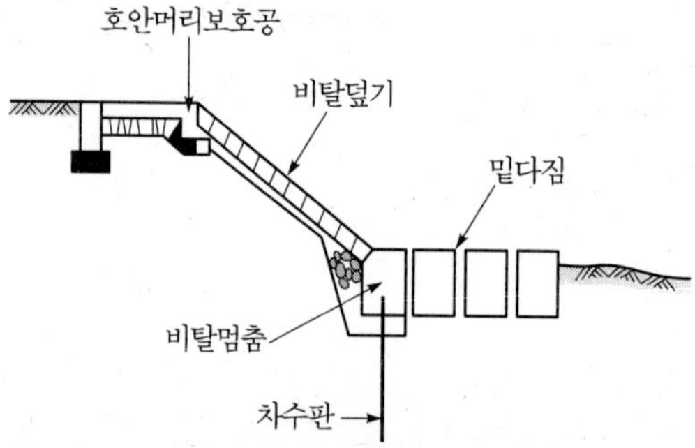

그림 8.4 호안의 구조(현장실무를 위한 건설시공학 인용)

① 비탈덮기

비탈덮기는 제방 및 하안을 보호하는 구조물로, 호안 구조의 주요 부분을 차지한다. 구조는 유수의 소류력, 내구성, 수위변화, 토압에 대해 안전해야 하며 생태계와 경관을 충분히 고려한 구조로 한다.

② 비탈멈춤

비탈덮기의 활동과 비탈덮기 이면의 토사유출을 방지하기 위해 설치하며 기초와 겸하는 경우도 있다.

③ 밑다짐

비탈멈춤 앞쪽하상에 설치하여 하상세굴을 방지함으로서 기초와 비탈 덮기를 보호한다.

④ 기초

비탈덮기의 밑부분을 지지하기 위해 설치한다.

⑤ 호안머리 보호공

저수호안의 상단부와 고수부지의 접합을 확실하게 하고 저수호안이 유수에 의해 이면에서 파괴되지 않도록 보호하기 위한 시설이다. 하안의 토질, 높이, 유황 등에 따라 다르지만 일반적으로 망태공, 연결콘크리트 블록, 콘크리트 깔기, 잡석 깔기 등을 1.5~2.0m정도의 폭으로 설치한다.

(2) 호안 계획과 설계

1) 기초세굴

호안의 파괴는 기초 세굴에 의한 경우가 상당히 많으므로 기초 세굴에 대한 안전성은 호안 설계시 가장 고려해야 할 사항이다.

일반적인 기초높이의 결정방법은 하도 계획에 따라 미리 정해진 계획하상에 고수시의 일시적 세굴을 고려하여 결정한다. 또한 계획하상이 정해져 있지 않은 경우나 이미 계획하상보다 현재의 하상이 낮은 경우는 현재 가장 깊은 하상에 일시적 세굴을 고려하여 결정하는 경우가 많다.

2) 뒷면 토사 유출

홍수시의 감수 속도가 빠른 하천 및 간만의 차가 큰 감조부 하천 또는 주운(舟運)이나 바람에 의해 큰 물결이 발생하는 하천의 호안에서는 수위 저하시의 잔류수압에 의해 호안의 이음매 등에서 뒤채움 토사가 흘러나와 공동(空洞)이 발생하여 비탈덮기공이 파괴되는 사례가 많다. 일반적인 대책으로서 비탈덮기공 아랫면에 토사유출 방지재를 설치하고 있다.

3) 배후에서의 토압 · 수압에 의한 붕괴

호안에는 배후의 토압과 잔류수압이 작용하여 큰 뒷면 하중이 작용하는 경우가 있다. 특히 비탈 경사가 급격한 호안이나 감조하천의 저수호안 설계시에는 이런 사항들을 배려해야 한다.

4) 우수에 의한 비탈덮기면 파괴

비탈덮기공은 주로 정면의 요철부분에 유수로부터의 항력(抗力)과 양력(揚力)이 작용하는데, 자체무게에 의해 이러한 유체력에 저항한다. 그러나 유체력이 너무 강하면 피해를 입는 경우가 있다. 특히 급류하천에 있어서 중요한 문제로, 돌깔기, 콘크리트블록 깔기의 경우는 중량이 충분한 것을 사용해야 한다.

5) 상류측면부분 유출의 채움

일반적으로 호안 양측 측면부분(특히 하류 측면)은 세굴되는 경우가 많은데, 이것이 원인이 되어 비탈덮기 뒷면의 토사가 유출되어 붕괴되는 경우가 있다. 이를 위한 대책으로서 그림 8.5와 같은 비탈멈춤공을 설치하면 된다. 비탈멈춤 공법으로는 자갈층 이외에서는 일반적으로 강널말뚝에 의한 것이면 시공이 용이하고 내구성도 있으며, 특히 저수호안에서는 미래에 호안을 연장할 경우에도 효과가 크다. 간단한 호안에서는 콘크리트 널말뚝이나 나무 널말뚝으로 실시하는 경우도 있다.

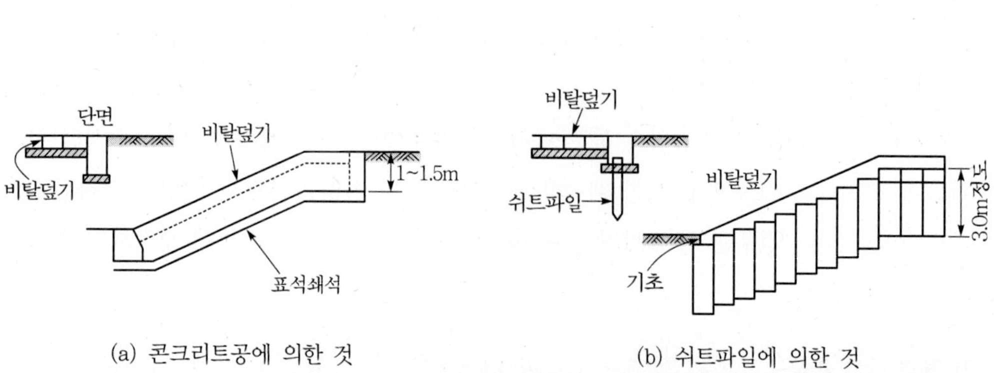

그림 8.5 비탈멈춤공(현장실무를 위한 건설시공학 인용)

6) 호안어깨 부분의 세굴

저수호안의 법선이 만곡해 있는 경우에는 대홍수시에 물흐름이 직선으로 흐르기 때문에 호안어깨부분이 세굴되는 경우가 많으며, 이에 대한 대책으로서 그림 8.6과 같이 호안의 천단에 폭 1~2m의 천단공을 만들고 천단보호공(큰 하천에서는 1~1.5m, 중소 하천에서는 0.5~1.0m)를 설치해야 한다. 그리고 폭넓게 보호해야 할 경우에는 이불망태나 연절블록을 사용하는 경우가 많다(천단보호공).

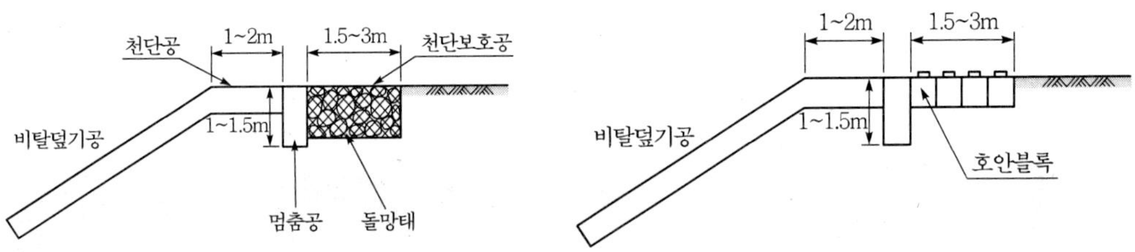

그림 8.6 천단공 및 천단보호공(현장실무를 위한 건설시공학 인용)

8.3.3 보 및 수문의 계획과 설계

(1) 보의 계획과 설계

가) 개요

보는 각종 용수의 취수, 주운 등을 위하여 수위를 높이고 조수의 역류를 방지하기 위하여 하천을 횡단하여 설치하는 제방의 기능을 갖지 않는 시설을 말한다.

나) 보의 분류

1) 구조와 기능에 따른 분류

① 가동보 : 수문에 의해서 수위의 조절이 가능한 보를 말한다.

② 고정보 : 수문이 설치되지 않고 보 본체와 부대시설로 이루어진 보를 말한다.

③ 복합보 : 가동보와 고정보가 복합된 보를 말한다.

2) 설치목적에 따른 분류

① 취수보 : 하천의 수위를 조절하여 생활용수, 공업용수, 발전용수 등을 취수하기 위하여 설치하는 보를 말한다.

② 분류보 : 하천의 홍수를 조절하고 저수를 유지하기 위해 하천의 분류점 부근에 설치하여 유량을 조절 또는 분류함으로써 수위를 조절하는 보를 말한다.

③ 방조보 : 하구 또는 감조구간에 설치하여 조수의 역류를 방지하고 유수의 정상적인 기능을 유지하기 위하여 설치하는 보로 하구둑이 여기에 속한다.

염해방지보는 하구부에서 만조시에 염수가 하천을 소상하는 것을 방지하고 염해를 방지하기 위하여 설치하는 것으로 그림 8.7과 같이 국내에서는 낙동강 하구둑, 한강하류의 신곡수중보, 영산강 하구둑, 섬진강 하구둑, 삽교천 하구둑, 안성천 하구둑 등이 있다.

(a) 낙동강 하구둑

(b) 삽교천 방조제(하구둑과 같은 역할)

그림 8.7 하구둑 전경

다) 보의 계획

1) 보설치 위치 선정

보의 설치위치 선정시에는 각각의 설치목적, 예를 들면 취수용 보를 설치할 경우에는 취수 및 배수 · 송수를 확실히 실시할 수 있는 보가 되도록 선정해야 한다. 그러나 보의 설치에 의해 하천

상태에 흐트러짐이 발생하거나 고수시의 유수 소통에 장애가 될 우려도 있으므로, 보의 위치는 유심이 안정되고 하상변동이 적은 지점을 선택하는 것이 바람직하다.

2) 시설 설치전의 조사

시설 설치시에는 그 하천의 흐름상황, 유송(流送)토사, 하상 변동상황 등을 조사하여 시설계획의 기초자료로 한다.

① 분류량 또는 취수량과 하천유량과의 관계

② 보에 의한 홍수시의 둑올림 배수에 따른 내수 배수의 용이, 형교와의 사이의 여유에 대한 영향 및 그 대책

③ 상하류의 하상변동 조사 및 보 하류 호안 등의 영향과 대책

④ 구조물의 하중을 충분히 지지하기 위한 기초지반 조사, 대규모 구조물에서는 현지 재하시험을 실시

⑤ 구조물 주변의 하상세굴이나 침투수에 의한 파이핑 대책으로서의 물받이 구조를 결정하기 위한 조사

⑥ 하천을 횡단하여 설치되는 구조물로 공사 시공시에는 연중시공이 가능한가 비홍수기만의 시공이 되는가, 또한 임시물막이 등의 가설계획을 포함하여 공사 시공에 필요한 조사

⑦ 주운이 있는 지역에서는 선박의 크기, 통과하는 선박의 양, 조석에 의한 폭을 조사하고 갑문의 필요성에 대한 검토

⑧ 보는 어류와 같은 수생생물의 상 · 하류 이동에 장애가 되는 경우가 있으므로 어도의 설치 등 생태계를 배려한 구조의 검토

⑨ 하천을 횡단하여 설치되는 구조물은 흐름에 변화를 주기 때문에 하천 경관상의 큰 구성요소가 되므로, 주변 경관과의 조화나 안전성에 충분히 배려하기 위한 검토

⑩ 조석, 지하수, 토질, 흐름상황 등의 시공계획을 위한 기초조사

(2) 수문의 계획과 설계

가) 수문의 개요

하천, 해안, 호안의 제방 일부에 설치되는 구조물로 내수배제, 용수의 도입, 주운, 염해방지 등을 목적으로 설치되는 통수단면이 크고 상부가 개방되어 있는 것을 수문이라고 한다.

나) 수문의 종류

수문의 종류에는 그림 8.8과 같이 라이징섹터형 게이트, 쉘형 롤러게이트, 트러스형 롤러 게이트, 플랩형 게이트 등이 있다.

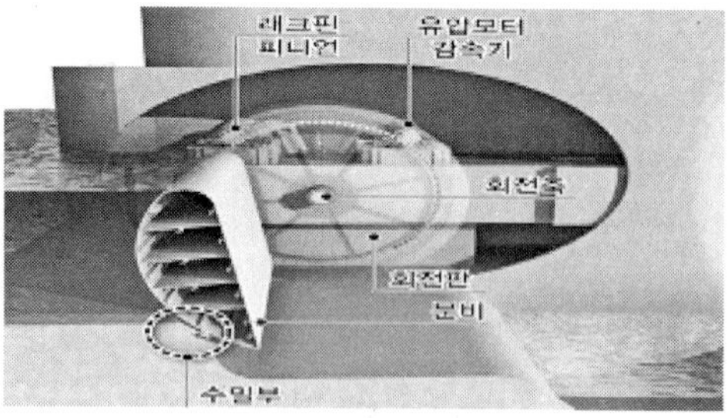

(a) 라이징섹터형 게이트
(강천보, 함안보, 달성보, 강정보)

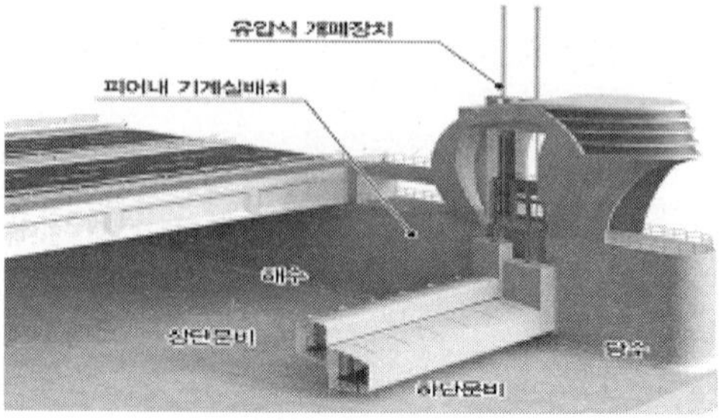

(b) 쉘형 롤러게이트
(칠곡보, 구미보, 낙단보, 상주보)

(c) 트러스형 롤러게이트
(승촌보, 합천보)

(d) 플랩형 게이트
(칠곡보, 구미보, 상주보, 합천보)

그림 8.8 수문의 종류

다) 4대강살리기 사업구간의 수문 현황

1) 이포보

한강구간인 경기도 여주시 이포에 설치되는 이포보의 현황은 그림 8.9와 같다.

보는 전체 연장이 591m로서 가동보 295m, 고정보 296m이며, 가동보 형식은 쉘형 롤러게이트를 적용하였으며, Under Flow와 Over Flow가 가능하고 Under Flow시에는 저층수 배제로 양호한 수질유지가 가능한 특징을 가지고 있다.

이포보 설계 규격은 가동보로 폭 45m, 높이 3m이며, 홍수시 통수기능을 증가시켜 치수적 안정성을 확보함과 동시에 경관을 수려하게 계획하여 디자인이 우수한 장점이 있다

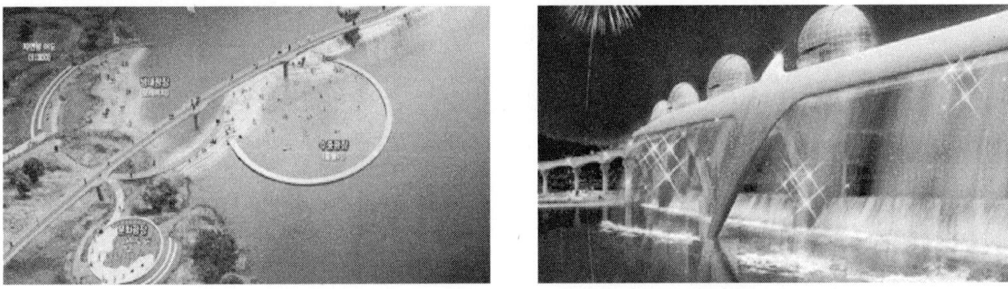

(a) 이포보 전경조감도　　　　(b) 이포보 상세조감도

그림 8.9 이포보 조감도

2) 여주보

한강구간인 경기도 여주시에 설치되는 여주보의 현황은 그림 8.10과 같다.

보의 연장은 480m로 저수로 구간을 전면가동보로 계획하였으며, 유압식 롤러수문 12련(11@36×2, 1@36×3)을 설치하여 과도한 상부 돌출구조를 배제하여 열린 스카이라인을 확보하였다.

그림 8.10 여주보 전경조감도

3) 강천보

한강구간인 경기도 여주시에 설치되는 강천보의 현황은 그림 8.11과 같다.

보의 연장은 50m 경간장 7련의 440m로 가동보 구간은 350m, 고정보구간은 90m로 구성되었으며, 가동보 형식은 수위조절 및 수문작동시 배사기능이 가능하고 상부구조물이 없어 경관성이 매우 우수한 특징을 가지고 있으며, 수문의 문비가 회전하여 개폐되는 구조적 특성을 가지고 있어 수문조작에 의한 점검 및 유지보수가 용이한 라이징섹터형 게이트 형식을 선정하였다

그림 8.11 강천보 전경조감도

라) 수문의 계획과 설계

1) 기초공

기초형식은 수문의 규모, 토질, 기초 공사비용 등이 좌우되는데, 내구성, 시공의 확실성, 시공속도, 경제성을 고려하여 선정된다. 시공할 수문의 기능이나 규모도 기초형식의 선정 요인이 되므로 고려해야 한다.

2) 본체공

본체공은 단면형태에 따라 유수에 대한 저항을 적게 한다. 또한 시공이 용이하고 문 보수를 용이하게 할 수 있는 구조로 해야 한다.

3) 바닥판 및 물받이

바닥판은 둑기둥 사이에 있어서 물받이의 기능도 포함한 중요한 구조물로 물받이 앞 끝부터 앞 부분에는 변형성 하상보호공을 시공하여 기존 하상에 순응시킨다.

4) 차수공

수문 양쪽 측면 설치부분에서 제방을 향하고 설치부분을 보강하여 세굴이나 침투수를 방지하기 위하여 차수널말뚝 등을 계획하여야 한다.

5) 어도가 필요한 경우는 주변의 서식 어류에 적합한 어도형식을 선택한다.

8.4 국내 4대강사업의 소개와 효과

8.4.1 국내 4대강사업의 소개

국내 4대강사업의 소개는 대림산업 토목사업본부 김민수 부장이 2009년 8월 대한토목학회지(110~114쪽)에 게재한 내용을 인용하였다.

4대강 살리기는 "생명이 깨어나는 강, 새로운 대한민국!"이라는 비전 아래 기후변화에 대비하고, 자연과 인간이 공생하며, 국토 재창출 및 지역균형발전과 녹색성장 기반 구축을 가져올 사업이다.

물부족과 홍수피해를 근본적으로 해결하고, 수질개선과 하천복원으로 건전한 수생태계를 조성하고, 국민 여가문화 수준 및 삶의 질 향상이 목적이며, 또한 녹색뉴딜 사업으로 지역경제 활성화 견인은 물론, 물관리 글로벌리더로서 국가경쟁력 제고에 이바지 할 것이다.

(1) 사업의 추진배경

4대강 살리기는 범 정부차원에서 강별 종합계획을 수립, 단기간에 예산을 집중 투입함으로써 물문제를 해결함은 물론 강(江) 중심으로 국토를 재창조하는 종합 프로젝트이다.

우리나라는 물부족 국가로서 2016년에 약10억m^3정도의 수자원 확보가 절실하며, 연간 홍수피해액 2.7조원, 홍수예방투자 1.1조원, 복구비 4.2조원 등 수해복구 위주의 치수대책에서 사전예방 투자로 전환된다. 또한, 다양한 공간 및 프로그램 증대와 수(水) 공간의 체계적 정비로 녹화된 산림, 풍요로운 도시와 조화되는 국토공간 디자인 · 품격의 향상, 일자리 창출 및 지역경제 활성화 등에 이바지하기 위하여 추진되고 있다.

본 사업은 4대강(한강, 낙동강, 금강, 영산강)과 섬진강 본류 및 주요지류 국가하천을 과업범위로 하고 있으며, 노후된 제방을 보강하고 하천생태계를 복원하며, 홍수저류 공간 확보 및 물공급 확대를 위해 중소규모 댐 · 홍수조절지, 하천변 저류지 및 저수지 재개발을 추진하고 있으며, 하천 상하류를 연결하는 자전거길 설치 및 수면활용과 가뭄대비 비상용수공급을 위한 친환경보 설치가 4대강 살리기 사업의 큰 모습이다.

(2) 사업개요

총사업비가 약 22조 2,000억원에 달하는 4대강 살리기의 개요도는 그림 8.12와 같으며, 사업개요는 표 8.1과 같이 본사업, 직접연계사업 및 연계사업으로 구분된다.

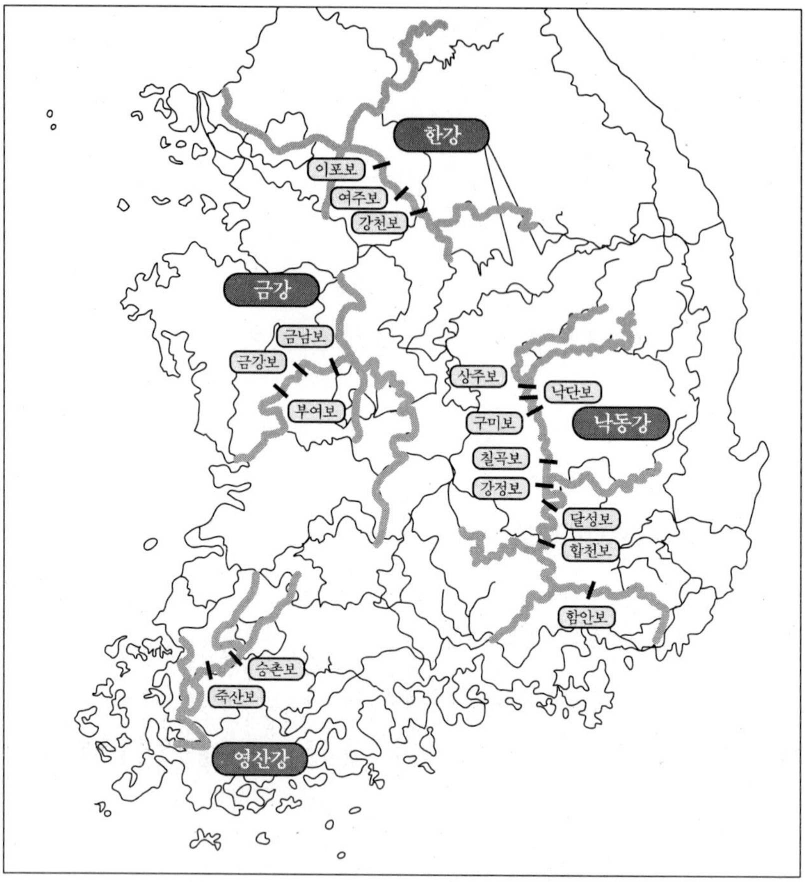

그림 8.12 국내 4대강 살리기 개요도

표 8.1 국내 4대강살리기 사업개요(계속)

구 분	내 용
시행주체	· 본사업 : 물확보 및 홍수조절 등을 위해 4대강 본류에 시행하는 사업으로 국토교통부, 농림수산식품부, 환경부가 시행 · 직접연계사업 : 섬진강과 주요지류 국가하천(광역시 통과, 다목적댐 하류) 정비와 하수처리시설 등의 확충을 위한 사업 · 연계사업 : 강살리기로 확보되는 수변경관 등의 인프라를 활용하는 사업으로 해당부처 계획에 따라 연차별 시행
사업기간	· 본사업은 2011년 완료(댐, 저수지 등은 2012년 완료) · 직접연계사업은 2012년 완료 · 연계사업은 관계부처 계획에 따라 연차별 시행
총사업비	· 약 22조 2,000억원
사업범위	4대강, 섬진강 본류 및 주요지류 국가하천 · 한 강 : 본류(남한강), 북한강, 섬강

구 분	내 용
	· 낙동강 : 본류, 남강, 금호강, 황강, 서낙동강, 맥도강, 평강천 · 금 강 : 본류, 미호천, 갑천, 유등천 · 영산강 : 본류, 황룡강, 함평천, 섬진강
기본계획	· 본사업 16.9조원 국토교통부 : 하천정비, 댐·조절지, 하구둑(낙동강) 등 13.6조원 농림수산식품부 : 농업용저수지 증고, 하구둑(영산강) 등 2.8조원 환경부 : 수질개선사업 0.5조원 · 직접연계사업 5.3조원 국토교통부 : 섬진강, 주요지류 1.7조원 농림수산식품부 : 농업용저수지 증고 0.2조원 환경부 : 수질개선사업 3.4조원 · 연계사업 부처별 계획에 따라 연차별 추진

(3) 과제별 추진계획

가) 물부족 대비 풍부한 수자원 확보

댐 조감도는 그림 8.13과 같으며, 하도준설과 보(洑) 16개 설치로 용수를 8.0억m^3 확보할 수 있으며, 중소규모 다목적댐을 건설하여 용수공급용량을 2.5억m^3 확보하고, 기존 농업용저수지 96개를 증고하여 용수 2.5억m^3를 확보한다.

(a) 송리원댐 조감도

(b) 보현댐 조감도

그림 8.13 댐 조감도

나) 수해 예방을 위한 유기적 홍수방어 대책 마련

퇴적토 준설로 홍수위가 0.4~3.9m 저하하게 되고, 홍수조절지와 강변저류지 설치로 홍수조절용량을 0.5억m^3 증대하며, 노후제방 620km를 보강하여 치수안전도를 증대시킨다.

또한, 하구둑 배수문 증설로 신속한 홍수배제 및 수위가 저감하게 되며, 댐건설과 농업용 저수지 증고로 홍수조절용량을 3.0억m^3 증대하는 효과가 있다.

홍수조절지 및 강변저류지 조감도는 그림 8.14와 같다.

(a) 홍수조절지
수문 등을 통하여 인위적으로 저류량 조절

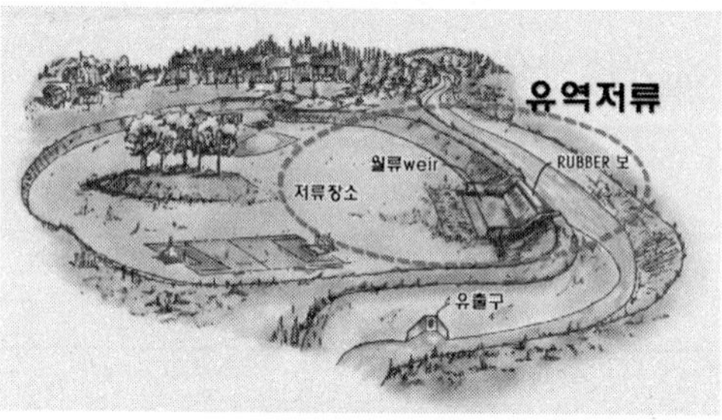

(b) 강변저류지
하천의 일정수위 이상의 유량을 유역에 저류

그림 8.14 홍수조절지 및 강변저류지 조감도

다) 수질개선 및 생태복원

오염도가 높은 34개 유역을 체계적으로 관리하며, 환경기초시설 방류기준 선진화가 가능하다. 또한, 34개 유역 내 환경기초시설 확충 및 고도화하게 되며, 비점오염 저감대책 및 수질오염 사고 예방과 동시에 생태하천 복원 및 수변생태벨트를 조성하게 된다.

라) 지역주민과 함께하는 복합공간 창조

강을 활용한 새로운 여가공간이 조성되고, 수변 접근성이 개선된다. 또한 수변중심 도시로서 재생되고, 둔치활용 다양화 및 아름다운 수변공간을 창출하게 된다.

지역주민과 함께하는 복합공간 계획은 그림 8.15와 같다.

(a) 수변 거주·업무·문화공간 조성 조감도 (b) 통합적·입체적 디자인 조감도

(c) 휴게시설 조감도 (d) 레저활동공간 조감도

그림 8.15 지역주민과 함께하는 복합공간 조감도

(4) 기대효과

4대강살리기 사업의 기대효과는 다음과 같다.

가) 물부족과 홍수피해를 근본적으로 해결 가능

용수 확보량 13.0억m^3 증대로 장래 물부족과 가뭄에 대처할 수 있고, 하도준설과 보 설치로 물그릇을 늘려 가뭄에 대비하며, 중소규모 다목적댐 건설, 기존 농업용저수지 증고로 갈수기에도 풍부한 하천유지유량이 확보하게 된다.

또한, 홍수조절능력 9.2억m^3 증대 등으로 기후변화 대비 및 200년 빈도 홍수에 안전한 강 구현을 실현하며, 퇴적토 준설 등으로 홍수피해와 복구비를 저감하게 되고, 수조절지 및 강변저류지 설치로 하류지역 보호 및 노후제방 보강으로 치수안전도가 증대하게 된다.

나) 수질개선과 하천복원으로 건전한 수생태계 조성 가능

2012년에는 낚시가 가능하고(Fishable), 수영을 할 수 있는(Swimmable) "좋은 물" 비율이 대폭 향상된다. 또한, 생태하천 복원 및 수변벨트 조성으로 생태환경이 개선되며, 하천 내 농경지 정리로 비점오염원 저감 및 생태환경이 더욱 더 개선되며, 생태습지, 하천숲 조성으로 녹지벨트를 확보할 수 있다.

다) 국민 여가문화 수준 및 삶의 질 향상

둔치정비, 수변접근성 개선 등 주민들의 문화 · 휴식공간 뿐만아니라, 수상레저 활성화, 자전거길 설치로 많은 여가활동을 제공받게 된다.

라) 녹색뉴딜 사업으로 지역경제 활성화 견인

일자리 창출 약 34만명, 생산유발효과 약 40조원으로 실물경기 회복에 기여하게 되며, 클린 IT, 태양광 · 소수력발전 등 녹색뉴딜 사업으로 신성장 동력활용을 가능하게하고, 전국토의 70%를 차지하는 4대강 유역에 혜택이 골고루 돌아감으로써 지역발전 효과 및 강을 중심으로 문화 · 관광자원개발, 지역경제 활성화 등 국토를 재창조하게 된다.

마) 물관리 글로벌리더로서 국가위상 제고

4대강 살리기로 축적되는 경험과 기술을 세계에 전파하고 우리 기업의 해외진출 지원뿐만 아니라, 물관련 국제기구 유치로 물관리 글로벌리더로 자리매김 또한 가능하다. 이로써 대한민국이 세계속의 "물관리 선진국"으로 도약하는 계기를 마련할 수 있다.

(5) 예상 문제점 및 대책

가) 대운하관련 문제

4대강 살리기는 홍수피해 예방, 물부족 해소, 수질개선 등 시급한 물 문제를 해결하고, 강을 통해 문화 · 관광자원을 개발하고 지역경제를 활성화시키는 등 우리 국토를 새롭게 재탄생시키는 사업으로서 화물선 운행을 위한 갑문, 터미널 등의 설치계획이 없고, 수심과 저수로폭도 구간별로 일정하지 않으므로 대운하와는 거리가 멀다.

나) 보를 잘못 운영시 홍수 위험 가중문제

4대강 살리기에서 설치하는 보는 기존의 고정식 보가 아니라 수문이 설치된 가동보로 계획되어 홍수예보를 통해 사전에 수위를 조절하고, 홍수시에는 상하류댐 · 농업용저수지 등과 연계하여 수문을 조작함으로써 홍수 소통에 문제가 없도록 운영할 계획이다.

현재 우리나라는 15개의 다목적 댐을 잘 운영하여 홍수와 가뭄에 대응하고 있으며, 향후 IT 기술을 접목한 종합하천관리 시스템을 구축하여 실시간으로 수위와 유량을 측정 · 관리함으로써 홍수와 가뭄 등에 보다 효과적으로 대처할 수 있을 것이다.

다) 4대강 사업으로 강변 모래밭이 사라지는 문제

4대강 살리기는 둔치의 퇴적 등으로 사라지고 있는 모래밭 등 자연적인 하천의 모습이 복원될 수 있도록 계획하였고, 퇴적토 준설시 1 : 5 이상의 완경사 저수로를 만들어 모래밭이 형성될 수 있는 여건을 조성하고, 빠른 유속에 모래밭이 유실될 가능성이 있는 구간은 침식을 방지하는 자연형 호안, 수제 시설물 등을 설치하였다.

또한, 보를 설치하는 구간은 수위를 둔치 이하로 유지하여 모래밭이 물에 잠기지 않도록 계획하였고, 사업과정에서 아름다운 모래밭은 최대한 보전하며, 비닐하우스 설치 등 경작으로 훼손된 구간은 복원된다.

8.4.2 국내 4대강사업의 의의와 효과

국내 4대강사업의 의의와 효과는 한국수자원공사 4대강사업 염경택 본부장이 2010년 8월 대한토목학회지(10～15쪽)에 게재한 내용을 인용하였다.

(1) 서 론

4대강 살리기 사업은 기왕(旣往)의 수환경에 적응한 하천 내에서 준설, 제방보강과 보를 통한 물그릇을 만들어 가뭄, 홍수 등 기후변화에 선제적으로 대응하고, 이런 물그릇에 오염물질이 유입되는 것을 근본적으로 막아 수질개선을 도모하는 사업이다. 하천내 경작지를 생태하천과 습지로 복원하고, 희귀어류를 증식시켜서 환경, 생태 등 하천에 생명이 살아나도록 하고, 풍부하고 깨끗해진 하천에 소득수준에 걸맞게 사람들이 쉬고 즐길 수 있는 새로운 공간을 창출하는 사업이기도 하다. 아울러, 살아난 강주변에 친수 복합문화공간이 만들어지면 지역이 발전하고, 지역이 발전하면 국토의 가치가 높아져 국가가 발전하게 될 세계가 부러워하는 "다목적 기후변화 적응 사업"이라 할 수 있다.

(2) 4대강 살리기 사업의 의의

가) 전 지구적 기후변화

최근 세계적인 핫이슈는 단연 지구온난화로 인한 기후변화일 것이다. 정부간기후변화협의체

(IPCC) 보고서에 의하면 지구는 과거 150년 동안 평균기온은 약 0.7℃ 상승하였고 해수면은 약 15cm 상승하였으며, 21세기말 지구 평균기온은 최대 6.4℃, 해수면은 약 59cm 상승할 것으로 전망하고 있다. 실지로 유럽환경청의 환경리포트(2008)에 의하면 2003년 알프스 빙하가 약 10% 감소하여 2050년경에는 스위스 빙하의 3/4이 녹을 것으로 전망하였다.

강수량의 변화도 지난 1990년~2005년 동안 북유럽, 남북 아메리카, 북동아시아 등은 강수량이 증가하고 지중해 남아프리카 등은 건조화 추세에 있다.

전 지구적으로 기상이변에 따른 물재해를 살펴보면, 지구촌 곳곳에서 가뭄과 홍수 등 인명과 재산피해, 물 분쟁이 갈수록 심화되고 있는 상황이다. 세계물위원회(WWC)에 의하면 지난 10년 동안 자연재해는 총 3,770건 발생하여 사망 77만 8천 736명, 피해 21억 2천 600만명, 재산피해 8천 630억 달러에 달하고 있다.

최근에는 2010년 5월 오데르강(독일과 폴란드 접경 하천)에 300mm의 폭우(1884년 이후 최대)로 폴란드 역사상 최악의 홍수를 기록한 바 있다. 또한 올 4월에는 중국의 광둥(广东), 푸젠(福建), 광시(广西)를 포함한 11개 성에 1951년 이후 가장 많은 강우량을 기록하여 이재민 1천 517만명(사망 101명), 약 80억 위안 (1조3천600억원)의 경제적 손실을 입힌 바 있다. 이와 같이 인명, 재산상의 피해뿐만 아니라 국가간 물 분쟁을 일으킨 사례도 있다. 텐산산맥(카자흐스탄~키르기스스탄~중국)의 빙하 융설(연 2km^2)로 인한 수계내 상류(키르기스스탄)와 하류(카자흐스탄, 우즈베키스탄) 국가간의 물 분쟁이 대표적인 예이다. 분쟁의 원인은 지구온난화로 향후 100년내 텐산산맥의 모든 빙하가 융설될 것으로 전망됨에 따라 키르기스스탄은 수자원 확보를 위한 KAMBARATA댐(300m) 건설을 러시아의 원조(17억달러)를 통해 자국내 수자원·에너지 개발을 추진하였고 하류측의 카자흐스탄, 우즈베키스탄 등은 구 소련시절부터 관개용수 이용 등의 경제성논리로 키르기스스탄의 댐 건설에 반대한 사례가 있다.

우리나라의 기후변화 양상을 살펴보면 지난 100년간 기온이 약 1.5℃ 상승하였고 최근 40년간 해수면은 약 22cm(세계평균의 3배) 상승하였다. 최근 20년간 강수량은 약 7% 증가, 강우일수 14% 감소, 강우강도는 18% 증가하였고, 21세기말 한반도의 기온은 약 4℃ 상승, 강수량은 17% 증가될 것으로 기상청은 전망하였다. 또한 열대야 장기 현상과 국지성 집중호우의 빈발 등 온대성 기후에서 아열대성 기후로 진행 추세에 있어 21세기말 태백, 소백산맥 산지 등을 제외한 서해안, 동해안 중부까지 아열대 기후구로 북상 할 전망이다.

우리나라의 1973~2007년까지 일최고 강수량 및 집중호우빈도 변화는 표 8.2와 같다.

표 8.2 우리나라 일최고 강수량 및 집중호우빈도 변화(1973~2007)

년 도	연평균강수량 (mm)	일최고강수량 (mm)	집중호우 발생횟수 (회)		
			80mm/日이상	90mm/日이상	100mm/日이상
1973~1977	1,177.1	297.0	7.40	5.10	3.50
1978~1982	1,286.1	547.4	10.38	7.97	6.15
1983~1987	1,401.6	517.6	12.10	9.25	7.13
1988~1992	1,309.2	439.0	10.47	7.62	5.47
1993~1997	1,198.3	365.5	11.02	8.03	6.05
1998~2002	1,485.1	870.5	15.07	11.63	9.25
2003~2007	1,538.2	420.0	14.48	10.92	8.23

국토교통부 기후변화 소위원회에서는 "기후변화대응 미래 수자원전략(2010.6)" 보고서를 통해 기후변화가 수자원에 미치는 영향을 구체적인 숫자를 제시한 바 있다. 홍수와 가뭄등 수자원의 양극화를 심화시키고, 1일 100mm 이상 집중호후 빈도가 2.7배 상승하고 가뭄횟수로 3.4배 증가시키는 것으로 전망하였다. 이로 인하여 2060년대에 최대 약 33억m^3의 물부족을 전망하였다.

또한 기후변화로 땅속의 온도를 상승시켜 농작물 파종시기가 빨라지고 미생물, 곤충 등 생태계를 교란 시킬 것이다. 온난화로 인한 기온상승으로 2008년 전남지역은 모내기 시기가 예년에 비해 25일 빨라지는 등 전국적으로 냉해 등의 피해가 발생되고 있다. 그리고 가뭄 시 수량부족 등으로 하천의 건천화와 생태계 파괴가 심화되고 있는 상황이다. 역사상 극심한 자연재해로 인하여 임술민란과 진주민란 (철종 13년, 1862년)이 발생한 예도 있으며 고려사, 증보문헌비고에는 기근, 기아, 흉년 등의 용어가 약 7,700여회, 조선왕조실록에도 가뭄, 한발, 한해, 한재 등의 용어가 약 5,100회 등장한 것으로 조사된 바 있다.

나) 4대강 살리기 사업의 태동

이러한 기후변화에 선제적으로 대비하기 위해 태동(胎動)된 것이 4대강 살리기 사업이다. 4대강 살리기 사업은 현 정부의 하천 치수사업 일환으로 홍수, 가뭄 등 기후변화에 자유로운 "물강국(Water Strong Country)"을 실현코자 시행된 사업이다.

그간 우리나라는 그림 8.16 및 표 8.3과 같이 연간 홍수피해액이 2.7조원, 홍수예방투자 1.1조원, 복구비 4.2조원으로 막대한 예산이 투입되었고, 2016년 10억m^3의 물 부족이 전망됨에 따라 기후변화에 대비한 근원적인 물문제 해결책 마련 요구가 꾸준히 제기되어 수해복구 위주의 치수대책에서 사전예방 투자로 전환되어야 한다.

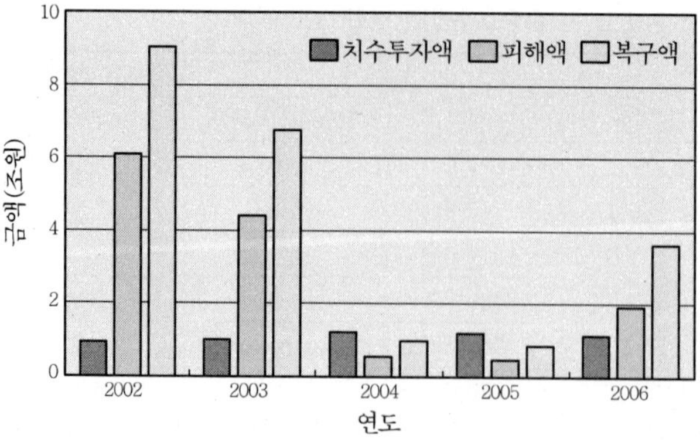

그림 8.16 최근 5년간 치수투자액, 피해액, 복구액

표 8.3 2002년~2003년 대규모 홍수피해 현황

구 분	태풍 루사 (2002)	태풍 매미 (2003)
강우기간	8.30~9.1	9.12~9.13
강우량(mm)	강릉 870.5	남해 453
인명피해	246명 (사망 209, 실종 37)	131명 (사망 118, 실종 13)
이 재 민	63,085명	61,844명
재산피해	5조 1,479억원	4조 2,225억원
복 구 비	7조 1,450억원	6조 5,580억원

또한, 하천과 수질 · 생태적 측면에서 유역의 물그릇이 작으면 하천이 메마르고 수질이 악화되어 수량, 수질, 생태의 통합유역관리가 한계에 이르게 된다. 물저장 능력(단위면적당 저수량)은 한강 325mm, 낙동강 155mm, 금강 259mm, 섬진강 215mm, 영산강 107mm로 한강에 비해 영산강, 낙동강이 적다. 홍수조절면에서 낙동강은 한강에 비해 1/2 정도이며, 수자원총량도 약 70% 수준으로 수량이 부족하다.

한강과 낙동강의 수자원 현황 비교는 표 8.4와 같다.

표 8.4 한강과 낙동강의 수자원 현황 비교

구 분	댐 홍수조절용량(백만m^3)	강수량(mm)	유역면적(km^2)	수자원총량(억m^3)
한 강	1,390.5	1,331.5	41,947.3	558.5
낙동강	584.9	1,233.5	31,711.9	391.2

* 출처 : 댐운영실무편람(한국수자원공사, 2009), 전국유역조사보고서(2008)

최근 소득증대, 주 5일제 정착 등에 따라 문화 · 레저 · 관광 등 물에 대한 다양한 욕구로 물이용의 욕구가 증대되고 있는 추세이다. 국민소득은 2002년 $ 12,100에서 2008년 $ 19,231로 증가하였고 2015년에는 약 $ 30,000으로 전망되고 있다. 일반적으로 $ 20,000 시대부터 하천의 수면과 수변공간이 체험 · 생태 · 레저관광 등 국민들의 여가행태로 변화하는 수상레저 붐이 시작된다고 한다.

한강살리기 사업을 통해 시민의 문화적 욕구 증대, 도시의 쾌적성 증진 등 새롭게 태어난 한강살리기 사업이나 죽은 태화강의 심각성을 인식하여 "죽음의 강에서 생명의 강으로"를 목표로 한 태화강 부활 프로젝트, 그리고 양재천의 자연형 하천정비로 도심 속의 쉼터를 제공한 사업 등이 그 예 일 것이다.

다) 4대강 살리기 사업의 주요내용

4대강 사업은 물확보 · 수질개선 등을 위해 표 8.5와 같이 국토교통부, 농림수산식품부, 환경부 등이 시행하며, 4대강 본류에 시행하는 본사업, 섬진강과 주요지류 국가하천(광역시 통과, 다목적댐 하류) 정비 및 하수처리시설 등의 확충을 위한 직접연계사업 등으로 진행된다.

표 8.5 4대강 살리기 사업의 내용

구 분		총사업비(조원)	본사업		직접연계사업	
			내용	사업비	내용	사업비
국토해양부	준설	15.3	5.7억m^3	13.6	-	1.7
	보		16개		-	
	생태하천		537km		392km	
	제방보강		377km		243km	
	댐, 조절지		6개		-	
	자전거길		1,206km		522km	
농림수산식품부	농업용저수지	3.0	87개	2.8	9개	0.2
환경부	수질개선(총인처리)	3.9	353개	0.5	1식	3.4

총 사업비 22.2조원 중 그림 8.17과 같이 약 7조원을 환경 · 생태분야에 투입하여 치수뿐만 아니라 수질개선 및 생태복원사업에 투자할 계획이다.

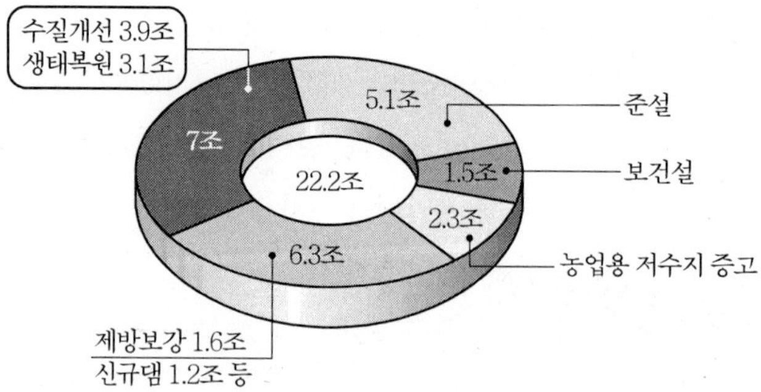

그림 8.17 분야별 사업비 현황

(3) 4대강 살리기 사업의 효과

가) 충분한 물그릇 확보

오랜기간 쌓인 퇴적토를 거둬내고, 부실한 제방을 보강한 다음 최소규모의 보를 만들어 그림 8.18과 같이 하천 구계별로 물그릇을 만들 계획이다. 즉, 16개 친환경보 · 준설 (8.0억m^3), 신규댐 (2.5억m^3), 저수지증고 (2.5억m^3) 등을 통해 13억m^3의 수량을 확보한다.

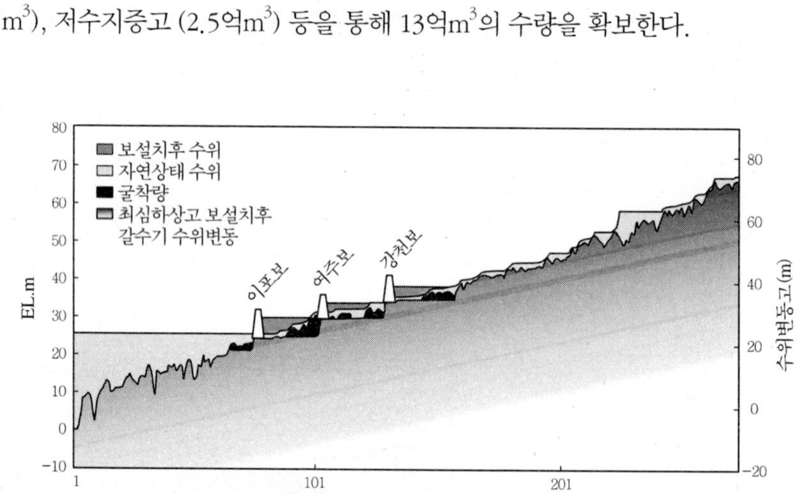

(a) 한강수계 보

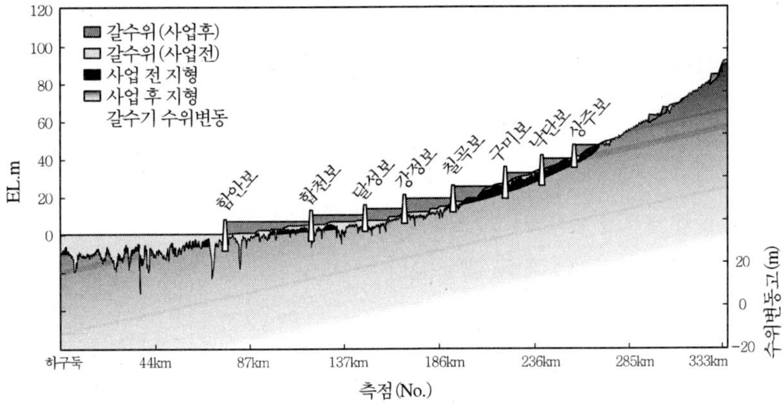

(b) 낙동강수계 보

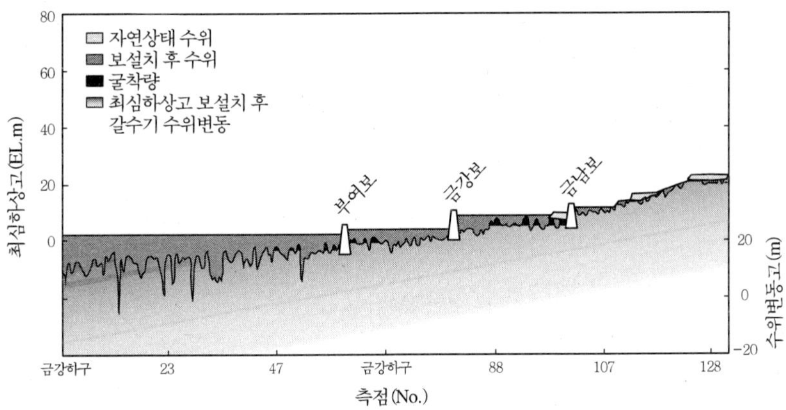

(c) 금강수계 보

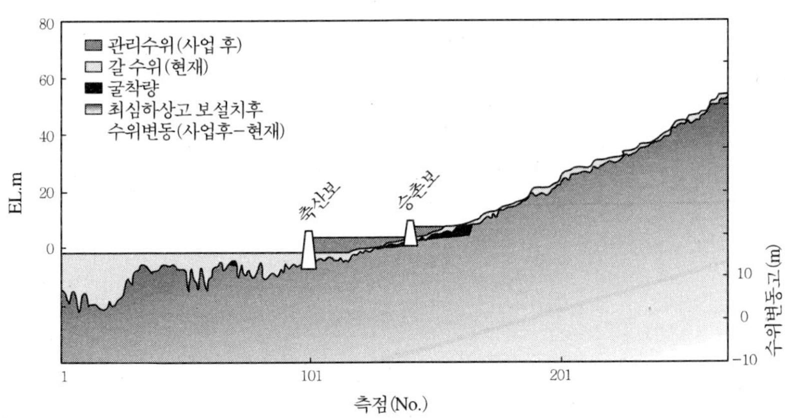

(d) 영산강수계 보

그림 8.18 4대강 수계별 물그릇 확보

5.7억m^3의 퇴적토 준설, 홍수조절지 및 낙동강 하구둑 배수문 증설 사업 등을 통해 9.2억m^3의 홍수조절능력을 증대시킴으로서 홍수에 안전한 국토를 건설할 계획이다.

16개의 보를 건설함으로써 수량 확보뿐만 아니라 홍수위를 저감시키는 효과도 있다.

한강에 2006년에 발생한 에위니아 수준의 홍수가 발생되어도 준설 43백만m^3, 보 3개소, 제방보강 131km를 통해 홍수위는 1.02m 감소되고, 낙동강에 2003년 발생한 매미 수준의 홍수가 발생되어도 준설 400백만m^3, 보 8개소, 제방보강 335km으로 홍수위는 2.13m 감소하는 효과가 있다.

해외 선진국에서도 보, 준설을 통해 홍수와 가뭄에 대처하고 있다. 독일은 지난 10년간 치수사업을 추진함으로써 올 5월 오데르강(Oder River) 유역에 300mm의 폭우에도 홍수피해가 거의 없는 반면, 그렇지 못한 폴란드는 사망 18명, 수만명의 이재민이 발생한 사례가 있다. 또한 다뉴브강(2,820km)에는 700여개의 댐과 보가 있으며, 이 중 오스트리아(350km)에만 10개의 댐과 보가 설치되어 있다. 호주 퀸즐랜드 주는 1999년 이후 극심한 가뭄으로 주요 댐의 저수율이 18% 이하로 수자원 고갈 위기에 처하게 되자 2개 댐을 신설하고 기존댐 증축 및 댐 저수지간 네트워크 시스템 구축하였고, 호주 머레이에서 달링유역은 국가차원으로 기후변화에 대비한 유역계획 수립하여 4개댐, 16개 보 건설, 15개의 제방을 축조하였다.

나) 맑고 깨끗한 하천 만들기

4대강 살리기 사업은 보에 담겨진 물에 오염물질이 들어오는 것을 근본적으로 막아 환경, 생태 등 하천 생명이 살아나는 사업이다.

환경부는 3.9조원의 오염부하량 삭감 정책을 반영으로 2급수 이상 "좋은 물" 비율을 2006년 기준 75.8%에서 2012년 기준 86.3%로 끌어올릴 계획이다. 또한 4대강 16개 다목적댐의 12억m^3의 하천유지용수와 보의 하천유지용수 방류 등 상시 하천유지용수를 공급함으로써 갈수기 하류하천의 안정적인 수량과 수질을 유지하게 된다.

지난 2008년 김천 페놀유출 사고 시, 15일 동안 약 7억m^3의 물을 방류하여 COD 기준으로 0.2~2.7mg/L 감소하여 수질오염 사고를 해결 하였으며, 사연댐의 경우에도 1~2m^3/초 방류('07. 5. 21~6. 3)로 COD가 5.8mg/L 감소하여 태화강 수질을 개선한 사례가 있다.

2010년 4월 울산시 태화강의 기름유출로 인한 방류유량에 따른 COD 변화는 그림 8.19와 같다.

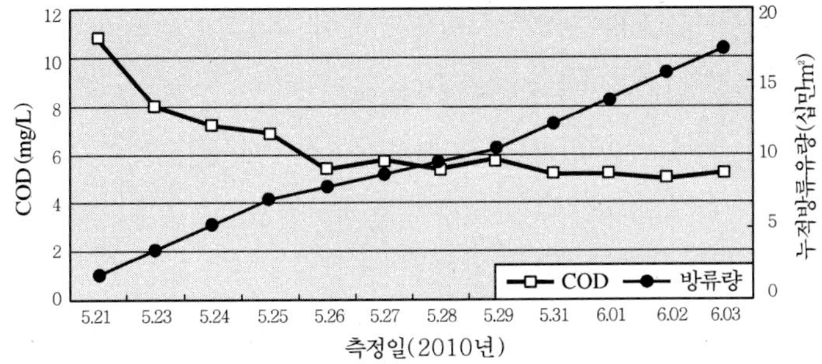

그림 8.19 태화강 방류유량에 따른 COD 변화

4대강 하천주변의 오염원을 근원적으로 차단하기 위해 제외지의 농경지 약 1억 6천만m^2을 완전 정리 한 후 비점오염원 유입을 근원적으로 차단하고 보당 평균 2.1개, 16개 보에 총 33개의 수중폭기시설 설치로 조류개체수가 약 10% 정도 감소될 것으로 기대된다. 실제 저수용량 3.09억 m^3인 남강댐의 경우에 총 31개소의 수중폭기를 운영하여 조류 개체수가 약 24% 정도 감소된 것으로 조사된 바도 있다. 또한 침전물이나 저층수 배제를 위해 최신의 수문을 설치한다. 기존 고정보와 달리 4대강 가동보는 가뭄 · 홍수 시, 수위조절을 위해 부분 및 완전 개폐가 가능하며, 수문의 하단부를 들어 올려 강바닥에 쌓인 퇴적오염물도 방출이 가능하다.

4대강에 설치될 수문의 작동원리는 그림 8.20과 같다.

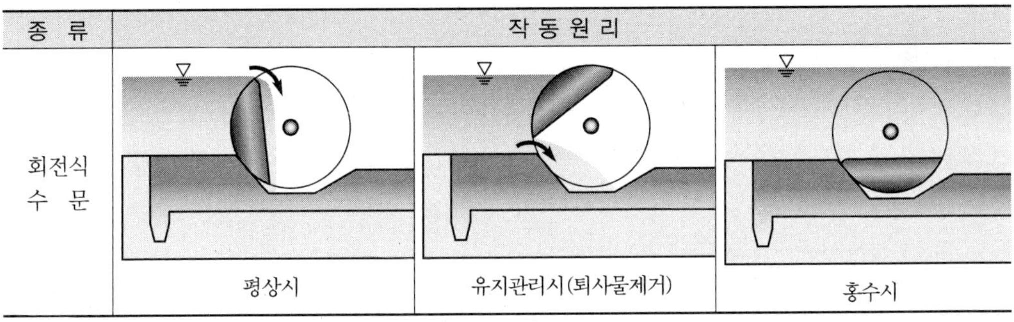

그림 8.20 4대강에 설치될 수문의 작동원리

다) 생명, 생태, 환경 살리기

4대강 살리기 사업을 통해 하천내 경작지를 생태하천과 습지로 복원하고 희귀 어류를 증식 · 복원해서 하천에 생명과 생태를 살릴 계획이다.

4대강 하천을 콘크리트가 아닌 94%는 생태호안으로 덮인 자연형 하천으로 조성하고 비닐하우스 등 하천변 농경지를 정리하여 농약 · 화학비료 등이 직접적으로 하천에 유입되는 것을 차단함과 동시에 습지 등 수변생태 공간으로 조성한다.

보호가치가 큰 하천습지는 최대한 보전하고, 4대강 곳곳에 생태하천(929km)과 35개소의 생태습지를 조성한다.

주요 사업으로는 낙동강 상류의 달성습지, 한강의 부처울습지 등은 원형을 보전하고, 낙동강 상류의 해평습지는 하중도와 철새 서식처인 모래톱으로 보전한다. 또한 약 40천m^2인 한강 연양지구 금은모래터, 160천m^2의 낙동강 현풍 Slow Beach 등은 새로이 조성되는 모래톱이다.

생태계의 종 보호와 종 다양성 향상을 위해 대체서식지 90개소 등을 조성하고 단양쑥부쟁이, 가시연꽃 등 멸종위기종은 서식지내 보전을 원칙으로 하고 있다. 멸종위기 물고기도 증식 및 복원하고 자연하천형 어도 14개소를 설치하여 곳곳에 물고기 쉼터, 산란터, 서식처 등을 제공하고, 제방에는 수생 · 육상동물의 원활한 이동을 위해 생태벨트나 이동통로 등을 조성하게 된다.

라) 인간과 하천의 공존

국민소득이 지난 2002년 $12,000에서 2008년 $19,230으로 증가하였고 2015년에는 약 $30,000에 이를 것으로 전망되고 있다. 선진국의 예에서 보면 국민소득이 약 $20,000부터 수상레져의 붐이 시작된다고 한다.

소득수준 향상에 따라 문화 · 관광 · 레저 등에 대한 수요는 증가하고 있으나, 하천에 대한 투자가 미비하여 하천공간의 친수공간 활용이 저조하며 또한, 하천유지유량이 부족하여 수면적이 작고 수심이 낮아 친수활동에 부적합한 상황이다.

강 쾌적성(Amenity)의 주요 지표인 4대강의 하천수면비율(수면폭/하천폭)은 한강 하류와 섬진강은 0.5~0.6 수준으로 상대적으로 넉넉한 강의 모습을 보여주고 있으나, 낙동강은 0.2~0.4 정도로 메마른 상태이다. 전국유역조사 보고서(2006)에 의하면 일반적으로 0.5~0.7일 때 선호도가 높은 것으로 조사된 바 있는데, 4대강 살리기 사업으로 인해 한강은 0.6, 낙동강 0.8, 금강 0.8, 그리고 영산강은 0.6 정도로 하천수면비율을 높이는 효과가 나타난다.

이와 같이 4대강 살리기 사업은 하천수변비율을 높여 수변의 쾌적성에 기초하여 국민이 다양한 물의 가치를 향유하고 문화 · 레저 · 관광 등 친수생활을 영위할 수 있을 것이다.

마) 강 중심의 국토가치 재창조

도시문화의 수용, 지역민의 참여로 만들어지는 수변문화공원, 오랜 기억의 자취와 싱그러운 자연의 정취를 거니는 수변 체험길, 건강한 자연과 함께 호흡하며 강변의 낭만을 즐기는 수변 산책길, 조류서식처 복원을 통한 자연생태보전 및 학습체험장 등을 조성함으로써 강 중심의 새로운 국토가치가 창조된다.

해외에서도 강주변을 개발한 사례는 흔히 볼 수 있다. 물(水)을 중심으로 한 친환경 생태도시의 성공 사례인 스웨덴 함마르비 Aqua-city, 과거와 현재가 공존하는 단계적 수변재개발 계획도시의 대표적 사례인 독일 베를린시, 루멜스부르크만 수변도시, 그리고 수변공간 재생 사례인 프랑스 리옹(론강~손강) 등이 대표적인 예이다.

(4) 맺음말

4대강 살리기 사업을 놓고 그간 사업의 타당성에 대해 갑론을박(甲論乙駁)이 지속되고 있다.

하지만, 최근 전 세계적 핫 이슈인 미래의 불확실한 기후변화에 선제적으로 대응하고 하천과 인간이 공존하는 공간을 만들어 국토의 가치를 높이고자 실시되는 다목적 기후변화 적응 사업이 바로 4대강 살리기 사업이다.

지난 반세기 우리나라는 오로지 경제성장이라는 일념 하에 앞만 보고 달려왔다. 그 결과 세계 12위의 경제대국으로 성장할 수 있었다. 하지만 이제는 조금 다른 시각에서 접근해 볼 필요가 있다. 경제개발협력기구(OECD)의 중심국가로서 새로운 성장 모델을 전 세계에 제시할 의무가 있는 것이다. 21C 지금의 새로운 성장 모델은 바로 녹색 성장이고, 그 중심에 4대강 살리기 사업이 있는 것이다.

이러한 중차대한 4대강 살리기 사업은 국민의 행복한 미래를 위한 행복사업인 동시에 우리나라가 경제, 문화, 역사, 환경이 어우러진 생명력 넘치는 강을 기반으로 세계 일류 국가로 발돋움하여 글로벌 리더로 성장하는데 있어 필수불가결한 프로젝트인 것이다.

연습문제

8.1. 하천의 정의를 설명하시오.

8.2. 하천시설의 정의를 설명하시오.

8.3. 하천의 기능을 설명하시오.

8.4. 하천법에 의한 하천의 분류를 설명하시오.

8.5. 수계상 하천의 분류를 설명하시오.

8.6. 하천의 명칭을 설명하시오.

8.7. 하천제방을 기능에 따라 분류하시오.

8.8. 제방의 안정성 검토를 설명하시오.

8.9. 제방의 계획과 설계에 대해 설명하시오.

8.10. 제방 잔디식재에 대해 설명하시오.

8.11. 호안의 종류에 대해 설명하시오.

8.12. 호안의 구조에 대해 설명하시오.

8.13. 호안의 계획과 설계에 대해 설명하시오.

8.14. 보를 구조와 기능에 따라 분류하시오.

8.15. 보를 설치목적에 따라 분류하고 설명하시오.

8.16. 염해 방지보를 설명하시오.

8.17. 보의 계획에 대해 설명하시오.

8.18. 수문의 종류를 설명하시오.

8.19. 4대강살리기 사업구간의 이포보, 여주보, 강천보를 설명하시오.

8.20. 수문의 계획과 설계시 고려사항을 설명하시오.

8.21. 4대강살리기 사업개요에 대해 설명하시오.

8.22. 4대강살리기 사업의 기대효과에 대해 상세히 설명하시오.

8.23. 4대강살리기 사업의 예상문제점과 대책에 대해 설명하시오.

8.24. 우리나라의 일최고 강수량 및 집중호우빈도를 설명하시오.

8.25. 태풍 루사(2002년)와 태풍 매미(2003년)의 홍수피해를 설명하시오.

참고문헌

1. 김민수, "4대강 살리기 사업에 대하여", 대한토목학회지, 2009.8, pp.110~114.
2. 김진우, "사회기반시설공학", 구미서관, 2006.1, pp.219~228.
3. 국토교통부, 4대강살리기추진본부 홈페이지, "4대강살리기 추진현황", 2011.12
4. 설진성, 김홍철 외, "현장실무를 위한 건설시공학", 구미서관, 2017.8, pp.691~725.
5. 이승언 외, "살아있는 토목시공학", 구미서관, 2014.1, pp.467~476.
6. 이종형 외, "최신하천공학", 구미서관, 2010.8, pp.249~286.
7. 이종형 외, "하천공학", 구미서관, 2007.3, pp.197~240.
8. 염경택, "기후변화 대비 4대강사업의 의의와 효과", 대한토목학회지, 2010.9, pp.10~15
9. 한국수자원공사, 4대강살리기사업본부 홈페이지, "4대강살리기 시공자료", 2011.12
10. 홍순헌, 김일배, "토목공학개론", 형설출판사, 2004.7, pp.128~140.

제9장

댐시설

9.1 댐의 정의 및 특징

9.1.1 댐의 개요

댐은 오래전부터 치수(治水)와 이수(利水)를 목적으로 많이 건설되었으며, 하천을 횡단하여 축조된 구조물을 말한다.

댐 시설은 규모와 관계없이 하나 또는 여러 개의 목적을 갖게 되며, 적절하게 개발할 수 있는 시설이 되어야 한다. 하천은 국유로서 하천공작물의 하나인 댐의 건설은 주체가 누구이던 관계없이 댐 기능이 공공의 이익을 저해해서는 안된다.

댐은 국가 경제발전의 기여, 삶의 질 향상, 균형 있는 지역발전 및 기타 사회적인 영향 등 공익 목표를 바탕으로 건설된다.

댐의 용도는 생활용수, 공업용수 및 농업용수 등의 용수공급, 하천의 홍수조절, 전력 공급을 위한 수력발전 및 친수공간 확보와 레크레이션 등의 용도로 사용된다.

참고로 댐시설을 집필하기 위해 "한국수자원공사, 수자원개발 및 치수능력증대사업(2011.6)" 자료와 "현장실무를 위한 건설시공학(설진성 · 김홍철 외, 구미서관, 2017.8, pp.743~750)" 내용을 일부 인용 및 참고하였으며, 추가적인 내용을 필요로 할 경우 이들 교재를 참조하기 바란다.

9.1.2 댐의 정의 및 특징

하천법 제39조에는 댐에 대해서 "하천의 유수를 저류하며, 취수하기 위해 하천관리자의 허가를 받아서 설치하는 것이며, 기초지반에서 제방정상까지의 높이가 15m이상이거나, 총저수용량이 2,000만m^3 이상인 것을 말한다" 라고 정의 하고 있다.

하천관리상 댐 높이가 30m를 넘으면 대댐, 그미만은 소규모 댐으로 구분하고 있다.

우리나라의 수자원 현황은 그림 9.1과 같이 연평균 강수량이 1,245mm(1969~1998 통계자료)로 세계 평균 강수량 800mm에 비해 1.4배 많은 편이나, 높은 인구밀도 등으로 인하여 국민 1인당 이용 가능 강수량은 세계평균 19,635m^3/년의 1/8수준인 2,591m^3/년으로 부족한 실정이며, 연평균 강수량의 2/3가 여름철에 집중되어 계절적 편차가 심하며, 산악 지형에 따른 하천의 급경사로 인해 유출량 대부분이 일시에 바다로 유출되고 있다.

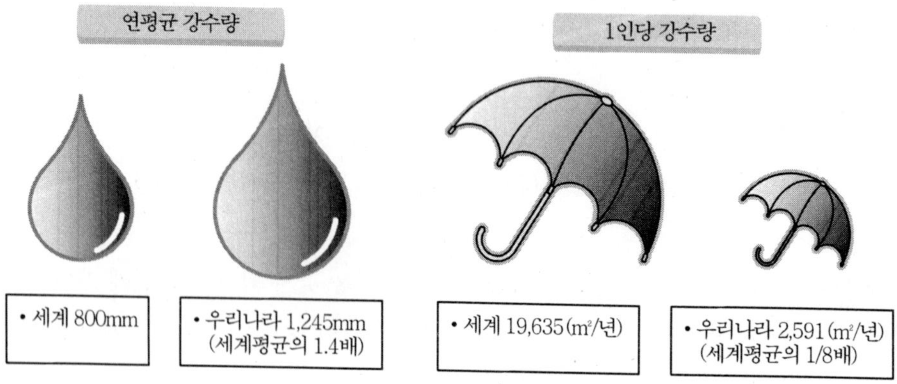

그림 9.1 연평균 강수량 및 1인당 강수량

9.2 댐의 분류

9.2.1 용도에 따른 분류

댐은 용도에 따라 저수댐, 취수댐, 지체댐, 사방댐 등으로 구분한다.

(1) 저수댐(Storage Dam)

풍수기에 물을 저류하였다가 물이 부족한 시기에 공급하여 주기 위한 댐으로 용수공급, 호우조절 등 여러 용도에 사용되며, 비교적 댐의 높이가 높으며, 흔히 댐이라고 말할 때는 저수댐을 가리키는 경우가 많다.

(2) 취수댐(Intake Dam)

하천에서 물을 취수할 목적으로 취수지점에서 물을 저수하여 수두를 제공하기 위한 댐을 말하며, 하천에서 물을 끌어 쓰는 관개용수 보(Weir)가 그 전형적인 예이며, 발전, 생활 및 공업용수의 취수를 목적으로도 사용한다.

(3) 지체댐(Detention Dam)

홍수유출을 일시적으로 지체시킴으로써 갑작스런 홍수로 인한 피해를 경감시키는 댐을 말하며, 유수를 일시 저류하고 하류부의 하도 통수능을 초과하기 않도록 방류하는 유수지 형식과 유수를 가능한 오랫동안 저류하는 저류지 형식 등이 있다.

(4) 사방댐(Erosion Control Dam)

토사의 유출이 심한 하천에 토사가 하류로 흘러내리는 것을 방지하기 위해 설치하는 낮은 댐이다.

9.2.2 목적에 따른 분류

댐을 건설하는 목적에는 이수측면의 용수공급, 수력발전, 주운 등과 치수측면의 홍수조절, 사방 등이 있는데 이중 한 가지 목적에만 사용되는 댐을 단일목적댐, 두 가지 이상의 목적으로 사용되는 댐을 다목적댐(Multi-Purpose Dam)이라 하며, 그림 9.2와 같고 다음과 같이 구분한다.

1) 한강유역 : 소양강댐, 충주댐, 횡성댐
2) 낙동강유역 : 안동댐, 임하댐, 합천댐, 남강댐, 밀양댐, 낙동강하구둑
3) 금강유역 : 대청댐, 용담댐
4) 섬진강유역 : 섬진강댐, 주암댐, 주암조절지댐
5) 기타 : 부안댐, 보령댐, 장흥댐

(a) 소양강 다목적댐

(b) 충주 다목적댐

(c) 중국 샤사댐

그림 9.2 다목적 댐 전경

댐의 기능이 어떤 목적을 갖는가 하는 판단기준은 저수지 용량배분 계획에 특정 목적을 위한 용량이 포함되는가 여부에 따른다.

홍수조절댐은 단일목적댐의 하나로 평상시에는 물을 저수하지 않고 하류로 흘려보낸다. 홍수시는 홍수량을 일시 저류한 후 하류의 홍수량이 배출 된 후 댐 상류의 유출량을 배수하는 것을 목적으로 건설하는 댐을 말한다.

9.2.3 수리구조에 따른 분류

댐에 수문이 배치되는 가동댐과 그렇지 않은 고정댐으로 구분한다.

(1) 고정댐

댐마루에 수문을 설치하여 여기서 수위조절과 동시에 홍수 때에는 이것을 개방하여 홍수를 방지하는 월류형댐(Over Flow Dam), 별도로 홍수여수로(Flood Spillway)를 설치하여 댐마루에서 월류를 시키지 않는 비월류형댐이 있다.

(2) 홍수가 발생하였을 때 홍수량을 안전하게 처리하거나 홍수량을 조절하여 상류, 하류의 피해를 경감시키는 목적으로 설치한다.

9.2.4 재료나 형식에 따른 분류

재료나 형식에 따른 분류는 다음과 같다.

(1) 필댐(Fill Dam)

가) 흙댐(Earth Fill Dam)

흙만으로 이루어진 댐으로 자연상태의 흙을 사용하여 최소의 공정으로 건설하는 가장 보편적인 형식의 댐이다.

나) 석괴댐(Rock Fill Dam)

차수벽과 댐체의 안정을 위하여 여러가지 크기의 돌로 만들어진 댐이다. 그림 9.3과 같이 횡성 다목적댐은 중앙차수벽형 석괴댐으로 건설되었다.

그림 9.3 횡성 다목적댐(중앙차수벽형 석괴댐)

다) 사력댐 또는 토석댐(Earth-Rock Fill Dam)

흙과 돌을 혼합하여 축조된 댐으로 댐체 하부는 석괴로 이루어지고, 상류면은 흙으로 이루어진 형식의 댐이며, 그림 9.4의 주암 다목적댐은 사력댐으로 건설 되었다.

그림 9.4 주암 다목적댐(사력댐)

(2) 콘크리트 댐은 축조재료로 콘크리트를 이용하며, 설계형식에 따라 중력식, 아치댐, 부벽댐, 중공중력댐, 롤러다짐 콘크리트댐 등이 있다.

가) 콘크리트 중력댐(Concrete Gravity Dam)

콘크리트 중력댐은 그림 9.5와 같이 제체 콘크리트의 자중으로 외력에 저항하고 암반까지 그 힘을 전달하는 구조물이며, 설계이론이 간단하고 시공 경험도 많아 널리 이용되는 형식이다.

댐의 위치선정은 댐 지점의 지형, 기초암반의 성상이나 단층 등 지질상의 약점을 우선 기본조건으로 검토하고, 홍수방지, 감세공 등을 포함한 댐 전체의 배치, 시공설비의 배치 등을 반영하여 종합적으로 판단한다.

콘크리트 중력댐의 안정성을 확보하기 위해서는 댐의 자중, 정수압, 동수압, 풍하중, 양압력, 파압, 빙압, 퇴사압, 지진력 등을 고려하여야 한다.

그림 9.5 대청 다목적댐(콘크리트 중력댐)

나) 콘크리트 아치댐(Concrete Arch Dam)

콘크리트 아치댐은 댐에 작용하는 저수지로부터의 수압하중을 아치작용으로 양안의 기초암반에 전달하여, 양안의 기초암반의 두께와 강도로써 수압하중에 저항하는 구조물이다.

아치댐은 중력댐과 같이 수압하중에 저항하기 위한 제체의 자중을 필요로 하지 않고, 콘크리트 강도를 최대로 이용한 제체형상이 선정된다. 반면에 기초암반에 작용하는 단위면적당 하중은 커지며, 아치댐에서는 견고하고 강도가 높은 기초암반이 요구된다.

하폭이 좁은 골짜기에 적합하며, 우리나라에는 적합한 지형이 거의 없다.

다) 콘크리트 부벽댐(Concrete Buttress Dam)

콘크리트 부벽댐은 경사진 얇은 슬래브를 상류면 차수벽으로 하며, 이를 부벽으로 지지한 형식이다. 댐 기초는 중력댐만큼의 지지력이 요구되지 않으며 콘크리트 소요량이 적고, 댐 제체검사가 용이한 장점이 있으나, 댐 제체의 내구성이 적으며 거푸집 작업이 많고, 복잡하며 강철재를 필요로 하는 단점이 있다.

부벽식 댐은 차수벽, 부벽과 함께 편평하고 큰 구조형식이므로 열응력과 수축응력이 증가하며 지반의 부등침하에 의해 균열이 발생하기 쉽다.

콘크리트 부벽댐은 낙동강 유역의 안동댐, 임하댐, 합천댐, 남강댐 등이 있다.

라) 콘크리트 중공중력댐(Hollow Gravity Dam)

콘크리트 중공중력댐의 내부에 공동을 만들어 댐에 작용하는 양압력을 감소시키고 자중을 경감시켜 지반지지력을 경감시키기 위한 구조물이다. 특히, 암반이 단단하지 않은 지역에서 댐의 내부를 중공으로 하여 외력에 대한 안전을 보존하며, 댐의 높이가 40m 이상일 때 중력댐보다 경제적이다.

마) 롤러다짐 콘크리트댐(RCCD, Roller Compacted Concrete Dam)

전체적인 댐체의 조건은 콘크리트 중력댐과 같으나, 댐체 내부의 콘크리트는 물시멘트비가 작은 빈배합으로서 덤프트럭으로 운반하여 층(Layer)별로 포설하여 롤러로 다짐을 한다. 본 형식은 중력식에 비하여 콘크리트 운반설비를 대폭 줄이며, 건설공기의 단축과 경제성을 높일 수 있는 장점이 있다.

그림 9.6의 한탄강댐은 국내 최대 홍수조절 댐으로 높이 83.5m, 길이 690m, 총 저수량 2억 7000만톤 규모이며, 국내최초의 롤러다짐 콘크리트댐으로 2007년 착공하여 2016년 준공되었다.

그림 9.6 한탄강댐 전경

9.3 댐의 계획과 설계

9.3.1 댐의 계획수위

댐에서 수위의 종류는 그림 9.7과 같다.

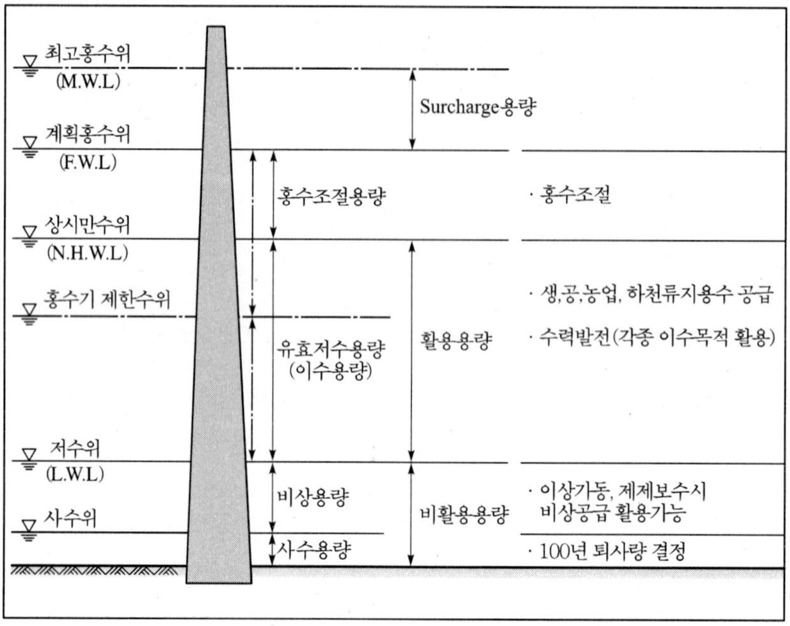

그림 9.7 댐의 수위

(1) 사수위(DSL, Dead Storage Level)

유사의 퇴적으로 인하여 저수기능이 상실되는 상한표고를 말한다. 저수지의 물리적 수명을 100년이라고 보아서 일반적으로 대댐에선 100년간의 퇴사량을 대상으로 사수위를 결정한다.

(2) 저수위(LWL, Low Water Level)

정상적인 저수지 운영에서 사용되는 가장 낮은 상용수의 공급을 위해서 저수위와 사수위 사이에 비상용수 방류관을 설치하는 것이 일반적이다. 저수위는 다음 사항을 고려하여 결정한다.

1) 유사의 퇴적으로 취수에 지장이 없을 것.
2) 저수지내의 어족과 야생동물 생존에 필요한 최저수위.
3) 댐 건설과 관련하여 계약이나 행정적으로 구속을 받는 상 · 하류 수리구조물의 기능유지에 영향을 주지 않는 수위.

(3) 홍수기 제한수위(RWL, Restricted Water Level)

홍수조절용량을 더 확보하기 위해 홍수기에 제한하는 저수위로서 일반적으로 상시 만수위보다 낮으며, 홍수기 만수위로서 공용용량의 하한수위가 된다.

(4) 상시만수위(NHWL, Normal High Water Level)

비홍수기에 저수할 수 있는 상한수위로서 이수용량의 최대 범위를 뜻한다.

(5) 계획홍수위(FWL, Flood Water Level)

홍수조절을 위해 유입홍수를 저장할 수 있는 제일 높은 수위로서 설계홍수위(Design Flood Level)를 말하며, 일반적으로 설계홍수위는 빈도별 홍수를 기준으로 산정한다.

(6) 최고홍수위(MWL, Maximum Water Level)

가능최대홍수(PMF, Probable Maximum Flood)가 저수지로 유입될 경우에 상승할 수 있는 가장 높은 수위이며, 최고홍수위는 설계홍수위와 같거나, 빈도홍수를 설계홍수량으로 채택한 댐의 경우는 설계홍수위보다 높다. 일반적으로 최고수위에 여유고를 두어 댐의 마루표고(Dam Crest Elevation)를 결정한다.

9.3.2 댐 사업 추진절차

(1) 예비타당성 조사(Preliminary Feasibility Study)

본격적인 댐건설의 타당성 조사를 실시하기 전에 비교적 짧은 시간과 적은 비용으로 경제적, 정책적 분석을 중심으로 타당성 조사사업의 추진여부 및 효율적인 사업추진을 위한 정책 판단자료를 제시할 목적으로 실시한다.

현재는 타당성 검토의 신뢰도를 높인다는 취지에서 사업주관부처에서 예비타당성 조사를 요청하면 기획재정부에서 관련 연구기관에 위탁을 수행하고 있다.

(2) 타당성 조사(Feasibility Study)

예비타당성 조사에서 사업의 타당성이 인정된 후 본격적인 사업착수를 위한 조사로서 지질조사, 공법분석 등의 다각적인 기술성 분석에 중점을 두고 실제 사업 착수를 위하여 환경영향평가, 현지조사, 경제성분석 등 보다 정밀하고 세부적인 수준의 조사를 실시하여 사업의 구체적인 기본구상을 제시하는 단계이다.

(3) 기본계획(Pre-Construction Plan)

댐 설계는 댐 건설 여부 및 재원 확보 후 실시하며, 기본계획은 댐 건설 여부 및 위치 규모, 수혜지역 등을 확정하기 위해 타당성 조사 후 설계단계 전에 시행하는 것으로 타당성 조사 성과를 토대로 관련기관 및 관련자들의 검토를 거친 후 검토의견을 반영하여 사업계획을 변경 조정하여 건설계획을 수립 및 고시하기 위한 단계이다.

(4) 기본설계(Basic Design)

타당성 조사의 제반조건 등을 바탕으로 하여 사전조사 사항, 계획 및 방침(주요한 설계기준, 구조물 형식선정, 단면결정 등), 개략시공방법, 공정계획, 공사비 등 기본적인 내용을 설계도서로 기술하는 단계이다.

(5) 실시설계

기본설계를 구체화하여 실제 시공에 필요한 내용을 설계도서에 표기하는 단계이다.

(6) 환경영향평가

환경부로부터 사업시행으로 인한 자연, 생활, 사회, 경제에 미치는 영향을 예측, 분석 및 대책을 강구하는 단계이다.

(7) 공사착공

실시설계로 확정된 설계도서에 의해 댐 및 부속시설, 이설도로 등을 건설하는 단계로 국토교통부로부터 위임받아 한국수자원공사가 사업시행을 대행한다.

(8) 공사준공

댐 시설물의 건설 완료 및 준공인가를 국토교통부로부터 받는 단계이다.

(9) 댐 사용권

다목적댐에 의한 일정량의 저수를 일정한 지역에 확보하고 이를 특정용도에 사용할 수 있는 권리를 말한다.

(10) 댐 관리

댐의 이수 및 치수관리, 댐주변 지역의 지원, 시설물 유지관리 및 점검 등을 한국수자원공사에서 시행하는 단계이다.

9.3.3 댐 형식의 결정요인

댐 형식을 결정하는데는 여러 가지의 복합 요인이 있고, 구체적으로 계량화하기가 어려우므로 댐 계획시 수문학, 수리학, 지반공학, 지질학, 구조공학 등의 전문가가 합동으로 지형, 지질, 기초조건, 가용재료, 수문, 지진 등 각종 물리적 여건을 분석하여야 한다.

(1) 지형

댐 설치지점의 지표형상 및 재료원, 접근로의 조건 등을 조사한다.

(2) 지질 및 기초조건

지질특성과 지질층의 두께, 단층 및 파쇄대, 경사도 및 투수성 등을 조사한다.

(3) 축제재료

댐의 형식에 따른 재료(흙댐, 석괴댐, 사력댐, 콘크리트댐 등)를 조사한다.

(4) 수문(水文)조건 및 기상

하천의 유수특성, 강수조건 등을 조사한다.

(5) 여수로(Spill Way)의 크기 및 위치

홍수의 규모, 여수로의 크기와 형식 등을 조사한다.

(6) 지진

댐 지점이 지진대에 속하면 지진하중과 응력의 증가가 고려되어야 한다.

(7) 유수전환의 규모 및 방법

댐의 유수전환은 가물막이댐과 가배수터널의 조합으로 이루어진다.

(8) 자연환경과의 조화 및 보전

자연환경을 보전하고 자연과 조화를 이룬 댐 개발이 되어야 한다. 댐 건설로 인한 수몰지역의 발생, 수몰지역의 문화적 역사적 유적이나, 수려한 경관의 훼손방지나 이전방안이 검토되어야 한다.

9.3.4 댐의 실시설계

(1) 조사 업무

가) 현지 조사 및 답사

설계자는 해당 계획지역에서의 지형, 지물, 식생, 용수 및 배수, 토지이용상황 및 문화재를 파악하고 확인한다. 현지답사를 하여 계획지역의 지형, 지물, 각종시설물, 식생, 토지이용 상황 등의 정확한 현황을 파악하고 사진 또는 비디오 등을 이용하여 실시설계에 유용한 자료를 작성한다.

나) 측량

댐 지점의 측량은 설계에 필요한 측량과 여수로, 취수설비, 기타 부대시설의 설계를 하는데 필요한 측량으로 구분되며, 댐 지점의 측량 성과를 이용하여 평면도와 종, 횡단면도를 작성해야 한다.

1) 저수지의 측량

저수지 용량, 만수위 표고, 댐 제시설의 배치, 토취장의 위치, 이설도로의 노선, 용지보상 범위 등을 결정하기 위하여 저수지를 중심으로 충분히 넓은 지역의 측량을 실시하고 설계에 필요한 정도를 갖는 등고선을 작성해야 한다.

2) 가설비와 이설도로의 측량

댐 및 발전소 건설공사를 위한 가설비 공사의 주요 내용은 건설 사무소를 비롯하여 합숙소, 사택 등 건축공사와 기자재 창고, 급수시설, 골재 선별장, 콘크리트 배합공장, 정비공장, 전력공급시설, 통신시설 및 공사용 도로공사 등이며, 이들의 합리적인 배치 및 설치공사를 위해서는 기능과 목적에 부합되는 정도의 각종 측량이 시행되어야 한다.

(2) 계획업무

가) 전 단계 성과검토

앞서 실시한 타당성조사 및 기본설계의 성과품을 검토, 분석하여 조사, 계획, 설계 업무의 각 결과치를 기본설계에 최대한 활용하며, 만일 조정이 필요한 경우 발주청의 승인을 받아야 한다.

(3) 설계업무

실시설계 단계의 설계업무를 상세설계라 말하며, 상세설계시에는 기본설계에서 작성된 도면을 바탕으로 구조물의 상세도를 작성해야 한다. 상세설계의 중요한 내용은 다음과 같다.

가) 유수전환 설계

1) 방식 선정시 고려사항

댐 건설 공사에 있어서 댐 지점에서의 유수전환공사는 댐 본체 공사의 전체 공정을 크게 좌우하는 중요한 공사이다. 유수전환공사는 일반적으로 가설비 공사이므로 최저의 공사비로 최대의 효과를 얻을 수 있도록 해야 한다.

2) 유수전환 시설의 구성

유수전환 시설은 댐 지점에서 하천의 유수를 차단하는 가물막이와 유수의 전환을 꾀하는 가배수로로 구성된다.

3) 유수전환 방식의 선정

가물막이 방식은 댐 위치에서의 지형, 지질, 하상의 상태, 홍수량의 크기, 공사의 규모 등을 고려하여 경제적이고 안전한 방식을 선택해야 한다.

나) 가물막이의 설계

1) 가물막이는 가배수로와 연계하여 유수전환의 기능을 발휘하는 것이므로 가물막이와 가배수로가 가장 합리적이고 경제적인 조합이 되도록 계획하여야 한다.
2) 상류 가물막이의 높이는 가배수를 더하여 결정한다.

3) 계획 댐 지점의 위치에서 가장 적합한 가물막이의 형식은 하천유량, 지형, 하천경사, 하상 퇴적물의 깊이와 종류, 시공기간 및 가물막이 재료 등을 고려하여 결정해야 한다.

다) 여수로와 감세공 설계

1) 여수로설계

① 접근수로 : 여수로의 접근수로에서의 평균 유속은 4m/sec 이하가 되도록 한다. 평면형은 흐름에 교란이 생기지 않도록 여수로를 향하여 원만하게 점차적으로 축소시킨다.
웨어마루에서 접근수로 바닥까지의 깊이는 웨어마루에서의 설계수두 1/5 이상이 되도록 한다.

② 조절부 : 여수로의 조절형에는 월류웨어와 수로유입형이 있으며, 후자는 대규모 필댐에서 지형상으로 부득이한 경우에 이용되며, 나머지 경우는 전자를 채용한다.
여수로의 웨어는 원칙적으로 그 평면선형이 직선형이고, 효율이 높은 단면형이어야 한다.

9.4 유수전환시설의 계획과 설계

9.4.1 유수전환시설

(1) 유수전환시설의 구분

유수전환시설은 댐 공사기간 중 하천의 유수를 분류시킴으로서 댐 건설공사가 지장을 받지 않도록 하는 것을 말한다.

유수전환시설은 홍수의 규모에 따라 다르지만 일반적으로 건설공정을 좌우할 정도로 중요하며, 댐 건설비에도 크게 영향을 주는 경우가 많다.

시설의 규모는 소요경비와 예상피해 규모를 적절히 조화시킬 수 있도록 하여야 하며, 댐 지점에서의 홍수특성, 유수전환 대상 홍수량의 규모, 상류 기존댐의 존재 여부, 수질오염 통제의 필요성 등을 종합적으로 고려하여 결정한다.

유수전환시설의 구분은 그림 9.8과 같다.

- 유수전환시설
  - 임시물막이
    - 전면 임시물막이댐
    - 부분 임시물막이댐
    - 단계식 임시물막이댐
  - 임시배수로
    - 전면 임시물막이(터널식)
    - 부분 임시물막이(개수로식 또는 암거식)
    - 단계식임시물막이
      - 제내 임시배수로
      - 제체 월류식

그림 9.8 유수전환시설의 구분

(2) 유수전환방식의 선정

유수전환시설은 댐 완공 후 취수설비로 이용되는 가배수로와 필댐의 일부가 되는 임시물막이댐을 제외하고는 일반적으로 가설비 공사이므로, 최저의 공사비로 최대의 효과를 얻을 수 있도록 한다. 유수전환방식은 다음 사항을 고려하여 선정한다.

① 하천유량
② 댐 지점의 지형 및 기초지질, 하상 퇴적물의 두께
③ 댐 형식 및 높이
④ 사업의 긴급성과 하류의 안정성
⑤ 방류설비, 취수설비 등의 타 구조물과의 관계
⑥ 임시물막이댐과 가배수로와의 관계
⑦ 댐의 건설기간과 가배수로의 통수시기
⑧ 임시물막이댐 월류시의 피해규모

임시물막이 방식은 그림 9.9와 같다.

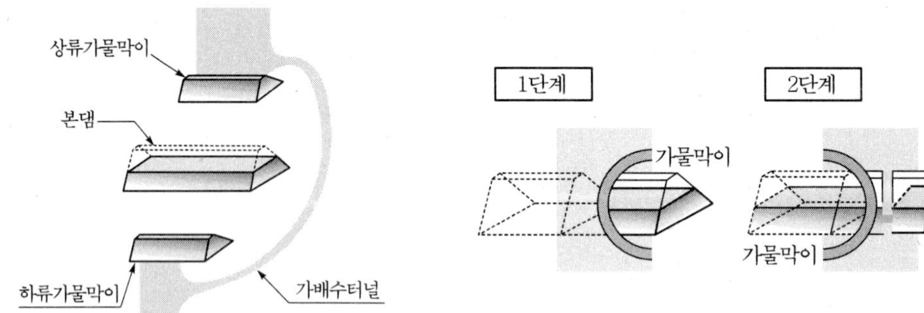

(a) 전면 임시물막이 방식 (b) 부분 임시물막이 방식

그림 9.9 임시물막이 방식(현장실무를 위한 건설시공학 인용)

9.4.2 임시물막이댐

(1) 개요

임시물막이댐은 댐 구조물이 물속 또는 물 옆에 축조되는 경우 물을 배제하여 건조상태에서 작업을 하기 위해 임시로 물막기를 하는 구조물로서 구조적으로 수압에 안정하며, 부재강도가 충분해야 하고 차수성이 있어야 한다.

임시물막이는 가배수로와 연계하여 유수전환 기능을 발휘하는 것이므로 임시물막이와 가배수로는 가장 합리적이고 경제적인 조합이 되도록 계획하여야 한다.

임시물막이의 위치는 댐 지점의 지형 및 지질에 제약을 받지만 댐 본체의 굴착심도가 깊어지더라도 임시물막이의 기초까지 영향을 주지 않으면서 댐 본체 공사를 위한 작업장으로서의 공간을 줄 수 있는 곳을 선택한다.

(2) 설치시기

임시물막이댐의 설치시기는 과거의 수문자료로부터 갈수가 예상되는 시기를 선택하는 것이 좋고 공사는 가급적 단기간에 실시하여야 한다. 단기간의 갈수기간 동안에 임시물막이 공사를 종료하는데는 한계가 있을 뿐만 아니라 가배수로 공사도 지형, 지질, 공기 등에 의해 상당한 제한을 받으므로 전체 시공 계획을 고려하여 종합적인 판단을 하여야 한다.

(3) 임시물막이 높이

① 상류 임시물막이 : 가배수로 입구측 설계수위에 약간의 여유고를 더하여 결정한다.

② 가배수로 입구측 설계수위 : 유입설계홍수량, 가배수로 터널단면 및 경사, 홍수조절능력 등 수리적으로는 터널 입출구의 손실수두와 터널자체의 마찰손실 및 만곡손실 등을 고려하여 결정하여야 하며 여유고는 입구측 설계수위에 0.5m 이상을 둔다.

③ 하류 임시물막이 : 일반적으로 ②에서 계산된 출구측 하천수위로 하되 홍수시 상하류의 임시물막이 월류가 동시에 발생하도록 결정한다.

(4) 임시물막이 형식

① 콘크리트 구조체에 의한 임시물막이 : 일반적으로 중력식, 무근콘크리트 구조체, 옹벽식 철근콘크리트 구조체로 분류된다. 이들은 가설구조체이므로 지진, 온도응력 등은 고려하지 않고 영구구조물의 안전율보다 낮추어 설계한다.
하류측 임시물막이는 공사기간중에 발생할 수 있는 월류로 인해 수압을 상하면에 교대로 받을 가능성이 있으므로 중력식 형태를 취하는 것이 바람직하다.

② 흙댐 · 사력댐 임시물막이 : 공사 중에 홍수에 의해 제체가 월류했을 경우 파괴될 우려가 높으므로 댐의 법면을 콘크리트 혹은 아스팔트 피복공으로 보호하거나, 사력층 표면을 철사망으로 피복하는 등의 처리로 단시간 동안의 월류수에 대해서 저항할 수 있도록 설계한다.

임시물막이댐의 형식은 그림 9.10과 같다.

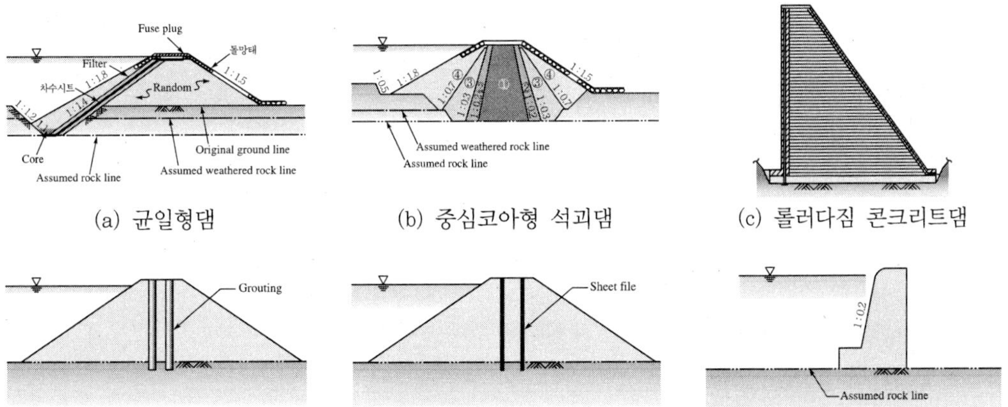

(a) 균일형댐 (b) 중심코아형 석괴댐 (c) 롤러다짐 콘크리트댐

(d) JSP(Jumbo Special Pattern) (e) 쉬트파일(Sheet pile) (f) 콘크리트중력식댐

그림 9.10 임시물막이댐의 형식(현장실무를 위한 건설시공학 인용)

9.4.3 가배수 터널

가배수 터널은 그림 9.11과 같다.

(1) 개요

댐 가설지점의 하천을 완전히 막고 가배수 터널을 설치하여 유수를 전환하는 방식이다. 가배수 터널의 시공은 가급적 우기를 피하여 실시하여야 하며, 터널 굴착공사 중에 발생하는 용출수의 처리를 쉽게 하고 공사기간 동안의 홍수 유출에 대처하기 위해서 계획터널의 하류단에서 시작하여 상류단으로 시공하는 것이 일반적이다.

(2) 적용

① 하폭이 좁아 협곡상인 곳
② 하천이 만곡되어 짧게 굴착 할 수 있는 곳
③ 유량이 많아 제체내 가배수로가 불가능한 곳

(3) 특징

① 전면적인 기초굴착 및 제체의 시공이 가능하다.
② 임시물막이 마루를 공사용 도로로 이용할 수 있다.
③ 공사비 및 공기가 증가한다.

9.4.4 제체내 가배수로

제체내 가배수로는 그림 9.11과 같다.

(1) 개요

주로 하도내 부분 임시물막이 방법을 채택하는 경우 1차 임시물막이시 축조된 댐 구체내에 설치하여 2, 3단계 임시물막이가 이루어질 경우 유수전환 관거로 이용된다.

제체내 가배수로는 전면 임시물막이 방식을 채택할 경우 시행하는 가배수 터널에 의해 처리할 수 없는 큰 홍수를 가급적 제체를 월류시키지 않고 소통시키기 위해 설치하는 경우도 있다.

(2) 특징

① 제체내 가배수로의 바닥 높이는 원지반선에 일치시킨다.

② 설치 위치는 타설 블록의 중앙부에 설치하는 것이 일반적이다.

③ 단면형상은 보통 원형, 상부 반원 하부 사각형 단면형, 사각형 단면형 등이 있다.

④ 제체내 가배수로는 공사기간 중 응력이 집중되는 곳이므로 가배수로의 주변을 철근으로 보강한다.

⑤ 제체내 가배수로에는 각종 부속물 및 배관을 설치하게 되며, 상류 임시물막이와 제체내 가배수로를 개수로로 연결하는 댐의 경우 제체내 가배수로의 수문 폐쇄시에 상류 물막이를 이용하여 물을 저류할 수 있으므로 육상공사를 할 수 있다.

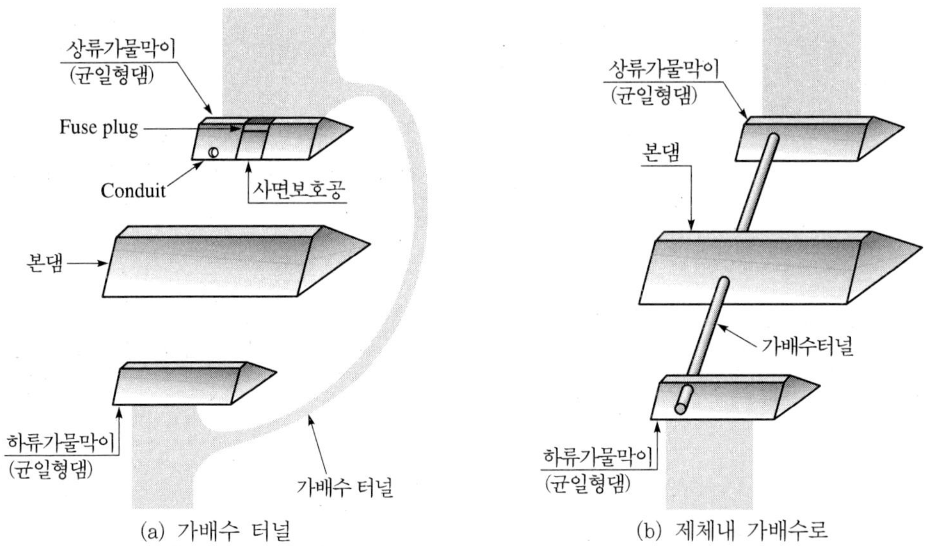

그림 9.11 가배수 터널과 제체내 가배수로(현장실무를 위한 건설시공학 인용)

9.5 댐 부속설비의 계획과 설계

댐의 부속설비에는 그림 9.12와 같이 여수로, 수문, 어도, 취수탑, 발전소 등이 있다.

그림 9.12 댐의 부속설비

9.5.1 여수로

(1) 개요

여수로는 할당된 저류공간에 수용할 수 있는 용량을 초과하는 홍수량 또는 전환댐에서 전환계통의 용량을 초과하는 홍수량을 안전하고 효율적으로 방류할 수 있도록 하는 수로를 말한다.

여수로는 접근수로, 조절부, 도수로, 감세공 및 방수로의 5개 부분으로 구성되며, 각 부분은 설계홍수량을 안전하게 소통시킬 수 있는 단면을 가져야 하고 지형, 지질에 가장 적합한 형식과 구조를 선정한다.

(2) 여수로의 형식

여수로는 크게 개수로형과 관수로형으로 분류할 수 있다.

① 개수로형 : 자유낙하 여수로, 월류 여수로, 측수로 여수로

② 관수로형 : 터널 또는 암거 여수로, 샤프트 여수로, 사이폰 여수로

(3) 여수로의 종류

여수로의 종류는 그림 9.13과 같다.

① 자유낙하 여수로(Free Over Fall Spillway) : 아치댐에 적합한 형으로 여수로의 기초가 견고한 경우에 채택한다.

낙하지점에는 침식이 일어나므로 침식이 허용되지 않는 곳에서는 하류에 부댐을 설치하여 인공 저수지를 만들거나 콘크리트 물받이를 설치한다.

② 월류 여수로(Ogee Spillway) : 콘크리트 중력댐의 경우 홍수량을 댐마루 수문에 의해 조절 방류하는 형식이다.

마루부는 월류웨어로 구성되며 웨어의 흐름이 공기의 유입이 없이 월류부 표면에 밀착하여 경계면의 간섭 없이 마루부를 흐르도록 한다.

③ 측수로 여수로(Side Channel Spillway) : 댐 정부를 월류시킬 수 없을 때 댐의 한쪽 또는 양쪽에 설치하는 여수로이다.

월류부 연장이 긴 여수로가 필요한 경우, 웨어 설치 지점의 지표경사가 급변하거나 조절부에서 좁은 급경사수로나 터널에 접속되어야 할 경우에 적용되며 주로 필댐에 설치한다.

④ 샤프트 여수로(Shaft Spillway) : 수평으로 설치한 원형이나 사각형 조절부를 월류한 유량을 수직 또는 경사 샤프트에 의해 낮은 위치까지 유도 전향시켜 수평터널이나 암거를 통해서 댐 하류에 방류시키는 형식이다.

⑤ 사이펀 여수로(Siphon Spillway) : 상하류면의 수위차를 이용한 여수로로서 동일단면에서 자유월류의 경우보다 다량의 물을 배출시킬 수 있다.

도관 내 특히 마루부에서 공동 또는 붕괴에 이르는 부압의 발생을 방지하기 위하여 저수지 수위와 여수로 마루부와의 수두차를 8m 이하로 제한한다.

(a) 월류 여수로

(b) 자유낙하 여수로

(c) 측수로 여수로

(d) 터널 또는 암거 여수로

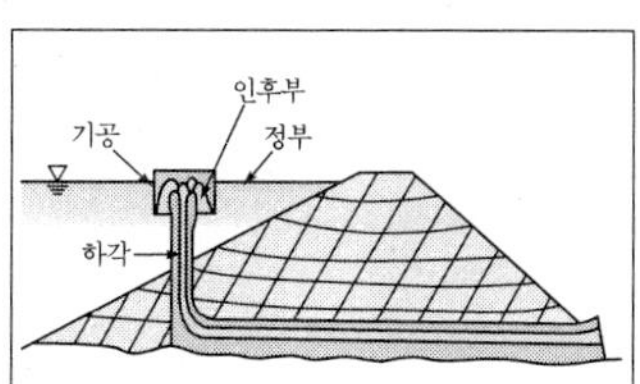

(e) 사이펀 여수로

(f) 샤프트 여수로

그림 9.13 여수로의 종류(현장실무를 위한 건설시공학 인용)

(4) 보조여수로와 비상여수로

보조여수로(Auxiliary Spillway)와 비상여수로(Emergency Spillway)의 비교는 표 9.1과 같다.

표 9.1 보조여수로와 비상여수로의 비교

구분	보조여수로	비상여수로
계획홍수량 이하 운영여부 (100년 또는 200년 빈도)	· 저수지 운영방식에 유리한 방향으로 기존 여수로와 보조여수로 병행 운영 –기존여수로 : 자주 발생하는 소홍수 방류 –보조여수로 : 소홍수 초과방류	· 평소에는 운영하지 않으나, 당초 예상치 못한 비상사태가 발생할 경우 운영 〈비상사태〉 –방류관 폐쇄, 기존여수로 수문고장 등 시설물 이상발생시 –기유입된 홍수조절용량이 방류되지않은 상태에서 추가로 대홍수가 유입될 경우
계획홍수량 초과시 (가능최대홍수량)	· Full 방류 : 기존여수로+보조여수로	· Full 방류 : 기존여수로+비상여수로
적용 댐	소양강댐, 영천댐, 수어댐, 대암댐	대청댐, 임하댐, 안동댐, 섬진강댐

가) 영천댐 보조여수로

경상북도 영천에 위치한 영천댐의 본댐이 1980년 준공된 후 댐의 운영방식에 유리한 방향으로 기존여수로와 병행 운영하기 위해 영천댐 보조여수로를 2008년 준공하였으며, 사진 비교는 그림 9.14와 같다.

(a) 영천댐 본댐 준공(1980) (b) 영천댐 보조여수로 준공(2008)

그림 9.14 영천댐 본댐과 보조여수로

나) 소양강댐 보조여수로

강원도 춘천시 신북읍에 위치한 소양강댐의 보조여수로 공사가 2005년 착공하여 2009년 준공되었으며, 그림 9.15와 같다.

그림 9.15 소양강댐 보조여수로

다) 안동댐 비상여수로

경상북도 안동시 와룡면에 위치한 안동댐의 비상여수로는 그림 9.16과 같다.

그림 9.16 안동댐 비상여수로

라) 임하댐 비상여수로

경상북도 안동시 임동면에 위치한 임하댐의 비상여수로는 그림 9.17과 같다.

그림 9.17 임하댐 비상여수로

9.5.2 수문

(1) 개요

수문에는 여러 종류의 형식이 있으나, 대규모 댐 용으로는 조작이 확실하고 유지와 수리가 편리하며, 수밀이 확실한 점 등의 이유로 인양식 수문(Lift Gate), 테인더 수문(Tainter Gate), 전동식 수문(Rolling Gate), 드럼 수문(Drum Gate) 등이 사용된다.

수문의 종류는 그림 9.18과 같다.

a) 인양식 수문(Lift Gate)

(b) 전동식 수문(Rolling Gate)

그림 9.18 수문의 종류

(2) 수문 선정시 고려사항

① 수압, 빙압, 지진, 토압, 기타의 외력에 대하여 충분히 견고할 것.
② 개방시에 수류를 저해하지 않도록 충분한 경간과 권양고를 가지며, 개폐운전은 용이, 신속, 확실할 것.
③ 충분한 수밀성을 가지고 있을 것.
④ 경제적이고 내구성이 있으며 수리, 검사가 용이할 것.
⑤ 홍수의 상승속도에 대응되는 조작이 가능할 것.
⑥ 요구되는 홍수위 조절의 정확도를 가지고 있을 것.
⑦ 하천의 유하 부유물, 자갈 및 모래의 유입에 대해 안전할 것.

9.5.3 어도

(1) 개요

댐 건설시 어도 설치 목적은 유용한 수산자원의 보호와 자연생태계의 보전을 위하여 회유성 어류들의 이동이 가능하도록 하여 물고기가 살기 좋은 하천의 상태를 유지하도록 하는데 있다. 좋은 어도의 조건은 다음과 같다.

① 소상어가 어도의 입구 이외의 장소에 모여들지 않아야 한다.
② 어도의 입구에 모인 모든 소상어가 신속하게 어도에 들어갈 수 있어야 한다.
③ 어도내에 진입한 모든 소상어가 신속하고 안전하게 소상할 수 있어야 한다.
④ 구조가 간단하고 견고하며, 유지관리가 쉽고 비용이 절감될 수 있어야 한다.

(2) 어도의 형식

어도의 형식을 결정할 때에는 각 어도의 특징을 충분히 검토하고 대상으로 하는 하천 유량, 어도의 유량, 대표어종의 소상능력 한계치, 입지조건 및 경제적 조건 등을 고려하여 적합한 형식을 결정한다. 일반적으로 어도는 그림 9.19와 같고 종류 및 형식은 다음과 같다.

① 풀(pool)식 어도 : 계단식 어도, 아이스하버(ice harbor)식 어도
② 수로식 어도 : 버티칼 슬롯(vertical slot)식 어도, 데닐(denil)식 어도
③ 오퍼레이션(operation)식 어도 : 엘리베이터식 어도, 리프트(lift)식 어도, 갑문식 어도, 피시펌프(fish pump)식 어도, 볼렌드(borland)식 어도

④ 하이브리드(hybrid)식 어도 : 직선형, 지그재그형

그림 9.19 풀식 어도(계단식 어도)

연습문제

9.1. 댐의 정의를 설명하시오.

9.2. 댐의 분류를 설명하시오.

9.3. 용도에 따른 댐의 분류를 설명하시오.

9.4. 목적에 따른 댐의 분류를 설명하시오.

9.5. 수리구조에 따른 댐의 분류를 설명하시오.

9.6. 재료와 형식에 따른 분류를 설명하시오.

9.7. 콘크리트댐을 설계형식에 따라 분류하고 설명하시오.

9.8. 댐 수위의 종류를 설명하시오.

9.9. 댐 사업 추진절차를 설명하시오.

9.10. 댐 형식의 결정요인을 설명하시오.

9.11. 댐의 실시설계 단계별 업무를 설명하시오.

9.12. 유수전환시설을 구분하여 설명하시오.

9.13. 유수전환시설 설치시 고려사항을 설명하시오.

9.14. 임시물막이댐을 설명하시오.

9.15. 임시물막이의 형식을 설명하시오.

9.16. 임시물막이댐의 형식을 설명하시오.

9.17. 가배수 터널을 설명하시오.

9.18. 제체내 가배수로를 설명하시오.

9.19. 여수로의 정의와 형식을 설명하시오.

9.20. 여수로의 종류를 설명하시오.

9.21. 보조여수로와 비상여수로를 비교하여 설명하시오.

9.22. 수문의 종류를 설명하시오.

9.23. 수문 선정시 고려사항을 설명하시오.

9.24. 어도의 정의와 좋은 어도의 조건을 설명하시오.

9.25. 어도의 형식을 설명하시오.

참고문헌

1. 건설교통부, "댐설계기준", 한국수자원학회, 2011.
2. 김진우, "사회기반시설공학", 구미서관, 2006.3, pp.238~246.
3. (사)한국대댐회 홈페이지, "댐정보", 2017.12
4. 설진성 · 김홍철 외, "현장실무를 위한 건설시공학", 구미서관, 2017.8, pp.743~750.
5. 우종태, "건설계측의 이론과 실무(1)", 한국연구재단, 2009.9, pp.265~270.
6. 이승언,외 "살아있는 토목시공학", 구미서관, 2014.1, pp.441~451.
7. 일본댐기술센터, 한국수자원공사, "콘크리트댐의 세부기술", 구미서관, 2009.5, pp.1~70.
8. 최인걸 · 박영목, "현장실무를 위한 지반공학", 구미서관, 2012.1, pp.609~610.
9. 한국수자원공사, "수자원개발 및 치수능력증대사업 자료", 2011.12
10. 한국수자원공사 홈페이지, "댐건설자료", 2017.12
11. 홍순헌, 김일배, "토목공학개론", 형설출판사, 2004. 7, pp.147~154.

제 10 장

상하수도시설

10.1 상하수도의 정의 및 특징

10.1.1 상하수도의 개요

고대 그리스의 철학자 탈레스는 "만물의 근원은 물이다"라고 정의한 바와 같이 물은 인간에게 있어서나 지구상의 모든 생물에게 생명의 근원이다.

물은 인체성분의 60~65%를 차지하며, 만일 인체 내의 수분이 10%가 감소하면 신체에 이상을 일으키고, 20~22%를 잃으면 생명에 위험을 가져온다고 한다.

세계의 4대문명 발상지인 메소포타미아 문명, 황하문명, 이집트문명, 인더스 문명지도 모두 큰 강 유역이었고 인류의 역사가 물과 함께 발전을 거듭해 왔으며, 오늘날에는 물의 소비량으로 문화의 척도를 재고 있는 현실을 볼 때 물이 인간생활과 얼마나 밀접한 관계를 가지고 있는지 알 수가 있다.

하수도의 목적은 인간의 생활환경을 쾌적하게 유지하는 것이며, 오수를 신속하게 배제시켜서 유행병, 파리발생, 악취 등을 방지하여 위생과 미관을 유지시키는 역할은 한다.

오늘날 산업경제의 비약적인 발전에 의한 급격한 도시화 현상은 생산과 소비의 양면에서 도시의 오수배출량을 현저히 증가시켜 도시환경의 악화와 하천 등 공공수역의 수질오염에 의한 자연환경의 파괴를 초래하게 되었다.

참고로 상하수도시설을 집필하기 위해 "현장실무를 위한 건설시공학(설진성 · 김홍철 외, 구미서관, 2017.8, pp.843~885)"과 "상하수도공학(이종형 외, 구미서관, 2009.3, pp.283~293)" 책자 내용을 일부 인용 및 참고하였으며, 추가적인 내용을 필요로 할 경우 이들 교재를 참조하기 바란다.

10.1.2 상수도의 정의 및 특징

(1) 상수도의 정의

가) 수도는 그 기능과 역학의 측면에서 "생활, 공공, 생산 활동에 필요한 맑은 물을 적절한 수압으로 연속적으로 공급하는 공공시설"이라고 정의할 수 있다.

나) 상수도의 기본법인 수도법에는 수도란 "관로(管路), 그 밖의 공작물을 사용하여 원수나 정수를 공급하는 시설의 전부를 말하며, 일반수도, 공업용수도 및 전용수도로 구분한다.

(2) 상수도의 특징

가) 생활환경 및 보건위생 개선

위생적으로 안전한 물을 공급함으로써 청결한 환경을 만들며, 상수도 시설의 보급으로 생활환경이 개선되어 이질, 장티푸스, 콜레라 등의 수인성 전염병이 예방되며, 또한 수세식 형태의 화장실 사용으로 보건위생 생활이 개선된다.

나) 생산성 증가

도시의 발전과 각종 산업의 발달을 가져올 수 있는 원동력이 되고 오염된 물을 사용함으로써 발생되는 기계의 마모, 부식 제품의 품질저하, 관의 폐쇄 등을 방지할 수 있다.

다) 소방기능 향상

도시 건축물의 고층화 및 밀집화에 따라 소방기능을 향상시키고 인명과 재산피해를 해소시킴으로써 간접적으로 도시번영의 기초를 마련하는 효과가 있다.

10.1.3 하수도의 정의 및 특징

(1) 하수도의 정의

하수도의 기본법인 하수도법에는 "하수란 사람의 생활이나 경제활동으로 인하여 액체성 또는 고체성의 물질이 섞여 오염된 물(오수)과 건물 · 도로 그 밖의 시설물의 부지로부터 하수도로 유입되는 빗물, 지하수를 말한다. 다만, 농작물의 경작으로 인한 것을 제외한다."고 되어 있으며, "하수도란 하수와 분뇨를 유출 또는 처리하기 위하여 설치되는 하수관거, 공공하수처리시설, 분뇨처리시설, 중수, 배수설비, 개인하수처리시설 그 밖의 공작물, 시설의 총체를 말한다."라고 정의하고 있다.

(2) 하수도의 특징

하수도의 법적 근거인 하수도법 제1조에 따르면 법의 목적을 "도시 및 지역사회의 건전한 발전과 공중위생의 향상에 기여하고 공공수역의 수질을 보전함을 목적으로 한다."라고 명시하고 있으며, 이는 하수도 시설의 포괄적인 목적이기도 하다.

가) 하수의 배제와 이에 따른 생활환경의 개선

하수도를 통해 오수를 배제함으로써 화장실의 수세화가 가능해지고, 병원균이나 해충의 배제, 악취비산 방지 등의 공중위생 향상과 쾌적한 도시생활환경이 조성되고, 또한 하수도 정비를 통해 오수를 하천수와 분리하여 유하시킴으로써 도시내 수로를 친수공간으로 조성하여 시민에게 되돌려 줄 수 있다.

나) 침수방지

하수도의 정비에 의해 우수를 신속하게 배제하고 침수문제를 해소할 수 있다. 도시화의 진전과 토지개발 밀도 고도화에 따라 우수의 유출량은 늘어나고, 도시재산과 인명의 밀집현상이 나타나서 침수시 재산과 인명 피해가 커지게 되므로 침수대책으로서의 하수도 역할은 그 중요도가 갈수록 더해간다. 이에 대처하기 위해 관거와 펌프장 같은 기존 우수배제 시설의 정비 외에도 우수유출 저감시설을 적절히 조합하여 도시의 치수기능을 향상시켜야 한다.

다) 화장실의 수세화

화장실의 수세화로 하수도 미정비 지역에서도 정화조가 보급되고 있으나, 관리가 불충분하여 수질오염의 새로운 요인이 되고 있다. 따라서 이러한 문제를 하수도정비를 통하여 일거에 해소할 수 있다.

라) 공공수역의 수질보전과 건전한 물 순환의 회복

하수도는 도시 활동에 의해 배출되는 오수를 적절히 처리하여 방류수역의 수질오염을 개선하는데 크게 기여하고 있다. 또한 처리수를 하천에 환원시켜 하천유지 수량을 확보함으로써 생태계의 보전 및 회복에 기여한다.

마) 지속 발전 가능한 도시구축에 기여

도시 활동에 따라 배출되는 하수는 하수에 포함된 열에너지와 하수처리과정에서 발생되는 슬러지 및 하수처리수는 자원으로서 유효하게 순환이용이 가능하다. 또한, 하수도는 도시내 건물을 연결하는 공동구로서 정보화를 위한 통신선로 부설 등이 가능하므로 하수도를 도시기능 향상을 위해 다목적으로 이용가능하다.

10.2 상하수도의 구성

10.2.1 상수도의 구성

상수도는 그림 10.1과 같이 수원에서 물을 취수하여 정수장까지 도수한 후 정수처리를 거쳐 깨끗한 물을 각 가정과 공장에 분배하는 시설 등으로 구성되어 있다.

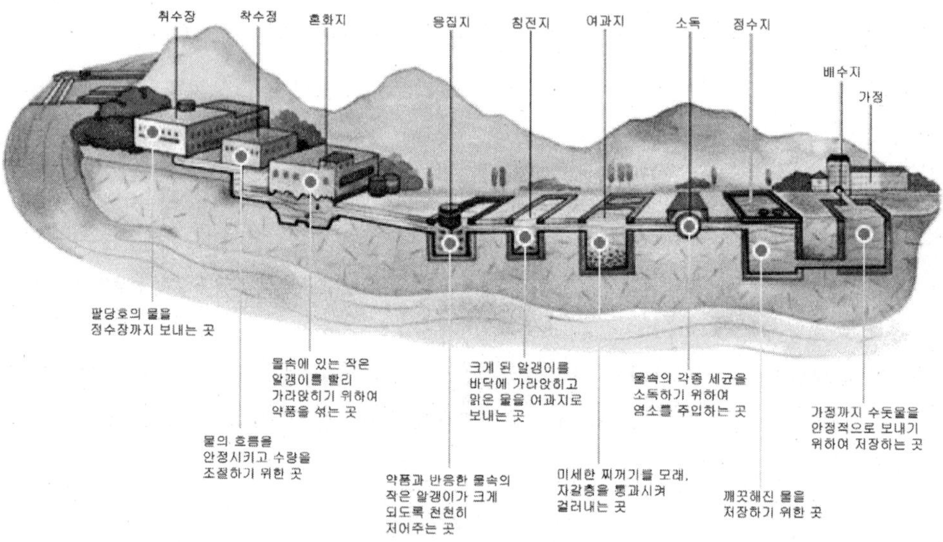

그림 10.1 상수도의 구성

(1) 저수 및 수원(Water Source)

원수의 수원으로 지표수와 지하수가 대부분이며, 계획취수량을 안정적으로 확보할 수 있어야 한다. 수원 선정시 유의할 점은 수질 및 수량과 급수대상지역과의 거리와 공사의 난이도, 시설비 및 유지관리비와 장래 확장 가능성 등이다.

(2) 취수시설(Intake Facilities)

수원에서 소요 수량을 취수하는 시설로 수원의 종류나 취수량에 의해서 취수하는 방법이나 규모를 달리한다. 하천 표류수에 대한 취수시설은 최대 홍수시와 최대 갈수시에도 지장을 받지 않도록 하여야 한다.

(3) 도수 및 송수시설(Water Conveyance or Transmission Facilities)

수원에서 취수한 물을 정수장까지 운반하는 시설을 도수시설이라 하고, 정수장에서 배수지까지 보내는 시설을 송수시설이라 한다.

(4) 정수시설(Purification Facilities)

수원에서 취수한 물을 사용 용도에 따라 처리하는 시설이다. 일반적인 정수처리는 침전, 여과 및 살균 처리하고, 수질에 따라 철 및 망간 등을 제거하는 공정을 추가하며, 이러한 처리과정을 시행하기 위한 시설이 정수시설이다.

(5) 배수시설(Distribution Facilities)

정수장에서 정화 처리된 청정수를 소요수압 하에서 소요 수량만큼 분배하는 것이 배수이지만 이때 특히 소화용수를 고려하여야 한다. 배수는 도시에 부설하는 공도하의 상수도관, 즉 배수관까지를 말한다.

시가지의 수압 및 수량을 조절하기 위하여 배수지 또는 배수탑을 설치한다.

(6) 급수시설(Service Facilities)

배수관에서 나누어 각 가정의 급수전까지를 급수라 하고, 이를 위한 시설을 급수시설이라 한다.

10.2.2 하수도의 구성

하수도는 그림 10.2와 같이 배수설비, 관거시설, 공공하수처리시설 등으로 구성되어 있다.

그림 10.2 하수도의 구성(현장실무를 위한 건설시공학 인용)

(1) 배수설비

토지, 건물의 소유자가 거기서 발생하는 하수를 공공하수도에 유입시키기 위하여 설치하는 각종 위생기구, 배수관 등의 접속관까지를 말한다.

(2) 관거시설

관거는 하수를 유하시켜 우수는 공공수역으로, 오수는 종말처리장으로 운반하기 위한 것으로 우수와 오수를 각각의 관거로 배제하는 분류식과 동일한 관거로 배제하는 합류식이 있다.

(3) 공공하수처리시설

공공하수처리시설은 공공수역의 수질오염방지라는 하수도의 큰 목적을 달성하기 위한 가장 중요한 시설이며, 수처리 시설과 슬러지 처리시설의 2가지로 나눌 수 있다.

하수의 처리방식으로는 하수의 성상, 필요한 처리수질 등에 따라 여러 가지 방법이 채택되고 있으며, 최근 고도처리 공정의 도입이 일반화되고 있다.

하수 종말처리시설, 중계펌프장 등은 인근 주민으로부터 혐오시설로 인식되는 경향이 있기 때문에 최근에는 시설내의 녹화, 공원화를 도모함과 함께, 미관의 향상, 악취 · 소음의 방지를 위한 시설로서 복개 등 주변 환경과의 조화에 노력하고 있다.

(4) 배제 방식

하수의 배제 방식에는 분류식과 합류식이 있으며, 분류식은 오수와 우수를 별개의 관거 계통으로 배제하는 방식이고, 합류식은 동일 관거 계통으로 배제하는 방식이다.

가) 분류식 하수배제방식

오수만을 처리장으로 수송하는 방식으로서 우천시에 오수를 수역으로 방류하는 일이 없으므로 수질오염 방지상 유리하다. 또한 재래의 우수배제시설이 비교적 정비되어 있는 지역에서는 이들의 시설을 유효하게 이용할 수가 있기 때문에 경제적으로 하수도의 보급을 추진할 수가 있다. 그러나, 분류식에 있어서도 도로 폭이 좁고 여러 가지 지하매설물이 교차되어 있는 기존시가지에서 우수관거와 오수관거를 모두 신설할 경우 시공상 곤란한 점과 분류식의 오수관거는 소구경이기 때문에 합류식에 비해 경사가 급해지고 매설깊이가 깊어지는 단점이 있다

나) 합류식 하수배제방식

단일관거로 오수와 우수를 배제하기 때문에 침수피해의 다발지역이나 우수배제시설이 정비되어 있지 않은 지역에서는 유리한 배제방식이며, 분류식에 비해 시공이 유리하다. 그러나, 우천시에 관거내의 침전물이 일시에 유출되고 처리장에 큰 부담을 주는 경우나 우수토실로부터 어느 일정배율 이상으로 희석된 하수가 수역으로 직접 방류되는 점 등 수질보전상 바람직하지 않은 문제점이 있다.

분류식과 합류식의 비교는 표 10.1과 같다.

표 10.1 분류식과 합류식의 비교

검토사항		분류식	합류식
시설면	관로계획	오수와 오수를 별개의 관로에 배제하기 위해 오수의 배제계획이 합리적으로 된다.	우수를 신속히 배수하기 위해서 지형조건에 적합한 관로망이 된다.
	건설비	오수관거와 우수관거의 2계통을 건설하는 경우는 비싸지만 오수관거만을 건설하는 경우는 가장 저렴하다.	대구경 관거가 되면 1계통으로 건설되어 오수관거와 우수관거의 2계통을 건설하는 것보다 저렴하지만 오수관거만을 건설하는 것보다는 비싸다.
유지관리면	관거오접	철저한 감시가 필요하다.	없음
	처리장으로의 토사유입	토사의 유입이 있지만 합류식 정도는 아니다.	우천시에 처리장으로 다량의 토사가 유입하여 장기간에 걸쳐 수로바닥, 침전지 및 슬러지소화조 등에 퇴적한다.
	기존수로의 관리	기존의 측구를 존속할 경우는 관리자를 명확하게 할 필요가 있다. 수로부의 관리 및 미관상의 문제가 많다.	관리자가 불명확한 수로를 통폐합하고 우수배제계통을 하수도관리자가 총괄하여 관리할 수 있다.
수질보전	우천시의 월류	없음	일정량 이상이 되면 우천시 오수가 월류한다.
	청천시의 월류	없음	오수량의 증가가 있으면 발생한다.
	강우초기의 노면세정수	노면의 오염물질이 포함된 세정수가 직접하천 등으로 유입된다.	시설의 일부를 개선 또는 개량하면 강우초기의 오염된 우수를 수용해서 처리할 수 있다.
환경면	쓰레기 등의 투기	측구가 있는 경우나 우수관거에 개거가 있을 때는 쓰레기 등이 불법투기 되는 일이 있다.	없음
	토지이용	기존의 측구를 존속할 경우는 뚜껑의 보수가 필요하다.	기존의 측구를 폐지할 경우는 도로폭을 유효하게 이용할 수 있다.

10.3 상하수도의 계획과 설계

10.3.1 상수도의 계획과 설계

(1) 개요

상수도의 계획은 자연적 · 사회적 · 지역적인 여러 가지 조건을 기초로 하여 시설 확장과 개량, 갱신 등 장래까지 고려하여 장기적이고 종합적으로 계획을 하여야 한다.

가) 수량의 안정적인 확보

상수도는 평상시의 물 공급뿐 아니라 갈수시나 지진 등의 재해시 및 수질 사고 발생시에도 안정적으로 공급할 수 있어야 하며, 수량적인 저류와 조정기능 등 종합적인 물운용 기능을 높여야 하며, 정수장에도 예비용량을 확보하는 것 등을 고려해야 한다.

1) 저수시설 및 수원시설

계획취수량을 안정적으로 확보할 수 있어야 하며, 수원의 안정성을 향상시키기 위해서는 수원의 다계통화, 복수화를 도모하고 상호 운용할 수 있도록 시설을 정비해 두는 것이 바람직하다. 이 밖에도 상수도이외에 다른 목적의 잉여 수원을 이용하거나 빗물이용, 해수의 담수화 등에 대해서도 검토한다.

2) 취수 및 도수시설

계획취수량은 계획1일 최대급수량에 10% 정도의 여유를 고려하여 결정하는 것을 표준으로 한다. 도수시설의 일부로서 원수조정지를 만들어 수량 및 수질의 양면에서 원수의 조정을 도모함으로써 평상시는 물론 유사시에도 급수의 안정성을 높일 수 있다.

3) 정수시설

계획정수량은 계획1일 최대급수량 이외에 정수장내의 작업수량 등을 감안하여 결정한다. 시설용량은 계획정수량 이외에 원수의 수질오염 사고시나 시설 사고시 또는 개량, 갱신시에도 대응할 수 있도록 정수장의 예비용량을 확보하여 결정하는 것이 바람직하다.

예비용량은 장내시설을 계열화한 경우 1계열 시설용량 정도로 하며, 계획정수량의 25% 정도를 표준으로 한다.

4) 송수 및 배수시설

계획송수량은 계획1일 최대급수량을 기준으로 하고 계획배수량은 계획시간 최대배수량으로 한다. 배수지는 저류, 조정기능을 가지고 있으며, 재해나 사고에 따른 단수시에는 응급 급수시설로 되기 때문에 급수구역 내에 적절하게 분산하여 설치해야 한다. 배수지의 유효용량은 계획1일 최대급수량의 12시간분 이상을 표준으로 한다.

나) 수질의 안전성 확보

수질의 안전성을 확보하기 위하여서는 수원의 수질보전이 중요하며, 필요에 따라 정수장에 고도정수시설 등을 도입하여 양질의 물을 급수하는 것을 목표로 해야 한다. 또한 송수, 배수시설 및 급수장치에서의 적절한 수질관리로 수질의 안전성 확보에 노력해야 한다.

다) 적정 수압의 확보

수압을 일정한 범위로 유지하여 직결급수의 범위를 확대하는 것은 저수조 관리로 기인되는 공급수의 수질악화를 해소하는 등 급수서비스의 향상에 기여한다.

목표로 하는 배수관의 최소동수압 및 최대정수압과 급수방식은 최소동수압 150kPa (1.5kgf/cm^2)이상, 최대정수압 700kPa(약 7.1kgf/cm^2) 이하를 기본으로 한다.

라) 지진 등의 비상대책

상수도시설의 내진이나 대체기능의 확보 등으로 피해 저감대책을 강구해야 하며, 지역의 방재계획 등을 감안하여 조기에 복구가 가능하고, 비상급수시스템을 계획하여야 한다.

마) 시설의 개량과 갱신

시설을 개량하거나 갱신할 때에는 시설운전을 일정기간 동안 중지해야 하기 때문에 물 공급시스템 전체의 기능에 영향을 미치지 않으면서 원활하고, 또한 계획적으로 추진해야 한다. 각 시설의 중요도나 또는 그에 따른 유지관리수준, 생애주기비용(Life Cycle Cost) 등을 종합적으로 감안하여 정수시설의 예비용량을 효율적으로 살리는 시설개량과 갱신방법을 적용하여 합리적이고 또한 효과적인 안정급수대책을 진행시켜야 한다.

대전광역시 상수도사업본부의 상수도 처리시설은 그림 10.3과 같다.

그림 10.3 대전광역시 상수도사업본부

(2) 급수량 산정

가) 계획(목표)년도

상수도는 생활기반시설로서 안정적이고 효율적으로 운영되어야 함으로 계획년도는 장래예측의 확실성, 시설정비의 합리성, 경영상황 등을 기초로 하여 가능한 한 장기간으로 설정하는 것이 기본이며, 목표 연도는 계획수립시부터 15~20년간을 표준으로 한다.

나) 계획급수구역

계획급수구역은 상수도사업이 적정하고 또한 효율적으로 운영되기 위하여 시설 건설과 유지관리가 가능한지를 고려하여 결정한다. 또한 타 수도사업이나 간이상수도사업 등과의 통합도 포함하여 광역적인 관점에서 검토하고 급수구역을 설정하도록 한다.

다) 계획급수인구

계획급수구역 내의 인구에 계획급수 보급률을 곱하여 결정한다. 계획급수 보급률은 과거 실적이나 장래 수도시설계획 등을 종합적으로 검토하여 결정한다.

라) 계획급수량

계획급수량은 수도 시설의 계획, 설계 및 유지 관리의 기본 수치이며, 급수량은 상수 소비량 또는 상수 요구량이라고 하며, 통상 lpcd(liter per capita day)의 단위로 표시한다.

1인 1일 최대 급수량은 도시의 규모, 성격, 기상 조건, 생활 수준, 기타 사회적 · 경제적 · 문화적인 제반 조건에 따라 크게 달라지며, 우리나라의 경우 200~450lpcd 정도이다.

서울특별시 구청별 급수구역은 그림 10.4와 같다.

그림 10.4 서울특별시 구청별 급수구역

(3) 수원

가) 지표수

1) 하천수

보통 하천수는 수량이 풍부하나 계절에 따라서 유량 변화가 심하다. 하천의 자정작용에는 장시간이 소요되므로 오염원과 취수지점의 거리가 가까우면 오염의 영향을 직접 받게 된다. 서울특별시 수원인 남한강 전경은 그림 10.5와 같다.

그림 10.5 서울특별시 수원인 남한강 전경

2) 호소수 및 저수지수(댐물)

호소수는 하천의 유수보다 자정작용이 큰 것이 특징이며, 보통 하천수의 수질보다 양호하다. 또한 계절 변화에 따른 밀도차에 의한 성층현상이 발생되어 상하층간에 수온과 용존산소의 차이로 인하여 망간 용출과 같은 수질 문제를 야기할 수 있어서 정기적인 관리가 필요하다.

나) 지하수

1) 복류수

하천이나 호소 또는 연안부의 모래·자갈층에 함유되어 있는 지하수를 말한다. 복류수의 수질은 그 원류인 하천이나 호소의 수질, 자연여과, 지층의 토질이나 그 두께 그리고 원류의 거리 등에 따라 변화한다. 그러나 대체로 양호한 수질을 얻을 수 있어서 그대로 수원으로 사용되는 경우가 많다.

2) 우물물

우물은 보통 불투수층 이내 정도까지 깊이의 것을 얕은 우물, 그리고 그 이하 깊이의 것을 깊은 우물이라고 한다. 얕은 우물에서는 정화작용이 불완전한 경우가 있으며, 대장균군이 출현하는 경우도 있다.

(4) 취수시설

가) 취수보

취수보는 그림 10.6과 같고, 하천에 보를 쌓아 계획수위를 확보함으로써 안정된 취수를 가능하도록 하기 위하여 하천을 횡단하여 만들어지는 시설로 보의 본체와 취수구로 이루어진다.

취수보의 위치와 구조는 다음 사항을 고려하여 결정해야 한다.

1) 유심이 취수구에 가까우면 안정되고 홍수에 의한 하상변화가 적은 지점으로 한다.
2) 원칙적으로 홍수 유심방향과 직각의 직선형으로 가능한 한 하천의 직선부에 설치한다.
3) 고정보의 상단 또는 가동보의 상단 높이는 계획 하상높이, 현재의 하상높이 및 장래의 하상변동 등을 고려하여 유수 소통에 지장이 없는 높이로 한다.

그림 10.6 취수보

나) 취수구

취수구는 계획취수량을 언제든지 취수할 수 있고 취수구에 토사가 퇴적되거나 유입되지 않으며 또한 유지관리가 용이하도록 설치하고, 높이는 배사문의 바닥높이보다 0.5~1.0m 이상 높게 한다.

유입속도는 0.4~0.8m/s를 표준하며, 폭은 바닥높이와 유입속도를 표준치의 범위로 유지하도록 결정하며, 제수문은 전면에 스크린을 설치한다.

다) 취수탑

취수탑은 그림 10.7과 같이 하천, 호소, 댐의 내에 설치된 탑모양의 구조물로 측벽에 만들어진 취수구에서 직접 탑 내로 취수 하는 시설로서 연간을 통하여 최소수심이 2m 이상으로 하천에 설치하는 경우에는 유심이 제방에 되도록 근접한 지점으로 한다.

세굴이 우려되는 경우에는 돌이나 또는 콘크리트공 등으로 탑 주위의 하상을 보강한다.

그림 10.7 취수탑

라) 취수문

취수문은 하천의 표류수나 호소의 표층수를 취수하기 위하여 물가에 만들어지는 취수시설로서 취수문은 수위 및 하상 등이 안정된 지점에서 중 · 소량의 취수에 알맞고, 유지관리도 비교적 용이하다. 또 한랭지에서는 결빙 등에 의하여 취수할 수 없는 사태로 되지 않도록 고려해야 한다.

취수문의 위치와 구조는 양질이고 견고한 지반에 설치하며, 수문의 크기를 결정할 때에는 모래나 자갈의 유입이 적은 적정 유속이 되도록 한다.

마) 취수관거

취수관거는 관거에 작용하는 내압 및 외압에 견딜 수 있는 구조로 하며, 관거를 제외지에 부설하는 경우에는 원칙적으로 계획 둔치고에서 2m 이상 깊게 매설한다.

취수관거가 제방을 횡단하는 경우에는 유연한 구조로 하며, 비상시에 지수가 확실하고 용이하게 이루어지도록 제수밸브 등을 설치한다. 또한, 시공한 다음 제방에 영향을 주지 않도록 제방 법면의 보호공을 설치한다.

취수시설의 종류는 그림 10.8과 같다.

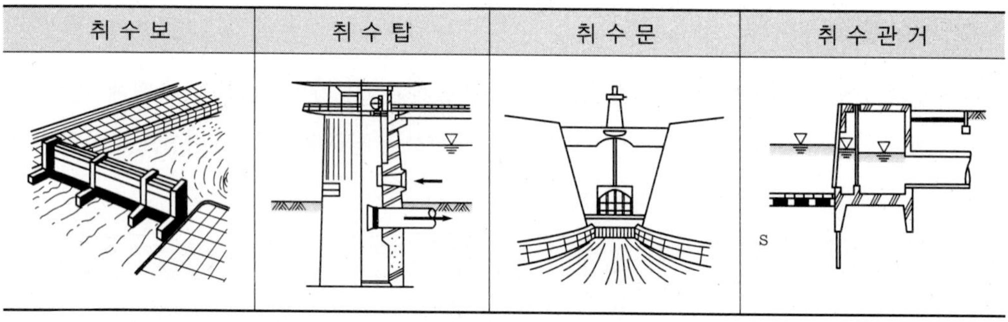

그림 10.8 취수시설의 종류

(5) 도수 및 송수

도수시설은 취수시설에서 취수된 원수를 정수시설까지 끌어들이는 시설로 도수관 또는 도수거, 펌프설비 등으로 구성된다. 도수는 원수의 수송이므로 밀폐를 고려할 필요가 없으나, 송수는 정수의 수송이므로 수질을 보호하기 위해 밀폐와 유속을 고려하여야 한다.

도수시설의 계획급수량은 계획취수량을 기준으로 해야 하며, 송수시설의 계획송수량은 계획1일 최대 급수량을 기준으로 해야 한다.

가) 도 · 송수 시스템

수원으로부터 수요지까지 물을 수송하는 시스템 가운데 원수를 취수점으로 부터 정수 시설까지 수송하는 것을 도수시스템, 정수 시설로부터 배수 시스템까지 정수를 수송하는 것을 송수 시스템이라 한다.

1) 도수 시스템

계획 도수량은 계획 1일 최대 급수량에 10% 정도의 작업 용수를 더한 수량으로 계획 취수량과 같다. 도수방식은 수위관계로부터 자연 유하식과 펌프 가압식, 수리학적 개수로식과 관수로식, 수로위치에 따라서 지하식(관로, 암거, 터널)과 지표식으로 분류된다.

2) 송수 시스템

계획 송수량은 계획 1일 최대 급수량을 기준으로 한하고, 송수 방식에는 자연 유하식과 펌프 가압식, 개수로식과 관수로식이 있다.

나) 관로의 유속

계획 송수량은 계획 1일 최대 급수량을 기준으로 산정하고, 도 · 송수거의 유속은 0.3~3.0m/s 범위 내로 유지한다. 도 · 송수관에서의 평균 유속의 최대 한도는 관 내면이 마모되지 않아야 하며, 모래 입자의 침전을 방지하기 위한 허용 유속으로 해야 한다.

다) 수도관의 종류

수도관의 종류는 표 10.2와 같이 덕타일주철관, 강관, 스테인리스강관, 경질염화비닐관 및 수도용 폴리에틸렌관 등의 관을 사용한다. 이 관들은 각각 재료, 제조방법, 규격치수, 강도 및 내외면 도장 등이 다르기 때문에 다음 각 항에 의하여 위생성, 호환성, 내구성, 유지관리의 용이성 등을 고려하여 최적의 것을 선정한다.

표 10.2 수도관의 종류(현장실무를 위한 건설시공학 인용

재질별	장 점	단 점
덕타일 주철관	(1) 강도가 크고 내구성이 있다. (2) 강인성이 뛰어나고 충격에 강하다. (3) 이음에 신축 휨성이 있고 관이 지반의 변동에 유연하다. (4) 시공성이 좋다. (5) 이음의 종류가 풍부하다.	(1) 중량이 비교적 무겁다. (2) 이음의 종류에 따라서는 이형관 보호공을 필요로 한다. (3) 내외의 방식면이 손상되면 부식되기 쉽다.
강관	(1) 강도가 크고 내구성이 있다. (2) 강인성이 뛰어나고 충격에 강하다. (3) 용접이음에 의해 일체화가 가능, 지반의 변동에는 장대한 관로로서 유연하다. (4) 가공성이 좋다. (5) 라이닝(Lining)의 종류가 풍부하다.	(1) 용접이음은 숙련공이나 특수한 공구를 필요로 한다. (2) 전식에 대하여 고려해야 한다. (3) 내외의 방식면이 손상되면 부식되기 쉽다.
경질염화 비닐관	(1) 내식성이 뛰어나다. (2) 중량이 가볍고 시공성이 좋다. (3) 가공성이 좋다. (4) 내면조도가 변화하지 않는다. (5) 고무윤형은 조인트의 신축성이 있고, 관이 지반변동에 유연하게 대응할 수 있다.	(1) 저온시에 내충격성이 저하된다. (2) 특정 유기용제 및 열, 자외선에 약하다. (3) 표면에 상처가 생기면 강도가 저하된다. (4) 조인트의 종류에 따라 이형관 보호공을 필요로 한다.
수도용 폴리 에틸렌관	(1) 내식성에 우수하다. (2) 중량이 가볍게 시공성이 좋다. (3) 융착접속으로 일체화할 수 있고, 관체에 유연성이 있으므로 관로가 지반변동에 유연하게 대응할 수 있다. (4) 가공성이 좋다. (5) 내면조도가 변하지 않는다.	(1) 열이나 자외선에 약하다. (2) 유기용제에 의한 침투에 조심해야 한다. (3) 융착접속으로는 우천시나 용천수지반에서의 시공이 곤란하다. (4) 융착접속은 컨트롤러나 특수공구를 필요로 한다.
스테인리스 강관	(1) 강도가 크고 내구성이 있다. (2) 내식성이 우수하다. (3) 강인성이 뛰어나고 충격에 강하다. (4) 라이닝이나 도장을 필요로 하지 않는다.	(1) 용접접속에 시간이 걸린다. (2) 이종금속과의 절연처리를 필요로 한다.

(6) 정수시설

정수시설은 수도시설의 중추시설이며, 그 정수처리방법과 정수시설의 선정 및 유지관리는 수도시스템 전반에 직접적으로 영향을 미친다.

정수시설의 기능은 정수처리로 소요수질의 물을 필요량만큼 안정적으로 얻는 것이 기본이다.

가) 시설규모

최적의 시설규모는 수도시설 전체의 기본계획으로 결정되어야 하지만 실제로 정수시설을 계획할 때에는 장래 확장분까지를 고려하여 결정하는 것이 바람직하다. 또한 시설규모를 결정할 경우에도 예비능력도 고려해야 할 중요한 사항이다.

다른 수도시설과 마찬가지로 정수시설은 평상시에도 계획정수량을 처리할 수 있어야 할 뿐 아니라, 일정한 예비능력을 구비함으로써 시설개량이나 사고 시에도 수도시스템 전체로서 가능한 한 안정적으로 계획정수량을 확보할 수 있도록 하는 것이 바람직하다.

나) 원수 수질과 정수 수질의 관리목표

정수방법을 선정할 때에 원수 수질이 가장 중요한 요소중의 하나로 과거 수질분석자료와 함께 장래의 수질도 예측해야 한다. 상수원 주변의 도시개발계획, 공업단지계획 또는 농업개발 등에 대한 장래의 추세가 상수원에 영향을 미치는 요인이다.

정수 수질의 관리목표도 정수방법 선정시 중요한 요소이다. 수질목표는 "먹는 물 수질기준"에 적합하여야 하며, 맛과 냄새, 탁도 및 수도시설의 부식 등을 고려해야 한다.

다) 정수처리 방법과 정수시설의 선정

정수처리 방법에는 소독만 하는 방식, 완속여과방식, 급속여과방식, 막여과방식, 고도정수처리방식 또는 기타의 처리방식을 추가하는 방식이 있으며, 이와 같은 처리방법을 선정하는 것은 어떠한 원수 수질에 대해여도 정수 수질의 관리목표를 만족시킬 수 있는 적절한 정수처리방법이어야 하며, 정수시설의 규모나 운전 제어 및 유지관리기술의 수준 등을 고려하여 선정한다.

정수처리장의 전경은 그림 10.9와 같다.

그림 10.9 정수처리장 전경

(7) 배수시설

배수란 어떤 급수구역 내의 설치된 배수관에 소요되는 적정수압으로 필요 수량을 보내는 것을 말한다.

배수시설은 정수를 저류, 수송, 분배, 공급하는 기능을 가지며, 배수지, 배수탑, 고가탱크, 배수관, 펌프 및 밸브와 기타 부속설비로 구성된다. 배수시설은 합리적인 계획으로 배치하여 시간적으로 변동하는 수요량에 대하여 적정한 압력으로 연속적이면서 안정적으로 공급하는 것은 물론, 유지관리가 효율적이고 용이하여야 한다.

가) 배수시설의 계획

1) 배수지 등의 적정배치와 용량의 적정화

배수지 등은 배수량의 시간변동을 조절하는 기능을 가짐과 동시에 단수 등의 비상시에는 그 저류량을 이용하여 수요자에 대한 단수의 영향을 없애거나 또는 경감하는 큰 역할을 지니고 있다. 용량에 대해서는 시간변동 조정용량, 비상대처 용량, 소화 용수량 등을 고려하여 계획 1일 최대급수량의 12시간분 이상을 표준으로 하여야 한다.

2) 배수관의 정비

배수관은 정수를 수송, 분배, 공급하는 기능을 가지며, 평상시에는 적정한 수압으로 안정적으로 공급하고, 비상시에도 물을 가급적으로 안정적으로 공급할 수 있도록 정비하는 것이 필요하다.

급수구역은 구역내의 물수요 실태나 지형, 지세에 따라 단일 또는 복수의 배수계통으로 구성되는데, 평상시 안정급수확보 및 비상시의 용수급수대책을 위해서는 급수구역이 자연적으로나 사회적 조건에 맞도록 적절한 배수계통으로 구성된 관망을 형성하고 있어야 하며, 유지관리가 용이하고 또한 관내의 수질을 충분히 유지할 수 있도록 블록시스템(Block System)으로 정비하여 구축하는 것이 좋다.

3) 부속설비의 정비

배수관은 그 부속설비(차단용 밸브, 제어용 밸브, 공기밸브, 감압밸브, 배수설비, 소화전, 유량계, 압력계 등)의 적절한 작동으로 배수관의 기능을 유효하게 발휘할 수 있다. 따라서 부속설비는 목적에 적합한 것을 선정하고 이것을 최적 위치에 설치한다.

4) 펌프설비의 정비

펌프설비는 배수지에서 펌프가압식으로 배수하는 경우, 배수지, 배수탑 및 고가탱크 등에 양수하는 경우, 또는 배수구역의 일부를 가압하는 경우 등에 사용된다.

펌프의 용량, 대수 및 형식은 수요량의 시간적 변동 및 사용조건에 따라 안정되게 배수할 수 있도록 한하며, 예비기를 반드시 설치해야 한다. 펌프의 급정지에 의하여 수격작용이 발생할 우려가 있을 경우에는 수격을 경감하기 위하여 필요한 조치를 강구한다.

나) 배수 시스템

배수 시스템이란 구역 내에 송수된 정수처리한 물을 필요한 급수 구역 내의 수요자에게 적절히 배분하기 위한 체계이며, 배수 시스템은 다음과 같은 특징이 있다.

1) 수도시스템에 대한 전 시설비용의 약 50%이상 차지할 정도로 매우 큰 비중을 갖는다.
2) 그 대부분의 구성 관로는 평면 넓이가 크고, 또한 복잡하게 연결되어 있는 관계로 상태 파악이 용이하지는 않다.
3) 도시 활동의 각종 영향을 직 · 간접적으로 손상의 원인이 된다.
4) 공공도로 내 매설이라는 관로의 설치 상황 때문에 유지 관리가 용이하지 않다.

다) 배수방식

배수방식은 자연유하식(Gravity System)과 펌프가압식(Direct Pumping System)이 있다.

자연유하식은 수원에서 배수지까지 자연유하 하는 방법과 양수하는 방법이 있으며, 어느 것이나 필요한 수두를 유지하도록 배수지가 고지에 위치하는 것으로 펌프가압식보다 우수하다.

펌프가압식은 펌프를 항상 가동하여 배수관내 수압을 유지시키는 방법으로 동력이 정지하면 즉시 단수되고, 펌프 운동의 변동에 따른 수격작용이 일어나 배수관 이음이 헐거워지는 단점이 있다.

라) 배수지의 위치

배수지의 위치는 가능한 한 급수구역 내에나 이와 근접한 곳이 좋다. 급수구역 중심에 있는 것이 이상적으로 수압을 전체적으로 균등히 조절할 수 있고, 배수관경이 작아지는 장점이 있다. 배수지는 최소 1.5kg/cm^{2}의 동수압을 갖도록 높이를 정해야 한다. 배수지 용량은 주간의 시간변화와 현재의 소화용수에 충당할 수 있게 결정한다. 설계시에는 계획 1일 최대급수량을 기준으로 이의 1시간당 수량에 소요시간 수를 곱하여 용량을 산출한다.

서울특별시 강남구 삼성동의 배수지는 그림 10.10과 같다.

그림 10.10 서울 강남구 삼성동 배수지 공원

(8) 급수시설

급수란 공공도로 아래에 매설된 배수지관에서 분기되어 각 수요자의 수전(Drinking Fountain)에 도달하는 관을 말한다. 소규모 도시의 수도는 예외이지만 중규모 도시 이상의 수도에서는 급수관을 보안상 배수본관에 직접 연결하여서는 안된다.

배수지관에 급수관을 연결할 때에는 먼저 분수전을 막고 급수관을 접속하여 각 가정, 그 밖의 사용 장소에 전장 부설하고, 말단에 수전을 붙여서 방수한다.

급수관의 개폐는 일반으로 각 가정의 가까운 도로 아래에 지수전(Stop Cock)를 장치하며, 계량급수일 때에는 급수량 측정을 위하여 계량기(Water Meter)를 설치한다.

가) 급수관 설계

일반적으로 건물에 있어서 사용 인원수만 알면 건물에 급수해야 할 수량을 추정할 수 있으며,

1인당 사용수량에는 가정용 이외에 공업용과 잡용수가 더해져 있으므로 개인 주택이라도 이것을 표준으로 할 수가 없다. 그 이외의 건물에 대해서도 인구의 주야의 이동, 사용목적에 따라 수량이 변화한다.

배수관 관경은 배수관의 계획 최저수압일 때에도 그 소요 수량을 충분히 공급할 수 있는 크기로 해야 한다. 배수관의 관경과 수압이 사용수량에 대하여 충분한 경우는 직결식 급수를 하나 배수관 수압이 부족한 장소, 고층건물의 경우 혹은 일시에 대량의 물을 사용하는 장소에는 저수조식 급수를 하여야 하며, 이때 필요에 따라 펌프를 설치해야 할 경우도 있다.

나) 급수 방식

급수 시스템은 배수 지관으로 부터 분기하여 수요자의 급수전에 이르는 급수관과 이것에 직접 연결되어 급수용구에 의해서 수요자에게 물을 공급하는 부분의 총체이며, 이러한 배관과 기구를 급수 장치라고 부른다.

1) 직결식

직결직압식은 0.5~2.0kg/cm^2의 수압을 유지하도록 운용되어 2층 건물까지의 급수가 직결식으로 행해지는 방식이다. 그러나 급수관 도중에 가압급수설비를 설치하여 압력을 추가하여 직결급수하는 방식도 있다.

2) 저수조식

급수관으로부터의 물을 수조에서 받고 양수 펌프로 상부 각 층으로 직송하거나 또는 고층 수조나 양수 펌프 토출측에 설치한 압력 수조를 중계하여 급수하는 방식이다.

3) 다원 급수

대도시의 대형 빌딩 등에서는 물의 효과적 이용의 일환으로서 하수 처리수를 수세식 화장실용수 등 잡용수로 재이용하도록 되어 있다.

다) 관의 설치

1) 관의 분기

배수관에서 급수관을 분기하기 위하여 천공하는 경우에는 배수관의 강도, 내면 도포막 등에 나쁜 영향을 주지 않도록 하여야 하며, 배수관에서 급수관을 분기하는 경우에는 배수관의 관종과 관경에 따라 분수전, 새들 붙이 분수전, T자형관 등을 사용한다. 또한 급수관을 분수전 또는 새들 붙이 분수전 등으로 분기할 경우에는 그 간격을 30cm 이상으로 한다.

2) 배관

급수관을 공공도로에 부설할 경우에는 도로관리자가 정한 점용위치와 깊이에 따라 배관해야 하며, 다른 매설물과의 간격을 30cm 이상 확보한다. 되메우기시 양질토 또는 모래를 사용하여 적절하게 다짐하여 관을 보호한다.

급수관 부설은 가능한 한 배수관에서 분기하여 수도계량기 보호통까지 직선으로 배관해야 하나, 하수나 오수조 등에 의하여 수돗물이 오염될 우려가 있는 장소는 가능한 한 우회한다. 또 건물이나 콘크리트의 기초 아래를 횡단하는 배관은 피해야 한다. 가옥 내에서 급수관의 부설위치는 지수선과 수도계량기 및 역류방지밸브 등의 설치와 유지관리에 알맞은 장소를 선정하고 대지 내에서도 가능한 한 직선배관이 되도록 한다.

3) 보호공

급수장치를 보호하기 위하여서는 급수관이 개거를 횡단하는 부분은 가능한 개거의 아래로 부설하며, 궤도를 횡단할 경우에는 필요에 따라 콘크리트관 등에 넣어서 매설한다.

배수관(상수도관) 설치는 그림 10.11과 같다.

(a) 상수도관 설치

(b) 홈 & 링 죠인트(누수감지시설) 설치

그림 10.11 배수관(상수도관) 설치

라) 노후 상수도관 세관 및 갱생공사

노후 상수도관은 부설 후 장기간 사용으로 인한 지나친 부식이나 스케일 등의 생성으로 출수불량, 적수현상이 빈번하거나 직관부 이외의 접합부 또는 연결부 위에서 누수사고가 빈발하는 관 등을 말한다.

세관공사는 노후 상수도관 내부의 스케일을 완전 제거하여 통수단면적을 회복시키는 공사를 말하며, 갱생공사는 세관공사를 실시한 관 내부에 스케일 형성방지를 위한 라이닝공을 시행하여 관을 재생시키는 공사를 말한다.

노후 상수도관 세관공사는 그림 10.12와 같다.

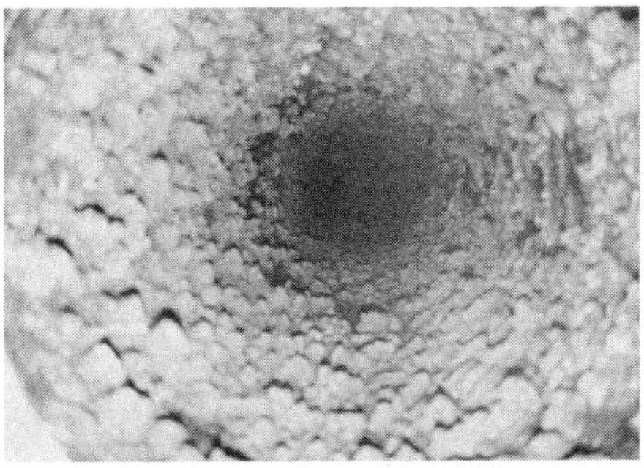

(a) 상수도관 내부 스케일 생성

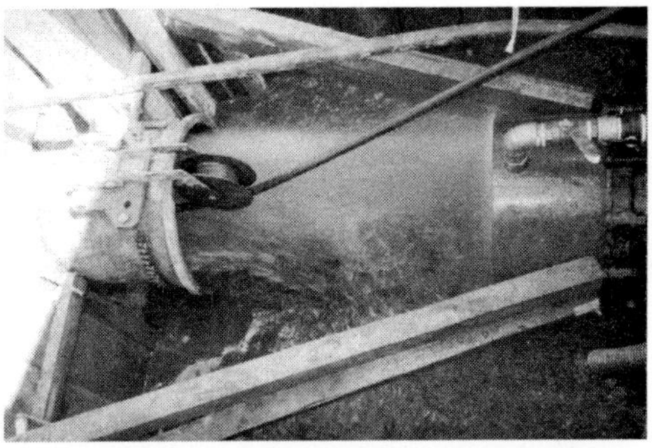

(b) 세관공사

그림 10.12 노후 상수도관 세관공사

10.3.2 하수도의 계획과 설계

(1) 개요

하수도의 계획과 설계시 전체 시설계획의 목표년도는 원칙적으로 약 20년 후로 하고 있다. 이것은 시설의 내용년수 및 건설기간이 장기간이 걸리기 때문이며, 관거의 경우는 수량의 증가에 맞추어 단계적으로 시설을 확장하는 것이 곤란하기 때문이다.

가) 관거

간선관거의 하류부는 상류로부터 발생하는 하수를 모두 수집하기 때문에 큰 단면이 될 뿐만 아니라, 장래 증가량도 고려하기 때문에 공용 개시후 당분간은 관거의 능력에 비교하여 실제의 유량은 꽤 작아진다. 그러나 관거 건설은 처리장에 가까운 하류측에서 부터 설치하지 않으면 효과가 나지 않으므로 간선관거의 선행 투자는 불가피한 경우가 많다.

나) 펌프장

오수펌프장은 관거의 매설깊이가 깊어져 비경제적으로 되는 경우 또는 어떤 지역의 오수를 처리장으로 송수하는 경우 등에 설치하는 중계펌프장과 처리장의 지반고 및 처리수 방류수면의 관계상 오수를 처리시설로 양수하기 위해 설치하는 처리장내 펌프장이 있다.

다) 처리장

처리장시설의 계획에서 배치 및 규모 등은 하수도정비기본계획에 따라 정한다. 처리시설의 계획오수량은 계획1일 최대오수량으로 하는 것을 원칙으로 하나, 시간 변동이 큰 경우에는 계획오수량을 정하거나 유량 조정조를 고려한다. 합류식인 경우에 최초침전지, 소독설비 및 이들의 부대시설에 대해서는 우천시 계획오수량을 기초로 하여 계획한다.

(2) 하수량의 산정

하수란 인간생활에서 배출된 액상폐기물의 총칭으로 일반가정, 사무실, 사업장, 공장, 공공기관으로부터 생활, 영업, 생산활동 등을 통하여 배출되는 오수(Sanitary Sewage)와 강우시 유출되는 우수(Storm Sewage), 그리고 하수관거 내에 침투한 지하수를 포함한다. 이를 배제하기 위해서 배수구역, 배수면적 및 배수계통이 결정되면 배관 설계의 기본이 되는 것이 하수량이다.

가) 오수량

하수도 계획에 있어 중요한 자료가 되는 오수량은 가정 오수, 공장 폐수, 지하수, 그리고 농·축산폐수 등으로 구별되며, 이들 각 산정량을 합산하여 결정한다.

1) 생활오수량

생활오수량은 일반 가정으로부터 배출되는 기초 가정오수량과 사무실, 백화점, 학교, 병원, 식당 등의 공공시설로부터 배출되는 영업오수로 구별된다.

2) 공장폐수량

공장폐수란 공업활동에 의하여 배출된 액상폐기물을 말하며, 공장에서 나오는 오수에서도 직원의 생활에서 배출되는 오수는 가정오수에 해당한다.

3) 지하수량

하수도는 지하수의 배제를 목적으로 하지는 않지만 지하수위가 높으면 지하수의 하수관거 내로의 유입을 방지하기가 어려움이 있으므로 부득이 어느 정도의 유입량을 고려해야 할 필요가 있다.

나) 계획오수량 산정

오수량 산정에서 사용되는 계획오수량의 종류는 다음과 같다.

1) 계획1일 최대 오수량

예정 처리 구역에서 1일당 배출되는 총 오수량의 연간 최대치이며, 처리장의 시설 계획에 사용되고 있다. 그 수치는 계획 목표 연도차의 계획1일 최대 급수량에 따른 계통 오수량과 지하수량을 더하여 산출한다.

지하수량은 계획1일 최대 급수량의 10～20%로 계산한다.

2) 계획1일 평균 오수량

계획 목표년도에서의 1일당 총 오수량의 평균치이며, 계획1일 최대 오수량의 70～80%가 표준으로 된다.

3) 계획시간 최대 오수량

처리구역내의 한 점에 있어서 그 상류로부터 흘러서 모이는 1시간당 오수량의 최대치이며, 오수 관거나 오수 펌프의 용량을 결정하는 기준 수치이다.

(3) 계획 우수량 산정

우수유출량의 산정은 강우사상을 정확히 조사한 다음 지질, 지형, 지표상태 등을 고려하며, 우수유출량 산정방법에는 합리식에 의한 방법과 실험식에 의한 방법 등이 있다.

가) 합리식

계획 배수구 내의 한 점 P의 상류측 배수 면적의 총합, 즉 누가 배수 면적을 A라 하고, 거기에 내린 우수가 점 P에 도달하는 최장 시간 즉 유달 시간을 T라고 한다. 강우의 계속 시간이 t, 강도가 I이며, 그 중 하수 관거에 유출하는 비율을 C라고 하면, 점 P에서의 우수 유출량은 t = T 일때 최대값이 된다.

1) 우수유출량 $Q(m^3/sec) = (1/360) \times C \cdot I \cdot A$

여기서, C : 유출계수, I : 유달시간(T) 내의 평균 강우강도(mm/hr),

A : 배수면적(ha)

2) 강우강도(I)

강우강도란 어떤 시간 내에 내린 비의 깊이를 한 시간당 우량으로 환산한 것으로 강우 강도가 클수록 계속 시간이 짧고, 빈도가 작다.

3) 유달시간(T)

지표면에 떨어진 우수가 하수 관거에 유입하기까지의 시간을 유입시간, 유입지점에서 원하는 지점까지의 하수 관거 내를 흘러가는 시간을 유하시간이라고 한다.

유달시간이란 우수가 목표 지점에 도달하는 최장 시간이며, 유입시간과 유하시간의 합이 최대가 되는 시간이며 이 값은 관거 내경에 대하여 구한다.

4) 확률년

하나의 계속시간에 대한 강우강도는 강우 자료가 많아짐에 따라서 개수가 증가하고, 최대값도 커진다. 이 중에서 계획에 사용하는 것은 배수구의 중요도에 따른 확률년이 5~10년, 즉 5~10년에 1회 발생하는 강우 강도이다.

5) 유출계수(C)

우수가 지표면의 상태에 따라서 유출 시간에 차이가 있기 때문에 최대 우수 유출량은 계속시간 내의 강우량이 모두 유출한다고 생각한 값보다도 일반적으로 작게 된다. 이때의 강우량에 대한 유출량의 비를 유출 계수라고 한다.

(4) 관거시설

하수 관거는 압력관 등을 제외하고는 내압에 대하여 고려할 필요는 없지만 외압에 대하여 충분히 견딜 수 있는 구조 및 재질을 사용한다.

관종 선정시에는 유량, 수질, 매설장소의 상황, 외압, 접합방법, 강도, 형상, 공사비 및 장래 유지관리 등을 충분히 고려하여 합리적으로 선정한다.

가) 철근콘크리트관

1) 원심력 철근콘크리트관

원심력 철근콘크리트관은 금속제 거푸집 내에 철근 상자를 세트한 후 거푸집을 회전시켜 원심력에 의해 다져서 기계적으로 제작한 것으로 흄관이라고도 불린다. 재질은 철근 콘크리트관과 유사하며, 원심력에 의해 굳혀 외압에 강하지만 내압에는 비교적 약하기 때문에 대체로 개수로의 하수관거로 많이 사용한다.

2) 코아식 프리스트레스 콘크리트관

콘크리트로 된 코아관 주위에 PC강선을 인장시켜 줌으로써 원주방향 및 관축방향으로 압축응력을 작용케 하여 내, 외압에 의해 발생되는 인장응력을 소멸시켜 상당히 큰 압력에도 견딜 수 있게 만든 것이다.

3) 철근 콘크리트관

거푸집에 조립철근과 콘크리트를 넣은 후 진동기 또는 이것과 동등한 효과를 얻을 수 있는 방법으로 다져서 제작한 관을 철근콘크리트관이라 한다.

나) 경질 염화비닐관

염화비닐 중합체를 주원료로 하고 압출 성형에 의해서 제조한 것이며 하수도형으로는 구경 100~800mm의 것을 사용한다. 내면이 평활하고 경량이며 시공성, 수밀성이 우수하지만 외압이 클 때는 구경의 약 5%의 휨이 생긴다.

다) 강화플라스틱복합관 및 유리섬유복합관

유리섬유, 불포화폴리에스테르, 골재를 주원료로 하며, 내외면은 유리섬유 강화층이고, 중간층은 수지모르터 복합관이므로 규격은 공칭지름, 공칭압력 및 이음형태에 따라 분류한다. 고강도로 내식성 및 시공성이 우수하다.

라) 폴리에틸렌관

폴리에틸렌관은 폴리에틸렌 중합체를 주체로 한 고밀도 폴리에틸렌을 사용하여 압출 등의 방법에 의하여 성형하며, 가볍고 취급이 용이하여 시공성이 좋다. 또한 내산 · 내알칼리성이 우수한 장점이 있지만, 특히 부력에 대한 대응과 되메우시기 다짐 등에 유의하여야 한다. 설계시에는 시공 후 관 내 · 외부요인에 의하여 발생되는 관의 장기변형율을 고려하여야 한다.

마) 파형강관

파형강관은 용융아연도금된 강판을 스파이럴형으로 제작한 강관으로서 하수관거 중 아연도금을 한 파형강관은 우수관거용으로 사용되고 있으며, 파형강관에 폴리에틸렌수지, PVC 등으로 피복하여 내식성 및 내마모성을 증가시키면 오수관거용으로 사용할 수 있다.

바) 관거의 매설 위치 및 깊이

관거를 공공도로에 매설하는 경우나 하저를 횡단하는 경우에는 그 매설위치 및 깊이를 도로관리자나 하천관리자와 협의해야 하고, 궤도횡단의 경우에는 관거가 윤하중 및 진동을 직접 받도록 충분한 깊이로 매설해야 한다. 그러나 횡단경사의 특수성에 의하여 윤하중 및 진동이 작용하는 경우에는 관거에 직접 영향을 주지 않도록 방호공을 설치해야 한다.

관거를 사유지 내에 매설하는 경우에는 토지소유자와 협의하여야 한다.

관거 매설 깊이는 관의 연결, 지하매설물, 동결깊이 및 하중 등을 고려하여 최소 1.0m, 최대 3.0m 정도로 하여 관거의 위치를 정하는 것이 보통이다.

(5) 관의 연결

관의 연결은 관종에 따라 연결방법, 연결순서, 연결재료 등을 사전에 검토한 후 시공에 임해야 한다.

가) 소켓(Socket)연결

시공이 쉽고 고무링이나 압축조인트를 사용하는 경우에는 배수가 곤란한 곳에서도 시공이 가능하며, 수밀성도 높다. 소켓용 관거의 운반시에는 소켓이 파손될 우려가 있으므로 주의가 요구된다. 최근에는 모르터 대신에 고무링이나 합성수지제의 패킹을 사용한 압축조인트가 채용되고 있어 시공성, 수밀성 및 내구성이 향상되고 있다. 또한, 소켓부분에 플라스틱부착 등으로 소켓고무링 접합의 효율성을 도모하기도 하며, 관의 소켓연결은 그림 10.13과 같다.

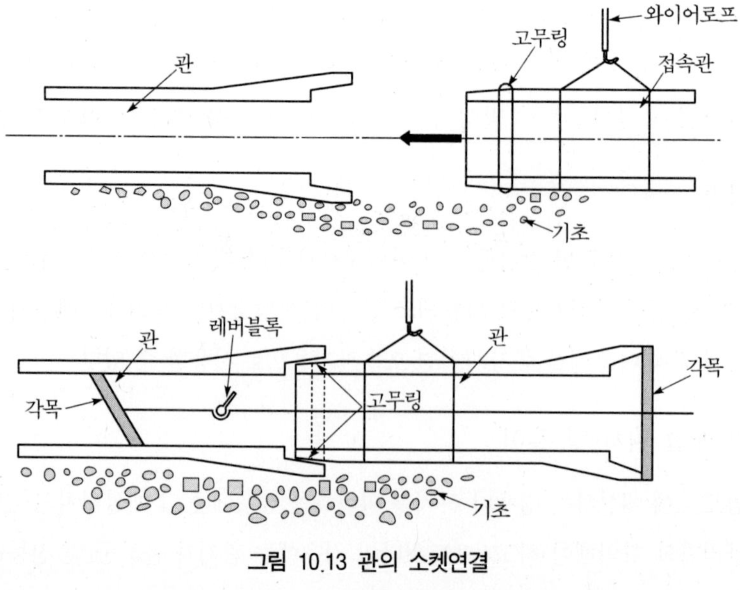

그림 10.13 관의 소켓연결

나) 맞물림(Butt)연결

중구경 및 대구경의 시공이 쉽고 배수가 곤란한 곳에서도 시공이 가능하다. 수밀성도 있지만 연결부의 관두께가 얇기 때문에 연결부가 약하고 연결시에 고무링이 이동하거나 꼬여서 벗겨지기 쉽고, 연결부에도 이것이 원인으로 누수 되는 수가 있다.

다) 맞대기연결(수밀밴드 사용)

흄관의 칼라연결을 대체하는 방법으로서 수밀성이 크게 향상된 수밀밴드 등을 사용하며, 맞대기 연결에 수밀밴드 사용은 그림 10.14와 같다.

(a) 수밀밴드 연결 중

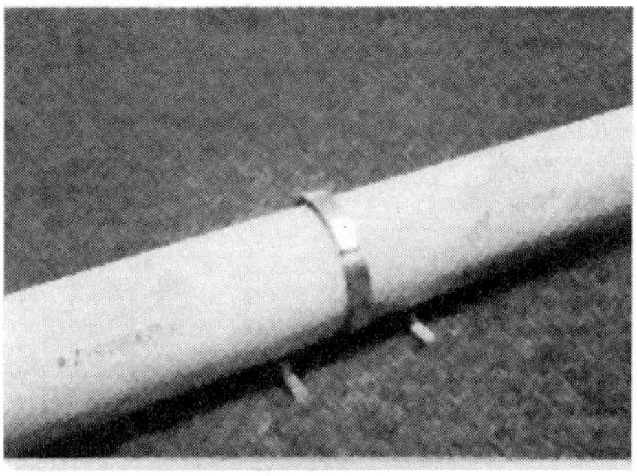

(b) 수밀밴드 연결 후

그림 10.14 맞대기 연결에 수밀밴드 사용

10.3.3 하수처리장의 계획과 설계

(1) 하수처리과정

하수처리과정의 기본적 구성은 물리적 처리, 생물화학적 처리, 미생물학적 처리 및 슬러지처리 순서로 이루어진다.

하수처리 목적은 하수내 포함된 여러 가지 오염물질을 분리하거나, 안정된 무해한 물질로 변화시켜 수자원의 오염을 방지하여 국민의 건강과 생활환경, 동식물의 생태와 자연환경을 보호하는 데 있다.

(2) 활성슬러지법

하수의 활성슬러지법은 주로 자연계에 존재하는 호기성 미생물을 이용하여 하수중의 유기물 등의 제거를 도모하는 것이다.

부유미생물법은 미생물을 수중에 부유된 상태로 이용하는 방법이며, 생물막법은 미생물을 매질에 부착된 상태에서 이용하는 방법이고, 이 두 가지 방법을 조합하여 이용하는 방법이 있다.

하수에 공기를 불어 넣고 교반시키면 각종의 미생물이 하수중의 유기물을 이용하여 증식되고 응집성의 플록을 형성하는데 이것을 활성슬러지라고 한다.

활성슬러지를 산소와 함께 혼합하면 하수중의 유기물은 활성슬러지에 흡착되어 활성슬러지를 형성하는 미생물군의 대사기능에 따라 산화 또는 동화되며, 그 일부는 활성슬러지로 전환된다.

서울특별시 물재생센터 현황은 그림 10.15와 같고, 하수처리과정은 그림 10.16과 같다.

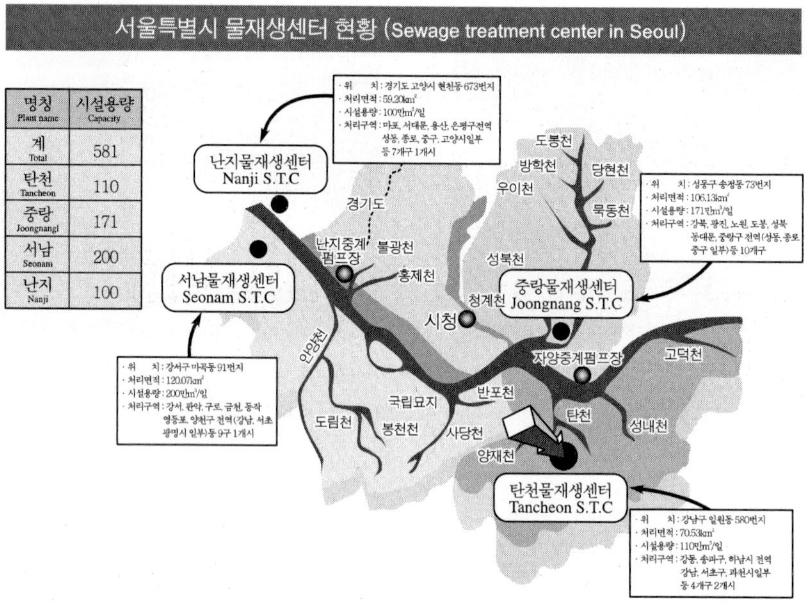

그림 10.15 서울특별시 물재생센터 현황

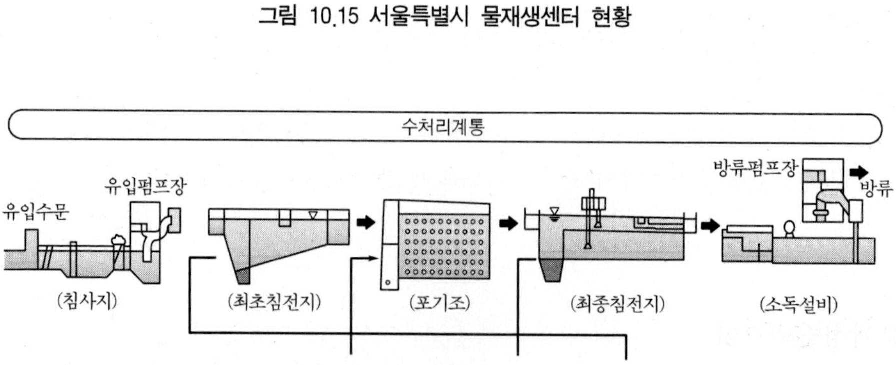

(a) 수처리과정

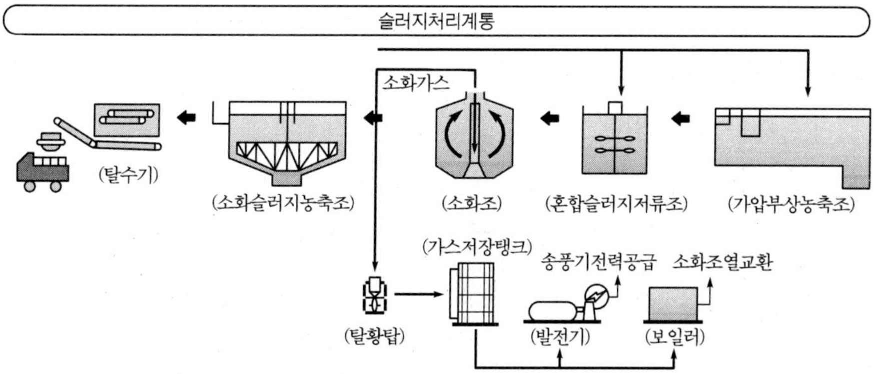

(b) 슬러지처리과정

그림 10.16 하수처리과정

(3) 고도처리(高度處理)

고도처리는 통상의 유기물제거를 주목적으로 하는 2차 처리에서 얻어지는 처리수질 이상의 수질을 얻기 위하여 행해지는 것으로 고도처리의 목적은 다음과 같다.

가) 방류수역의 수질환경기준의 달성

폐쇄성 수역 및 수질의 총량규제가 이루어지는 경우에는 방류수역의 수질 환경기준 혹은 수질의 방류기준을 달성하기 위하여 BOD(생화학적 산소요구량, Biochemical Oxygen Demand), COD(화학적 산소요구량, Chemical Oxygen Demand), 질소, 인 등을 대상으로 하는 고도처리가 필요하다.

나) 폐쇄성 수역의 부영양화 방지

폐쇄성 수역에서는 적조 또는 수화 등 플랑크톤의 발생 등에 의한 이수상의 피해를 방지하기 위해서 그 원인이 되는 질소, 인의 유입 부하량을 저감하여야 하며, 이를 위해 질소, 인을 대상으로 하는 고도처리가 필요하게 된다.

다) 방류수역 이용도 향상

방류수역 이수상의 이유에 의해 고도의 방류수질이 요구된다.

라) 처리수의 재이용

하수처리수의 재이용에는 수세용수, 살수용수로서의 이용과 조경용수로서의 이용이 있으며,

재이용에는 그 이용 목적에 따라 처리대상 물질이 다르게 된다. 따라서 각 용도에 맞는 고도처리를 행하는 것이 필요하다.

고도처리로 건설되는 남양주시 별내 하수처리장은 그림 10.17과 같다.

그림 10.17 남양주시 별내 하수처리장

최근 신도시에 건설되고 있는 진공 하수수집 시스템은 그림 10.18과 같으며, 진공 하수수집 시스템은 무전원으로 수위를 감지하며 자동으로 구동되는 진공밸브실과 진공관로를 이용하여 진공펌프장으로 하수 및 폐수를 수집한 후 차집관거나 하수처리장으로 이송하는 무인 자동운전 시스템이다

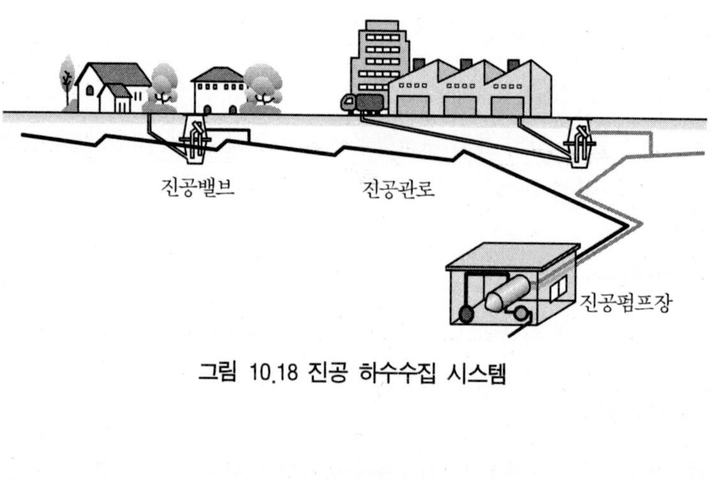

그림 10.18 진공 하수수집 시스템

10.3.4 중수도의 계획과 설계

(1) 개요

일상생활과 생산활동에 꼭 필요한 물은 주로 수도시설을 통하여 공급된다.

전체 수돗물 중에서 음용, 취사, 목욕, 세면용과 화장실세정, 세탁, 청소, 세차 등의 가정용이 70%로서 대부분을 차지하고 있으며, 영업용 20%, 기타 목욕탕, 공공용, 소방용 등으로 약 10%가 소비되고 있다.

중수도(Wastewater Reclamation and Reusing System)는 이와 같이 수돗물로 공급되고 있는 많은 용도 중에서 음용수와 같은 정도의 청정도를 필요로 하지 않는 용도에 대하여 그각 각의 용도에 알맞은 물을 공급하는 시설을 말한다.

수도법 제3조에서 "중수도란 사용한 수돗물을 생활용수, 공업용수 등으로 활용할 수 있도록 다시 처리하는 시설을 말한다." 라고 정의하고 있다.

중수도의 넓은 의미로는 재이용수 뿐만 아니라, 음용 이하의 수질을 필요로 하는 다양한 용도, 처리수준을 갖는 중수도를 포함하며, 용어의 정의는 다음과 같다.

가) 중수

사용한 수돗물을 생활용수, 공업용수 등으로 재활용할 수 있도록 다시 처리한 물을 말한다.

나) 중수도

사용한 수돗물을 생활용수, 공업용수 등으로 재활용할 수 있도록 하기 위하여 설치하는 처리시설, 송·배수시설 및 이용설비의 총체를 말한다.

다) 중수처리시설

용도별 수질기준에 적합한 충분한 물을 얻을 수 있는 생물처리 시설, 침전지, 여과지, 소독 시설 등 필요한 처리를 하는 시설의 총체를 말한다.

라) 중수 송·배수시설

중수를 중수처리시설로부터 이용설비까지 송·배수하는 시설의 총체를 말한다.

마) 중수이용설비

저수조, 수세식변기, 살수전 등 중수가 사용되는 설비의 총체를 말한다.

(2) 중수도의 용도와 효과

가) 용도

도시에서 물의 용도는 크게 분류하면 생활용수, 업무용수, 산업용수(공업용수, 농업용수), 도시기능수로 나눌 수 있다. 용도별 수질은 그 이용 조건을 충분히 고려하여 검토하여야 하며, 하수처리수의 순환이용 용도를 결정하기 위해서는 수질면에서 뿐만 아니라, 사회적 용인도와 인체에의 안전성을 고려해야 한다.

사회적 용인도는 중수도에 대한 사회적 인식의 반영이라 볼 수 있으나, 아직까지 우리나라에서는 이러한 재사용수가 널리 인식되지 못하여 용인도에 관한 자료가 부족한 실정이다.

그러므로, 이러한 물의 유한성과 물 수급의 불균형에 대해서 널리 알림으로써 물 이용의 합리화와 다양화를 기대할 수 있을 것이다.

인체에 대한 안전성은 인체와 재생수와의 접촉 가능성이 어느 정도인가에 따라 좌우된다. 이중에서 음용을 제외한 전 용도에 중수도를 도입할 수 있으나, 음료용수, 주방용수, 목욕용수, 세수용수 등은 심리적 문제점과 세균이나 바이러스 등의 공중 위생상 안전성 때문에 이를 대상으로 하는 것은 곤란하다.

그러므로 중수도의 용도는 다음과 같은 범위내로 한정할 수 있다.

① 수세식 화장실용수

② 공기조, 냉각용 보급수

③ 세차용수

④ 살수용수, 가로청소용수

⑤ 조경용수

⑥ 소화용수

나) 중수도의 효과

급속한 도시화와 생활수준향상 및 산업발전으로 물수요량은 끊임없이 늘어나고 있다. 이와 같이 늘어나는 물 사용량에 비하여 강우의 계절적 편중으로 경제적으로 이용가능한 물자원의 총량은 한정되어 있다.

장래의 물 부족에 대처하기 위해서는 물을 아껴 써야 하며, 쓰고 버린 수돗물을 재이용하는 중수도 제도의 도입이 불가피하게 되는 것이다. 특히 물을 다량으로 사용하는 대형의 건축물과 대단위 시설물이 늘어나면 공급량을 늘려나가는 데는 한계가 있다.

중수도를 도입할 경우에는 수돗물의 공급을 줄일 수 있으므로 수도시설을 늘리는 대신 그 투자예산을 깨끗한 수돗물 생산에 투입할 수 있게 되고 또 원수공급량도 그만큼 줄어들므로 댐건설 수요도 감소되는 효과가 있다.

수돗물 사용량의 감소는 하수발생량의 감소로 이어지므로 하수처리장의 규모를 줄일 수 있는 것은 그에 상응한 수질보전으로도 연결된다. 또 갈수시에 대도시의 물 부족 상황에 효과적으로 대처할 수 있는 탄력성을 확보하게 되는 것이다.

(3) 중수도의 계획과 설계

가) 중수도의 순환방식

1) 개방순환방식

개방순환방식은 하수를 처리하여 하천 등에 방류한 후, 하천에서 취수하여 재이용하거나 하수처리수를 지표에 살포하거나 침투시킨 후 재이용하는 방식이다.

2) 폐쇄순환방식

폐쇄순환방식은 하수처리수를 그 자체로 직접 중수로서 이용하거나 혹은 한 단계 더 처리하여 재이용하는 방식으로 사업주체와 중수도 보급의 지역적 범위에 따라 개별순환방식, 지역순환방식 및 광역순환방식으로 구분된다.

나) 중수도의 계획과 설계

중수도를 설계하는 경우에 기본적 요건에 입각하여 검토해야할 항목은 중수 용도, 중수 이용량, 용도별 목표수질, 순환이용시스템 등으로 아래의 항목을 충분히 검토하여야 한다.

1) 공급용도

수세식화장실용수, 냉각용수, 청소용수, 세차용수

2) 계획급수량

급수대상시설의 총수요를 충족시킬 수 있는 것으로 산정하되, 1일 최대 급수량을 구하고 시간별 평균 급수량도 산정한다.

3) 용수처리방법

원수의 수질, 수량, 용도별 수질기준 및 관리방식 등을 고려하여 효율적인 공정을 선정해야 한다.

4) 유지관리방식

운전관리, 수질관리, 안전관리를 비전문가가 조작할 수 있도록 조작이 간편하고 고장이 적어야 한다.

5) 수질목표

용도에 적합한 수질기준을 설정한다.

6) 송, 배수방식

합리적이며, 경제적인 방식과 재질을 선정한다.

다) 처리대상물질

일반적으로 처리대상이 되는 물질들은 탁도, 색도, 냄새, 유기물, 질소, 인, 용존염류, 세균, 바이러스 등이다.

라) 처리공정

처리공정은 처리수량, 제거대상물질, 제거율, 소요면적, 운전조작의 난이성, 건설비 등을 종합적으로 고려해야 한다.

1) 설비의 간소화
2) 유지관리의 단순화
3) 비용절감

중수도 처리시설은 그림 10.19와 같다.

그림 10.19 중수도 처리시설

중수도는 물의 재이용 촉진 및 자원에 관한 법률에 규정되어 있으며, 1992년 중수도 시설에 대한 제도가 도입될 당시에는 권장토록 했다가 현재는 아래 건축물에 대해서는 의무적으로 설치하게 되어 있다.

1) 공공위생관리법에 따른 숙박업 또는 목욕장업에 사용되는 시설로서 건축 연면적이 6만m^2 이상인 경우
2) 산업집적 활성화 및 공장 설립에 관한 법률에 따른 공장으로서 1일 폐수배출량이 1천500m^3 이상인 경우
3) 건축 연면적이 6만m^2 이상인 시설로서 대규모 점포, 여객 자동차 터미널 및 화물터미널, 철도역사, 공항시설, 항만시설 및 통합여객시설, 업무시설, 교도소, 방송국 및 전신전화국, 기타 지방자치단체의 조례가 정하는 시설인 경우

중수도 시설 기준에서 중수도 시설은 단독 또는 공동으로 설치하되, 사용 수량이 10% 이상을 재이용할 수 있어야 한다.

1) 사용된 수돗물을 생활용수, 공업용수 등의 용도에 적합한 수질로 재처리할 수 있는 침전지, 여과지 소독설비 등의 재처리 시설
2) 필요한 양의 물을 송수할 수 있는 펌프, 송수관 등의 송수시설
3) 필요한 양의 물을 배수할 수 있는 배수관 등의 배수시설

연습문제

10.1. 상수도의 정의를 설명하시오.

10.2. 상수도의 특징을 설명하시오.

10.3. 하수도의 정의를 설명하시오.

10.4. 하수도의 특징을 설명하시오.

10.5. 상수도의 구성을 설명하시오.

10.6. 하수도의 구성을 설명하시오.

10.7. 하수의 분류식과 합류식을 비교하여 설명하시오.

10.8. 상수도 계획과 설계시 수량의 안정적인 확보를 위한 시설을 설명하시오.

10.9. 급수량 산정시 검토사항을 설명하시오.

10.10. 상수도의 수원에 대해 설명하시오.

10.11. 취수시설에 대해 설명하시오.

10.12. 도수 및 송수시스템에 대해 설명하시오.

10.13. 수도관의 종류에 대해 설명하시오.

10.14. 정수시설에 대해 설명하시오.

10.15. 배수시설의 계획에 대해 설명하시오.

10.16. 급수시설에 대해 설명하시오.

10.17. 하수도의 계획과 설계에서 하수량 산정에 대해 설명하시오.

10.18. 계획우수량 산정에 대해 설명하시오.

10.19. 하수관거의 종류에 대해 설명하시오.

10.20. 하수관거의 연결에 대해 설명하시오.

10.21. 하수처리 활성슬러지법에 대해 설명하시오.

10.22. 하수의 고도처리 목적에 대해 설명하시오.

10.23. 중수도의 정의를 설명하시오.

10.24. 중수도의 용도와 효과에 대해 설명하시오.

10.25. 중수도 계획과 설계시 검토사항에 대해 설명하시오.

참고문헌

1. 김진우, “사회기반시설공학”, 구미서관, 2006.1, pp.263~272.
2. 대한상하수도학회 홈페이지, “상하수도 자료실”, 2017.12
3. 백창식, 백승화, 김이현, “상하수도공학”, 기문당, 2004.8, pp.33~79.
4. (사)한국물환경학회 홈페이지, “물환경 자료실”, 2017.12
5. 설진성 · 김홍철 외, “현장실무를 위한 건설시공학”, 구미서관, 2017.1, pp.799~835.
6. 이종형 외 3인, “상하수도공학”, 구미서관, 2009.3, pp.267~326.
7. 주식회사 탄천환경 홈페이지, “고도처리 자료”, 2017.12
8. 한국상하수도협회 홈페이지, “상하수도 자료실”, 2017.12
9. 한국환경공단 홈페이지, “하수관거 자료실”, 2017.12
10. 홍순헌, 김일배, “토목공학개론”, 형설출판사, 2004.7, pp.233~245.

제**11**장

항만시설

11.1 항만의 정의 및 특징

11.1.1 항만의 개요

일반적으로 항만(港灣, Port, Harbor)이란 외해로부터 선박을 안전하게 정박시킬 수 있는 수면이 있고, 수륙 교통의 연락설비를 갖춘 구역을 말한다.

최근 경제성장과 무역증대에 따른 항만시설의 확충이 요구되어 항만의 규모도 대형화하고 있으며, 항만 배후지의 개발 및 공업단지, 주거단지 조성을 위하여 해안 매립공사가 대규모로 시행되고 있다. 또한, 항만시설 이외에도 도로, 철도, 운하 등 연결 운송망과 상하수도, 녹지광장 등 공공시설과 동력, 용수 등의 지원시설이 함께 계획 및 건설되고 있다.

참고로 항만시설을 집필하기 위해 "현장실무를 위한 건설시공학(설진성 · 김홍철 외, 구미서관, 2017.8, pp.799~835)"과 살아있는 토목시공학(이승언 외, 구미서관, 2014.1, pp.454~465) 자료 내용을 인용 및 참고하였으며, 추가적인 내용을 필요로 할 경우 이들 교재를 참조하기 바란다.

11.1.2 항만의 정의 및 특징

항만이란 외해의 파랑으로부터 선박이 안전하게 출입하여 정박할 수 있고, 수륙연결(水陸繼結)의 기능을 갖고, 승객 또는 화물의 하역에 관한 제반 활동이 이루어지는 장소를 말한다.

항만법에는 선박의 출입, 사람의 승하선, 화물의 하역, 보관 및 처리 등을 위한 시설이 구비된 것을 말하며, 지정항만 및 지방항만으로 구분된다고 항만법 2조에서 정의하고 있다.

항만에는 천연 지형에 의한 천연항과 여러 시설이 추가된 인공항으로 나누며, 종래에는 천연 지형이 우수한 곳을 양항이라 하였으나, 최근에는 항만배후지에 유력한 소비지나 생산지를 갖춘 후방세력권의 유무에 따라 양항 여부가 판가름되고 있다.

11.2 항만의 분류

(1) 위치에 따른 분류

1) 연안항(沿岸港, Coastal Harbor) : 해안에 있는 항(우리나라 대분분의 항)

2) 하구항(河口港, Estuary Harbor) : 하구에 있는 항(군산항, 신의주항)

3) 하항(河港, River Harbor) : 하천의 하안에 있는 항(진남포항, 런던항)

4) 호항(湖港, Lake Harbor) : 호수에 있는 항(시카고항)

5) 운하항(運河港, Canal Harbor) : 운하에 따른 항(영국의 맨체스터)

(2) 이용에 따른 분류

1) 상항(Commercial Harbor) : 상선이 출입하여 외국 및 국내와의 무역을 하는 항
2) 공업항(Industrial Harbor) : 공장에서 사용할 원료품 및 공장의 제품을 실은 화물선이 출입하는 항
3) 어항(Fishery Harbor) : 어선이 출입하고 정박하는 항
4) 군항(Military Harbor) : 군사를 목적으로 하는 항
5) 피난항(Refuge Harbor) : 항해 중인 선박이 피난을 하기 위하여 이용하는 항

(3) 형태 및 구조에 따른 분류

1) 천연항(Natural Harbor) : 천연의 지형에 있는 항
2) 인공항(Artificial Harbor) : 인공에 의하여 건설된 항
3) 개구항(Open Harbor) : 항구가 항상 개방되어 있어 출입이 자유로운 항
4) 폐구항(Closed Harbor) : 간만의 차가 큰 장소에 축조되는 항으로 지정된 선박만 출 입이 가능한 항.

(4) 관련 법률 및 관세법에 따른 분류

1) 지정 항만 또는 주요 항만 : 공공 이해에 밀접한 관계가 있는 항으로서 제1종과 제2종으로 구분되며, 그 명칭과 구역의 지정은 대통령령에 의한다.
2) 지방 항만 : 지정 항만 이외의 항만으로 지방장관이 그 명칭과 구역을 지정, 공고한 것을 말한다.
3) 개항 : 상항 중에서 외국무역이 허용된 항으로 화물을 수출입할 때는 세관의 검사를 받아야 한다.
4) 자유항 : 개항 가운데서 어떤 구역 내에서는 수입화물이 관세법의 제약을 받지 않고 자유로이 하역할 수 있는 항을 말한다.
5) 중계항 : 상항 중 입항화물을 타 항으로 수송하는 일을 맡은 항을 말한다.

(5) 기타 항만

석탄항, 석유항, 목재항, 설탕항, 곡물항 등 취급하는 화물에 따른 항

11.3 항만의 계획과 설계

11.3.1 주요 항만시설

항만의 주요시설은 다음과 같다.

1) 수역시설 : 항로, 정박지, 선류장, 선회장 등
2) 외곽시설 : 방파제, 방사제, 방조제, 도류제, 수문, 갑문, 호안, 제방, 돌제 등
3) 계류시설 : 안벽, 물양장, 잔교, 돌핀, 계선부표, 선착장, 램프 등
4) 임항교통시설 : 도로, 교량, 철도, 궤도, 주차장, 운하 등
5) 항해보조시설 : 선박의 입항과 출항을 위한 항로표지, 신호, 조명, 통신시설 등
6) 하역처리시설 : 고정식 또는 궤도주행식 하역장비, 화물 이송설비 등
7) 여객이용시설 : 대합실, 여객 승강용 시설, 수화물 취급소 등
8) 보관처리시설 : 창고, 야적장, 컨테이너 하치장, 싸이로, 저유시설 등
9) 선박보급시설 : 급유, 급수, 급탄시설, 선박 수리시설 및 선박 보관시설 등
10) 항만후생시설 : 선박승무원 및 항만근로자의 휴게소, 숙박시설, 의료 및 위락시설 등
11) 항만관리시설 : 항만관리사무소, 항만관리용 자재창고, 기타 항만의 관리를 위한 시설 등
12) 폐기물 처리시설 : 폐기물 매립호안, 폐기물 수입시설, 폐기물 소각시설, 폐기물 파쇄시설 등

11.3.2 수역시설의 계획과 설계

(1) 개요

수역시설은 선박이 안전하게 입항과 출항을 하고 하역과 유지관리가 용이하여야 한다. 또한, 지형, 지질, 기상 및 입항선박 등의 특성을 충분히 고려하여야 하며, 항구, 외곽시설에 관련된 시설은 선박의 항로, 조선 및 정박지에 필요한 수면적, 항내의 정온을 확보할 수 있도록 배치하고, 항내의 매몰이 적고 필요한 수심을 유지할 수 있도록 계획한다.

(2) 항로(航路)

항로의 폭은 바람, 파랑, 조류 등의 영향과 선박의 운항특성을 고려하여 조선에 지장이 없어야 하며, 왕복항로인 경우는 선박 길이의 1.5~2.0배, 편도항로인 경우는 선박길이의 0.5배 이상으로 하는 것이 좋다.

항로는 직선이 이상적이나 곡선인 경우, 항로 중심선의 교각이 30°를 넘지 않는 것이 바람직하나, 30°를 넘을 경우 곡선반경은 최대항선 길이의 4배 이상으로 한다.

항로의 수심은 선석의 수심과 동일하게 하거나 그 보다 깊게 하여야 한다. 항행의 안전을 기하려면 최대흘수시의 선저와 해저와의 간격, 즉 여유수심을 확보할 필요가 있다.

(3) 정박지(碇泊地)

정박지는 입출항과 조선을 원활히 할 수 있는 충분한 수심(출입선박의 최대흘수에 0.3~0.5m 여유)을 가져야 하고, 선박의 정박 및 하역에 지장이 없도록 수면의 정온이 유지되어야 한다. 또한 선박이 닻을 내리는데 적합한 해저지질이어야 하며, 정박지의 구비조건을 요약하면 다음과 같다.

1) 충분한 수심을 확보하여야 한다.
2) 항상 정온 수면을 유지하여야 한다.
3) 부표가 정비되어 있어야 한다.
4) 충분한 수면적을 확보하여야 한다.
5) 닻이 걸리는데 적합한 해저지질이어야 한다.
6) 바람, 조류 등의 기상과 해상 조건이 양호하여야 한다.

(4) 선유장(船遊場)

1) 선유장은 소형선박을 계류하기 위하여 외해로부터의 파도를 막기 위하여 방파제 등을 시설한 항내의 정온수면을 말한다.
2) 선유장 면적은 선박의 점유면적, 항로 및 항회장을 고려하여 정하고 있으며, 대피실태를 고려하여 충분한 수면적을 확보하는 것이 바람직하다.
3) 선유장의 형상은 파랑에 대하여 소요의 정온도를 유지하여야 하며, 선박간의 접촉사고, 계류삭의 절단이 일어나지 않도록 배려한다.

4) 대선(작업선), 연락선 등의 선유장은 본 선에 가까운 육상교통이 편리한 장소로 하는 것이 바람직하다.

11.3.3 외곽시설의 계획과 설계

(1) 개요

외곽시설은 외해(外海)로부터 내습하는 파랑의 방지, 파랑 및 조류에 의한 표사이동의 방지, 해안선의 토사유실의 방지, 하천 또는 외해로부터의 토사 유입방지 등을 목적으로 축조하는 시설물로서 방파제(Breakwater), 방사제(Groin), 해안제방, 방조제(Sea Wall), 호안(Revetments), 돌제(Jetty, Groin), 이안제, 잠제(Submerged Breakwater), 수문, 갑문(Gate, Lock), 도류제(Training Wall) 등이 있다.

외곽시설을 계획 및 설계함에 있어서는 부근의 수역, 시설, 지형, 해류에 미치는 영향을 충분히 고려하여 그 배치 및 구조를 결정하여야 한다.

(2) 방파제(Breakwater)

방파제의 구조형식은 경사제, 직립제, 혼성제, 특수 방파제가 있으며, 포항 신항만 방파제는 그림 11.1과 같다.

그림 11.1 포항 신항만 방파제

가) 방파제의 종류

방파제는 구조형식에 따라 일반적으로 그림 11.2와 같이 분류한다.

- 방파제
  - 경사제
    - 사석식 경사제
    - Block식 경사제
  - 직립제
    - Caisson식 직립제
    - Bolck식 직립제
    - Cellular Block식 직립제
    - 콘크리트 단괴식 직립제
  - 혼성제
    - Caisson식 혼성제
    - Bolck식 혼성제
    - Cellular Block식 혼성제
    - 콘크리트 단괴식 혼성제
  - 소파 Block제
  - 기타형식 방파제

그림 11.2 구조형식에 따른 방파제의 분류

방파제는 항내 정온을 유지하여 하역의 원활화, 선박의 항행, 정박의 안전 및 항내시설의 보전을 도모하기 위하여 설치하는 것으로서 계획 및 설계시 다음과 같은 사항이 요구된다.

1) 항입구는 침입파가 적도록 가장 빈도가 높은 파랑 방향 및 가장 파고가 높은 파랑 방향을 피하도록 하여야 한다.
2) 방파제의 법선은 가장 빈도가 높은 파랑 및 가장 파고가 높은 파랑에 대하여 효과적으로 항내를 차폐하여야 한다.
3) 항입구는 선박의 항행에 지장이 없는 유효항 입구폭을 갖고 항행하기 쉽도록 방향을 잡아야 한다.
4) 항입구 부근의 조류의 속도는 가급적 적게 하여야 한다.
5) 항로, 박지에 대하여 제체에 의한 반사파, 연안에 미치는 파의 집중에 의한 영향이 적도록 하여야 한다.
6) 선박의 접안, 하역, 정박 등에 지장을 주지 않도록 충분한 수역을 확보하여야 한다.

나) 방파제의 피해원인

외항쪽 경사면의 쇄석 또는 인공 블록이 중량 부족으로 유실되거나, 월류로 인하여 항내쪽 사면이 파괴되며, 항외쪽 사면의 기초가 되는 근고공이 유실 또는 세굴됨에 따라 경사면이 활동 또는 파괴된다.

다) 방파제의 배치

1) 항내의 정온도

항내의 정온도는 항구의 위치 및 방향과 지대한 관계가 있으므로 항구의 위치와 방향을 결정할 때는 파향, 파고 및 조류 등을 고려하여야 한다. 항내의 필요 정온도는 하역가동률과 안전 정박 한계파고의 관점에서 검토할 필요가 있다.

2) 방파제의 위치

방파제의 건설에 있어서는 자연조건, 시공조건, 경제성 등을 고려하여야 하며, 아래의 사항에 유의하여야 한다.

① 파랑 집중현상을 일으킬 수 있는 형상을 피한다.
② 곶(岬)이나 섬 등 지형상 이용할 수 있는 것은 최대한 이용한다.
③ 지반이 나쁜 곳은 되도록 피하며, 가급적 시공하기 쉬운 위치를 택한다.

(3) 방파제의 종류

가) 경사제

경사제는 사용하는 재료에 따라 사석제, 콘크리트 블록제, 쇄석 콘크리트 블록제 등이 있다. 경사제의 단면은 수심, 파력 및 사용재료의 크기 등에 의하여 결정하는데 이론적인 것보다는 경험적인 면을 중시하여 결정하는 경우가 많다.

경사제는 투과파가 있으므로 마루높이를 직립제와 같게 하더라도 항내파고가 커지는 경우가 있으므로 주의가 필요하다.

사석제의 경사는 외항측 1 : 2 내외, 내항측 1 : 1.5 내외, 이형블록으로 피복할 때 1 : 1.3~1 : 1.5 내외인 경우가 많으며, 경사제는 그림 11.3과 같다.

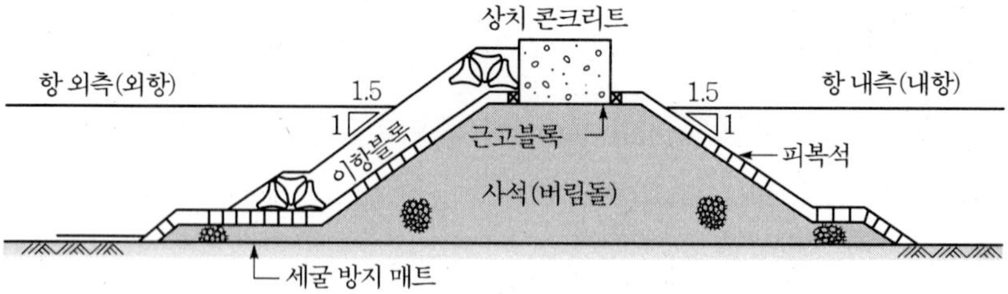

그림 11.3 경사제

나) 직립제

직립제는 전면이 연직 또는 연직에 가까운 제체로서 파랑을 전부 반사시키는 형식이며, 케이슨식, 콘크리트 블록식, 셀 블록식 등이 있다. 세굴의 염려가 있으므로 지반위에 사용되며, 수심이 같은 곳에서는 제체가 너무 크게 되므로 부적당하고, 수심이 작은 곳에 축조하는 경우가 많다.

방파제의 마루높이는 삭망평균만조위상 방파제의 안정검토에 사용하는 유의 파고의 0.6배 이상의 적절한 높이로 하며, 직립제는 그림 11.4와 같다.

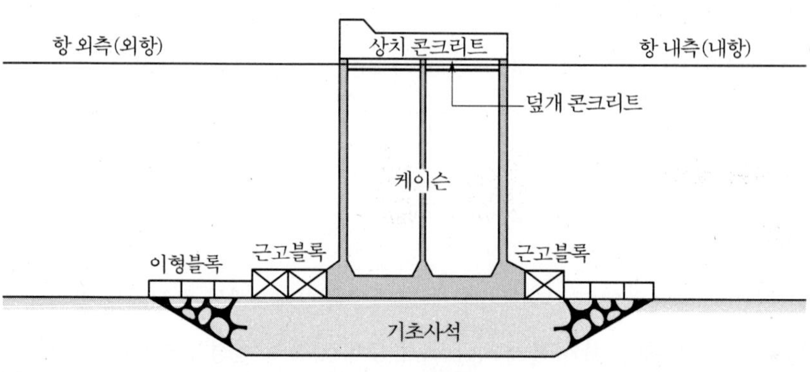

그림 11.4 직립제

다) 혼성제

혼성제는 사석부를 기초로 하고 그 위에 직립부의 본체를 설치하는 형식으로 경사제와 직립제의 장점을 고려한 것이다. 상부의 하중을 분산시킬 수 있으므로 연약지반에도 적합하며, 재료가 적게 들므로 수심이 깊은 곳에 적합하며, 혼성제는 그림 11.5와 같다.

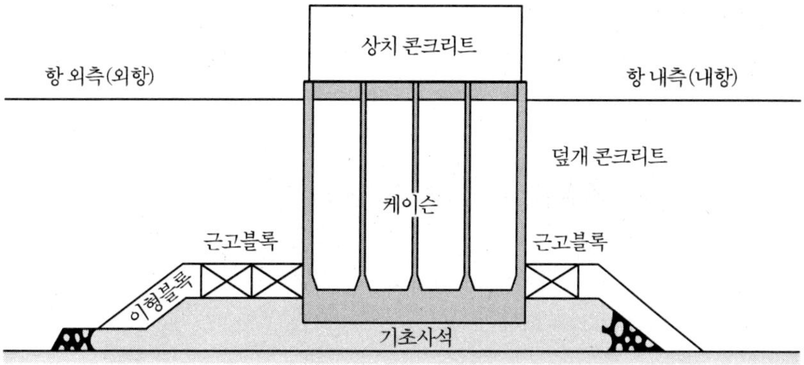

그림 11.5 혼성제

라) 소파블럭제

소파블럭제는 파도는 막고 조류는 흘러보내는 방식의 구조물을 말하며, 그림 11.6과 같다.

그림 11.6 소파블럭제

마) 방사제(防砂堤, Sand Protecting Dam)

방사제는 표사(漂沙)에 의한 하구폐색이나 모래이동에 따른 항내(港內)·항로(航路) 매몰을 방지하기 위해 만든 방파제에 준한 제방과 침식대책을 위한 돌제군(突堤群)을 총칭한 것으로 표사가 이동 가능한 한계수심보다 조금 앞바다까지 일반적으로는 수심 10m 정도에서 20m 부근까지 해안으로부터 길고 큰 돌제를 축조한 것을 말한다.

방사제의 길이는 쇄파점의 위치에 의해 결정되며, 선단의 높이는 평균수면 또는 그보다 약간 낮은 정도로 한다. 땅 위 부분의 높이는 다량의 파도가 둑마루를 넘지 않을 정도의 높이 해면상

1.5~1.8m 정도로 하는 것이 좋다.

방파제, 방사제, 이안제는 그림 11.7과 같다.

그림 11.7 방파제, 방사제, 이안제

바) 도류제(導流提, Training Dike)

도류제는 하천의 합류점이나 하구 등에 토사가 쌓여 유로(流路)가 교란되는 것을 방지할 목적으로 유수(流水) 방향을 따라 쌓은 둑을 말하며, 하구의 위치를 고정시키고 항상 필요한 수심을 유지시키며 수로내의 흐름을 부드럽게 유도하기 위하여 만들어진 부제를 말하며, 그림 11.8과 같다.

그림 11.8 도류제

사) 방조제(防潮堤, Tide Embankment, Sea Wall)

방조제는 침수되는 장소를 해수로부터 보호하기 위하여 해안을 따라 설치하는 제방으로 태풍 시의 고조(高潮), 파력, 해수의 침투 등에서 견딜 수 있도록 설계하여야 하며, 그림 11.9와 같다.

그림 11.9 방조제

아) 배수갑문

방조제에서 조류가 간척 지구 안으로 유입하는 것을 방지하고 유역으로 유입되는 내부의 물을 외해로 배수시키는 문이다. 외수위가 내수위보다 높을 때는 문비를 닫고 그 반대일 때 문비를 열어 내수를 배제해야 하기 때문에 인양식 문비를 설치하는데 이중으로 설치하는 것이 필요하며, 배수갑문은 그림 11.10과 같다.

그림 11.10 배수갑문

자) 돌제

돌제는 연안의 표사를 포착하기 위해 설치하는데 침식 대책으로서의 돌제의 설치는 단일제로 건설되는 것은 거의 없으며, 간격을 두고 몇 개를 설치한 돌제군을 형성하여 침식을 방지하는 기능을 한다.

단면의 형상은 방파제와 비슷하나 규모가 작고 단순한 형태이며, 평면의 모양에 따라 직선형, T형, L형, Z형 등으로 구분되나 기본형은 직선형이다.

돌제의 간격은 돌제 길이의 1~3배로 하는 것이 좋은데 돌제의 길이가 짧을수록 입경이 작을수록 간격을 좁게 하며, 돌제는 그림 11.11과 같다.

그림 11.11 돌제

차) 이안제

이안제의 설계는 방파제와 본질적으로 같으며 해안선 외해 쪽에 해안선과 평행으로 설치되는 방파제 형식인데 해안에 작용하는 파력을 감소시켜 해안의 침식을 방지하는 공법이다.

불연속으로 설치하는 경우 개구부의 폭은 이것에 면하는 지역의 침식과 직접적인 관계가 있기 때문에 이안제의 길이와 정선과의 거리를 고려해서 결정하는데 대략 100~500m 정도로 하는 경우가 많다.

이안제는 그림 11.12와 같다.

그림 11.12 이안제

11.3.4 계류시설의 계획과 설계

(1) 개요

선박이 접안하는 구조물로서 안벽, 잔교, 돌핀, 부잔교, 물량장 등을 총칭하여 계선안이라 한다. 안벽은 육안으로부터 구축한 부두로서 본선을 직접 계류하여 하역을 가능하게 하는 벽체 구조물이며, 수심은 5.0m 이상이며, 1,000DWT급(재화중량, Dead Weight Tonnage) 이상이 접안할 수 있는 계선안이다.

안벽의 종류로는 중력식 안벽, 널말뚝식 안벽, 선반식 안벽으로 대별할 수 있다.

(2) 계류시설 구조양식의 종류

1) 중력식 안벽(Gravity Type Quay Wall)
2) 널말뚝식 안벽(Sheet Pile Type Quay Wall)
3) 선반식 안벽(Quay Wall on Piles)
4) 셀식 안벽(Cellular Bulkhead Quay Wall)
5) 잔교식 안벽(Landing Lier)
6) 디태치드피어(Detached Pier)
7) 부잔교(Floating Lier)
8) 돌핀(Dolphin)
9) 계선부표(Mooring Buoy)

(3) 안벽(岸壁, Quay Wall)의 계획과 설계

안벽의 계획과 설계시 자연조건은 지반조건, 파랑, 조위, 조류 등이며 이 중에서 특히, 지반조건은 계류시설의 구조형식을 결정하는 가장 중요한 요소이다. 연약지반인 경우는 경 구조물, 지반이 좋은 경우는 중 구조물을 선택한다.

이용조건은 시공 후 이용상의 제약으로 접안선박의 크기와 종류, 화물의 종류와 수량, 하역방법 등이며, 설계상의 접안력, 상재하중, 안벽의 허용변위 등에 지배된다.

시공조건으로서는 바람, 비, 기온, 파랑, 조석, 조류 등을 고려할 수 있으며, 작업시간에 관계가 있다. 계류시설은 주로 해상작업을 해야 되므로 이들의 시공조건에 따라서 구조양식이 달라지며, 인천 신항의 중력식 안벽은 그림 11.13과 같고, 케이슨식 안벽 설치 전경은 그림 11.14와 같다.

그림 11.13 인천 신항 중력식 안벽

(a) 케이슨 진수

(b) 케이슨 거치

그림 11.14 케이슨식 안벽 설치 전경

(4) 돌핀(Dolphin)

돌핀은 그림 11.15와 같이 해안에서 떨어진 해중에 말뚝 또는 구조물을 만들어 유조선 등의 선박의 접안이 가능하도록 만든 시설로 돌핀의 특성은 다음과 같다.

1) 소정의 수심이 확보되는 곳에 설치하면 준설, 매립 등이 필요치 않고 시공이 용이하며, 공사비도 저렴하고 급속히 시공된다.
2) 최근 하역기계를 사용해서 석유, 시멘트, 양곡 및 분말의 화물을 대량으로 취급하는 경우에 사용되고 있다.
3) 다른 구조형식의 안벽의 연장을 단축하기 위해 혹은 기존의 안벽의 연장을 증대하기 위해서 그 안벽의 선단에 붙여 설치하는 경우도 있다.

그림 11.15 돌핀(현장실무를 위한 건설시공학 인용

11.3.5 부두의 계획과 설계

부두(Terminal Facility)란 선박을 접안시켜 여객과 화물을 싣고 내리는 제반시설을 갖춘 구역으로 부두는 선박계류시설, 화물의 하역시설, 화물의 조각처리시설, 화물 보관시설, 도로와 철도, 여객용 시설, 선박보급시설, 항만 후생시설 등이 필요하다. 부두의 종류에는 일반 공공에 이용되는 공공부두와 특정 기업주체에 의하여 전용되는 전용부두, 특정화물을 취급하는 전문부두가 있다.

부두의 규모는 그 항만을 이용할 화물 및 여객의 수량, 종류, 하역형태 및 해륙의 수송기관 등의 실정을 파악하고 장래 화물 및 여객량의 동향, 선형의 대형화 및 수송체계의 변화 등을 충분히 고려하여 결정하여야 한다.

부두의 배치는 기상, 해상, 지형, 지질, 배후지 등을 충분히 검토하는 동시에 선박의 접안 및 이안, 육상교통과의 관계를 고려하고 도시계획과의 관계도 감안하여 결정해야 한다.

(1) 부두의 위치

부두 부근의 수면은 잔잔하고 심한 조류가 없고 강한 횡풍을 받지 않고 선박의 출입에 편리한 장소여야 하며, 부두 배후의 육지에는 창고 등을 건설하는 데 충분한 부지를 가지며 또 시가지와의 교통이 편리한 장소여야 한다.

부두지대는 해저의 지질이 양호하고 항구에서 부두에 이르는 항로의 수심유지가 용이해야 하며, 또한 장래 부두를 확장할 부지가 있는 것이 좋다.

(2) 부두의 배치

부두의 배치는 기상, 해상, 지형, 지질, 배후지 등을 충분히 검토하는 동시에 선박의 접안 및 이안, 육상교통과의 관계를 고려하고 도시계획과의 관계도 감안하여 결정해야 하며 공공부두, 전용부두, 하역부두 및 전문부두 등 용도에 따라 각 부두시설을 유기적으로 활용할 수 있도록 다음 사항에 유의하여 배치해야 한다.

1) 여객이 이용하는 선박을 위한 접안시설은 위험물을 취급하는 지역으로부터 분리되고 동시에 대합실, 주차장등 여객의 이용에 편리한 시설용지가 부근에 충분히 확보되어 있어야 한다.
2) 위험물을 적재하는 선박을 위한 접안시설은 생활환경을 보전할 필요가 있는 주택, 학교, 병원 등의 시설로부터 분리되고 그 밖의 접안시설 및 항행선박으로부터 소요의 보안거리가 확보되어 있어야 하며, 위험물의 유출 등의 사태에 용이하게 대처할 수 있어야 한다.
3) 소음을 일으키는 선박을 위한 접안시설 및 하역 중에 나타나는 소음을 일으키는 하역기계를 사용하는 접안시설은 생활환경을 보전할 필요가 있는 주택, 학교, 병원 등의 시설로부터 분리되어 있어야 한다.
4) 하역시에 먼지 및 냄새를 발생할 우려가 있는 화물을 적재한 선박을 위한 접안시설은 생활환경을 보전할 필요가 있는 학교, 주택, 병원 등으로부터 분리되어 있어야 한다.
5) 심해의 접안시설은 선박의 항행 또는 정박에 지장이 없어야 한다.

(3) 부두시설

가) 부두의 면적

부두의 면적은 필요한 화물조작 처리시설, 보관시설, 임항 교통시설, 여객시설 및 항만 후생시설 등이 충분히 들어갈 수 있도록 정해야 한다.

나) 부두의 방향

부두의 방향은 항구에서 선박이 진입하는 방향과 항풍의 방향을 고려하여 결정하여야 한다. 창고, 임항 교통시설 등의 배치와의 관계도 검토하여 효율적 이용이 되어야 한다.

(4) 전문부두의 종류 및 특성

가) 컨테이너 부두

컨테이너를 하역하는 부두로 크레인 등 컨테이너 하역용 기계가 설치되어야 하고, 하역한 컨테이너를 일시에 보관하는 넓은 야적장과 중기 수리공장이 필요하며, 부산항 컨테이너 부두는 그림 11.16과 같다.

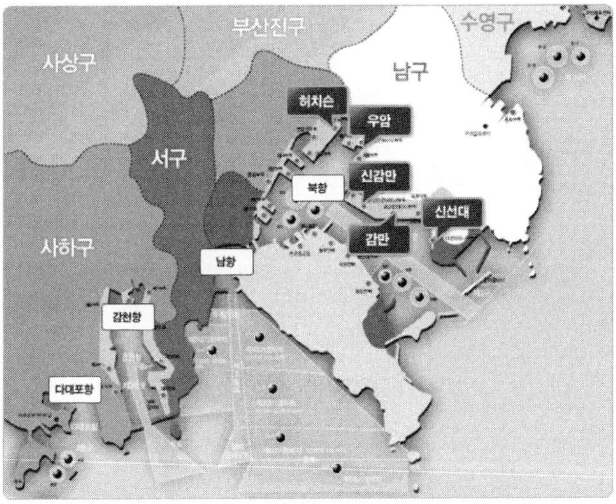

(a) 부산 북항 컨테이너 부두

(b) 부산항 신선대 컨테이너 터미널

(c) 부산항 신감만 컨테이너 터미널

(d) 컨테이너 하역작업장

그림 11.16 부산항 컨테이너 부두

나) 여객부두

여객의 승강에 필요한 시설과 대합실, 사무실이 있는 건물이 필요하며, 여객부두는 그림 11.17과 같다.

(a) 여객터미널 조감도

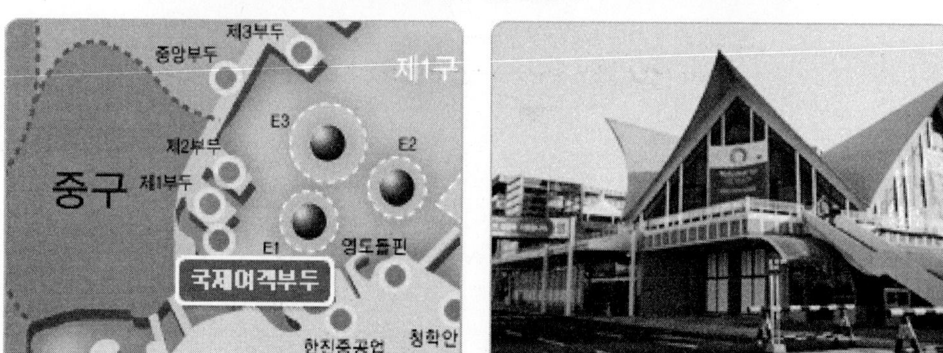

(b) 부산 북항 국제여객부두

그림 11.17 여객부두

다) 페리부두

자동차 또는 객화차를 배에 싣고 내리는 부두이며, 도로 또는 철도가 부두와 연결되어야 한다. 수위와 조위의 변화 때문에 부두와 선박 사이에 가동교를 설치한다. 가동교의 경사는 자동차의 경우 1/10 이하로 해야 하며, 철도의 경우는 45/1,000 이하로 하는 것이 좋다.

페리부두는 그림 11.18과 같다.

그림 11.18 페리부두

라) 곡물(양곡)부두

곡물(양곡)부두는 그림 11.19와 같이 대형 사일로가 있어야 하고 곡물은 일반적으로 압축공기 컨베이어 또는 체인 컨베이어에 의해서 하역하게 된다. 곡물(양곡)부두에는 곡물(양곡)을 포대에 넣고 보관하는 작업용 및 보관용 구역이 필요하다.

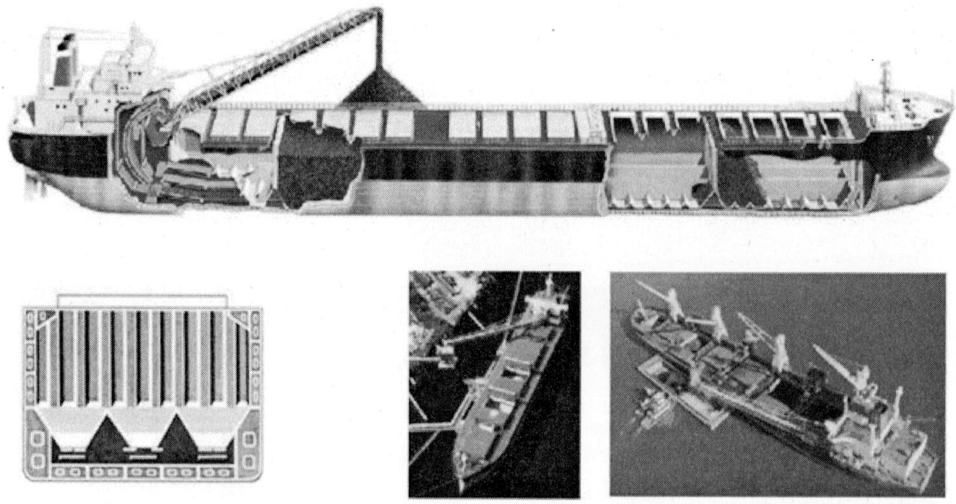

(a) 곡물부두

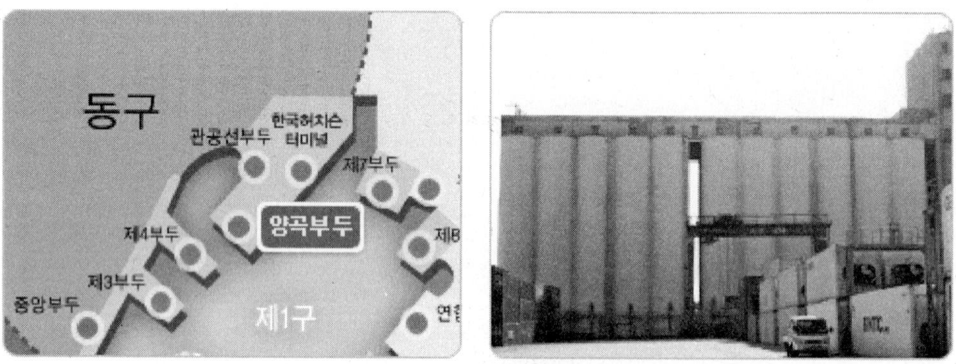

(b) 부산 북항 양곡부두

그림 11.19 곡물(양곡)부두

마) 유류부두

유류부두는 그림 11.20과 같이 유류 하역은 주로 관(Pipe)에 의하므로 육안에서 떨어진 해상에 돌핀(Dolphin), 잔교 등을 설치하여 선박을 정박시키고 관에 의해서 육상의 저유시설과 연결하게 된다.

그림 11.20 유류부두

바) 석탄부두

석탄부두는 그림 11.21과 같이 배후에 저탄장, 철도 등이 있고 하역은 벨트 컨베이어와 크레인 등에 의하게 된다.

그림 11.21 석탄부두

사) 시멘트 부두

시멘트 부두에는 그림 11.22와 같이 시멘트 사일로(Silo)가 있어야 하고, 곡물부두와 유사한 시설을 갖추어야 한다.

그림 11.22 시멘트 부두

아) 광석부두

광석부두는 그림 11.23과 같이 광석을 하역하는 대형기계와 배후지에 넓은 광장이 필요하다.

그림 11.23 광석부두

11.3.6 해안매립 및 준설

(1) 해안매립(海岸埋立)

가) 개요

해안매립은 일반적으로 임해지역에 부지 확보를 목적으로 연안 해면이나 하천, 호소 및 저습지의 공유수면에 용지를 조성하는 공사이다.

항로나 정박지의 수역시설을 매립하기 위한 준설토사를 매립토로 사용하는 방법과 매립계획 구역의 배후에 있는 토취장을 이용하여 매립하는 방법이 있으며, 토취장을 용지로 이용하는 방법도 병행이 될 수 있다.

매립지가 공유수면인 경우, 공유수면매립법이 정하는 바에 따라 매립면허 및 실시계획 인가를 받아야 하며, 해안매립은 그림 11.24와 같다.

그림 11.24 해안매립(현장실무를 위한 건설시공학 인용)

나) 매립공사

해안매립공사의 순서는 다음과 같다.

1) 매립기본계획 수립, 입지선정, 기본계획 반영
2) 공유수면매립허가 신청, 승인
3) 실시계획 신청, 승인
4) 보상 및 모든 수속 완료
5) 매립공사 및 부대시설
6) 완공, 검사, 지적확인 측량, 매립지 조정
7) 공사비 정산, 매립지 등기 및 양도

다) 매립방법

매립방법은 일반적으로 다음 같은 공법으로 한다.

1) 펌프준설선으로 토사를 매립지로 직접 보내는 방법

2) 버키트준설선, 디퍼(백호)준설선, 그래브준설선 등으로 준설하여 토운선으로 운반하여 매립지내에 투기하거나, 일정한 포킷에 사토한 후 펌프준설선으로 송토하는 방법

3) 육상의 흙을 운반하여 매립하는 방법

(2) 준설(浚渫)

가) 개요

준설은 항로, 박지, 선류장 등의 계획수심 확보와 유지를 위하여 해저 토사 등을 준설장비로 굴착하고 굴착된 토사 등을 운반하여 지정된 투기장에 투기하는 일련의 공사를 말하며, 구조물 축조를 위한 기초 터파기도 준설공사에 속한다.

준설은 공사 대상이 해저의 토사 처리이므로 지질조건의 파악이 곤란하며, 공사 중 해상의 기상과 해상의 영향을 받게 되고 기계·장비에 의하므로 유지비와 시공관리상의 복잡한 내용도 충분히 고려되어야 한다.

홍콩 컨테이너 터미널공사(CT-9) 준설매립시 사용된 각종 장비는 그림 11.25와 같다.

(a) Trailer Suction Hopper Dredger

(b) Grab Dredger, Hopper Barge

(c) Pelican Barge Two Mud Pump Barge

(d) Four Suction Geaded Air-Lift Device

그림 11.25 준설장비

나) 준설공사

준설은 일반 준설장비에 의한 일반 토사준설과 암발파와 같은 특수준설이 있으며, 통상 준설작업은 정해진 구역을 소요수심까지 준설하여야 하므로 투입위치가 정확하여야 하고 항외에서 준설할 경우 파도에 의해 선단을 대피시켰다가 재투입하여야 한다.

1) 조사

준설공사는 준설선 등 해상장비를 조합하여 시공하게 되므로 선체 및 장비의 안정, 작업능률, 시공정밀도, 안전관리면에서 기상, 해상 및 지형조건과 토질조건 등 자연조건의 영향을 받게 되므로 사전에 충분한 조사가 되어야 한다.

2) 준설토량의 계산

준설의 계획이나 설계시 공사구역의 토질을 조사하여 준설토의 성질과 토질별 준설량이 계산되도록 충분히 파악하여야 한다. 준설 전에 수심측량을 실시하여 준설구역을 적당한 간격으로 나누어 각각 횡단면을 그려서 계획수심과 폭 및 사면구배를 기입하고 평균단면법에 의하여 토량을 계산한다.

준설장비로 준설을 하면 도면 전역을 일정깊이로 준설하기가 어렵기 때문에 요철현상이 생기며, 계획수심은 상단의 깊이를 말하므로 실제 준설에서는 더 판 물량이 발생하게 되며 이를 여굴(餘堀)이라 하여 준설토량에 가산하고 있다.

일반준설로 작업이 되지 않는 단단한 토질이나 구조물이 인접하여 발파작업이 불가능한 경우 쇄암선에 의한 준설을 한다.

연습문제

11.1. 항만의 정의를 설명하시오.

11.2. 항만을 상세히 분류하시오.

11.3. 항만을 위치에 따라 분류하시오.

11.4. 항만을 관련법에 따라 분류하시오.

11.5. 항만의 주요시설을 설명하시오.

11.6. 수역시설의 계획과 설계를 설명하시오.

11.7. 정박지의 구비조건을 설명하시오.

11.8. 방파제를 구조형식에 따라 분류하시오.

11.9. 방파제 계획 및 설계시 고려사항을 설명하시오.

11.10. 방파제의 종류에 대해 설명하시오.

11.11. 방사제, 도류제, 방조제를 설명하시오.

11.12. 배수갑문, 돌제, 이안제를 설명하시오.

11.13. 안벽의 종류를 설명하시오.

11.14. 돌핀을 설명하시오.

11.15. 부두의 정의를 설명하시오.

11.16. 전문부두의 종류를 설명하시오.

11.17. 컨테이너 부두, 여객부두, 페리부두를 설명하시오.

11.18. 곡물(양곡)부두, 유류부두, 석탄부두, 시멘트부두를 설명하시오.

11.10. 해안매립의 정의를 설명하시오.

11.20. 해안매립 공사의 순서를 설명하시오.

11.21. 해안 매립공법을 설명하시오.

11.22. 준설의 정의를 설명하시오.

11.23. 준설공사의 종류를 설명하시오.

참고문헌

1. 해양수산부 홈페이지, "항만건설 자료실", 2017.12
2. 김진우, "사회기반시설공학", 구미서관, 2006.3, pp.193~214.
3. 부산항만공사 홈페이지, "항만건설 자료실", 2017.12
4. 설진성 · 김홍철 외, "현장실무를 위한 건설시공학", 구미서관, 2017.8, pp.799~835.
5. 우종태, "건설계측공학", 구미서관, 2008.9, pp.462~483.
6. 이승언 외, "살아있는 토목시공학", 구미서관, 2014.1, pp.454~465.
7. 인천항만공사 홈페이지, "항만건설 자료실", 2017.7
8. 주재욱 외, "실무자를 위한 항만 및 어항공학", 한림원, 2006.2
9. 최인걸 · 박영목, "현장실무를 위한 지반공학", 구미서관, 2012.1, pp.645~650.
10. 토목연구정보센터 홈페이지, "건설정보 자료실", 2017.12
11. 한국컨테이너부두공단 홈페이지, "항만건설 자료실", 2017.12
12. 한국항만협회 홈페이지, "자료실", 2017.12
13. 해양수산부, "항만 및 어항 설계기준", 2016.6

제 12 장

시설물의 안전점검 및 정밀안전진단

12.1 안전점검 및 정밀안전진단 개요

국내에서 발생된 1994년 10월 성수대교 붕괴사고와 1995년 6월 삼풍백화점 붕괴사고를 계기로 1995년 1월 "시설물의 안전관리에 관한 특별법(시특법)"이 제정되고, 한국시설안전공단을 설립하여 시설물의 안전점검과 적절한 유지관리를 통하여 재해를 예방하고, 시설물의 효용을 증대시켜 공중의 안전을 확보하고 국민의 복리증진에 기여하기 위한 법적 제도적 장치를 마련하게 되었다.

성수대교 붕괴사고와 삼풍백화점 붕괴사고는 그림 12.1과 같다.

(a) 성수대교 붕괴사고

(b) 삼풍백화점 붕괴사고

그림 12.1 붕괴사고 전경

12.2 관련법에 의한 안전점검 내용비교

(1) 시설물의 안전 및 유지관리에 관한 특별법

시설물의 안전점검과 유지관리를 위한 시특법은 1995년 1월에 제정되어 시특법 시행령 제8조 및 제28조에서 위임된 안전점검 및 정밀안전진단의 수행을 위하여 시설물의 안전점검 및 정밀안전진단 실시 등에 관한 지침이 2018년 1월에 개정 고시되었다. 지침에서는 점검 및 진단의 종류를 정기점검, 초기점검, 정밀점검, 긴급점검, 정밀안전진단으로 구분하였고, 다시 긴급점검은 손상점검과 특별점검으로 분류하였다.

점검 및 진단의 실시는 시특법 시행령 제8조 및 제28조에 의해 안전점검, 정밀안전진단 및 성능평가의 실시시기는 표 12.1과 같다.

안전점검 중 초기점검은 시설물관리대장에 기록되는 최초의 정밀점검이라 정의하고 있고, 신설시설물의 경우 준공 후 6개월 이내에 시행토록 하고 구조형태가 변화되었을 때에도 초기점검을 실시하도록 하고 있다.

표 12.1 안전점검, 정밀안전진단 및 성능평가의 실시시기

안전등급	정기안전점검	정밀안전점검		정밀안전진단	성능평가
		건축물	건축물의 시설물		
A 등급	반기에 1회 이상	4년에 1회 이상	3년에 1회 이상	6년에 1회 이상	5년에 1회 이상
B·C 등급		3년에 1회 이상	2년에 1회 이상	5년에 1회 이상	
D·E 등급	1년에 3회 이상	2년에 1회 이상	1년에 1회 이상	4년에 1회 이상	

(2) 건설기술관리법

건설기술진흥법은 1987년 10월에 제정되어 몇 차례의 개정을 거쳐 지속적으로 개정되고 있으며, 건설기술관리법 시행령 제100조에 의해 실시하는 건설공사 안전점검의 실시시기, 방법 등에 관한 필요사항을 정하여 건설공사의 안전을 확보하기 위하여 [건설공사 안전관리 업무수행 지침(국토교통부 고시 제2016-718호(2016.10.31)] 고시되었다. 건설공사 안전관리 업무수행 지침에서는 안전점검을 자체안전점검, 정기안전점검, 정밀안전점검, 초기점검, 공사중단으로 1년 이상 방치된 시설물의 공사 재개 전에 실시하는 안전점검 등으로 분류하고 있다.

이 중 건설공사를 준공하기 직전에 실시하는 안전점검은 정기안전점검 수준 이상의 안전점검으로서 초기점검이라 명명하고 있으며, 초기점검은 준공 전에 완료되어야 하고, 준공 전에 점검을 완료하기 곤란한 공사의 경우에는 발주자의 승인을 얻어 준공 후 3개월 이내에 실시할 수 있도록 하였다. 초기점검은 문제점 발생 부위 및 붕괴유발 부재, 문제점 발생 가능성이 높은 부위 등에 대하여 중점적으로 유지관리 사항을 파악하고, 향후 점검 및 진단시 구조물의 안전성 평가 기준이 되는 초기치를 구하는데 목적이 있다.

산업안전보건법, 시설물 안전 및 유지관리에 관한 특별법, 건설기술진흥법에 의한 안전점검 상세내용 비교는 표 12.2와 같다.

표 12.2 관련법에 의한 안전점검 내용비교

구 분 관련 법령	종 류	점검시기	점검내용	점검주체	점검대상
산업 안전 보건법	안전 진단	① 안전성에 의심이 갈 때 ② 새로운 대책이 요구된 때 ③ 사업장수준 파악이 요구될 때	① 종합진단 ② 안전기술진단 ③ 보건기술진단의 내용	① 사업주 ② 안전진단 기관	안전진단 대상사업장 ① 중대재해발생사업장 ② 안전보건개선계획 수립 시행명령사업장 ③ 철도, 도로, 하천 등을 관통 또는 인접하여 지하 10m 이상 굴착공사 ④ 총연장 50m 이상 터널 굴착공사 ⑤ 총연장 200m 이상 교량건설해체공사 ⑥ 기타 안전진단 필요 사업장
	일상 점검	매일(작업 전, 중, 후) 수시점검	① 설비, 기계, 공구 등 점검 ② 해당작업에 대한 전체사항 점검	사업주	
	특별 점검	① 기계, 기구, 설비의 신설 및 변경 ② 천재지변 발생후	① 신설 및 변경된 기계, 기구, 설비 ② 고장, 수리 등		
	정기 점검	매주 또는 매월 1회	① 기계, 기구, 설비의 안전상 중요 부분 ② 피로, 마모, 손상, 부식 등		
시설물 안전 및 유지관리에 관한 특별법	정기 안전 점검	① A, B, C등급 : 반기에 1회 이상 ② D, E등급 : 1년에 3회 이상	① 시설물의 기능적 상태 판단 ② 현재의 사용요건 만족도 확인	① 관리주체 ② 안전진단 전문기관 ③ 유지관리 업자	① 1종 시설물 ② 2종 시설물
	정밀 안전 점검	안전등급(A~E)에 따라 건축물과 그 외 시설물로 점검시기 구분됨	① 시설물의 상태 평가 ② 필요시 안전성 평가 포함		
	긴급 안전 점검	① 관리주체가 필요시 ② 관계행정기관의장 필요시	재해, 사고에 의한 구조적 손상 평가		
	정밀 안전 진단	① A등급 : 6년에 1회 이상 ② B, C등급 : 5년에 1회 이상 ③ D, E등급 : 4년에 1회 이상	정기안전점검 과정에서 발견하지 못한 결함부위 발견	① 안전진단 전문기관 ② 한국시설 안전 공단	① 관리주체가 필요시 ② 완공 후 10년 경과된 1종 시설물
	성능 평가	5년에 1회 이상	시설물의 기능을 유지하기 위하여 요구되는 시설물의 구조적 안정성, 내구성, 사용성 등의 성능을 종합적으로 평가하는 것		

<table>
<tr><th>구 분
관련 법령</th><th>종 류</th><th>점검시기</th><th>점검내용</th><th>점검주체</th><th>점검대상</th></tr>
<tr><td rowspan="5">건설
기술
진흥법</td><td>자체
안전
점검</td><td>공사기간 동안 매일 실시</td><td>건설공사 전반</td><td>① 건설업자
② 주택건설 등록업자</td><td rowspan="3">정기안전점검대상공사
① 1종 시설물
② 2종 시설물
(단, 건축물을 10층 이상의 건설공사 또는 10층 이상인 건축물의 리모델링 및 해체공사)
③ 지하 10m 이상 굴착
(단, 집수정, 엘리베이터 피트 및 정화조 제외
④ 폭박물 사용 건설공사로 20m 안에 시설물, 100m 안에 양육시설이 있는 경우
⑤ 원자력 시설공사 제외</td></tr>
<tr><td>정기
안전
점검</td><td>안전관리계획서에서 정한 시기와 횟수
· '97. 7. 21 이전 발주공사 착공 후 1년에 1회 이상
· '97. 7. 21 이후 발주공사 공종별 안전점검계획에 준하여 실시
· 2001. 7. 30 이후 발주공사 안전점검계획에 준하며 별표에 준하여 시행</td><td>① 임시시설 및 가설공법의 안전성
② 품질 시공상태의 적정성
③ 인접건축물 또는 시설물의 안전성</td><td rowspan="2">① 안전진단 전문기관
② 한국시설 안전 공단</td></tr>
<tr><td>정밀
안전
점검</td><td>정기 안전점검 결과 필요시</td><td>① 시설물 결함에 대한 구조적 안전성
② 결함의 원인 등을 조사, 측정, 평가, 보수, 보강 등의 방법제시</td></tr>
<tr><td>초기
안전
점검</td><td>① 건설공사 준공 전
② 발주자 승인을 얻은 경우 준공 후 3개월 이내</td><td>① 구조물 전체에 대한 외관조사망도 작성
② 초기치를 구하는데 필요한 추가조사 항목</td><td>① 안전진단 전문기관
② 한국시설 안전 공단</td><td rowspan="2">① 1종 시설물
② 2종 시설물</td></tr>
<tr><td>공사중단으로 1년 이상 방치된 시설물의 공사재개전에 실시하는 안전점검</td><td>건설공사 재개 전</td><td>자체안전점검 또는 정기안전점검 수준으로 실시</td><td>① 안전진단 전문기관
② 한국시설 안전 공단</td></tr>
</table>

안전관리와 관련한 전반적인 업무흐름은 그림 12.2와 같다.

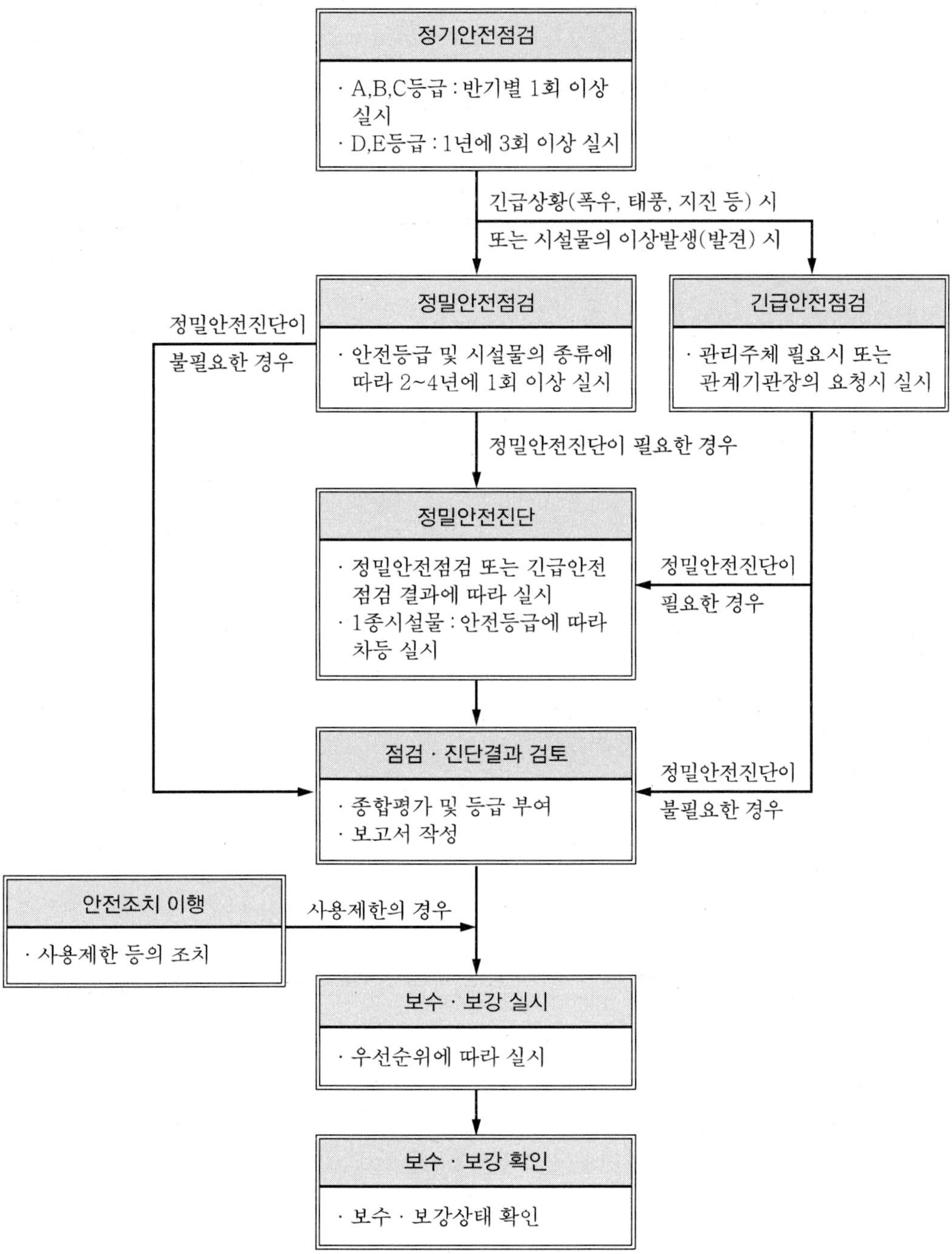

그림 12.2 시설물 안전 및 유지관리에 관한 특별법에서 안전관리업무 흐름도

12.3 안전점검의 목적 및 실시주기

안전점검의 목적은 육안검사와 간단한 기기를 이용하여 시설물의 현 상태를 파악하고 상태평가를 실시함이 주목적이다.

안전점검은 정기안전점검, 정밀안전점검 및 긴급안전점검으로 구분하고 있으며, 정기안전점검, 정밀안전점검은 초기안전점검과 정기적 정밀안전점검으로 세분하고, 긴급안전점검은 손상안전점검과 특별안전점검으로 세분하고 있다.

12.3.1 안전점검의 목적

(1) 정기안전점검

정기안전점검은 경험과 기술을 갖춘 자에 의한 세심한 육안검사 수준의 점검으로서 시설물의 기능적 상태를 판단하고 시설물이 현재의 사용요건을 계속 만족시키고 있는지 확인하기 위한 관찰로 이루어진다.

점검자는 시설물의 전반적인 외관형태를 관찰하여 중대한 결함의 가능성을 발견할 수 있도록 세심한 주의를 기울여야 한다.

점검자 및 관리 주체는 정기안전점검결과 중대한 결함이 있는 경우에는 법 제22조 규정에 따라 즉시 관계행정기관의 장에게 통보해야 한다.

관리주체는 정기안전점검결과 필요할 경우 결함의 정도에 따라 긴급안전점검 또는 정밀안전진단을 실시해야 하며 필요한 조치를 취해야 한다.

(2) 정밀안전점검

가) 초기안전점검

신설 시설물과 구조형태가 변화된 시설물은 준공 또는 사용승인(임시 사용 포함) 후 정밀안전점검 수준의 안전점검(이하"초기안전점검"이라 한다)을 실시 완료해야 한다.

초기안전점검은 영 제9조 규정에 의한 정밀안전점검 및 긴급안전점검을 실시할 수 있는 책임기술자의 자격을 갖춘 자에 의하여 수행되어야 한다.

초기안전점검의 목적은 첫째로 관리주체가 시설물의 유지관리를 하는데 필요한 초기치와 기초 자료를 얻기 위함이며, 둘째로 시설물의 전 부재에 대한 조사 · 관찰로 현재 발생한 결함 및 장래 발생하기 쉬운 결함을 조사하여 시설물의 상태평가 및 중점유지관리항목에 대해 파악하는 것이다. 따라서 초기안전점검 시에는 사전에 설계도서를 상세히 검토하고 붕괴유발 부재 또는 부위를 파악하여 현장조사시 주의를 기울여야 하며, 추후 유지관리시 특별한 주의를 필요로 하는 사항을 제시하여야 하며, 시설물의 예방적 유지관리 체계의 구성이 필요하다.

나) 정밀안전점검

정밀안전점검은 시설물의 현 상태를 정확히 판단하고 최초 또는 이전에 기록된 상태로부터의 변화를 확인하며 구조물이 현재의 사용요건을 계속 만족시키고 있는지 확인하기 위해 면밀한 육안검사와 간단한 측정 · 시험장비로 필요한 측정 및 시험을 실시한다.

외관조사 및 측정 · 시험 결과로 이전의 점검 및 진단시 발견된 결함의 진전 및 신규 발생을 파악하여 시설물의 주요 부재별 상태를 평가하고, 이전의 점검 및 진단시 상태평가 결과와 비교 · 검토하여 시설물의 전체에 대한 상태평가결과를 결정하며, 결함부위 등 주요 부위에 대한 외관조사망도 작성 등 조사결과를 도면으로 기록해야 한다. 또한, 내진설계 여부를 확인하고, 시설물에 영 제18조의 중대한 결함이 발생하는 등 필요한 경우에는 해당 부위에 대해서 안전성 평가를 실시할 수 있다.

다만, 결함이 광범위한 경우 등 정밀안전진단이 필요하다고 판단될 경우에 점검자는 관리 주체에게 즉시 보고해야 하며, 관리주체는 법 제7조 제1항의 규정에 의하여 정밀안전진단을 실시해야 한다.

정밀안전점검 절차는 다음과 같다.

① 외관조사 및 측정 시험 결과와 이전의 안전점검 및 정밀안전진단 실시결과에서 발견된 결함의 진전 및 신규 발생을 파악하여 시설물의 주요 부재별 상태를 평가하고 이전의 안전점검 및 정밀안전진단 실시결과의 상태평가 결과와 비교 검토하여 시설물 전체에 대한 상태평가 결과를 결정하여야 한다.

② 결함부위 등 주요 부위에 대한 외관조사망도 작성 등 조사결과를 도면으로 기록하여야 한다.

③ 내진설계 여부를 확인하여야 한다.

④ 시설물에 「영」 제18조의 중대한 결함이 발생하는 등 필요한 경우에는 해당부위에 대하여 안전성평가를 실시할 수 있다.

⑤ 정밀안전점검 실시결과 결함이 광범위하게 발생하는 등 정밀안전진단이 필요하다고 판단될 경우에는 점검자는 관리주체에게 즉시 보고하여야 하며, 관리주체는 「법」 제7조제1항에 따라 정밀안전진단을 실시하여야 한다.

(3) 긴급안전점검

가) 손상안전점검

손상안전점검은 재해나 사고에 의해 비롯된 구조적 손상을 긴급히 점검하는 것이다. 점검의 범위는 손상의 정도, 긴급한 사용제한 또는 사용금지의 필요 여부, 보수 · 보강의 긴급성, 보수 · 보강작업의 규모 및 작업량 등을 파악하여 결정하는 것이며, 이를 위해 측정 · 시험 및 필요한 경우 안전성 평가를 실시해야 한다.

점검자는 사용제한 및 사용금지 여부를 판단하여 필요할 경우에는 즉시 관리주체에 보고해야 하며, 관리주체는 필요한 조치를 취해야 한다.

나) 특별안전점검

특별안전점검은 관리주체가 판단하여 행하는 정밀안전점검 수준의 점검이다. 이 점검은 기초침하 또는 세굴과 같은 결함이 의심되는 경우이지만 사용제한중인 시설물의 사용여부 등을 판단하기 위한 점검으로서 점검 시기는 결함의 심각성을 고려하여 결정한다.

12.3.2 안전점검의 실시주기

(1) 정기안전점검

정기안전점검은 시설물의 준공일 또는 사용승인일(임시사용 포함)로부터 안전등급 A, B, C는 반기에 1회 이상, D, E는 1년에 3회 이상 실시해야 하며 정밀안전점검, 긴급안전점검 및 정밀안전진단의 실시기간과 중복되는 경우에는 생략할 수 있다. 다만, 공동주택의 경우에는 주택법시행령 제65조에 따른 안전점검으로 갈음한다.

(2) 정밀안전점검

가) 초기안전점검

2001. 7. 30 이전 입찰공고된 시설물과 구조형태가 변화된 시설물은 준공 또는 사용승인(임시

사용 포함)후 6개월 이내에 초기안전점검을 완료하여야 한다.

나) 정밀안전점검

관리주체는 소관시설물에 대하여 「영」 제6조제1항에 따라 정기적으로 정밀안전점검을 실시하여야 하며, 「법」 제4조에 따른 시설물의 안전 및 유지관리계획 수립시 정밀안전점검 실시계획이 포함되어야 한다. 다만, 시설물의 중대한 결함으로 인한 보수 보강 공사나 철거 등의 사유로 정밀안전점검을 실시하는 것이 현저히 불합리하다고 판단되는 경우 국토교통부장관의 협의를 거쳐 정밀안전점검의 실시시기를 연기하거나 생략할 수 있다.

해당 시설물의 안전등급에 따라 표 12.3의 정밀안전점검의 실시주기에 의해서 정기적으로 정밀안전점검을 실시 완료하여야 한다.

표 12.3 정밀안전점검의 실시주기

안전등급	정밀안전점검	
	건축물	그 외 시설물
A 등급	4년에 1회 이상	3년에 1회 이상
B·C 등급	3년에 1회 이상	2년에 1회 이상
D·E 등급	2년에 1회 이상	1년에 1회 이상

① 건축물에는 그 건축물의 부대시설인 옹벽과 절토사면을 포함하며, 항만시설물중 썰물시 바닷물에 항상 잠겨있는 부분은 4년에 1회 이상 정밀안전점검을 하여야 한다.

② 최초로 실시하는 정밀안전점검은 시설물의 준공일 또는 사용승인일(임시 사용승인포함)을 기준으로3년 이내(건축물은4년 이내)에 실시하여야 한다.

③ 정밀안전점검 또는 정밀안전진단을 받은 경우 그 날(완료일)을 기준으로 정밀안전점검의 실시주기를 정한다. 또한 정밀안전진단 실시 기간과 중복되는 경우에는 생략할 수 있다.

타널의 정밀안전점검 및 긴급안전점검 업무흐름도는 그림 12.3과 같다.

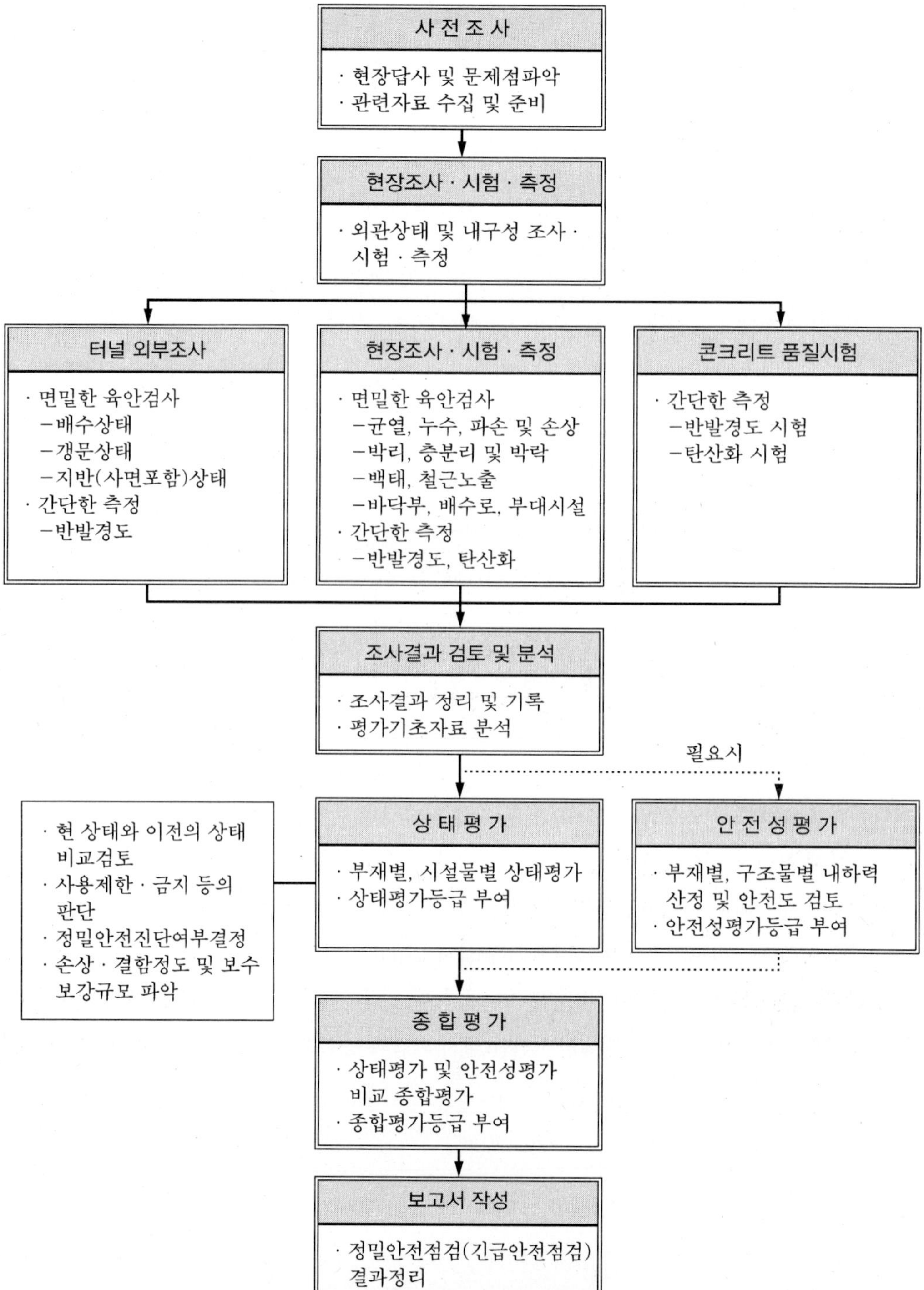

그림 12.3 터널의 정밀안전점검 및 긴급안전점검 업무흐름도

12.4 정밀안전진단의 목적 및 실시주기

12.4.1 정밀안전진단의 목적

정밀안전진단은 정밀한 외관조사와 시험 · 측정장비 및 기기를 사용하여 시설물의 물리적 · 기능적 결함을 발견하고 그에 대한 신속하고 적절한 조치를 하기 위하여 구조적 안전성 및 결함의 원인 등을 검토 · 분석 · 평가함과 더불어 보수 · 보강방법을 제시하는 등의 행위로서 이루어진다.

정밀안전진단은 안전점검으로 쉽게 발견할 수 없는 결함부위를 발견하기 위해 정밀한 근접 육안검사를 실시하고 또한 시설물의 상태평가 및 안전성 평가에 필요한 데이터를 얻기 위해 각종 측정 · 시험장비에 의한 측정 · 시험을 실시한다.

현장조사시 필요한 경우 교통통제 및 안전조치를 해야 하며, 시설물의 근접조사를 위한 접근장비와 특수장비가 필요하며, 잠수부 등과 같은 특수기술자도 필요하다.

결함의 유무 및 범위에 대한 확인이 필요한 때에는 비파괴 현장시험과 기타 필요한 재료시험을 병행해야 한다. 전체 구조물의 표면에 대한 육안검사 결과는 도면으로 기록해야 하며, 구조물 전체의 부재별 상태를 평가하고 시설물 전체에 대한 상태평가등급을 결정해야 한다.

정밀안전진단에서는 시설물의 결함 정도에 따라 구조물의 내하력 등 안전성 평가를 실시하며, 이를 위해 필요한 조사 · 측정 · 시험, 구조계산, 수치해석 등을 실시하고 분석 · 검토하여 안전성 평가등급을 결정해야 한다. 또한 필요한 경우에는 구조물의 사용성, 내진성 등도 평가하도록 한다.

정밀안전진단 결과 보수 · 보강이 필요한 경우에는 보수 · 보강방법을 제시해야 한다. 이 경우 보수 · 보강시 예상되는 임시 고정하중(공사용 장비 및 자재 등)이 현저하게 작용하는 상황에 대한 구조 안전성평가를 포함해야 한다.

정밀안전진단의 절차는 다음과 같다.

① 정밀안전진단은 안전점검으로 쉽게 발견할 수 없는 결함부위를 발견하기 위하여 정밀한 외관조사와 각종 측정 · 시험장비에 의한 측정 · 시험을 실시하여 시설물의 상태평가 및 안전성평가에 필요한 데이터를 확보한다

② 현장조사 시 필요한 경우 교통통제 및 안전조치를 취하여야 한다.

③ 시설물 근접조사를 위한 접근장비와 필요시 수중카메라 등 특수장비와 잠수부등 특수기술자도 투입하여야 한다.

④ 결함의 유무 및 범위에 대한 확인이 필요한 때에는 현장 재료시험과 기타 필요한 재료시험을 병행하여야 한다.

⑤ 전체구조물의 표면에 대한 외관조사 결과는 도면으로 기록하여야 한다.
⑥ 구조물 전체 부재별 상태를 평가하고 시설물 전체에 대한 상태평가 결과를 결정하여야 한다.
⑦ 정밀안전진단에서는 시설물의 결함 정도에 따라 필요한 조사 측정 시험, 구조 계산, 수치해석 등을 실시하고 분석 검토하여 안전성평가 결과를 결정하여야 한다.
⑧ 필요한 경우에는 구조물의 사용성, 내진성능 등도 평가하여야 한다.
⑨ 정밀안전진단 결과 보수 · 보강이 필요한 경우에는 보수 · 보강방법을 제시하여야 한다. 이 경우 보수 보강 시 예상되는 임시 고정하중(공사용 장비 및 자재등)이 현저하게 작용하는 상황에 대한 구조 안전성평가를 포함하여야 한다.

12.4.2 정밀안전진단의 실시주기

1) 정밀안전진단은 「영」 제9조에 따른1종 시설물(공동주택 및 폐기물매립시설을 제외한다)에 대하여 준공일 또는 사용승인일(임시사용 포함)을 기준으로 산정하여 10년이 지난 때부터 1년 이내에 실시 완료하여야 한다. 다만, 시설물의 특성상 정밀안전진단이 1년 이상 소요되는 시설물은 국토교통부장관과 협의하여 실시 완료하여야 한다.
2) 차회의 정밀안전진단은 전회의 정밀안전진단 완료일을 기준으로 해당 시설물의 안전등급에 따라 표 12.4의 정밀안전진단 실시주기에 의해서 정기적으로 정밀안전진단을 실시 완료하여야 한다.
3) 다만, 시설물의 중대한 결함으로 인한 보수 보강 공사나 철거 등의 사유로 정밀안전진단을 실시하는 것이 현저히 불합리하다고 판단되는 경우 국토교통부장관의 협의를 거쳐 정밀안전진단의 실시시기를 연기하거나 생략할 수 있다.
4) 안전점검을 실시한 결과 시설물의 재해 및 재난 예방과 안전성 확보 등을 위하여 필요한 경우에는 정밀안전진단을 실시하여야 한다.

표 12.4 정밀안전진단의 실시주기

안전등급	정밀안전진단
A 등급	6년에 1회 이상
B·C 등급	5년에 1회 이상
D·E 등급	4년에 1회 이상

터널의 정밀안전진단 업무흐름도는 그림 12.4와 같다.

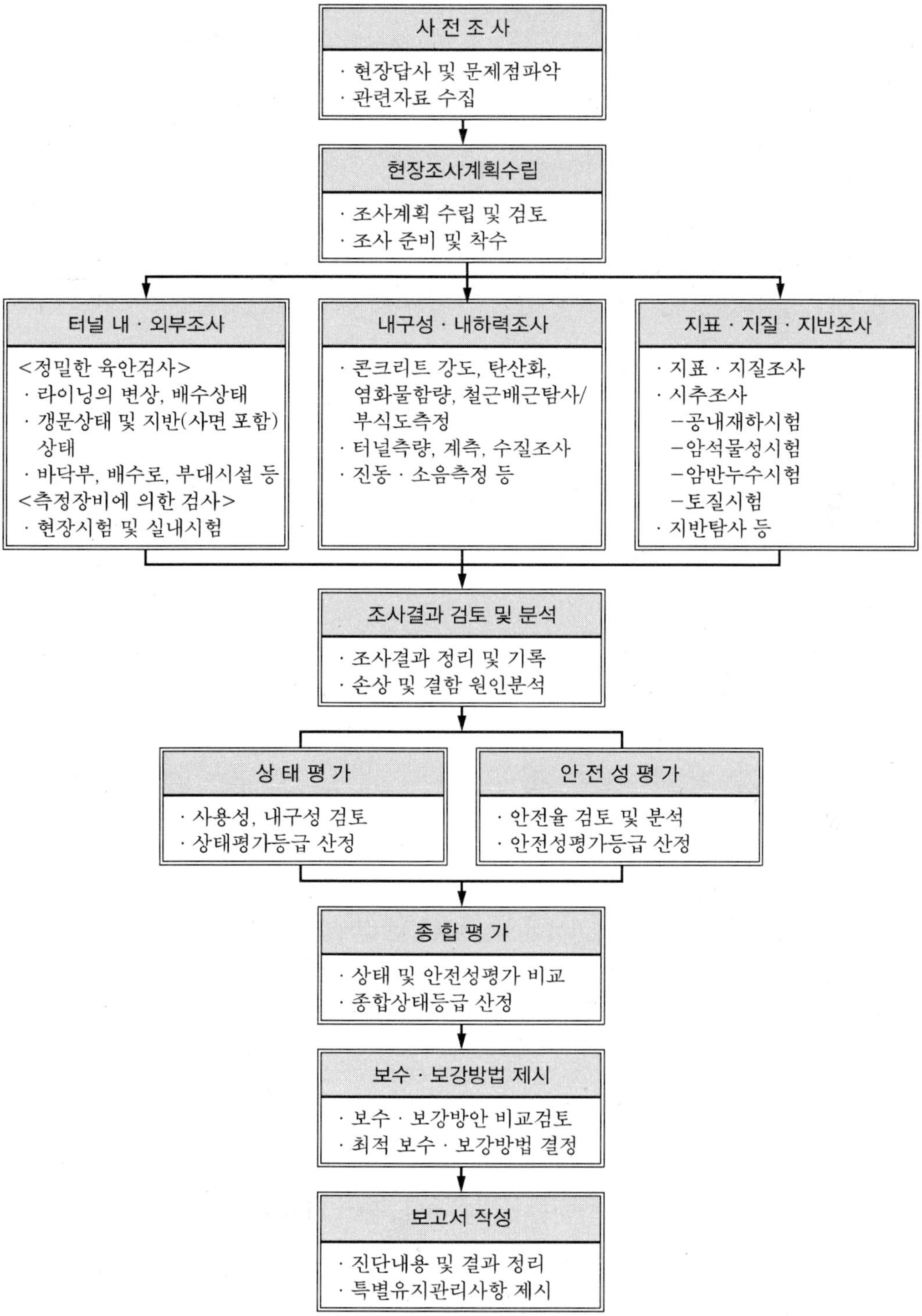

그림 12.4 터널의 정밀안전진단 업무흐름도

12.5 시설물의 안전등급 및 성능평가

12.5.1 시설물의 상태평가

시설물의 상태평가란 시설물의 외관을 조사하여 결함의 정도를 포함한 시설물에 대한 상태를 평가하는 행위를 말한다.

시설물의 상태평가는 재료시험 및 외관조사에 의해 시설물의 각 부재로부터 발견된 상태변화(결함, 손상, 열화)를 근거로 하여 안전점검 및 정밀안전진단 세부지침의 상태평가 기준에 따라 실시한다.

터널인 경우 2017년 1월 개정된 안전점검 및 정밀안전진단 세부지침(국토교통부, 한국시설안전공단)의 터널 상태평가 결과는 다음과 같다.

터널 상태평가 결과 산정

1) A등급(우수) : 터널 결함지수(F), $0.00 \leq F < 0.15$
2) B등급(양호) : 터널 결함지수(F), $0.15 \leq F < 0.30$
3) C등급(보통) : 터널 결함지수(F), $0.30 \leq F < 0.55$
4) D등급(미흡) : 터널 결함지수(F), $0.55 \leq F < 0.75$
5) E등급(불량) : 터널 결함지수(F), $0.75 \leq F$

12.5.2 시설물의 안전성평가

시설물의 안전성평가란 현장조사를 통하여 수집된 자료를 기초로 하고 설계도서 및 기존 안전점검 및 정밀안전진단의 결과를 참고하여 기존시설물의 내하력등 안전성을 평가하는 행위를 말한다.

정밀점검이나 정밀안전진단시에는 안전성 평가등급을 산정하여야 하며, 터널에서 정밀점검의 경우에는 라이닝 상태평가시 터널안전성에 직접 관련된 주요 구조 부재의 손상항목이 D급 이하로 판정되거나 혹은 전문가에 의해 안전성평가 요구가 있을 경우 원인분석을 위한 구조검토 결과에 따라 안전성 평가등급을 산정한다.

터널은 대부분 지표면 아래에 축조되는 구조물로서 지하수의 부력, 지반의 부등침하 및 누수에 의한 지반함몰 등의 영향을 받는다.

따라서 터널의 설계 · 준공도서 및 기존의 안전점검 또는 정밀안전진단 보고서 등을 검토하여 구조물의 안전성을 판단하거나 실제 주요부재의 상태평가결과가 불량하게 나타나 현장조사 시문제점이 발생한 부위를 대상으로 안전율(SF, Safety Factor) 검토를 수행하여 구조물의 안전성을 판단하는 것이 필요하다.

국내에서의 구조물 안전성평가는 평가대상 항목의 안전율을 이용하여 수행하고 있으며, 안전율 검토는 허용응력설계법(부재의 발생응력과 허용응력의 비)이나 강도설계법(부재의 소요강도와 설계강도의 비)에 따라 구조물의 각 부재에 작용하는 외력에 의한 응력을 산정하여 이루어지고 있다.

일반적으로 터널은 지반과의 상호작용을 바탕으로 구조적 거동이 이루어지므로 구조해석에 필요한 경계조건, 지반상수 등은 설계·준공도서 또는 지반조사에 의해 얻거나 구조물의 설계기준 등에 나와 있는 값을 참고로 하여 구한다.

상기와 같은 내용을 근간으로 검토한 휨, 전단, 압축 등의 구조적 최저 안전율 정도에 따라 구조물의 안전성에 대한 평가기준을 설정하면 표 12.5와 같다.

표 12.5 터널 시설물의 안전성평가 기준

기준	내용	비고
A	안전율(SF)이 1.0 이상이고 주부재에 손상이 없는 경우	
B	안전율(SF)이 1.0 이상이고 주부재에 손상(단면손실)이 있는 경우	
C	안전율(SF)이 1.0 미만~0.9이상	
D	안전율(SF)이 0.9 미만~0.75이상	
E	안전율(SF)이 0.75 미만	

- 안전성 평가등급의 산정은 가급적 상태평가등급 기준과 균형을 맞추도록 등급 분류체계를 구성하여 설계가 적절하게 된 신설터널에서 B등급이 나오는 모순을 없애기 위하여 안전하게 설계된 경우는 A등급으로 평가되도록 하였다.
- 보수·보강 혹은 사용제한 등 검토가 필요한 D, E등급 안전율 개념을 이용하였다.

12.5.3 종합평가

종합평가란 상태평가와 안전성 평가 결과에 의하여 시설물의 안전상태를 종합적으로 평가하는 행위를 말한다.

종합평가는 상태평가와 안전성평가 결과 2개 등급 중 최저등급을 종합평가 결과로 결정하여야 한다.

시설물의 종합평가는 상태평가만 실시한 경우에는 상태평가결과에 의해 부여된 상태평가등급이 그 시설물에 대한 종합평가등급으로 결정되지만 상태평가와 안전성평가를 동시에 실시한 경우에는 각각의 결과로 부여된 상태평가등급과 안전성평가등급을 종합적으로 비교 검토하여 그 시설물에 대한 종합평가등급을 결정한다.

정밀점검인 경우 터널 라이닝 상태평가와 터널 주변상태평가(필요시)를 종합하여 터널 상태평가 등급을 결정하며, 터널 안전성평가를 시행한 경우에는 상태평가등급과 안전성평가등급을 비교하여 최저등급을 터널 종합평가등급으로 결정한다.

정밀안전진단인 경우 터널 상태평가등급(라이닝 상태평가+터널 주변상태평가)과 안전성평가 등급중 최저등급을 터널 종합평가등급으로 결정한다.

시설물의 종합평가 등급기준은 표 12.6과 같다.

표 12.6 시설물의 종합평가 등급기준

종합평가등급	시설물의 상태 및 안전성
A (우수)	문제점이 없는 최상의 상태
B (양호)	보조부재에 경미한 결함이 발생하였으나 기능 발휘에는 지장이 없으며 내구성 증진을 위하여 일부의 보수가 필요한 상태
C (보통)	주요부재에 경미한 결함 또는 보조부재에 광범위한 결함이 발생하였으나 전체적인 시설물의 안전에는 지장이 없으며, 주요부재에 내구성, 기능성 저하방지를 위한 보수가 필요하거나 보조부재에 간단한 보강이 필요한 상태
D (미흡)	주요부재에 결함이 발생하여 긴급한 보수·보강이 필요하며 사용제한 여부를 결정하여야 하는 상태
E (불량)	주요부재에 발생한 심각한 결함으로 인하여 시설물의 안전에 위험이 있어 즉각 사용을 금지하고 보강 또는 개축을 하여야 하는 상태

12.5.4 시설물의 안전등급 지정

정밀점검 및 정밀안전진단을 실시한 책임기술자는 상태평가 및 안전성평가 등을 종합적으로 평가하여 당해 시설물의 안전등급을 지정하여야 하다. 다만, 정밀점검 및 정밀안전진단실시결과 기존의 안전등급보다 상향하여 조정할 경우에는 해당 시설물에 대한 보수보강 조치 등 그 사유가 분명하여야 한다.

시설물의 안전등급 기준은 표 12.7과 같다.

표 12.7 시설물의 안전등급 기준

안전등급	시설물의 상태
A (우수)	문제점이 없는 최상의 상태
B (양호)	보조부재에 경미한 결함이 발생하였으나 기능 발휘에는 지장이 없으며 내구성 증진을 위하여 일부의 보수가 필요한 상태
C (보통)	주요부재에 경미한 결함 또는 보조부재에 광범위한 결함이 발생하였으나 전체적인 시설물의 안전에는 지장이 없으며, 주요부재에 내구성, 기능성 저하방지를 위한 보수가 필요하거나 보조부재에 간단한 보강이 필요한 상태
D (미흡)	주요부재에 결함이 발생하여 긴급한 보수·보강이 필요하며 사용제한 여부를 결정하여야 하는 상태
E (불량)	주요부재에 발생한 심각한 결함으로 인하여 시설물의 안전에 위험이 있어 즉각 사용을 금지하고 보강 또는 개축을 하여야 하는 상태

12.5.5 시설물의 성능평가 결과에 대한 종합등급

성능평가 결과에 대한 안전성능, 내구성능, 신용성능 등급(제43조 제4항, 제44조 제3항, 제45조 제3항 관련) 시설물의 성능평가 결과에 대한 종합등급(제46조 제1항 관련)은 표 12.8과 같다.

표 12.8 성능평가 결과에 대한 종합등급

안전등급	시설물의 종합등급
A (우수)	신설되었거나 최근 재개발된 시설물로 기준에 부합하는 성능을 보유하며 외부 환경조건의 위험수준이 낮고 회복력을 갖고 있음
B (양호)	일부 부재에서 경미한 결함이나 내구성 저하 가능성이 조사되었으나 기능 발휘에는 지장이 없으며, 일부의 보수가 필요하거나 수요 및 외부조건 변화 등에 대해 주의를 요함
C (보통)	광범위한 부재에서 결함이나 내구성 저하 가능성이 조사되었거나 사용상 일부 기능이 기준에 부합되지 못하여 주의를 요하나 전체적인 시설물의 안전에는 지장이 없으며, 간단한 보수 또는 보강 및 개선이 필요함
D (미흡)	성능이 기준에 부합하지 못하여 시설물의 지속적인 사용이 심각하게 우려되는 수준으로 긴급한 보수·보강 또는 개선이 필요하며 사용제한 여부를 검토해야 함
E (불량)	심각한 결함이나 내구성 저하로 인하여 시설물의 안전에 위험이 있거나 기능을 발휘하지 못하는 수준으로 즉각 사용을 금지하고 보강 또는 개축을 하여야 하는 상태

연습문제

12.1. 시설물의 안전관리에 관한 특별법이 제정된 이유를 설명 하시오.

12.2. 안전점검 및 정밀안전진단 지침에서 점검 및 진단의 종류를 설명하시오.

12.3. 산업안전보건법에서 안전점검의 종류와 점검시기를 설명하시오.

12.4. 시설물의 안전관리에 관한 특별법에서 점검 및 진단의 종류와 점검시기를 설명하시오.

12.5. 건설기술관리법에서 점검 및 진단의 종류와 점검시기를 설명하시오.

12.6. 안전관리 업무 흐름도를 설명하시오.

12.7. 정기점검에 대해 설명하시오.

12.8. 초기점검에 대해 설명하시오.

12.9. 정밀점검에 대해 설명하시오.

12.10. 긴급점검에 대해 설명하시오.

12.11. 안전점검의 실시주기에 대해 설명하시오.

12.12. 정밀안전진단의 목적을 설명하시오.

12.13. 정밀안전진단의 절차를 설명하시오.

12.14. 정밀안전진단의 실시주기를 설명하시오.

12.15. 시설물의 상태평가를 설명하시오.

12.16. 시설물의 안전성평가를 설명하시오.

12.17. 터널시설물의 안전성 평가기준을 설명하시오.

12.18. 시설물의 종합평가를 설명하시오.

12.19. 시설물의 종합평가 등급기준을 설명하시오.

12.20. 시설물의 안전등급기준을 설명하시오.

참고문헌

1. 국토교통부, 건설기술교육원, "지하안전영향평가 전문교육 교재", 2018.1 pp.41~67
2. 국토교통부, 한국시설안전공단, "시설물의 안전 및 유지관리에 관한 특별법, 시행령, 시행규칙", 2018.1
3. 국토교통부, 한국시설안전공단, "시설물의 안전점검 및 정밀안전진단 실시등에 관한 지침", 2018.1, pp.1~89
4. 국토교통부, 한국시설안전공단, "안전점검 및 정밀안전진단 세부지침(교량, 터널)", 2017.1 pp.149～201.
5. 곽수정 외, "토목구조물 유지관리공학", 구민서관, 2003.4, pp.227～241.
6. 박철 외, "토목구조물의 안전진단 및 유지관리", 동화기술, 2007.3, pp.24～31.
7. 송창영 외, "시설물의 구조안전진단", 예문사, 2016.2, pp.101~175
8. 이래철, 우종태, "건설안전관리실무", 구미서관, 2005.9, pp.131～152.
9. 이진용, 박윤제, 이채규, "콘크리트 구조물 유지관리", 구미서관, 2008.6, pp.55～67.
10. 우종태, "토목시설물 안전점검 및 정밀안전진단 교육과정교재(터널편)", 국토교통인재개발원, 2017.12, pp.325～377.
11. 우종태, "최신 건설적산학", 기문당, 2012.1, pp.169～189.
12. 한국구조물진단유지관리공학회, "한국구조물진단공학", 구미서관, 2006.11, pp.63～88.
13. 한국콘크리트학회, "콘크리트 진단 및 유지관리", 기문당, 2003.4, pp.21～35.

제 13 장

시설물의 보수 및 보강

13.1 시설물의 보수 및 보강 개요

우리나라는 1960년대 이후에 시작된 산업화로 급속한 경제성장과 함께 많은 사회기반시설물(社會基盤施設物, Infrastructure)인 도로, 공항, 항만, 철도, 교량, 댐, 상하수도 시설, 플랜트설비, 전력시설, 해양시설 등의 시설물들이 건설되어 공용(公用)중에 있다.

이러한 시설물들은 시간이 지남에 따라 구조물이 안전한 상태에서 본래의 기능을 오래도록 발휘하는 능력인 내구성(耐久性, Durability)과 구조체의 하중 저항능력인 내하력(耐荷力, Load Carrying Capacity)은 점차 줄어들게 되고, 구조체의 미관 및 쾌적성 등 총괄기능 유지상태인 사용성(Serviceability)은 커지게 된다. 따라서 안전점검 및 정밀안전진단을 통해 성능이 저하된 구조물에 대해서는 적절한 보수 및 보강공사를 실시해야 한다.

시설물의 보수 및 보강공사는 다양한 조건들이 공존하는 작업이며, 시설물을 구성하고 있는 부재의 재료와 단면 형식, 손상정도, 공용조건, 내구성, 내하력, 교통량, 보수보강후의 잔여 공용기간, 작업환경 등 다양한 조건들이 고려되고 충족되어야 한다. 또한 보수보강공사는 일반적으로 단일재료에 의하여 시공되는 경우보다 여러 재료를 사용하여 시공되는 경우가 많으며 각 재료의 품질이 뛰어나도 재료간의 조합과 시공이 부실하면 공사품질이 떨어지게 되므로 보수보강공사의 품질을 정확하게 평가하려면 주재료의 품질뿐만이 아니라 부재료의 품질과 각 재료 조합의 적정성 및 현장시공의 품질을 복합적으로 평가하여야 한다.

13.2 시설물의 보수 및 보강 기술 분류

시설물의 보수 및 보강 기술은 그 재료 및 시공방법에 따라 다양한 종류가 있으며, 국내에서 일반적으로 사용하고 있는 보수 및 보강 기술을 분류하면 다음과 같다.

13.2.1 시설물의 보수 기술

시설물의 보수는 열화된 부재나 구조물의 성능과 기능을 원상복구 시키거나 사용상 지장이 없는 상태까지 회복시키는 것을 말하며, 철근부식에 의해 생긴 부재의 변형과 내하력의 저하를 개선하여 초기 상태로 회복시키는 것도 보수에 포함된다.

(1) 표면 보수기술

표면 보수기술은 일반적으로 콘크리트 구조물에 발생하는 폭 0.2mm 이하의 미세한 균열의 보수를 목적으로 하는 보수기술로 미세균열위에 도막을 형성하여 피복재 및 절연재를 시공하는 보수기술이다. 균열이 구조물의 내하력에 문제가 되지 않는 범위내에서 사용성 및 수밀성 회복 등의 이유로 적용되며, 성능은 균열표면의 보수에 그치므로 활성균열에 대해서는 대처 할 수 없는 결점이 있다.

(2) 균열 보수기술

균열 보수기술은 균열내부에 점성이 낮은 수지계 또는 시멘트계의 재료를 주입하여 방수성과 내구성을 향상시키는 기술이다. 균열 보수기술은 크게 3가지로 구분되며, 가장 일반적으로 사용되는 시공방법으로는 일정 간격으로 주입관을 설치해 실링(Sealing)재를 도포하여 경화한 후, 그리스 펌프 또는 수동 펌프로 가압하면서 주입관으로 주입재를 주입하는 방법, 일정한 간격으로 테이프를 평평하게 붙인 후 실링재를 도포해 주입하는 방법, 고무압에 의한 주입기술 등이 있다.

(3) 충전 보수기술

균열보수에 충전기술은 0.5mm 이상의 비교적 큰 폭을 가진 균열의 보수에 적용하는 기술로 균열을 따라서 콘크리트를 V형 또는 U형으로 절단한 후 그 부분에 보수재를 채워 넣는 기술이다. 이 기술은 철근의 부식여부, 균열의 진행성 등에 따라 보수방법을 다르게 하는데, 각각의 경우에 대하여 철근이 부식되지 않은 경우, 철근이 부식된 경우, 균열이 진행성인 경우, 균열이 비진행성인 경우, 누수 또는 용출수가 있는 경우 등으로 구분한다.

(4) 단면 복구기술

단면 복구기술은 콘크리트의 표면에 박리 및 박락 등의 결함이 생긴 경우에 그 결함 주변을 내부의 건전한 콘크리트나 좋은 정도의 강도가 얻어지는 부분까지 깨어내고 단면복구용 보수 모르타르를 채워 내부 단면을 복구하여 역학적 기능 및 내구성을 회복시키는 기술이다. 구조물의 탄산화 및 열화를 방지하고 장기적인 내구성을 증가시키며 콘크리트 표면 수밀성을 증대시키는 기술이다.

(5) 앵커기술

앵커기술은 일반적으로 구조물의 균열 방향이 명확하며, 진전되고 있는 경우 및 구조적 일체화가 요구되는 경우에 적용하는 방법이다. 고강도의 강재로 연결하여 그 강재에 높은 긴장력을 유지시켜 구조물에 횡방향 또는 연직방향의 구속력과 선행하중을 가하기 위한 기술로 강봉앵커, 프리스트레스트 도입방법 등이 있다.

(6) 강재 균열 보수기술

철골 구조물이 균열보수에 적용하는 기술은 응급조치와 영구조치로 구분하는데, 응급조치 기술은 균열 선단에 스톱홀을 천공하여 균열 선단에 작용하는 집중응력을 분산시켜 균열의 진행을 억제하는 기술이고 영구조치 기술로는 상세개선, 부재 부분교체, 용접봉합기술 등이 있다.

(7) 교정기술

교정기술은 강구조물이 이상외력이나 충격으로 인해 큰 변형이 생겼을 때 변형된 부재를 교정 또는 복원하는 기술이다. 예비시험을 거쳐 교정을 실시하는데, 플랜지의 휨변형의 경우 화구가 큰 버너로 950℃ 정도를 목표로 변형부위를 충분히 가열한 후 잭키를 이용해 수평압을 가하는데 변형부의 중심으로부터 시작해서 처음에는 교대로 다음은 동시에 몇 번 반복해서 차츰 주변부로 이동시키면 서서히 변형을 정상으로 되돌린다.

(8) 도장 보수기술

도장 보수기술은 강부재 열화의 주요 원인인 강재의 부식을 방지하기 위해 열화 상태와 부위를 정확하게 파악하여 강재 표면에 도막을 형성하는 기술이다. 현장시공이 용이하고 특수 장비가 필요 없으며 경제적이기 때문에 가장 일반적으로 활용되는 기술이다.

13.2.2 시설물의 보강기술

시설물의 보강은 부재 혹은 구조물의 내하력이나 강성 등의 역학적인 열화를 회복 또는 향상시킬 목적으로 실시하는 대책이다. 역학적인 성능저하는 주로 재료의 손상이나 과대한 하중의 재하에 의해서 일어난다.

(1) 외부 프리스트레싱 보강기술

프리스트레스(Prestress)도입 기술은 콘크리트 부분에 긴장재를 이용해 프리스트레스를 도입하여 콘크리트부재의 휨 및 전단내력을 회복 또는 향상시키는 보강기술로 콘크리트부재의 강성을 증가시키고 균열을 감소시킬 수 있다. 본 기술에는 내케이블 방식과 외케이블 방식이 있고 시공에 앞서 보강할 부재 혹은 부위의 강도, 기존 부재의 구조형식, 지지부재에의 영향, 시공성, 경제성, 미관 등을 검토해야 한다.

(2) 섬유쉬트 보강기술

섬유쉬트 접착기술은 보강효과로서 균열구속효과, 내하성능 향상효과를 기대할 수 있는데, 주로 콘크리트 부재의 인장응력과 사인장응력 작용면에 연속섬유를 1방향 혹은 2방향의 쉬트 상으로 배치한 보강재 혹은 현장에서 함침접착제를 함침 및 경화시킨 연속 섬유쉬트를 접착하여 기존부재와 일체화시킴으로써 필요한 성능향상을 도모하는 기술이다.

(3) 섬유플레이트 보강기술

섬유플레이트를 이용한 보강기술은 구조물의 보강목적으로 널리 활용되고 있다. 본 기술은 높은 비강도와 고탄성계수를 나타내는 탄소섬유쉬트 또는 탄소섬유판을 주로 적용하고 있으며, 수지는 비닐에스터 또는 에폭시를 사용하고 있다. 구조물이 고정하중을 지지하고 있는 상태에서 시공되므로 추가적으로 작용하는 고정하중이나 활하중에 저항할 수 있도록 설계하여야 하고 모재와 연속섬유플레이트의 부착성능에 의해서 보강효과가 좌우되므로 부착면적을 크게 하는 것이 효과적이다.

(4) 강판 보강기술

강판접착기술의 기능은 주로 콘크리트의 부재의 인장응력면에 강판을 설치하고, 콘크리트와 강판의 틈새에 에폭시 수지접착제와 같은 주입재를 압입하여 기존 부재와 일체화시킴으로써 필요한 성능향상을 도모하는 기술이다. 본 기술은 휨 및 전단보강에 적용되어 강판에 인장재로서의 효과를 기대하고 있다.

(5) 부재증설기술

부재증설기술은 보강대상 휨부재에 이웃하여 부재를 증설하여 내하력을 향상시키는 기술이다. 증설부재의 단면은 기존 휨부재보다 크기가 작은 것이 일반적이며, 이는 기존 부재에 작용하는 하중 또는 추가 하중의 일부를 부담하기 위함이다.

(6) 두께증설기술

두께증설 기술은 상부면 두께증설기술과 하부면 두께증설기술로 나뉜다. 상부면 두께증설기술은 상판콘크리트 상부면을 절삭하고, 절삭면을 연마, 청소한 후 강섬유 보강콘크리트를 얇은 층으로 타설하여 기존의 상판과 강섬유 보강층의 일체화를 통해 필요한 성능향상을 도모하는 기술이다. 하부면 두께증설기술은 상판 하부면에 보강재를 배치하고 부착성이 높은 모르타르를 이용하여 흙손 바르기 혹은 뿜칠시공에 의해 두께를 늘려 필요한 성능향상을 도모하는 기술이다.

(7) 겹침부재기술

겹침부재기술은 비교적 휨부재의 지지간격이 짧은 경우에 적합한 기술로 휨부재 하면에 부재를 겹침으로 증설할 수 있는 공간이 있는 경우 열연형강이나 판재로 제작된 부재를 부재 하면에 겹침으로 증설하여 휨내하력을 향상시키는 기술이다.

(8) 교체기술

교체기술은 내하력을 회복 또는 향상시키기 위한 보강기술로 열화된 부재 전체 혹은 일부를 철거하고 새 콘크리트로 교체하거나 프리캐스트 부재로 교체하는 기술이다.

13.3 시설물의 보수 및 보강 계획과 설계

13.3.1 보수 및 보강의 범위 결정

시설물의 현장조사 및 시험을 통하여 얻은 결과를 기초자료로 종합적인 평가를 실시한 후 보수 및 보강의 범위를 결정하게 된다. 손상 및 열화에 대하여 분포면적, 분포유형, 시설물의 안전성, 현 상태의 내구성능, 보수 후의 회복목표수준 등을 고려하여 그림 13.1과 같이 보수 및 보강의 범위를 결정한다.

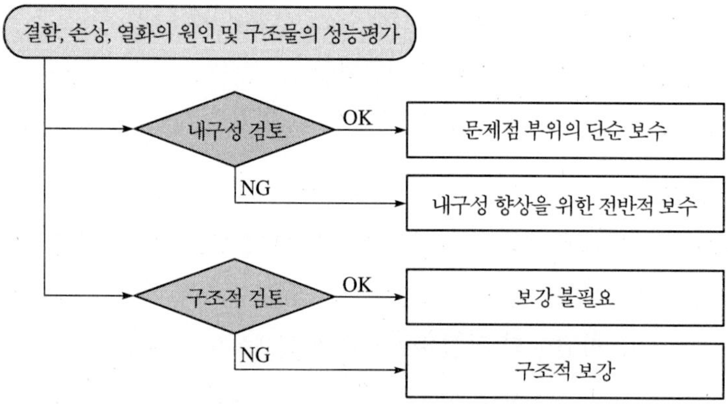

그림 13.1 보수 및 보강의 범위 결정

13.3.2 보수공법의 선정

우수한 성능의 보수공법도 적용구조물의 형식과 환경조건에 따라서 그 성능이 충분히 발휘되지 않는 경우가 있다. 따라서 보수공법의 선택 시에는 구조물의 중요도, 형식, 기능, 환경조건 혹은 보수 후의 내용년수 등을 고려하고 공법이 그 성능을 충분하게 발휘할 수 있는지 확인하여야 한다.

구조물의 요구되는 성능수준에 따른 보수공법의 선정은 균열에 대한 보수공법, 수밀성에 대한 보수공법, 강성에 대한 보수공법, 내하성능에 대한 보수공법으로 구분되며 상세 내용은다음과 같다.

(1) 균열에 대한 보수공법

균열에 대한 보수공법은 표 13.1과 같다.

표 13.1 균열에 대한 보수공법의 분류

보수 목적	균열현상 · 원인		균열폭 (mm)	보수공법				
				표면처리 공법	주입 공법	충전 공법	그 밖의 공법: 침투성방수제 도포공법	그 밖의 공법: 기타
방수성	철근부식이 되지 않은 경우	균열폭의 변동이 작은 경우	0.2이하	○	△		○	
			0.2~1	△	○	○		
		균열폭의 변동이 큰 경우	0.2이하	△	△		○	
			0.2~1	△	○	○		
내구성	철근부식이 되지 않은 경우	균열폭의 변동이 작은 경우	0.2이하	○	△	△		
			0.2~1	△	○	○		
			1이상		△	○		
		균열폭의 변동이 큰 경우	0.2이하	△	△	△		
			0.2~1	△	○	○		
			1이상		△	○		
	철근부식		—			○		
	염해		—					●
	반응성골재		—					●

주) 기호의 설명

○ : 적당하다고 생각되는 공법

△ : 조건에 따라서는 적당하다고 생각되는 공법

● : 연구 단계에 있는 공법

(2) 수밀성에 대한 보수공법

수밀성은 콘크리트의 투수와 투습에 대한 저항성의 지표이고 주로 콘크리트 조직의 치밀성에 의해 결정되는 성능이다. 건전한 콘크리트에서는 모세관공극과 블리딩에 의한 공극, 골재와 철근의 표면에 생기는 공극 등이 수밀성(투수성)에 영향을 미친다. 콘크리트(부재)에 균열과 박리가 생기기도 하고, 곰보와 콜드조인트 등의 시공불량개소가 있는 경우, 그 개소의 수밀성은 현저히 저하하고, 국부적으로는 누수가 발생할 가능성이 있다.

수밀성 회복을 위한 보수공법은 표 13.2와 같다.

표 13.2 수밀성 회복을 위한 보수공법

콘크리트의 열화정도	철근의 손상정도	균열 보수	표면 처리	단면 복원	강판 접착	보강섬유 접착	프리 스트레싱	단면 증설	교체
균열		◎	○						
			◎						
균열, 들뜸, 박락	경미한 부식	○	◎						
			◎	○					
			◎						
들뜸, 박락	단면손상	○		◎					
			○	◎					
				◎					
			○	◎					

주) 기호의 설명

◎ : 이 성능저하의 회복을 목적으로 하는 주 공법

○ : 주공법의 성능을 유지하기 위한 보조공법

△ : 강재를 보호하는 성능의 회복도 고려하는 경우에 조합 가능한 공법

(3) 강성에 대한 보수공법

강성에 영향을 미치는 것으로 생각되는 열화현상은 주철근 단면적의 감소, 주철근과 콘크리트와의 부착강도의 감소, 덮개콘크리트의 균열 및 들뜸, 박리에 의한 단면감소 등이 있으며, 이러한 열화현상을 극복함으로써 강성을 회복시키는 것이 가능하다.

강성에 대한 보수공법은 표 13.3과 같다.

표 13.3. 강성 회복을 위한 보수공법

콘크리트의 열화정도	철근의 손상정도	균열 보수	표면 처리	단면 복원	강판 접착	보강섬유 접착	프리 스트레싱	단면 증설	교체
균 열		○	○		◎				
		○			◎				
		○	△				◎		
균열, 들뜸, 박락	경미한 부식			○		◎			
				○			◎		
				○			◎		
들뜸, 박락	단면손상			○			◎		
				○			◎		
				○				◎	
									◎

주) 기호의 설명

◎ : 이 성능저하의 회복을 목적으로 하는 주공법

○ : 주공법의 성능을 유지하기 위한 보조공법

△ : 강재를 보호하는 성능의 회복도 고려하는 경우에 조합가능한 공법

(4) 내하성능에 대한 보수공법

부식 환경 하에서 철근이 부식해서 단면손상이 현저할 경우에는 부재의 내하력이 저하된다. 내하성능 회복을 위한 보수공법을 적용하면 내하성능을 회복할 수 있으며, 내하성능 회복을 위한 보수공법은 표 13.4와 같다.

표 13.4 내하성능 회복을 위한 보수공법(RC 구조)

콘크리트의 열화정도	철근의 손상정도	균열 보수	표면 처리	단면 복원	강판 접착	보강섬 유접착	프리스 트레싱	단면 증설	교체
균열	점형태의 녹	◎	○						
	경미한 녹		○	◎					
균열, 들뜸, 박락	전면에 걸친 녹(부분적인 단면 손상이 있는 경우)		○	◎					
				○	◎1)				
				○		◎			
균열, 들뜸, 박락	확실한 단면손상(공식상태)이 몇 개소에 있는 상태		○	◎					
				○	◎1)				
				○		◎			
				○				◎	
									◎

주) 1) 중량이 증가되기 때문에 구조적인 검토가 필요하고 강판 자체의 방식대책을 강구할 필요가 있음

2) 기호의 설명

◎ : 이 성능저하의 회복을 목적으로 하는 주공법

○ : 주공법의 성능을 유지하기 위한 보조공법

△ : 강재를 보호하는 성능의 회복도 고려하는 경우에 조합 가능한 공법

13.3.3 보수재료의 선정

보수재료는 보수공법의 사용목적에 부합하고 시공하기에 적절한 기본적인 성능을 만족하여야 한다.

(1) 보수재료의 기본 특성 설정

보수재료의 선정을 위한 기본은 구조물의 종류 및 기능, 보수재료의 종류 및 성능규격치, 환경조건, 시공조건 및 보수부위의 내용연수 등을 설정한다.

(2) 보수재료의 요구성능 설정

요구성능은 보호성능, 내구성능, 시공성능 및 기본적인 성능을 고려하여 설정한다. 일반적으로 보수재료에 요구되는 성능으로는 시공성과 내구성능이다. 보수재료는 재료 자체의 특성을 충분하게 발휘할 수 있도록 시공되어야 한다. 즉, 시공환경에서 간단하면서도 균일하게 시공이 되는 것이 중요하다. 내구성능은 보수재료의 원래의 목적이 되는 성능이며, 부착성과 수축성 등은 보수재료가 구조물과 일체화해서 거동하는 것에 기본이 되는 성능이고, 이것이 불충분한 경우에 이들 재료는 그 본래의 목적을 달성할 수 없다.

(3) 적용 가능한 보수재료의 선정

구체적인 요구성능 및 그 요구수준이 결정되면 그것을 만족시키는 재료의 후보를 선정한다. 단, 재료를 새로 설계하는 것이 곤란한 경우에는 시판 재료 중에서 요구성능을 만족시키는 것으로 생각되는 것을 선택하던지, 혹은 요구성능이 만족하도록 복수의 시판재료를 조합한 재료시스템을 구축해도 좋다. 재료를 조합해서 사용하는 경우에는 고려방법과 조합의 가능성, 문제점 등에 관해서 명확히 해둘 필요가 있다.

(4) 보수재료의 성능조사

보수재료가 요구성능을 만족하고 있는가를 적당한 방법을 통해서 조사해야 한다. 이 조사는 설계된 재료의 성능 평가값이 요구성능의 수준 이상인 것을 확인하는 것으로 성능조사의 구체적인 방법은 다음과 같다.

첫번째 방법으로는 재료의 다양한 특성값을 사용해서 요구성능을 직접 평가하고 그 결과를 요구수준과 비교하는 것이다.

또 다른 방법으로는 공공기관이 정한 규격시험을 통해 얻어진 재료시험 결과를 공공기관이 설정한 규격치와 비교하는 것이다.

13.3.4 균열 보수공법

시설물에 발생된 손상 중 다수를 차지하는 균열에 대해서는 발생 원인을 분석하여 구조적 개념과 비구조적 개념으로 구분하고, 균열의 진행성 유 · 무, 건식과 습식, 균열폭 및 깊이 등을 고려하여 균열 보수공법을 적용하여야 한다.

(1) 균열폭이 0.3mm 이상의 경우 적용공법

균열폭이 0.3mm 이상의 경우 적용되는 공법은 표 13.5와 같다.

표 13.5 균열폭이 0.3mm 이상의 경우 적용공법

<table>
<tr><th colspan="3">균열 유형</th><th>적용공법</th><th>보수공법(재료)선정시 유의사항</th><th>비 고</th></tr>
<tr><td rowspan="4">비구조적 균열</td><td rowspan="2">진행성 (변화)</td><td>건식</td><td>탄성실링, 주입공법</td><td>신축성을 고려하여 균열 재발 방지</td><td></td></tr>
<tr><td>습식</td><td>탄성실링 그라우팅</td><td>신축성, 차수성 고려하여 균열, 누수 차단</td><td></td></tr>
<tr><td rowspan="2">고정</td><td>건식</td><td>주입공법</td><td>-</td><td></td></tr>
<tr><td>습식</td><td>탄성실링 그라우팅</td><td>차수성을 고려한 보수재료 선택</td><td></td></tr>
<tr><td colspan="3">구조적 균열</td><td colspan="2">해당사항 없음</td><td></td></tr>
</table>

* 누수로 인한 습식 균열의 경우, 수밀성을 확보할 수 있는 누수보수공법을 적용한다.

(2) 균열폭이 0.3mm 미만인 경우 적용공법

균열폭이 0.3mm 미만인 경우 적용되는 공법은 표 13.6과 같다.

표 13.6 균열폭이 0.3mm 미만인 경우 적용공법

<table>
<tr><th colspan="3">균열 유형</th><th>적용공법</th><th>보수공법(재료)선정시 유의사항</th><th>비 고</th></tr>
<tr><td rowspan="2">건식</td><td rowspan="2">균열폭</td><td>0.2mm 이상</td><td>표면처리</td><td>내구성 확보차원에서 표면보호처리</td><td rowspan="2"></td></tr>
<tr><td>0.2mm 미만</td><td>유지관리</td><td>-</td></tr>
<tr><td rowspan="2">습식</td><td rowspan="2">균열폭</td><td>0.2mm 이상</td><td>표면처리, 탄성실링</td><td>수밀성을 확보할 수 있는 공법 적용</td><td rowspan="2"></td></tr>
<tr><td>0.2mm 미만</td><td>유지관리, 표면처리</td><td>-</td></tr>
</table>

(3) 시공 개요도

가) 표면처리공법

균열 표면처리공법의 시공개요도는 표 13.7과 같다.

표 13.7 균열 표면처리공법의 시공개요도

공법	표면처리공법
개요	미세한 균열(0.3mm미만)위에 도막을 형성하여 내구성을 향상시키기 위해 균열부 또는 전면을 피복하는 공법
특징	① 내충격성, 내마모성, 내약품성, 부착력, 통기성, 내화학성, 시공성, 유지보수성 등의 재료적 성질을 고려하여 현장여건에 맞는 재료를 선정할 수 있다. ② 시공이 간단하다. ③ 경제적이다.
시공도	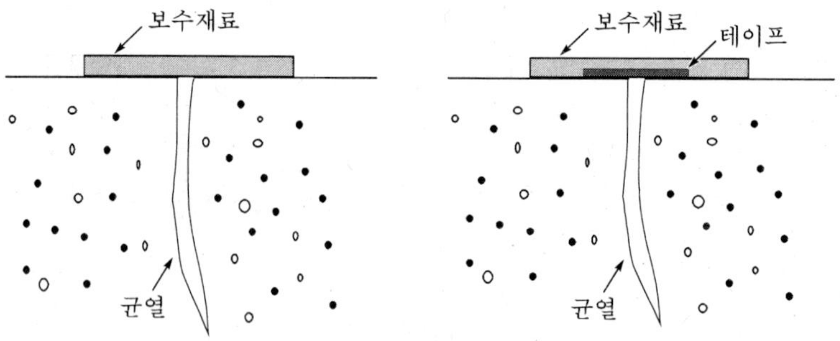 (a) 정지균열 (b) 진행성균열
시공순서	① 보수범위 확인 ② 균열면 및 보수면 청소 ③ 프라이머 도포 ④ 에폭시수지 모르터 도포 ⑤ 표면마감 ※ 에폭시모르터 도포공법 경우

나) 주입공법

균열 주입공법의 시공개요도는 표 13.8과 같다.

표 13.8 균열 주입공법의 시공개요도

공법	주입공법
개요	균열폭 0.3mm 이상의 균열부에 수지계 또는 시멘트계의 재료를 주입하여 내구성을 향상 시키는 공법
특징	① 내하력복원의 안전성을 기대할 수 있다. ② 내구성저하 및 누수 방지를 기대할 수 있다. ③ 미관의 유지가 용이하다. ④ 경제적이다.
시공도	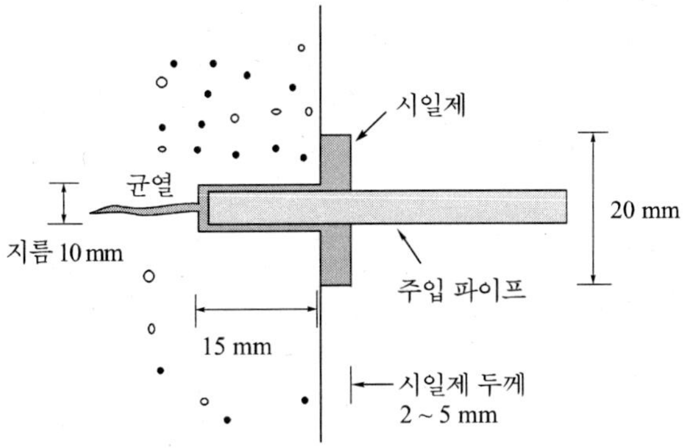
시공순서	① 보수범위 확인 ② 균열부위 청소 ③ 주입용파이프 설치 ④ 균열면 실링 ⑤ 주입 ⑥ 파이프 제거 ⑦ 실제거 ⑧ 모르터 미장마감

13.3.5 단면보수공법

콘크리트의 피복두께부족, 다짐부족, 철근부식 및 탄산화 등 발생된 콘크리트의 박리, 박락, 들뜸, 재료분리, 철근노출 및 부식 등에 적용하여 콘크리트의 내구성을 확보하는 공법이다.

단면보수공법의 개요도는 표 13.9와 같다.

표 13.9 단면보수공법의 개요도

체크포인트	공종	사용재료	시공도구
	개시		
표면상태 확인	콘크리트 표면처리	백태 제거	그라인더, 고압세척기
		물세척 후 건조(고압세척)	
밀실하게 도포	표면강화 및 발청억제	댄시 – P	붓 롤러 스프레이
솔처리 1회	접착력 강화	G & W 모르터	붓 스프레이
THK = VAR	충전부위 모르터 바르기	RE – 뿜칠 모르터	전용 뿜칠장비

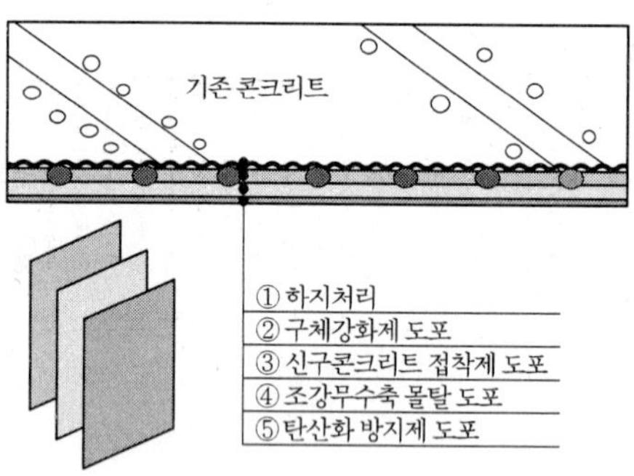

공법 개요도

시공 사례

13.3.6 방수공법

방수공법에는 주입 방수공법과 충전주입 방수공법으로 구분된다.

(1) 주입 방수공법

주입 방수공법은 표 13.10과 같다.

표 13.10 주입 방수공법

공 법 개 요
• 전면 주입공법 : 누수부위의 크고 작음에 관계없이 균열 및 공극 등 누수 위치가 확실한 경우 적용 • 배면 주입공법 : 누수면적이 넓으면서 누수발생 위치가 불분명하고 산발적인 경우에 적용

시 공 순 서	보수 전 개념도
누수확인 ⇩ 주입구 위치선정 및 천공 ⇩ 주입관 설치 ⇩ 그라우팅 플랜트 설치 ⇩ 그라우팅 ⇩ 양생 및 면정리	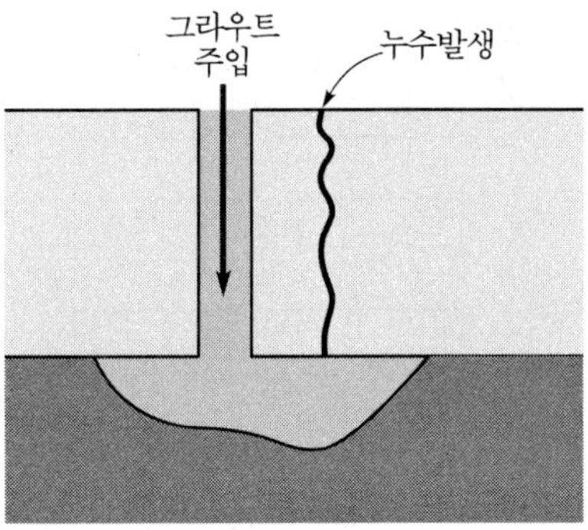

주 입 재 료
• 전면 주입방수 : 우레탄 겔 및 기포, 친수성 아크릴레이트, 에폭시, 친수성 초미세시멘트 등 • 배면 주입방수 : 시멘트 모르터, 우레탄, 에폭시 등

(2) 충전주입 방수공법

충전주입 방수공법은 표 13.11과 같다.

표 13.11 충전주입 방수공법

공 법 개 요
• 충전주입 방수공법은 수밀치 못한 콘크리트 구조물의 표면에 부분적으로 스며 나오는 누수에 대한 공법

시 공 순 서	
누수확인 ⇩ 주입구 위치선정 및 천공 ⇩ 주입관 설치 ⇩ 그라우팅 ⇩ 양생 및 면정리	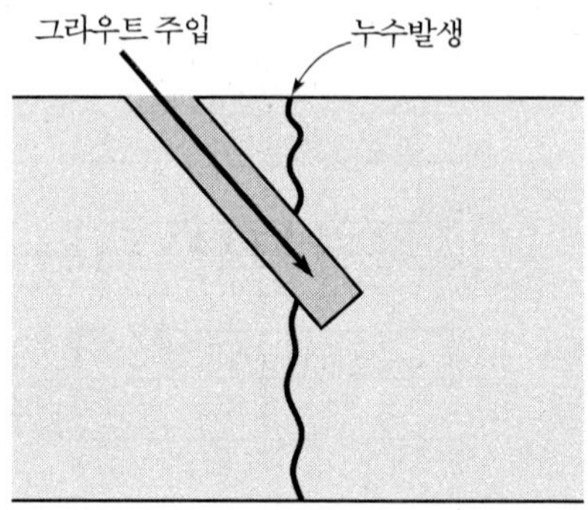

주 입 재 료
① 일부 쉬트 방수한 벽체에서 누수 시발점을 모르고 누수부위가 불분명하며 벽체면에 물기만 있는 상태로서 누수량이 모여 물방울이 되어 떨어질 때 ② 누수위치가 확실한 국부적인 포인트를 보수할 때 ③ 콘크리트의 파취가 곤란한 부위 ④ 구체의 두께가 두텁고 공극 혹은 균열이 망상으로 발생했을 경우 ⑤ 누수발생 부위중 시간이 오래 경과되어 석회분이 흘러내려 백태현상이 심한 부위 등에 적용된다.

연습문제

13.1. 사회기반시설물을 설명하시오.

13.2. 내구성, 내하력, 사용성을 설명하시오.

13.3. 시설물 보수기술의 종류를 설명하시오.

13.4. 표면보수기술, 균열보수기술을 설명하시오.

13.5. 충전보수기술, 단면복구기술을 설명하시오.

13.6. 앵커기술, 강재균열보수기술을 설명하시오.

13.7. 시설물 보강기술의 종류를 설명하시오.

13.8. 섬유쉬트 보강기술과 섬유플레이트 보강기술을 설명하시오.

13.9. 강판보강기술과 부재증설기술을 설명하시오.

13.10. 보수 및 보강의 범위결정을 설명하시오.

13.11. 균열에 대한 보수공법의 분류에 대해 설명하시오.

13.12. 수밀성에 대한 보수공법의 분류에 대해 설명하시오.

13.13. 강성 회복을 위한 보수공법의 분류에 대해 설명하시오.

13.14. 내하성능 회복을 위한 보수공법의 분류에 대해 설명하시오.

13.15. 보수재료 선정시 고려할 사항에 대해 설명하시오.

13.16. 균열폭이 0.3mm 이상인 경우 적용되는 균열보수공법에 대해 설명하시오.

13.17. 균열폭이 0.3mm 미만인 경우 적용되는 균열보수공법에 대해 설명하시오.

13.18. 균열 표면처리공법의 시공개요에 대해 설명하시오.

13.19. 균열 주입공법의 시공개요에 대해 설명하시오.

13.20. 주입 방수공법에 대해 설명하시오.

참고문헌

1. 국토교통부, 한국시설안전공단, "안전점검 및 정밀안전진단 세부지침(교량, 터널)", 2017.1 pp.204~214.

2. 곽수정 외, "토목구조물 유지관리공학", 구미서관, 2003.4, pp.143~183.

3. 서울메트로, "동대문운동장역 안전진단용역 보고서", 에스큐엔지니어링(주), (재)한국건설품질연구원, 2009.3, pp.93~112.

4. 서울특별시 도시철도공사, "서울도시철도7호선 남단구간 토목시설물 정밀안전진단용역 종합 보고서", 에스큐엔지니어링(주), 2011.2, pp.Ⅲ-5~Ⅲ-11.

5. 송창영 외, "시설물의 구조안전진단", 예문사, 2016.2, pp.285~399

6. 이진용, 박윤제, 이채규, "콘크리트 구조물 유지관리", 구미서관, 2008.6, pp.251~283.

7. 우종태, "균열발생 지하철 본선구조물의 안정성 연구", 한국구조물진단학회 논문집, Vol.3. No.3, 1999.7, pp.187~194.

8. 우종태, "열차하중을 지지하는 지하철정거장 중간슬래브의 안정성 연구", 한국구조물진단학회 논문집, Vol.3. No.3, 1999.7, pp.195~202.

9. 우종태, 장석환, 김용철, "고압스프레이 방식 신보수공법의 개발에 관한 연구", 한국구조물진단학회 논문집, Vol.7. No.1, 2003.1, pp.279~288.

10. 장석환, 우종태, 남용혁, 김성수, "콘크리트 구조물의 내구성 증진을 위한 침투성 발수제의 성능 평가", 한국구조물진단학회 논문집, Vol.7. No.1, 2003.1, pp.289~298.

11. 한국구조물진단유지관리공학회, "한국구조물진단공학", 구미서관, 2006.11, pp.331~413.

12. 한국시설안전공단, "보수 보강기술 인증기준에 관한 연구", 2009.12, pp.56~60.

13. 한국콘크리트학회, "콘크리트 진단 및 유지관리", 기문당, 2003.4, pp.383~425.

색 인

Index ....

ㄴ

ㅂ

ㅇ

ㅈ

ㅊ

ㅋ

ㅌ

ㅍ

ㅎ

기타

제2판 건설환경공학 정가 20,000원

저자 : 우종태

발행인 : 임해진
발행처 : 도서출판 구미서관

발행 : 2012년 1월 20일 초 판
2019년 1월 25일 제2판

등록 : 1979년 6월 29일 No.9-6호

주소 : 서울시 마포구 신촌로 2길 5-15 구미빌딩
전화 : 02-333-1101
팩스 : 02-335-2201
http://www.goomibook.com

ISBN : 979-11-6257-029-6 (93530)